"十二五"上海重点图书

现代工程制图

M ODERN ENGINEERING DRAWING

◉《现代工程制图》编写组 编
◉ 金 玲 张 红 主编

（第三版）

华东理工大学出版社
EAST CHINA UNIVERSITY OF SCIENCE AND TECHNOLOGY PRESS
·上海·

图书在版编目(CIP)数据

现代工程制图/金玲,张红主编. —3 版. —上海:华东理工大学出版社,2012.8
ISBN 978 - 7 - 5628 - 3325 - 3

Ⅰ.①现… Ⅱ.①金… ②张… Ⅲ.①工程制图-高等学校-教材 Ⅳ.①TB23

中国版本图书馆 CIP 数据核字(2012)第 162548 号

"十二五"上海重点图书

现代工程制图(第三版)

··

主　　编 / 金　玲　张　红
责任编辑 / 徐知今
责任校对 / 金慧娟
封面设计 / 裘幼华
出版发行 / 华东理工大学出版社有限公司
　　　　　　地　　址：上海市梅陇路 130 号,200237
　　　　　　电　　话：(021)64250306(营销部)
　　　　　　　　　　　(021)64252722(编辑室)
　　　　　　传　　真：(021)64252707
　　　　　　网　　址：press. ecust. edu. cn
印　　刷 / 常熟华顺印刷有限公司
开　　本 / 787mm×1092mm　1/16
印　　张 / 23.25　插页 3
字　　数 / 558 千字
版　　次 / 2012 年 8 月第 3 版
印　　次 / 2012 年 8 月第 1 次
书　　号 / ISBN 978 - 7 - 5628 - 3325 - 3
定　　价 / 42.00 元

联系我们：电子邮箱　press@ecust. edu. cn
　　　　　官方微博　e. weibo. com/ecustpress

前　言

本教材是根据教育部高等学校工程图学教学指导委员会制订的"普通高等院校工程图学课程教学基本要求"，和国家质量监督检验检疫总局、国家标准化管理委员会发布的最新相关标准，并汲取了本校及兄弟院校多年的教学经验、专家读者的意见，在《现代工程制图》（第二版）的基础上修订而成的。

本教材的主要特点是：

（1）反映制图课程教学改革的经验和发展动态，构建了适用于机械类、非机械类等工科各专业需要的图形表达课程体系。

（2）教材中涉及的标准，均采用迄今为止的最新国家标准和行业标准。

（3）综合时代发展的需要和低年级学生的特点，专用术语采用汉英对照。

（4）为与后续课程更好地衔接，体现技术基础课程与专业课程之间的交叉性，引进了专业图样。

（5）内容安排考虑综合培养仪器作图、徒手绘图以及计算机绘图三种能力。

（6）全书力求叙述正确，举例由浅入深，习题从易到难，思考题具有启发性和引导性。

（7）为便于读者在学习中预习、复习以及自检自测，教材各章后附复习思考题，并配套习题集。配套习题集的内容以满足广度为主，兼顾满足深度要求。

本教材的内容包括：画法几何、制图基础、投影制图、轴测图、图样画法、机械图、展开图、建筑图、化工图、计算机绘图。使用本教材时，可根据不同的专业要求和不同的学时数，对教学内容和习题安排进行取舍。

本教材由金玲任主编并统稿，张红任主编。参加本教材编写的有金玲（绪论，第1、6、12章，附录1.6，附录2），杨翠英（第2章），丁晓影（第3章），俞梅（第4章），蒋敏（第5、10章），张红（第7、8、9章，附录1.1～1.5），叶卫东（第11章），乐天明（第13章）。

本教材编写出版过程中得到了有关专家的指导，并参考了许多专家学者的著作和文献，在此一并表示衷心感谢！

由于编者水平有限，书中难免存在不妥和缺漏，欢迎读者指正。

编　者
2012 年 5 月

前　言

目　　录

绪　论
（Exordium）

1．本课程的性质和研究对象

在工程中,将按照一定的投影方法和国家标准规定的方法来表达物体的图纸称为图样。图样是工程界表达和交流技术思想、记录创新构思、指导生产加工的重要工具和重要技术文件,也是每个工程技术人员必须掌握的技术"语言"。

本课程是一门研究图示图解的空间几何问题,以及研究绘制和阅读工程图样的原理和方法的学科,是高等工科院校学生必修的技术基础课。

2．本课程的目标

（1）介绍正投影原理及其应用。

（2）培养仪器绘图、徒手作图、计算机绘图的能力。

（3）宣传并贯彻《技术制图》等国家标准,培养学生查阅标准的能力和遵循标准的工程意识。

（4）塑造空间逻辑思维和形象思维能力,培养创新、创造能力。

（5）培养自学能力、分析问题和解决问题的能力。

（6）培养认真负责的工作态度、严谨细致的工作作风。

3．本课程的内容

本课程体现了经典理论与现代高新技术的结合,系统理论与工程实践的结合,学科基础知识教学与工程师素质培养的结合。

本课程内容包括:

（1）画法几何部分　研究用正投影法图示、图解空间几何问题的基本理论和方法;

（2）制图基础部分　介绍制图基础知识、基本技能和投影制图、读图的方法;

（3）图样画法部分　培养绘制、阅读机械图样的基本能力;

（4）工程图样部分　介绍有关专业图样的国家和行业标准规定,培养绘制、阅读专业图样的基本能力;

（5）计算机绘图部分　介绍计算机辅助设计软件 AutoCAD 的基本应用方法。

4．本课程的学习方法

（1）学好投影理论。在认真学习投影理论、理解掌握基本概念和基本内容的基础上,多思考、勤动手,由浅入深地通过从图到物和从物到图的反复练习,逐步提高空间形象思维能力,为学习后续课程打好基础。

（2）练好绘图基本功。掌握正确的作图、读图方法和步骤,养成正确使用绘图工具和仪器的习惯,严格遵守国家标准规定,认真独立地完成每次作业,力求投影准确、图线分明、尺寸齐全、字体工整、图面整洁美观。

（3）培养耐心细致的习惯。绘制、阅读图样过程中的任何差错，在实际工作中都将造成经济损失，因此必须养成严肃认真的工作作风。

（4）培养自学能力和终身学习的意识。在后续课程、生产实习、课程设计、毕业设计和工程实践中不断充实提高绘制和阅读工程图样的能力。

1 制图基本知识和基本技能

（Fundamental knowledge and technique of drawing）

1.1 常用的手工绘图工具和仪器（Drawing instruments and materials in common use）

正确使用和维护绘图工具和仪器是保证绘图质量、加快绘图速度的一个基本要求。常用绘图工具和仪器及其使用方法如下。

1.1.1 图板、丁字尺、三角板（Drawing board, T-square, Triangle）

图板用于铺放和固定图纸，图板应表面光滑平整、四边平直。

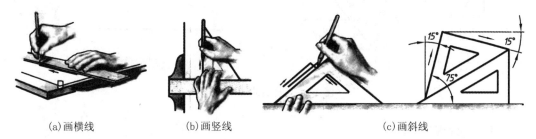

(a)画横线   (b)画竖线   (c)画斜线

图 1-1 图板、丁字尺和三角板的使用

丁字尺由相互垂直的尺头和尺身组成，与图板配合可绘制水平线，与三角板配合可绘制垂线或斜线。使用时尺头靠紧图板左侧的工作导边，左手按住尺身，右手执笔自左向右绘制水平线，如图 1-1(a)所示。三角板通常为两块，分别为 45°等腰直角三角形和 30°与 60°直角三角形，与丁字尺配合可绘制垂线和 $n×15°$ 的倾斜线，如图 1-1(b)、(c)所示。

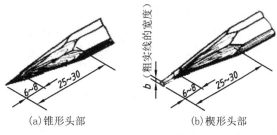

(a)锥形头部   (b)楔形头部

图 1-2 铅笔的磨削

1.1.2 绘图铅笔（Drawing pencil）

铅笔的铅芯有软(B)、硬(H)之分，B 前的数字越大则越软，H 前的数字越大则越硬。

通常用 H 或 2H 铅笔绘制底稿，用 B 或 2B 加深成粗实线，用 HB 铅笔标注尺寸和写字。加深图线时，为了保证图线浓淡一致，画圆弧的铅芯应比画直线的铅芯软一号。铅笔的磨削直接影响图线的质量。铅笔应从无标号的一端削起，一般削成圆锥形，如图 1-2(a)所示；加深粗实线的铅笔可削成楔形，如图 1-2(b)所示。

1.1.3　圆规(Compass)

圆规用以绘制圆或圆弧,有大圆规、小圆规、弹簧规、点圆规。圆规铅芯插脚上的铅芯削法如图1-3所示。使用前应先调整针脚,使针尖略长于铅芯,而且带台阶的尖端插入纸面和图板,用于画圆或圆弧时定圆心,如图1-4(a)所示。画圆时圆规应向画圆的方向稍微倾斜,画大圆时应使圆规两脚都垂直于纸面(图1-4)。

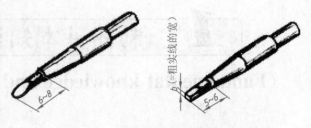

图1-3　圆规插脚上的铅芯削法

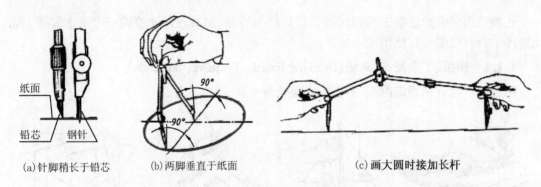

(a)针脚稍长于铅芯　　　(b)两脚垂直于纸面　　　(c)画大圆时接加长杆

图1-4　圆规的使用方法

1.1.4　分规(Divider)

分规用于量取和等分线段,分规的两腿合拢时的针尖应能合并成一点。使用方法如图1-5所示。

绘图时,还需要橡皮、削铅笔小刀、擦图片、透明胶带、修磨铅芯的细砂纸、量角器、曲线板、模板、绘图仪、比例尺、直线笔等。

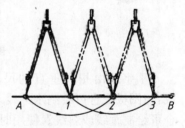

图1-5　分规的用法

1.2　制图基本规格(General standards of drawing)

图样必须遵循统一的规定,才能真正成为工程界交流技术思想的语言。国家标准(简称国标,代号为GB)《技术制图》《机械制图》是我国颁布的绘制和阅读工程图样的基础性技术标准。本节主要介绍制图的基本规格,其他有关内容将在以后各章中介绍。

1.2.1　图纸幅面及格式(Size and Layout of drawing sheets)

(1)图纸幅面　绘制图样时应根据GB/T 14689—2008的规定,优先采用表1-1中的基本图幅。其中A0幅面图纸最大,沿图纸长边对折一次就可得到小一号的图纸幅面。必要时允许图纸按标准中规定的尺寸加长。

(2)图框　当图纸需要装订时,一般采用A4幅面竖装或A3幅面横装,格式如图1-6(a)所示。图纸不需要装订时的格式如图1-6(b)所示。图框线用粗实线绘制。

表 1-1 图纸基本幅面及图框尺寸 mm

幅面代号	A0	A1	A2	A3	A4
尺寸($B\times L$)	841×1189	594×841	420×594	297×420	210×297
e	20			10	
c		10		5	
a			25		

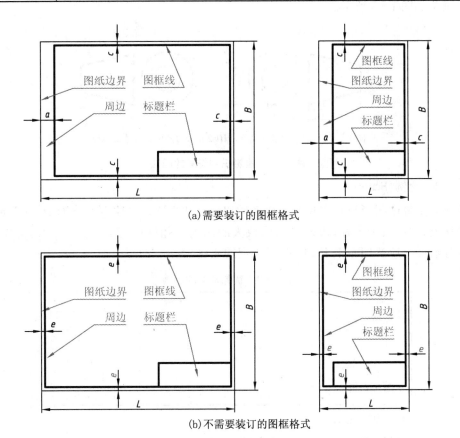

(a)需要装订的图框格式

(b)不需要装订的图框格式

图 1-6 图框格式

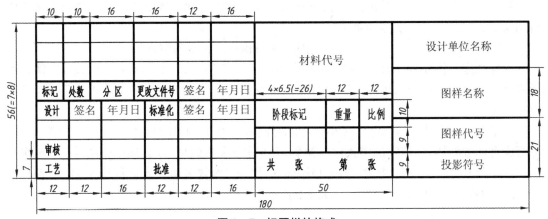

图 1-7 标题栏的格式

　　(3) 标题栏　每张图样必须有标题栏,标题栏用以说明图样的名称、图号、比例、设计、审核、批准、单位名称等内容。标题栏的位置在技术图样中必须如图 1-6 所示位置配置。看图的方向与看标题栏方向一致。GB/T 10609.1—2008 对标题栏的内容、格式和尺寸作了规定,如图 1-7 所示。

　　(4) 投影符号　投影符号就是第一角或第三角画法的投影识别符号。第一角画法的投影符号在必要时可画出,第三角画法的投影符号必须画出。GB/T 14692—2008 中规定的投影符号画法如图 1-8 所示。

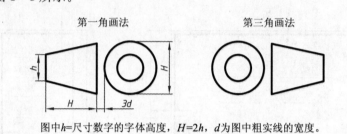

图中 h=尺寸数字的字体高度, $H=2h$, d 为图中粗实线的宽度。

图 1-8　投影识别符号的画法

1.2.2　比例(Scale)

　　比例是图样中图形与其实物相应要素的线性尺寸之比。当比例的值为 1(1:1)时,称其为原值比例;比值大于 1 时(如 2:1),为放大的比例;比值小于 1 时(如 1:2),为缩小的比例。实际绘图时应选用 GB/T 14690 中规定的比例(表 1-2)。

表 1-2　优先选取的比例

种　类	比　例		
原值比例	1:1		
放大比例	5:1	2:1	10:1
	$5 \times 10^n : 1$	$2 \times 10^n : 1$	$1 \times 10^n : 1$
缩小比例	1:2	1:5	1:10
	$1 : 2 \times 10^n$	$1 : 5 \times 10^n$	$1 : 1 \times 10^n$

　　注: n 为正整数。

1.2.3　字体(Lettering and writing)

　　数字和文字也是图样的重要组成部分,GB/T 14691—1993 规定了图样上和技术文件中所用汉字、数字、字母的字体和规格。

　　图样中的书写要求为:字体工整、笔画清楚、间隔均匀、排列整齐。

　　国标规定字体高度(h)的公称尺寸系列为:1.8,2.5,3.5,7,10,14,20(mm)。字体高度代表字体的号数。汉字采用国家正式公布的简化汉字的长仿宋体,字高 h 不小于 3.5mm,字宽为 $h \times 2^{-1/2}$。

　　数字及字母分 A 型和 B 型,A 型字体的笔画宽度为 $h/14$,B 型字体的笔画宽度为 $h/10$。可写成直体或斜体,斜体字的字头向右倾斜,并与水平基准线成 75°。同一张图样上只能采用一种字体和书写形式,表示指数、分数、极限偏差、注脚等的数字和字母应采用小一号的字体。

　　汉字书写示例如图 1-9 所示。数字、字母的书写示例如图 1-10 所示。

10号字

书写要字体工整笔画清楚间隔均匀排列整齐

7号字

长仿宋汉字书写要领是横平竖直注意起落结构均匀填满方格

图 1-9 长仿宋体汉字示例

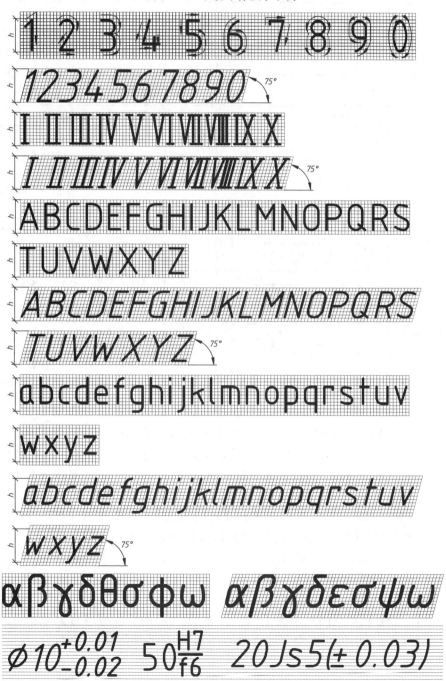

图 1-10 数字、字母书写示例

1.2.4　图线及其画法(Basic conventions for lines)

绘制图样时应采用 GB/T 4457.4—2002 中规定的线型,表1-3列出了常用线型及画法和应用。

表 1-3　机械图样常用图线

代码	图线名称	图线型式	图线宽度	一般应用
01.2	粗实线		$d(=b)$	可见轮廓线,螺纹牙顶线,螺纹长度终止线,齿顶圆线,剖切符号用线等
01.1	细实线		$d(=b/2)$	辅助线,尺寸线,尺寸界线,指引线和基准线,剖面线,重合断面的轮廓线,短中心线,过渡线,螺纹牙底线等
01.1	波浪线		$d(=b/2)$	断裂处边界线,视图和剖视的分界线
01.1	双折线	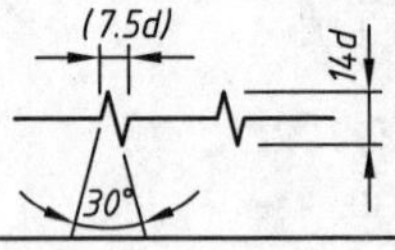	$d(=b/2)$	断裂处边界线,视图和剖视的分界线
02.1	细虚线	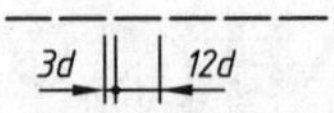	$d(=b/2)$	不可见轮廓线
02.2	粗虚线		$d(=b)$	允许表面处理的表示线
04.1	细点画线	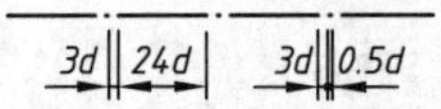	$d(=b/2)$	轴线,对称中心线,分度线,孔系分布中心线等
04.2	粗点画线	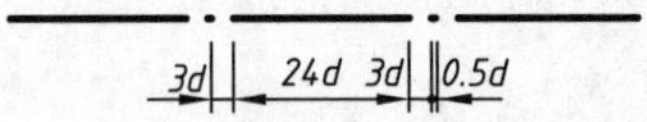	$d(=b)$	限定范围表示线
05.1	细双点画线	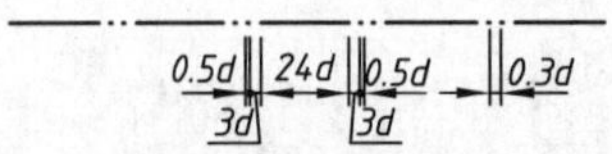	$d(=b/2)$	中断线,轨迹线,相邻辅助零件的轮廓线,可动零件的极限位置轮廓线,剖切面前的结构轮廓线,重心线等

国家标准规定图线的宽度系列(b)为:0.13mm,0.18mm,0.25mm,0.35mm,0.5mm,0.7mm,1.0mm,1.4mm,2.0mm。图线宽度的选择应根据图样复杂程度和缩放复制要求确定。

《机械制图》(GB/T 4457.4)规定机械图样中采用粗、细两种线宽,粗线与细线的宽度比是 1:0.5。

建筑制图、化工制图等其他技术图样中的线宽,根据《技术制图》(GB/T 17450)和相关标准的规定,建筑图采用粗、中粗、中、细四种线宽,其线宽比为 1:0.75:0.5:0.25;化工图样采用粗、中、细三种线宽,其线宽的比率为 1:0.5:0.25。

绘制图线时应遵循以下要求(图1-11):

(1)同一图样中的同一种图线的宽度应一致。

(2)虚线、点画线、双点画线中的点、画、长画、短间隔的长度应各自大致相等。手工图中点的长度为 $\leqslant 0.5d$,画的长度为 $12d$,长画的长度为 $24d$,短间隔的长度为 $3d$。其中 d 为图线的宽度。

(3)虚线、点画线、双点画线与其他图线相交时,应在画或长画处相交。

（4）点画线、双点画线的首末两段应为长画,并应超出轮廓线 2～5mm。

（5）小图形上绘制细点画线、双点画线有困难时,可用细实线代替。

（6）虚线处于粗实线的延长线上时,粗实线画到分界点,虚线应留空隙。虚线圆弧和虚线直线相切时,圆弧应画到切点,直线需留空隙。

（7）波浪线不允许超出物体轮廓,不可画在物体的中空处。

（8）两条平行线之间的间隙不得小于 0.7mm。

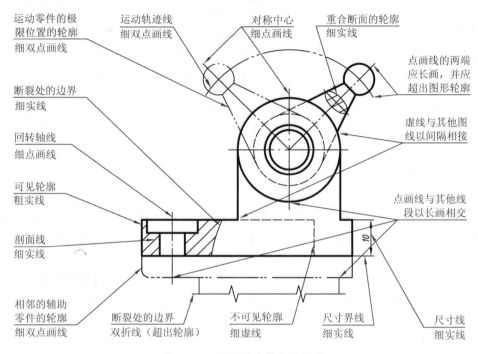

图 1-11　图线的应用及其画法

1.2.5　尺寸注法(Dimensioning)

尺寸是确定物体形状大小的数值,标注尺寸应遵循 GB/T 4458.4—2003,标注尺寸的基本要求是正确、完整、清晰、合理。

1.2.5.1　基本规则(Basic rule)

物体的真实大小以图样中标注的尺寸数值为依据,与图形大小、作图比例、绘图的准确度无关。

图样中的尺寸(包括技术要求和其他说明),以毫米为单位时不需标注单位符号,否则应注明相应的单位符号。

图样中所标注尺寸为该图样所示物体的最后成品尺寸,否则另加说明。

图样所示物体的各尺寸一般只标注一次,并标注在反映该结构最清晰的部位。

1.2.5.2　尺寸组成(Composing of dimension)

一个完整的尺寸由尺寸界线、尺寸线、尺寸数字组成。

（1）尺寸界线　尺寸界线表示所注尺寸的范围。用细实线绘制,并从图形的轮廓线、轴线或对称中心线处引出,或利用轮廓线、轴线或对称中心线作尺寸界线。尺寸界线一般与尺寸线垂直(超出尺寸线约 2mm),必要时尺寸界线允许倾斜(但两尺寸界线应相互平行),如

图 1-12(a)(b)所示。

(2) 尺寸线　尺寸线用来表示尺寸度量的方向。用细实线绘制在两尺寸界线之间,其终端形式有两种,如图 1-12(c)所示:① 箭头;② 斜线。尺寸线用细实线绘制,且尺寸线与尺寸界线通常应垂直。

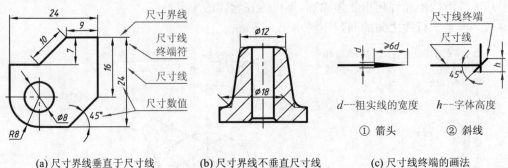

(a) 尺寸界线垂直于尺寸线　　　(b) 尺寸界线不垂直尺寸线　　　(c) 尺寸线终端的画法

图 1-12　尺寸的组成

机械图样等各类图样一般用箭头作为尺寸线的终端,建筑图一般用斜线作为尺寸线的终端。同一张图样中的尺寸线终端形式应一致。

绘制尺寸线应注意:尺寸线不得用其他图线代替,不得与其他图线重合或画在其他图线上。标注线性尺寸时,尺寸线应与所标注线段平行;标注角度时的尺寸线应画成圆弧,避免尺寸界线与尺寸线相交。

(3) 尺寸数字　尺寸数字表示所注尺寸的数值。尺寸数字不得被任何图线通过,否则应将图线断开。线性尺寸的数字一般标注在尺寸线上方或尺寸线的中断处,同一张图样中应采用同一种方法。角度的数字一律写成水平方向。

标注尺寸的常用符号及缩写词见表 1-4,常见尺寸的标注示例见表 1-5。

表 1-4　标注尺寸的常用符号及缩写词

含义	正方形	深度	沉孔或锪平	埋头孔
符号及其画法				

含义	弧长	斜度	锥度	
符号及其画法				说明: h 为尺寸数字的字体高度 　各符号的线宽为 $h/10$

含义	直径	半径	球直径	球半径	均布	45° 倒角	厚度
缩写	ϕ	R	$S\phi$	SR	EQS	C	t

表 1-5　常见尺寸标注示例

标注内容	示　例	说　明
线性尺寸	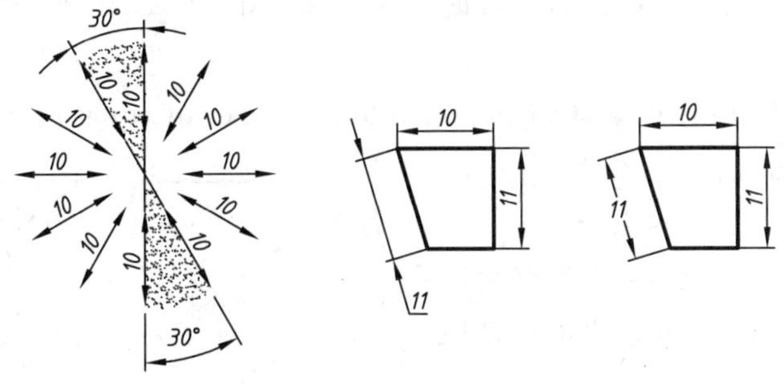 （a）　　　　（b）　　　　（c）	线性尺寸的数字应按 (a) 图所示方向书写，避免在图示 30° 范围内标注尺寸，当无法避免时可按 (b) 或 (c) 图的形式标注
角度尺寸	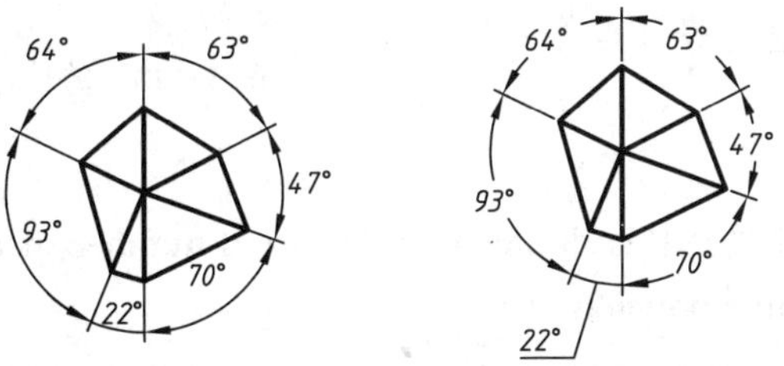 （a）　　　　　（b）	标注角度时：(1) 尺寸界线从径向引出；(2) 尺寸线画成圆弧，其圆心是该角的顶点；(3) 尺寸数字一律水平书写，必要时可按 (b) 图书写在尺寸线的中断处
圆和圆弧的尺寸	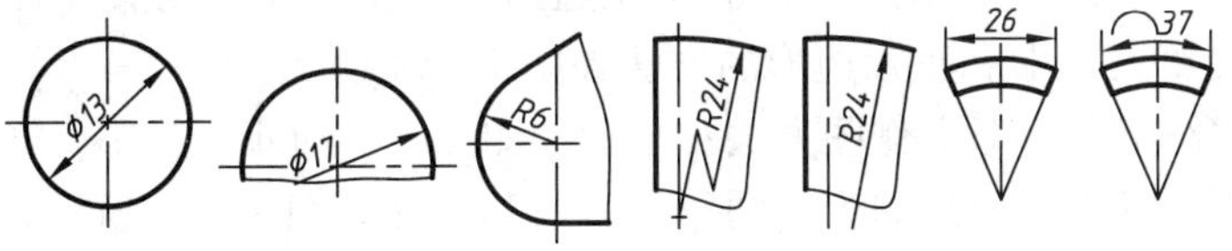 （a）　（b）　（c）　（d）　（e）　（f）　（g）	直径尺寸数字前应加注符号"φ"，半径尺寸数字前应加注"R"；圆心位置超出图纸范围时可按 (d) 图标注，不需标注圆心位置时可按 (e) 图标注；圆弧的弧长尺寸数字前加注符号"⌒"
其他尺寸	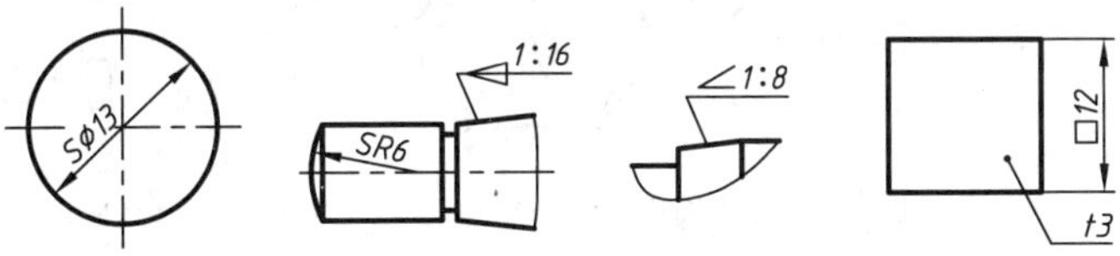 （a）　　　（b）　　　（c）　　　（d）	球面尺寸数字前加注"S"，锥度尺寸数字前加注符号"◁"，斜度尺寸数字前加注符号"∠"，正方形尺寸数字符号前加注符号"□"，厚度尺寸数字前加注符号"t"
小尺寸	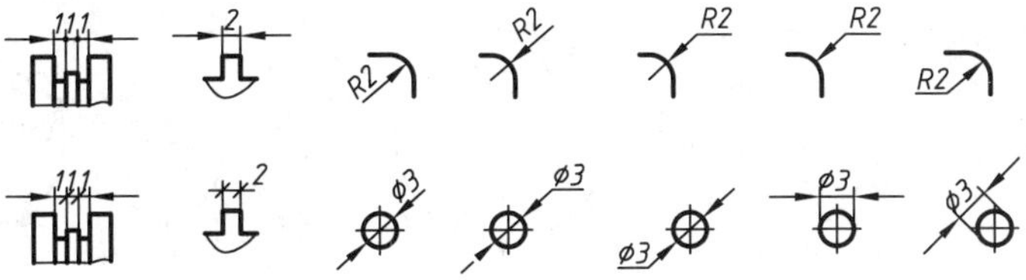	

1.3　几何作图(Geometrical construction)

图样中的图形基本都是由直线、圆弧等几何图线组成的,因此绘制图样时必须运用几何作图法。

1.3.1　等分直线段(To divide a straight line into a number of equal parts)

等分直线段的步骤为(以五等分直线段 AB 为例,如图 1-13 所示):

(1) 过直线段一端点 A 作一辅助直线段 AC,并用分规在 AC 上以任意相等的距离截取等分点 1、2、3、4、5;

(2) 将直线段上另一端点 B 和辅助线上最后一个等分点 5 连接起来,并过各等分点作此连线的平行线。

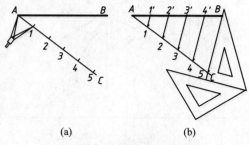

(a)　　　　(b)

图 1-13　等分已知直线段

1.3.2　等分圆周和作正多边形(To divide a circle into a number of equal parts, and construct any regular polygon)

通过计算并借助量角器可以等分圆周,但仅利用尺规也能等分圆周。以下介绍等分圆周的常用方法。

(1) 三等分、六等分圆周及其作正三边形和六正边形　已知外接圆的直径,三等分或六等分圆周及作圆的内接正三边形和正六边形的方法如图 1-14 所示。

(2) 五等分圆周和作正五边形　作图方法和步骤如图 1-15 所示。

(3) 任意等分圆周　以五等分圆周为例的作图方法和步骤如图 1-16 所示。

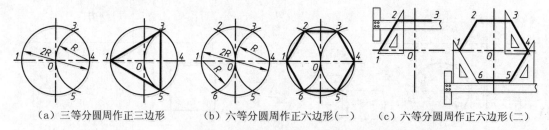

(a) 三等分圆周作正三边形　　(b) 六等分圆周作正六边形(一)　　(c) 六等分圆周作正六边形(二)

图 1-14　三等分、六等分圆周及作圆的内接正三边形、正六边形

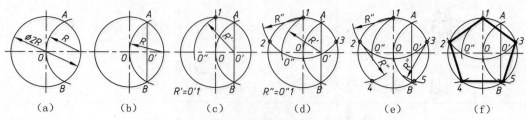

(a)　　　(b)　　　(c)　　　(d)　　　(e)　　　(f)

图 1-15　五等分圆周及作圆的内接正五边形

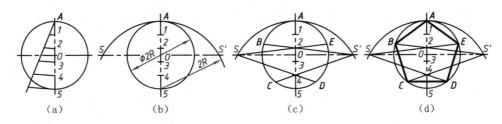

图 1-16 任意等分圆周(以五等分为例)及作圆的内接正多边形

1.3.3 斜度和锥度(Slope and taper)

(1) 斜度 一直线(或平面)对另一直线(或平面)的倾斜程度称为斜度。斜度的大小用两直线(或平面)间夹角的正切表示,在图样中以 $1:n$ 的形式标注,并在前面加注斜度符号(斜度符号画法如表 1-4 所示),斜度的画法及标注如图 1-17 所示。

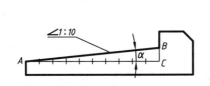

(1) AB对AC的斜度$=\tan\alpha=CB/AC=1/n$ (1:10)
(2) 斜度符号的倾斜方向应与斜度方向对应

图 1-17 斜度及标注

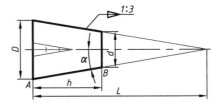

(1) AB的锥度$=D/L=(D-d)/h=2\tan\alpha$
(2) 锥度符号的方向应与锥度方向对应

图 1-18 锥度及标注

(2) 锥度 正圆锥的底圆直径与锥高之比称锥度。在图样中以 $1:n$ 的形式标注,并在前面加注锥度符号(锥度符号画法如表 1-4 所示),锥度的画法及标注如图 1-18 所示。

1.3.4 圆弧连接(Arc connection)

用圆弧去连接另外的圆弧或直线的作图问题称为圆弧连接。按已知条件可以直接作出的直线或圆弧称为已知线段,需要根据与已知线段的连接关系才能作图的圆弧或直线称为连接线段。圆弧连接的实质是圆弧和圆弧(或直线)相切。画出圆弧连接的关键是:正确确定连接圆弧的圆心和连接点(切点)。

表 1-6 表达了圆弧连接的步骤和方法。

表 1-6　常见的圆弧连接形式及其作图步骤

连接形式	已知条件和作图要求	作图步骤		
		找圆心	找切点	完成圆弧连接
圆弧与两已知直线连接	已知半径为 R 的连接圆弧与直线 I、II 均相切	以 R 为间距,分别作直线 I 和直线 II 的平行线。这两条平行线的交点就是连接圆弧的圆心 O	过连接圆弧的圆心 O 分别作已知直线 I 和直线 II 的垂线,垂足 A、B 就是连接圆弧与已知直线的连接点	以 O 为圆心、R 为半径画圆弧 AB,并加深图线
圆弧与已知直线及已知圆弧连接	已知半径为 r 的连接圆弧,与已知直线 I 相切,并与半径为 R 的已知圆弧外切	以 r 为间距作直线 I 的平行线 II;并以 O 为圆心、$R+r$ 为半径画圆弧;该圆弧与以上所作平行线之间的交点 O_1 为连接圆弧的圆心	过 O_1 作直线 I 的垂线,并连接 O 与 O_1(圆弧之间的连心线),垂足 A 及 OO_1 与圆弧的交点 B 均为连接圆弧与已知线段之间的连接点	以 O_1 为圆心、r 为半径画圆弧 AB,并加深图线
圆弧与已知圆弧连接 — 外切连接	已知半径为 r 的连接圆弧,与半径为 R_1 及半径为 R_2 的已知圆弧均外切	以 R_1+r 为半径、O_1 为圆心画圆弧,再以 R_2+r 为半径、O_2 为圆心画圆弧,两圆弧的交点 O 就是连接圆弧的圆心	连接 O 和 O_1 以及 O 和 O_2,它们与已知圆弧的交点 A、B 就是连接圆弧与已知圆弧之间的连接点	以 O 为圆心、r 为半径画圆弧 AB,并加深图线
圆弧与已知圆弧连接 — 内切连接	已知半径为 r 的连接圆弧,与半径为 R_1 及半径为 R_2 的已知圆弧均内切	以 $r-R_1$ 为半径、O_1 为圆心画圆弧,再以 $r-R_2$ 为半径、O_2 为圆心画圆弧;两圆弧的交点 O 就是连接圆弧的圆心	连接 O 和 O_1 并延长到 A 点,以及连接 O 和 O_2 并延长到 B 点,A、B 就是连接圆弧与已知圆弧之间的连接点	以 O 为圆心、r 为半径画圆弧 AB,并加深图线
圆弧与已知圆弧连接 — 内、外切连接	已知半径为 r 的连接圆弧,与半径为 R_1 和半径为 R_2 的已知圆弧分别内、外切	以 $r-R_1$ 为半径、O_1 圆心画圆弧,再以 $r+R_2$ 为半径、O_2 为圆心画圆弧;所作两圆弧的交点 O 就是连接圆弧的圆心	连接 O 和 O_1 并延长到 A,以及连接 O 和 O_2 并与半径为 R_2 的已知圆弧相交于 B,它们就是连接圆弧与已知圆弧之间的连接点	以 O 为圆心、r 为半径画圆弧 AB,并加深图线

1.3.5　非圆曲线(Non-circle curve)

（1）椭圆　椭圆是常见的非圆曲线。绘制椭圆的方法有同心圆法、四心圆法、共轭轴法等。用同心圆法和四心圆法绘制椭圆的方法分别如图 1-19 和 1-20 所示。

（2）圆的渐开线　将切线绕圆周作无滑动地滚动时，其切线上任一点的轨迹称为圆的渐开线。齿轮的齿形轮廓线的一部分常为圆的渐开线。渐开线的画法如图 1-21 所示。

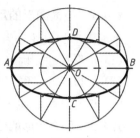

图 1-19　同心圆法画椭圆

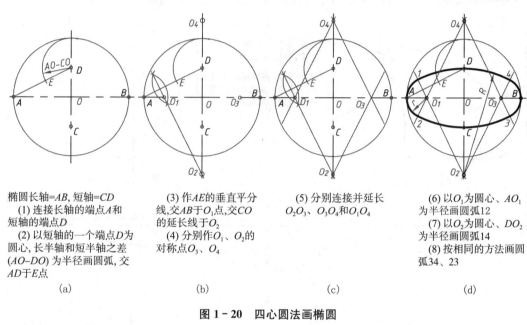

椭圆长轴=AB, 短轴=CD

（1）连接长轴的端点A和短轴的端点D

（2）以短轴的一个端点D为圆心，长半轴和短半轴之差$(AO-DO)$为半径画圆弧，交AD于E点

(a)

（3）作AE的垂直平分线，交AB于O_1点，交CO的延长线于O_2

（4）分别作O_1、O_2的对称点O_3、O_4

(b)

（5）分别连接并延长O_2O_3、O_3O_4和O_1O_4

(c)

（6）以O_1为圆心、AO_1为半径画圆弧12

（7）以O_2为圆心、DO_2为半径画圆弧14

（8）按相同的方法画圆弧34、23

(d)

图 1-20　四心圆法画椭圆

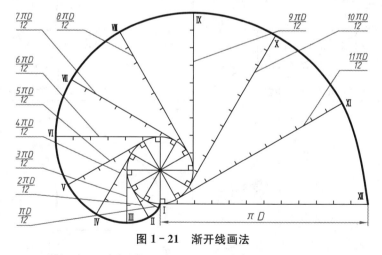

图 1-21　渐开线画法

1.4　平面图形(Plane figure)

平面图形通常由若干线段连接而成，绘制前应对它进行分析，才能了解其画法。

1.4.1　平面图形的尺寸(Dimensions of plane figures)

平面图形的尺寸分为:定形尺寸和定位尺寸。

(1) 定形尺寸　确定平面图形中的线段长度、圆弧直径或半径、角度数值的尺寸为定形尺寸。

(2) 定位尺寸　确定平面图形中各线段之间相互位置关系的尺寸为定位尺寸。

(3) 尺寸基准　标注尺寸时,度量尺寸的起始位置称为尺寸基准。

1.4.2　平面图形的线段分析(Line segment analysis of plane figures)

根据平面图形上的线段尺寸的完整性,平面图形的线段分为如下三种:

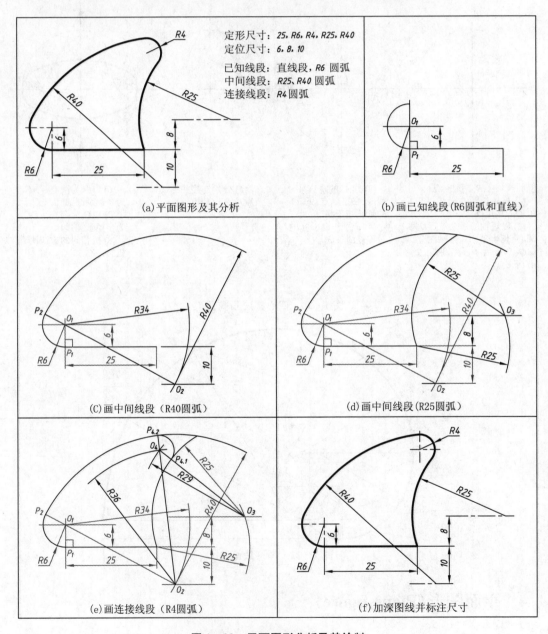

图 1-22　平面图形分析及其绘制

(1) 已知线段 定形尺寸和定位尺寸齐全的线段,这类线段可直接画出;

(2) 中间线段 定形尺寸齐全,定位尺寸不全的线段,这类线段要通过一个连接关系才能画出;

(3) 连接线段 有定形尺寸、无定位尺寸的线段,这类线段要通过两个连接关系才能画出。

平面图形的分析及其画法见图 1 - 22。

1.4.3 平面图形的尺寸标注(Dimensioning of plane figures)

常见平面图形的尺寸标注示例如图 1 - 23 所示。标注平面图形的尺寸应做到:

(1) 正确 标注应符合国家标准的规定,尺寸数值不得出错;

(2) 完整 尺寸标注应齐全,不得遗漏、重复或多余;

(3) 清晰 尺寸应布置在图形的明显处,布局整齐、标注清楚。

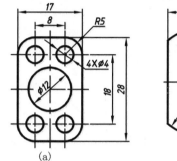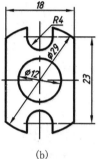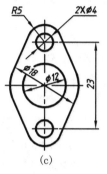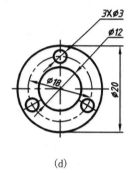

(a)　　　　　　　(b)　　　　　　　(c)　　　　　　　(d)

图 1 - 23　平面图形的尺寸标注示例

1.4.4 平面图形的绘制步骤(Drawing order of plane figures)

绘制平面图形的步骤如下:

(1) 对平面图形进行线段分析;

(2) 画已知线段;

(3) 画中间线段;

(4) 画连接线段;

(5) 标注尺寸。

1.5 仪器绘图的基本步骤(Basic order of instrument drawing)

为提高图样质量和绘图速度,不仅要正确使用绘图工具和仪器,还要掌握正确的绘图顺序和方法。仪器绘图的基本步骤如下。

1.5.1 准备工作(Preparing work)

(1) 安排好绘图地点,准备好绘图工具,磨削好铅笔和圆规上的铅芯。

(2) 分析图形,并确定作图比例和图纸幅面。

(3) 固定图纸,使图纸平整(丁字尺的刻度边应与图纸边或图框线对齐)。

1.5.2　绘制底稿(To draw manuscript)

画底稿时不考虑线型,统一用 H 或 2H 铅笔轻淡地绘制。

(1) 画图框线、标题栏。

(2) 布置图面。根据图形大小及标注尺寸的需要,在图框内的适当位置绘制出各图形的基准线、对称中心线或轴线。

(3) 绘制图形。画图时先画主要轮廓,后画细节部分。

(4) 画出尺寸界线、尺寸线。

(5) 校核底稿,修正错误,擦除多余图线。

1.5.3　加深(To deepen line)

底稿完成后按标准规定的线型加深各种图线。加深图线时应用力均匀,圆规中的铅芯应比铅笔的铅芯软。同类图线一起加深,使全图同类图线的宽度一致、浓淡一致。铅笔加深的步骤一般按以下原则进行:

(1) 先加深粗线,后加深细线;

(2) 先加深实线,后加深中心线、虚线等;

(3) 先加深曲线,后加深直线;

(4) 加深曲线时,先加深小圆(圆弧)后加深大圆(圆弧);

(5) 加深直线时,先加深横线后加深竖线;

(6) 加深横线的顺序应自上而下,加深竖线的顺序应自左而右;

(7) 最后画箭头、标注尺寸数值、填写技术要求和标题栏等。

1.6　草图(Sketch)

不用绘图仪器和工具,而以目测比例、用铅笔徒手绘制的图样称草图。绘制草图是工程技术人员的基本技能之一。

1.6.1　草图的应用(Application of sketch)

草图常用于以下场合:

(1) 在设计初始阶段绘制设计方案,表达设计人员的初步设想和构思;

(2) 修配或仿制过程中的现场测绘;

(3) 参观或讨论问题时的现场记录或交流。

1.6.2　草图技能(Sketching skill)

草图是绘制工作图的原始资料,因此绘制的草图应内容完整、图线正确、线型分明、比例匀称、字体工整、图面整洁,徒手图一般用 HB、B 或 2B 铅笔绘制。

(1) 直线的画法　握笔时手腕不宜紧贴图纸,眼睛看着线段终点以保持直线方向。画短线用手腕运笔,画长线用手臂动作。画30°、45°、60°斜线,按直角边的近似比例定出端点后连成直线(图 1-24)。

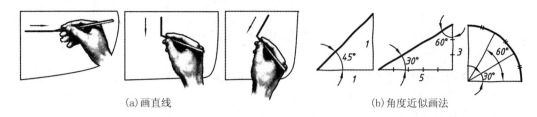

(a)画直线　　　　　　　　　　　　(b)角度近似画法

图 1－24　徒手画直线

（2）圆的画法　先画相互垂直的点画线定出圆心,再根据半径大小在中心线上通过目测定出四点,然后徒手连接各点勾画出圆。对较大圆可通过圆心多作几条直径,在上面找点后再连接成圆(图 1－25);或如图 1－26 所示,通过模拟圆规徒手画圆。

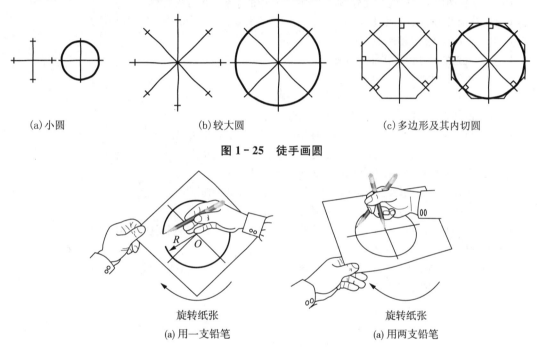

(a)小圆　　　　　　　　(b)较大圆　　　　　　　(c)多边形及其内切圆

图 1－25　徒手画圆

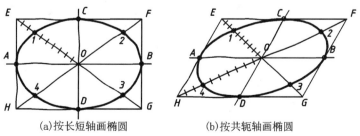

旋转纸张　　　　　　　　　　　　旋转纸张
(a)用一支铅笔　　　　　　　　　　(a)用两支铅笔

图 1－26　徒手模拟圆规画圆

（3）椭圆画法　先画椭圆的长、短轴(或共轭轴),再过长、短轴的端点画矩形(或过共轭轴的端点画平行四边形),然后作矩形(平行四边形)的对角线,并在各个半对角线上找出 3：7 的点(如 $E1：1O=3：7$),最后徒手依次光滑连接各点(图 1－27)。

(a)按长短轴画椭圆　　　　　　　　(b)按共轭轴画椭圆

图 1－27　徒手画椭圆

复习思考题

1-1　图纸的基本幅面有哪几种？不同幅面的图纸边长之间有什么关系？

1-2　举例说明比例 1：10 和比例 10：1 的意义。

1-3　字体的号数说明什么？写出国标中规定的字号系列。

1-4　图样中书写的文字必须做到哪些要求？

1-5　长仿宋字的宽和高之间有什么关系？

1-6　数字和字母有哪几种字型、哪几种字体？

1-7　写出国家标准中规定的图线宽度系列。

1-8　机械图样中的图线宽度分哪几种？建筑图中的图线宽度分哪几种？

1-9　分别说明粗实线、细虚线、细点画线、波浪线、细双点画线、细实线的主要用途。

1-10　在图样上绘制图线时，应注意哪些问题？

1-11　完整的尺寸由哪几部分组成？

1-12　绘制尺寸线、尺寸界线时应注意哪些问题？

1-13　书写不同方向的尺寸数值时有什么规则？

1-14　圆的直径、圆弧的半径、角度的标注分别有什么特点？

1-15　分别说明∠1：20 和◁1：20 的含义。怎样作斜度和锥度？

1-16　有几种五等分圆周的方法？如何绘制圆的内接正六边形？

1-17　总结准确作出连接圆弧的圆心和连接点的规律。

1-18　怎样过已知点作已知圆的切线？如何作两个已知圆的公切线？

1-19　分别说明什么是已知线段、中间线段、连接线段。

1-20　标注平面图形的尺寸时应达到哪些要求？这些要求主要体现哪些具体内容？

1-21　平面图形上的尺寸有哪几类？

1-22　徒手绘制草图应达到哪些基本要求？如何徒手绘制各种直线和圆？

1-23　试述绘制平面图形的方法和步骤。

2 点、直线、平面的投影

(Projections of point，line，plane)

2.1 投影基本知识(Fundamental knowledge of the projection)

为了正确、迅速地画出物体的投影或分析空间几何问题,必须首先研究与分析空间几何元素的投影规律和投影特性。本章重点讨论点、直线、平面的投影。

2.1.1 投影的方法(Method of projection)

在工程图样中,为了在平面上表达空间物体的结构形状,广泛采用了投影的方法。

在日常生活中经常遇到投影,如图 2-1 所示,把一块三角板的 ABC 放在一点光源(S)与一个平面之间,那么,在平面上就会出现一个三角形的影子$\triangle abc$,$\triangle abc$ 就是三角板的 ABC 在这个平面(称为投影面)上的投影。这种产生图像的方法称为投影法。

2.1.2 投影法分类(Classification of projection method)

投影法分为两类:中心投影法和平行投影法。

1. 中心投影法

投射线都通过投影中心的投影方法称为中心投影法,如图 2-1 所示,其中$\triangle abc$ 就是 $\triangle ABC$ 的投影。

2. 平行投影法

投射线都互相平行的投影方法称为平行投影法(图 2-2)。

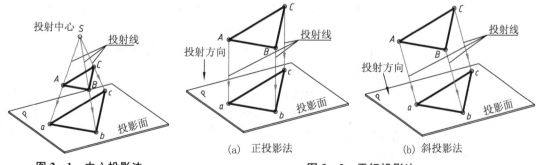

图 2-1 中心投影法　　　　(a) 正投影法　　(b) 斜投影法

　　　　　　　　　　　图 2-2 平行投影法

平行投影法又分为正投影法和斜投影法:图 2-2(a)是投射线垂直于投影面的正投影法,所得的投影称为正投影。图 2-2(b)是投射线倾斜于投影面的斜投影法,所得的投影称为斜投影。

工程图样主要用正投影,以下就将"正投影"简称"投影"。

2.2　点(Point)

如图 2-3 所示,由空间点 A 作垂直于投影面 P 的投射线,与平面 P 交得唯一的投影 a；反之,若已知点 A 的投影 a,由于在从点 a 所作的平面 P 的垂线上的各点(如 A、A_0 等)的投影都位于 a,就不能唯一确定点 A 的空间位置。为此,需要增加一个垂直投影面,从另外的投影方向,再得到同一空间点的另一个投影。这样用两个投影才能确定空间点的唯一位置。因此,常将几何形体放置在相互垂直的两个或更多的投影面之间,向这些投影面投射,形成多面正投影。

2.2.1　点的两面投影(Point of projection on two planes)

如图 2-4(a)所示,设立两个互相垂直的投影面,组成两投影面体系,并把两投影面之交线 OX 称为投影轴。

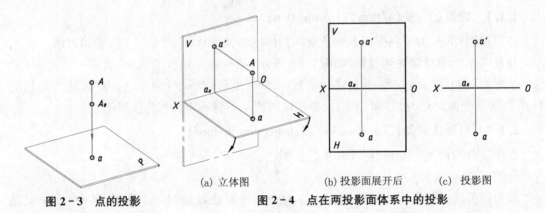

(a) 立体图　　　　　　(b) 投影面展开后　　　(c) 投影图

图 2-3　点的投影　　　　图 2-4　点在两投影面体系中的投影

水平位置的投影面称为水平投影面(简称 H 面),铅直位置的投影面称为正面投影面(简称 V 面)。空间点 A 在 H 面的投影叫做点 A 的水平投影 a,在 V 面的投影叫做点 A 的正面投影 a'(规定空间的点都用大写字母表示,它的投影都用相应的小写字母表示)。

由于平面 $Aa'a$ 分别与 V 面、H 面相垂直,所以这三个互相垂直的平面必定交于一点 a_x,且三条交线互相垂直,即 $a_xa'\perp a_xa\perp OX$。又因四边形 Aaa_xa' 是矩形,所以 $a_xa'=aA$,$a_xa=a'A$。因此,点 A 的 V 面投影 a' 到投影轴 OX 的距离,等于点 A 到 H 面的距离；点 A 的 H 面投影 a 到投影轴 OX 的距离,等于点 A 到 V 面的距离。

为了把 V 面和 H 面及其投影同时绘制在一张纸(平面)上,规定画图时 V 面保持不动,将 H 面以 OX 为轴向下转 $90°$,使之与 V 面重合,展开后的点的两面投影如图 2-4(b)所示。由于投影面的周界大小与投影无关,所以,作为投影面的边框和字母 H、V 均可省去而形成如图 2-4(c)所示的点的两面投影图。

由此可概括出点的两面投影规律:

(1) 点的投影连线垂直于投影轴,即 $a'a\perp OX$；

(2) 点的投影与投影轴的距离,等于该点与相邻投影面的距离。即 $a_xa'=aA$,$a_xa=a'A$。

已知一点的两面投影就能唯一地确定该点在空间的位置。可以想象:若将图 2-4(c)中的 OX 轴之上的 V 面保持正立位置,将 OX 轴以下的 H 面绕 OX 轴向前旋转 $90°$,恢复到水平位置,再分别由 a'、a 作垂直于 V 面、H 面的投影线,交点 A 就是该点在空间中的唯一位置。

2.2.2 点的三面投影(Point of projection on three planes)

对于较复杂的形体,常常需要用三个投影面上的三个投影来表示。三个投影面就是在 V 面、H 面的基础上再加一个侧投影面(W 面),使之同时垂直于 V 面和 H 面。图 2-5(a)表示三个投影面的空间关系及空间点 A 的三个投影。V 面和 H 面交于 OX 轴;H 面与 W 面交于 OY 轴;V 面与 W 面交于 OZ 轴。投影轴 OX、OY、OZ 互相垂直,并相交于 O。由此形成三面投影面体系。

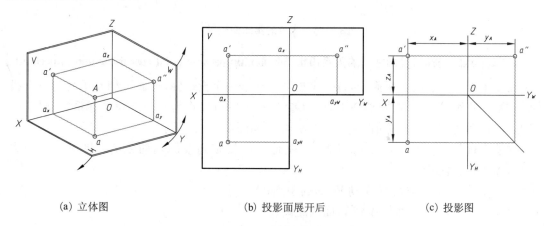

(a) 立体图   (b) 投影面展开后   (c) 投影图

图 2-5 点在三投影面体系中的投影

如图 2-5(a)所示,由点 A 分别作垂直于 V 面、H 面、W 面的投射线。得点 A 的水平投影 a、正面投影 a' 和侧面投影 a''。与在两投影面体系中相同,每两条投射线分别确定一个平面,与三个投影面分别相交,构成一个长方体 $Aa_xa'a_za''a_yO$。

展开三投影面时,除 V 面与 H 面仍按前述方法外,W 面以 OZ 轴为轴向外旋转 $90°$,使之与 V 面重合。点 A 的三面投影随投影面展开后如图 2-5(b)所示。这里 OY 轴展开后,出现了两个位置,随 H 面展开的叫做 OY_H 轴,随 W 面展开的叫做 OY_W 轴,为了作图方便,可用过点 O 的 $45°$ 辅助线,aa_{YH},$a''a_{YW}$ 的延长线必与这条辅助线交汇成一点。同样,省去投影面的框线和名称而形成如图 2-5(c)所示的点的三面投影图。

在点的两面投影规律的基础上,三面投影增加以下规律:

(1)点的正面投影和侧面投影的连线垂直于 OZ 轴,即 $a'a'' \perp OZ$。且 $a''a_{YW} \perp OY_W$,$aa_{YH} \perp OY_H$。

(2)点的侧面投影到 OZ 轴的距离等于空间点到 V 面的距离 Aa',点的侧面投影到 OY 的距离等于空间点到 H 面的距离 Aa。于是有 $a''a_z = Aa' = aa_x$,$a''a_{YW} = Aa = a'a_x$。

根据上述特性,点在 H、V、W 三面的投影中只要已知任意两投影,我们就能方便地求出其第三面投影。

[**例 2-1**] 已知 D 点的两个投影 d'、d'',求出其第三投影 d(图 2-6)。

[**解**] 根据点的投影规律,水平投影 d 到 X 轴的距离等于侧面投影 d'' 到 Z 轴的距离。先从原点 O 作 OY_H、OY_W 的 $45°$ 分角线,然后从 d'' 引 OY_W 的垂线与分角线相交,再由交点作 X 轴的平行线与由 d' 作出的 X 轴的垂线相交即得水平投影 d。

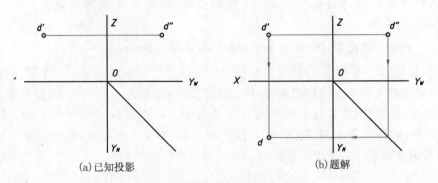

(a)已知投影　　　　　　　　　　　　(b)题解

图 2 - 6　求点的第三面投影

2.2.3　点的坐标与投影之间的关系(The relationship between point coordinate and projection)

在三个相互垂直的投影面中,每两个投影面交于一个投影轴,形成了相互垂直的三个投影轴 OX,OY 和 OZ。三投影轴交于原点 O。这三个轴可以作为一个空间坐标系的坐标轴。空间点的位置可用三个坐标值 x,y,z 表示出来,如图 2 - 5(a)所示。

这些坐标值反映在点的三面投影中,就是点的投影到投影轴的距离。图 2 - 5(a)为 $A(x,y,z)$ 的三面投影。图中:

$x=a'a_z=aa_{YH}=$空间点 A 到 W 面的距离;

$y=aa_X=a''a_Z=$空间点 A 到 V 面的距离;

$z=a'a_x=a''a_{YW}=$空间点 A 到 H 面的距离。

利用坐标和投影的关系,可以将已知坐标值的点画出三面投影。也可以由投影量出空间点的坐标值。

[例 2 - 2]　已知 $A(15,10,12)$,求作点 A 的三面投影(图 2 - 7)。

[解]

(1) 先画出投影轴,然后由 O 向左沿 OX 取 $x=15$,得 a_X。

(2) 过 a_X 作 OX 的垂线,在垂线上由 a_x 向下量取 $y=10$,得 a。由 a_X 向上量取 $z=12$,得 a'。

(3) 由 a' 作 OZ 的垂线与 Z 轴交于 a_z,由 a_z 向右量取 $y=10$,得 a''。

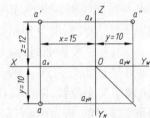

图 2 - 7　根据点的坐标
求点的三面投影

也可用由点的两投影求第三投影的方法求得。

2.2.4　两点的相对位置(The relative position of two points)

如图 2 - 8 所示,同一坐标系中的两点间的位置关系,可根据它们同一方向的坐标大小来判断。X 坐标大的点在左,Y 坐标大的点在前,Z 坐标大的点在上。

由于投影图是 H 面绕 OX 轴向下旋转,W 面绕 OZ 轴向右旋转而形成的,所以对水平投影而言,由 OX 轴向下就代表向前;对侧面投影而言,由 OZ 轴向右也代表向前。

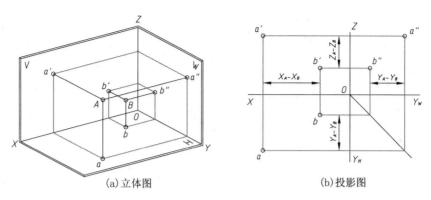

(a)立体图　　　　　　　　　　(b)投影图

图 2 - 8　两点的相对位置

2.2.5　重影点的投影(Coincident projection of two points)

从图 2-9 可知：点 C 在点 A 之后 $y_A - y_C$ 处，两点的 X 坐标一致、Z 坐标也一致，于是点 C 在点 A 的正后方，这两点的正面投影互相重合，点 A 和点 C 称为对正面投影的重影点。同理，若一点在另一点的正下方或正上方，则它们是对水平投影的重影点；若一点在另一点的正右方或正左方，则它们是对侧面投影的重影点。

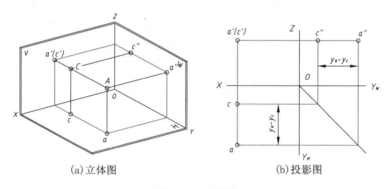

(a)立体图　　　　　　　　　　(b)投影图

图 2 - 9　重影点

对正面投影、水平投影、侧面投影的重影点投影的可见性，分别应该是前遮后、上遮下、左遮右。例如在图 2-9 中，应该是较前的点 A 的投影 a' 可见，而较后的点 C 的投影 c' 被遮而不可见。一般把不可见的投影名加一括号，如图 2-9(b)中的 (c')。

2.3　直线(Line)

2.3.1　直线的投影(Projection of line)

空间一直线的投影可由直线上不相邻的两点(通常取线段两个端点)的同面投影来确定。如图 2-10 所示的直线 AB，求作它的三面投影图时，可分别作出 A,B 两端点的投影 (a,a',a'')、(b,b',b'')，然后用直线连接同面投影即得直线 AB 的三面投影图 $(ab,a'b',a''b'')$。

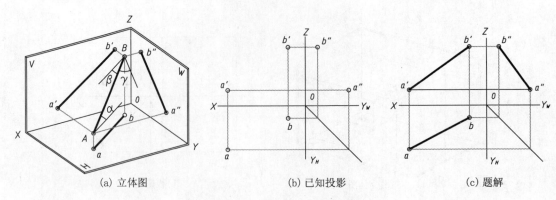

(a) 立体图　　　　　　　　　　(b) 已知投影　　　　　　　　(c) 题解

图 2 − 10　一般位置直线的投影

2.3.2　直线的投影特点(The characteristic on projection of line)

直线的投影特点取决于它相对投影面的位置关系,直线对投影面的相对位置有以下三类,其中后两类直线统称为特殊位置直线。

直线
- 一般位置直线:对 V、H、W 面都倾斜。
- 投影面平行线(只平行于一个投影面)
  - 水平线(H 面平行线):$//H$ 面,对 V、W 面倾斜
  - 正平线(V 面平行线):$//V$ 面,对 H、W 面倾斜
  - 侧平线(W 面平行线):$//W$ 面,对 H、V 面倾斜
- 投影面垂直线(垂直于一个投影面,平行于另外两个投影面)
  - 铅垂线(H 面垂直线):$\perp H$ 面,$//V$、W 面
  - 正垂线(V 面垂直线):$\perp V$ 面,$//H$、W 面
  - 侧垂线(W 面垂直线):$\perp W$ 面,$//V$、H 面

下面分别叙述它们的投影特性。

1. 一般位置直线

如图 2 − 10 所示,直线 AB 对 H 面的倾角为 α,对 V 面的倾角为 β,对 W 面的倾角为 γ。则直线的实长、投影长度和倾角之间的关系为:

$$ab = AB\cos\alpha, \quad a'b' = AB\cos\beta, \quad a''b'' = AB\cos\gamma。$$

从上式可知,由于一般位置直线的倾角为:$0° < \alpha < 90°$、$0° < \beta < 90°$,$0° < \gamma < 90°$,因此直线的三个投影 ab、$a'b'$、$a''b''$ 均小于实长。

一般位置直线的投影特性为:三个投影都与投影轴倾斜且都小于实长。各个投影与投影轴的夹角都不反映直线对投影面的倾角。

2. 投影面平行线

图 2 − 11 表达了各个投影面平行线的投影特性。

以正平线 AB 为例,其投影特性为:

(1) 正面投影 $a'b'$ 反映直线 AB 的实长,它与 X 轴的夹角反映直线对 H 面的倾角 α,与 Z 轴的夹角反映直线对 W 面的倾角 γ。

(2) 水平投影 $ab // X$ 轴,侧面投影 $a''b'' // Z$ 轴,但投影长度小于 AB 实长;$ab = AB\cos\alpha$,$a''b'' = AB\cos\gamma$。

(3) 水平线和侧平线的投影及其投影特性可类似得出。

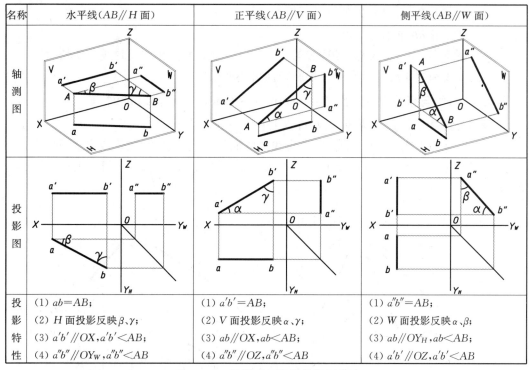

名称	水平线（AB//H 面）	正平线（AB//V 面）	侧平线（AB//W 面）
轴测图			
投影图			
投影特性	(1) $ab=AB$； (2) H 面投影反映 β、γ； (3) $a'b'//OX$，$a'b'<AB$； (4) $a''b''//OY_W$，$a''b''<AB$	(1) $a'b'=AB$； (2) V 面投影反映 α、γ； (3) $ab//OX$，$ab<AB$； (4) $a''b'//OZ$，$a''b''<AB$	(1) $a''b''=AB$； (2) W 面投影反映 α、β； (3) $ab//OY_H$，$ab<AB$； (4) $a'b'//OZ$，$a'b'<AB$

图 2－11　投影面平行线的投影特性

3. 投影面垂直线

图 2－12 反映了各个投影面垂直线的投影特性。

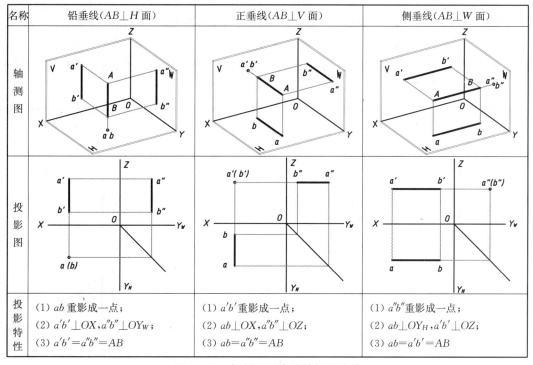

名称	铅垂线（AB⊥H 面）	正垂线（AB⊥V 面）	侧垂线（AB⊥W 面）
轴测图			
投影图			
投影特性	(1) ab 重影成一点； (2) $a'b'⊥OX$，$a''b''⊥OY_W$； (3) $a'b'=a''b''=AB$	(1) $a'b'$ 重影成一点； (2) $ab⊥OX$，$a''b''⊥OZ$； (3) $ab=a''b''=AB$	(1) $a''b''$ 重影成一点； (2) $ab⊥OY_H$，$a'b'⊥OZ$； (3) $ab=a'b'=AB$

图 2－12　投影面垂直线的投影特性

以铅垂线 AB 为例,其投影特性为:

(1) 水平投影 ab 重影为一点。

(2) 正面投影 $a'b'\perp OX$ 轴,侧面投影 $a''b''\perp OY_W$ 轴。两投影均反映线段实长。

(3) 正垂线和侧垂线的投影及其投影特性可类似得出。

2.3.3　直线与点的相对位置(The relative position of line and point)

直线与点的相对位置有两种:点在直线上和点不在直线上。

(1) 点如果在直线上,则点的投影在直线的同面投影上,点分割线段成定比,即图 2-13 所示直线 AB 上有一点 C,则 C 点的三面投影 c,c',c'' 必定分别在直线 AB 的同面投影 ab,$a'b'$,$a''b''$ 上。

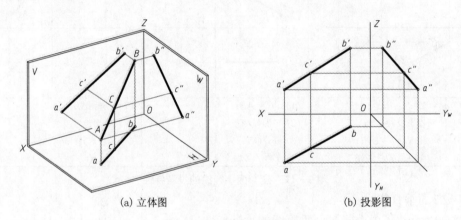

(a) 立体图　　　　　　　　　　　　(b) 投影图

图 2-13　直线上点的投影

[**例 2-3**]　图 2-14 中,判断点 K 是不是线段 AB 上的点。

[**解**]　由于 AB 是侧平线,因此尽管点 K 的 V 面投影和 H 面投影都在线段的同名投影上,这还不能说明点 K 一定是在线段 AB 上,这需要求出它们的侧面投影后才能判断。从图 2-14 可知,k'' 不在 $a''b''$ 上,所以点 K 不是 AB 线上的点。

本例中,如不求侧面投影,可用定比定理来判断。$a'k'/k'b'\neq ak/kb$,所以点 K 不在 AB 线上[图 2-14(c)]。

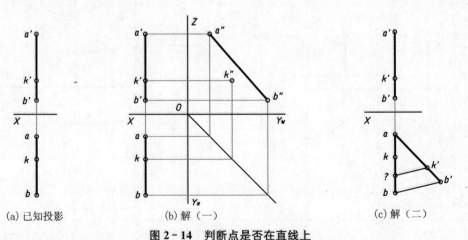

(a) 已知投影　　　　　(b) 解（一）　　　　　(c) 解（二）

图 2-14　判断点是否在直线上

2.3.4 直线与直线的相对位置(The relative position of line and line)

空间两直线的相对位置有三种:两直线平行,两直线相交和两直线交叉。前两种情况的两直线位于同一平面,故称为同面直线;后一种情况的两直线不位于同一平面上,故称为异面直线。

1. 两直线平行

空间两直线相互平行时,其同面投影必相互平行。如图 2-15 所示,由于 $AB/\!/CD$,则必定 $ab/\!/cd$,$a'b'/\!/c'd'$,$a''b''/\!/c''d''$。反之,如果两直线的各个同面投影相互平行,则此两直线在空间也必定相互平行。

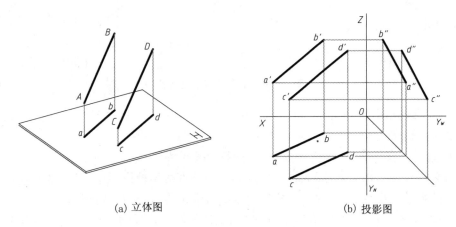

(a) 立体图   (b) 投影图

图 2-15 平行两直线的投影

2. 两直线相交

空间两直线相交时,其同面投影必定也相交,而且其交点必然符合空间一点的投影规律。反之,两直线在投影图上的各组同面投影都相交,且各组投影的交点符合点的投影规律,则两直线在空间必定相交,如图 2-16 所示。

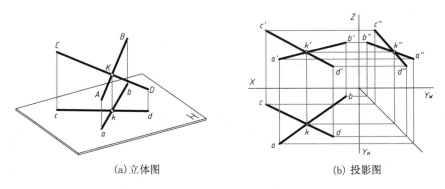

(a)立体图   (b) 投影图

图 2-16 相交两直线的投影

3. 两直线交叉

交叉两直线的同名投影可能相交,但各同面投影的交点不符合点的投影规律。

如图 2-17 所示,交叉两直线的投影是相交的,但它们的投影交点不符合点的投影规律。图 2-17(b)中 ab 和 cd 的交点实际上是 AB 上的 Ⅰ 点和 CD 上的 Ⅱ 点,该两点对 H 面的投影重影为 1(2)。同理,在图 2-17 (b)中的投影 $a'b'$ 和 $c'd'$ 的交点是 AB 上的Ⅲ点和 CD 上的Ⅳ点,该两点对 V 面的投影重影为 $3'(4')$。

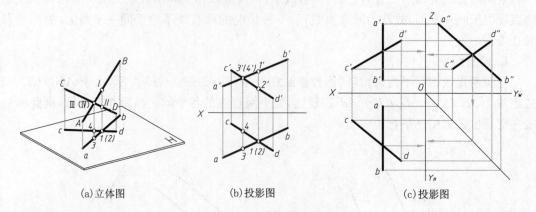

(a)立体图　　　　　　　(b)投影图　　　　　　　(c)投影图

图 2-17　交叉两直线的投影

因此两直线在两个投影面上的投影都相交时,要视其交点是否符合点的投影规律来判断它们之间是相交还是交叉。

4. 两直线垂直相交(或垂直交叉)——直角的投影特性

当相交两直线互相垂直(即成直角),且其中一条直线为投影面平行线,则两直线在该投影面上的投影必定互相垂直(即成直角),此投影特性也称直角投影定理。

证明:如图 2-18 所示,设直角 ABC 的一边 BC 平行于 H 面,因 $BC \perp AB$,$BC \perp Bb$,所以 BC 垂直于平面 $ABba$。又因为 $BC /\!/ bc$、$Bb /\!/ Cc$,所以 bc 也垂直于平面 $ABba$。因此 bc 必垂直于 ab,即 $\angle abc = 90°$。

反之,如相交两直线在某一投影面上的投影互相垂直(即成直角),且其中有一条直线为该投影面的平行线,则这两直线在空间也必定互相垂直(即成直角)。如图 2-19 所示。

若图 2-18 中的水平线 BC 平行下移,ab 与 cd 成互相交叉垂直时,也符合上述投影特性。如图 2-20 所示。

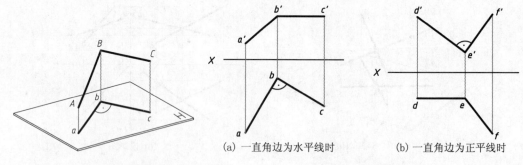

(a) 一直角边为水平线时　　　　(b) 一直角边为正平线时

图 2-18　直角的投影特性　　　　　　**图 2-19　直角的投影**

[例 2-4]　过点 A 作直线 AB 与正平线 CD 垂直相交(图 2-21)。

[解]　因 CD 平行于 V 面,所以空间两垂线 AB 与 CD 的 V 面投影应相互垂直,由 a' 作 $a'b' \perp c'd'$ 并得交点 b',在 cd 上求得点 B 的水平投影 b,连接 ab,则 $a'b'$ 与 ab 为所求。

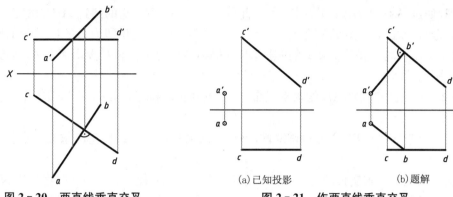

图 2-20 两直线垂直交叉

(a)已知投影   (b)题解

图 2-21 作两直线垂直交叉

2.3.5 直线的实长和倾角(The truelength and dip of a line)

一般位置直线的投影不能反映线段实长和对投影面的倾角,求解空间线段的实长和对投影面的倾角的常用方法如下。

1. 直角三角形法

图 2-22 是投影面体系及其一般位置直线 AB,过 A 作 $AB_1 /\!/ ab$,得一直角三角形 ABB_1。其斜边 AB 即为其实长,$AB_1 = ab$,BB_1 即为两端点 A、B 的 Z 坐标差($Z_B - Z_A$),AB 与 AB_1 的夹角即为 AB 对 H 面的倾角 α。可见,根据一般位置直线 AB 的投影求实长和对 H 面倾角,可归结为求直角三角形 ABB_1 的实形。

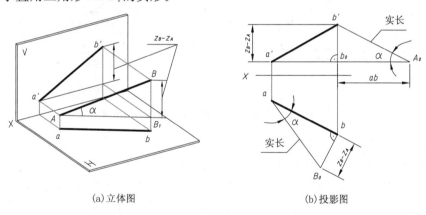

(a)立体图   (b)投影图

图 2-22 直角三角形法求直线的实长及其倾角 α

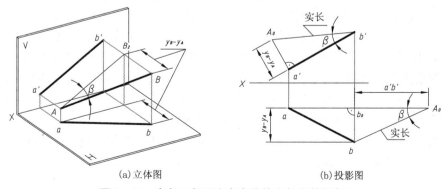

(a)立体图   (b)投影图

图 2-23 直角三角形法求直线的实长及其倾角 β

同理,如过 A 作 $AB_2 /\!/ a'b'$,则得另一直角三角形 ABB_2。它的斜边 AB 为实长,$AB_2 = a'b'$,BB_2 为两端点 A、B 的 Y 坐标差($Y_B - Y_A$),AB 与 AB_2 的夹角即为 AB 对 V 面的倾角 β。因此,只要求出直角三角形 ABB_2 的实形,即可得到 AB 的实长和对投影面 V 的倾角 β。如图 2-23 所示。

[例 2-5] 已知线段 AB 的水平投影 ab 和点的正面投影 b',AB 的实长为给定值 l,试求 a'[图 2-24(a)]。

[解] 由于 ab 与 OX 轴成倾斜位置,且短于已给实长 l,可以判定所求线段必为一般位置线段。

根据直角三角形求实长的方法,作一直角三角形 aba_1,使斜边 $a_1b = l$,直角边为 ab[图 2-25(b)]。则另一直角边 aa_1 必等于点 B 与点 A 两点 Z 坐标之差,据此即可画出 a',从而求得 $a'b'$。

本题共有两解。

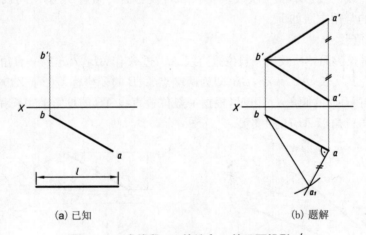

(a) 已知   (b) 题解

图 2-24 求线段 AB 的端点 A 的正面投影 a'

2. 投影变换法

直线的实长和对投影面的夹角,还可用换面法来求解。

根据直线的投影特性:投影面平行线的投影反映直线的实长和对投影面的倾角。因此,为求解一般位置直线的实长和倾角,可设置一新投影面替代原两投影面体系中的某一投影面,组成一个新的相互垂直的两投影面体系,使几何元素在新投影面体系中处于便于解题的特殊位置,达到简化解题的目的,这种方法称为变换投影面法,简称换面法。

如图 2-25(a)所示,在 V、H 两投影面体系 V/H 中有一般位置直线 AB,需求作其真长和对 H 面的倾角 α。设一个新投影面 V_1 平行于 AB,并且 $V_1 \perp H$,于是 AB 在新投影面体系 V_1/H 中就成为 V_1 面的平行线,AB 的 V_1 面投影 $a_1'b_1'$,就反映出 AB 的实长和倾角 α。

如图 2-25(b)所示,当选定了新投影面 V_1,也就是确定了新投影轴 X_1。在新体系 V_1/H 中,$a_1'a \perp X_1$,a_1' 与 X_1 的距离是点 A 与 H 面的距离,也就是在原体系 V/H 中 a' 与 X 的距离。用上述投影特性就可作出点 A 的新投影 a_1',同理也可作出点 B 的新投影 b_1',从而连接得直线 AB 的新投影 $a_1'b_1'$。作图过程如图 2-25(b)所示。

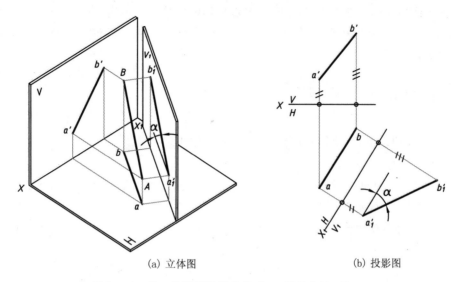

(a) 立体图

(b) 投影图

图 2-25 将一般位置直线变换成 V_1 面平行线(求$\angle\alpha$)

同理,通过一次换面也可以将一般位置直线 AB 变换成 H_1 面平行线,这时,a_1b_1 反映实长,a_1b_1 与 X_1 的夹角即为 AB 对 V 面的倾角 β。如图 2-26(a)所示。

因此,用换面法解题时应当考虑下列两个因素:

(1) 必须使空间物体在新投影体系中处于最有利于解题的特殊位置;

(2) 为了能应用正投影原理,新投影面必须垂直于某一保留的原有投影面。

归纳出换面法规律就是:

(1) 点的新投影和它有关的原投影的连线,必垂直于新投影轴;

(2) 点的新投影到新投影轴的距离等于代替的投影到原投影轴的距离。

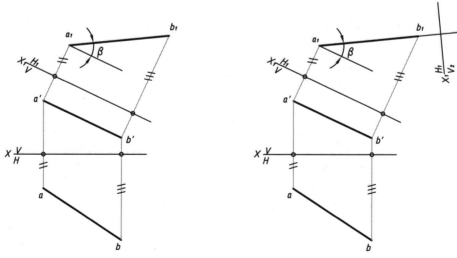

(a) 将一般位置直线变换成 H_1 面平行线(求β角)

(b) 将一般位置直线变换成投影面垂直线

图 2-26 将一般位置直线变换为特殊位置直线

当采用连续换面时,也是连续地按这个规律作图,如图2-26(b)所示。进行第一次换面后的新投影面、新投影轴、新投影的符号,分别加注下标"1";第二次换面后的符号则都加注下标"2",依此类推。

2.4　平面(Plane)

2.4.1　平面的表示方法(Meaning of plane method)

1. 用几何元素表示平面

平面在投影图上可由下列任一组几何元素的投影来表示。如图2-27所示。

(1) 不在同一直线上的三点;

(2) 一直线和直线外一点;

(3) 相交两直线;

(4) 平行两直线;

(5) 任意形状的平面图形,如三角形、四边形和圆等。

从图可见,各组几何元素之间可以互相转换。

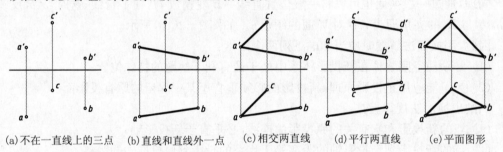

(a)不在一直线上的三点　(b)直线和直线外一点　(c)相交两直线　(d)平行两直线　(e)平面图形

图2-27　用几何元素表示平面

2. 用迹线表示平面

平面和投影面的交线称为平面的迹线,如图2-28(a)所示。用迹线可以表示平面,平面 P 与 H 面、V 面、W 面的交线分别称为平面 P 的水平迹线(P_H)、正面迹线(P_V)和侧面迹线(P_W)。迹线与迹线在投影轴上的交点称为迹线的集合点(P_X、P_Y、P_Z)。

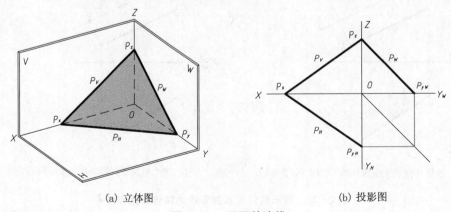

(a) 立体图　　　　　　　　　　　(b) 投影图

图2-28　平面的迹线

图 2 - 28(b)是它的投影图。因为 P_V 位于 V 面内,所以它的正面投影与它本身重合,它的水平投影与 X 轴重合;同理,P_H 的水平投影与它本身重合,P_H 的正面投影与 X 轴重合。为了简化起见,通常只标注迹线本身,而不再用符号标出它的各个投影。平面的迹线、迹线集合点在投影图上的绘制方法如图 2 - 28(b)所示。

2.4.2 平面的投影特点(The characteristic on projection of plane)

平面的投影特点与平面在投影系中的位置有关。

$$
平面\begin{cases}
一般位置平面:对 V、H、W 面都倾斜。\\[2pt]
投影面垂直面(只垂直于一个投影面)\begin{cases}
铅垂面(H 面垂直面):\perp H 面,对 V、W 面倾斜。\\
正垂面(V 面垂直面):\perp V 面,对 H、W 面倾斜。\\
侧垂面(W 面垂直面):\perp W 面,对 H、V 面倾斜。
\end{cases}\\[2pt]
投影面平行面(平行于一个投影面,\\
垂直于另外两个投影面)\begin{cases}
水平面(H 面平行面):/\!/ H 面\\
正平面(V 面平行面):/\!/ V 面\\
侧平面(W 面平行面):/\!/ W 面
\end{cases}
\end{cases}
$$

其中投影面垂直面和投影面平行面统称为特殊位置平面。

平面与投影面 H、V、W 的倾角分别用 α、β、γ 来表示。当平面平行于投影面时,倾角为 $0°$;垂直于投影面时,倾角为 $90°$;倾斜于投影面时,倾角大于 $0°$,小于 $90°$。下面分别叙述它们的投影特性。

1. 一般位置平面

如图 2 - 29 所示,由于 $\triangle ABC$ 与三个投影面都倾斜,因此它的三个投影 $\triangle abc$、$\triangle a'b'c'$、$\triangle a''b''c''$ 均为类似形,不反映该平面与投影面的倾角 α、β、γ。

类似形为:表现为图形边数、平行关系、凹凸特征、直线曲线与实形相同,但形状与实形不成比例的平面图形。

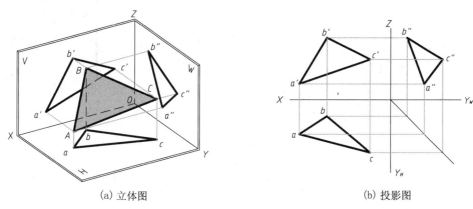

(a) 立体图　　　　　　　　(b) 投影图

图 2 - 29 一般位置平面的投影特点

2. 投影面垂直面

从图 2 - 30 可见投影面垂直面具有以下投影特性:

(1) 平面在它所垂直的投影面上的投影积聚成直线,该积聚性投影与投影轴的夹角反映该平面对另两投影面的倾角大小;

(2) 在另两投影面上的投影为类似形。

名称	铅垂面($\triangle ABC \perp H$ 面)	正垂面($\triangle ABC \perp V$ 面)	侧垂面($\triangle ABC \perp W$ 面)
轴测图	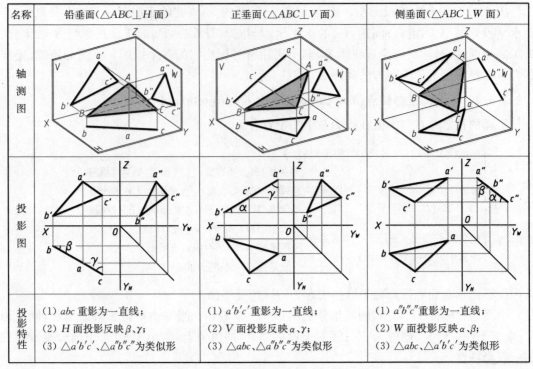		
投影图			
投影特性	(1) abc 重影为一直线； (2) H 面投影反映 β、γ； (3) $\triangle a'b'c'$、$\triangle a''b''c''$ 为类似形	(1) $a'b'c'$ 重影为一直线； (2) V 面投影反映 α、γ； (3) $\triangle abc$、$\triangle a''b''c''$ 为类似形	(1) $a''b''c''$ 重影为一直线； (2) W 面投影反映 α、β； (3) $\triangle abc$、$\triangle a'b'c'$ 为类似形

图 2-30　投影面垂直面的投影特性

3. 投影面平行面

从图 2-31 可概括得到投影面平行面的以下投影特性：

名称	水平面($\triangle ABC /\!/ H$ 面)	正平面($\triangle ABC /\!/ V$ 面)	侧平面($\triangle ABC /\!/ W$ 面)
轴测图	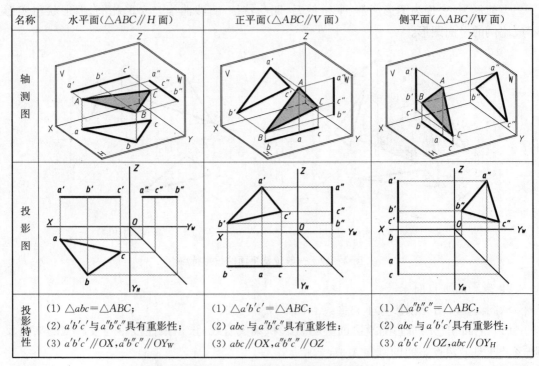		
投影图			
投影特性	(1) $\triangle abc = \triangle ABC$； (2) $a'b'c'$ 与 $a''b''c''$ 具有重影性； (3) $a'b'c' /\!/ OX$，$a''b''c'' /\!/ OY_W$	(1) $\triangle a'b'c' = \triangle ABC$； (2) abc 与 $a''b''c''$ 具有重影性； (3) $abc /\!/ OX$，$a''b''c'' /\!/ OZ$	(1) $\triangle a''b''c'' = \triangle ABC$； (2) abc 与 $a'b'c'$ 具有重影性； (3) $a'b'c' /\!/ OZ$，$abc /\!/ OY_H$

图 2-31　投影面平行面的投影特性

(1) 平面在它所平行的投影面上的投影反映其实形；

(2) 在另两投影面上的投影积聚成平行于相应投影轴的直线。

2.4.3 平面内的点和直线(Point and line on a plane)

1. 平面内的直线

(1) 若一直线通过平面上的两点，则此直线必在该平面内。如图 2-32 所示，△ABC 决定一平面 P，由于 M、N 两点分别在 AB、AC 上，所以 MN 直线在 P 平面内。

(2) 若一直线通过平面内的一点，且平行于该平面内另一直线，则此直线必在该平面内。如图 2-33 所示，相交两直线 EF、ED 决定一平面 Q，M 是 ED 上的一个点，如过 M 作 MN∥EF，则 MN 一定在 Q 平面内。

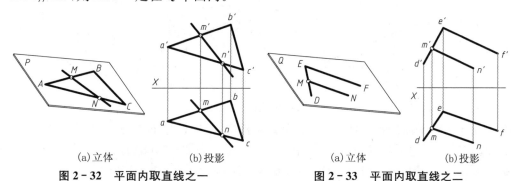

(a)立体 (b)投影
图 2-32 平面内取直线之一

(a)立体 (b)投影
图 2-33 平面内取直线之二

2. 平面内的点

如点在平面内的任一直线上，则此点一定在该平面内。

在已知平面内取点，必须先找出此点而又在平面内的一条直线，然后再由直线上确定点的位置。所以，平面内取点的问题首先还是在平面内取线的问题。

[例 2-6] 设已知平面由△ABC 所给定，并已知该平面内一点 K 的水平投影 k，试求点 K 的正面投影 k'[图 2-34(a)]。

[解] 点 K 为平面内的点，过点 K 可以作一条任意直线使之在平面内，该直线的投影必过点 K 的同面投影。因此，此直线的水平投影必过 k。所以解法是过 k 作任意直线与 ac、bc 分别交于 1 和 2，由 1、2 求出 a'c' 及 b'c' 上的投影 1'、2'，连接 1'2' 即为所作任意直线的 V 面投影。按投影关系在 1'2' 上求得点 K 的 V 面投影 k'，即为所求。如图 2-34(b)所示。

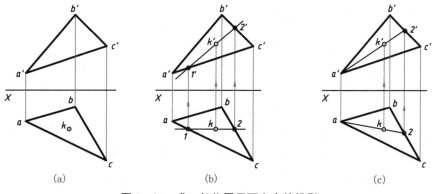

(a) (b) (c)
图 2-34 求一般位置平面上点的投影

　　显然,若用已知点 a(或点 b,c)作 ak 的延长线交 bc 于点 2 来求解更简便。具体如图 2-34(c)所示。

　　[**例 2-7**]　已知△ABC 表示的铅垂面内一点 K 的正面投影 k',试求其水平投影 k[图 2-35(a)]。

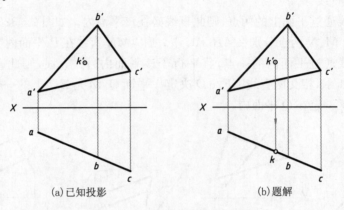

　　　　(a)已知投影　　　　　　　　　　(b)题解

图 2-35　求铅垂面上点的投影

　　[**解**]　由于已知平面是铅垂面,其水平投影有积聚性,所以平面内点 K 的水平投影也在 abc 的投影上。根据投影关系由 k' 作铅垂线即可求得 k[图 2-35(b)]。

　　[**例 2-8**]　试补全图 2-36(a)中平行四边形 $ABCD$ 的水平投影(已知 AC 为正平线)。

　　[**解**]　连接平行四边形 $ABCD$ 的一条对角线 AC,得到两个位于同一平面上的三角形 ABC 和 ACD。其中△ADC 的正面投影 $a'd'c'$ 已知, AD 的水平投影 ad 也已知,且 AC 为一正平线,即 ac 应平行于 X 轴,这样就能求出点 C 的水平投影。

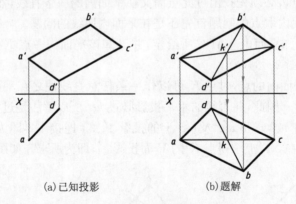

　　　　(a)已知投影　　　　　　　　　　(b)题解

图 2-36　画出四边形的水平投影

　　因点 B 和△ADC 位于同一平面内,作平行四边形 $ABCD$ 的对角线 AC 和 BD 的交点 K 的投影。利用在平面上找点的方法即可求出点 B 水平投影 b,连接 $abcd$ 即为所求。如图 2-36(b)所示。

　　本题还有其他解法。如根据投影面平行线的投影特点求得点 C 的水平投影 c 后,再利用平行四边形的对边相互平行的关系以及平行两直线的投影特性求得 $abcd$.

2.4.4　平面的倾角和实形(The dip and true shape of a plane)

　　平面的倾角和实形可以通过换面法求得。当一般位置平面变换为投影面垂直面时,可得到平面的倾角;变换为投影面平行面时可得到平面的实形。

1. 将一般位置平面变换成投影面垂直面

如图 2-37(a)所示,在 V/H 中有一般位置的平面△ABC,要将它变换成 V_1/H 中的 V_1 面垂直面,可在△ABC 上任取一条水平线,例如 AD,再加一个垂直于 AD 的 V_1 面来更换 V 面。由于 V_1 面垂直于△ABC,又垂直于 H 面,就可将 V/H 中的一般位置的△ABC 变换成为 V_1/H 中的 V_1 面垂直面,$a_1'b_1'c_1'$ 积聚成直线。这时新投影轴 X_1 应与△ABC 上的 AD 水平线的水平投影 ad 相垂直。

作图过程如图 2-37(b)所示。

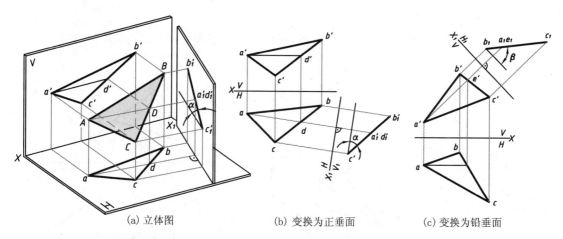

| (a) 立体图 | (b) 变换为正垂面 | (c) 变换为铅垂面 |

图 2-37　将一般位置平面变换成投影面的垂直面(求∠α 或∠β)

(1) 在 V/H 中作△ABC 内的水平线 AD,先作 $a'd' // X$ 轴,再由 $a'd'$ 作出 ad。

(2) 作 X_1 轴⊥ad。

(3) 在 V_1 面上的作投影 $a_1'b_1'c_1'$,而 $a_1'b_1'c_1'$ 的重影为一直线,即△ABC 是在 V_1/H 中的 V_1 面垂直面,$a_1'b_1'c_1'$ 与 X_1 轴的夹角,就是△ABC 对 H 面的倾角 α。

若要求△ABC 的倾角 β,应在△ABC 上取正平线,并作新投影面 H_1 垂直于这条正平线,△ABC 就变换成 V/H_1 中的 H_1 面垂直面,即得 $a_1b_1c_1$ 重影为一直线,而 $a_1b_1c_1$ 与 X_1 轴的夹角就是△ABC 对 V 面的倾角 β。如图 2-37(c)所示。

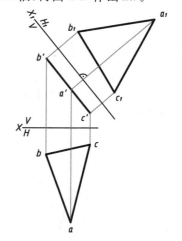

图 2-38　将投影面垂直面变换成投影面平行面

2. 将投影面垂直面变换成投影面平行面

要将投影面垂直面变换成投影面平行面,应使新投影轴平行于这个平面的有积聚性的原有投影。

如图 2-38 所示,在 V/H 中有垂直 V 面的△ABC,作 H_1 面与△ABC 相平行,则 H_1 面也垂直于 V 面,△ABC 就可以从 V/H 中的 V 面垂直面变换成 V/H_1 中的 H_1 面平行面。这时,X_1 轴应与 $a'b'c'$ 相平行。作图过程如图 2-38 所示。

作 X_1 轴// $a'b'c'$。△ABC 在 H_1 面上的新投影 $a_1b_1c_1$,用直线连成△$a_1b_1c_1$,则△$a_1b_1c_1$

即为△*ABC* 的实形。

2.5　直线与平面、平面与平面的相对位置(Relative positions of line to plane and plane to plane)

直线与平面或平面与平面的相对位置可分为平行、相交或垂直,垂直是相交的特殊情况。现分别介绍它们的投影特性和作图方法。

2.5.1　平行关系(Parallel relation)

1. 直线和平面平行

(1) 若一直线平行于平面上的某一直线,则该直线与平面必相互平行(图 2 - 39)。

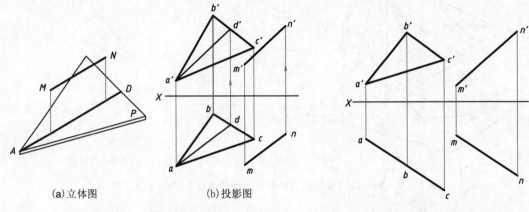

(a)立体图　　　　　(b)投影图

图 2 - 39　直线与平面平行　　　　图 2 - 40　直线与投影面垂直面平行

(2) 若一直线与某一投影面垂直面平行,则该垂直面具有积聚性的那个投影必与直线的相应投影平行(图 2 - 40)。

2. 平面与平面平行

(1) 由于相交两直线可确定一个平面,因此若一平面上的两相交直线对应地平行于另一平面上的两相交直线,则这两平面相互平行(图 2 - 41)。

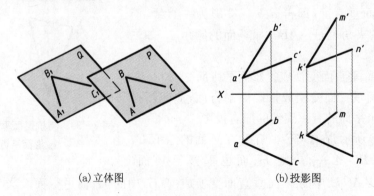

(a)立体图　　　　　　(b)投影图

图 2 - 41　平面与平面平行

(2) 若两投影面垂直面相互平行,则它们具有积聚性的那组投影必相互平行,如图 2-42所示。

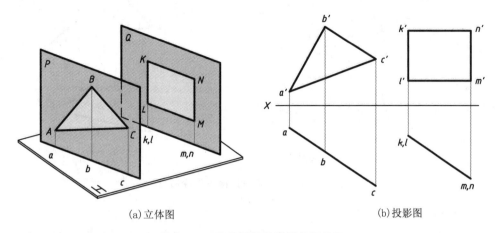

(a)立体图　　　　　　　　　　(b)投影图

图 2-42　两投影面垂直面相互平行

2.5.2　相交关系(Intersection relation)

直线和平面因相交所产生的交点,为平面和直线的共同点。因此,求交点就归结为求直线和平面的共同点。同样,相交两平面的交线是直线,也是两平面的共同线,由一系列共同点组成。根据两点决定一直线可知,求两平面的交线可归结为求两平面的两个共同点的问题。

1. 直线与平面相交的特殊情况(其中的直线或平面垂直于某一投影面)

相交问题中的直线或平面垂直于某一投影面时,可利用其积聚性的投影来求交点。

(1) 直线与投影面垂直面相交　直线与投影面垂直面相交时,交点的一个投影一定在该平面的积聚性的投影与该直线的同面投影的交点上。如图 2-43(a)(b)所示。

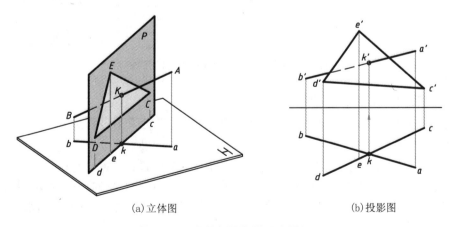

(a)立体图　　　　　　　　　　(b)投影图

图 2-43　直线与投影面垂直面相交

(2) 投影面垂直线与一般位置平面相交　平面和投影面垂直线相交时,交点的一个投影一定重合在直线的积聚性投影上,交点同时又是平面上的一个点,所以其另一投影可利用在平面上取点的方法求出。如图 2-44 所示。

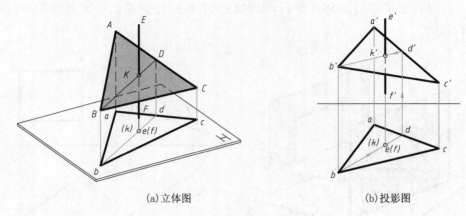

（a）立体图   （b）投影图

图 2 - 44   平面与投影面垂直线相交

2. 平面与特殊位置平面相交

两平面的交线为两个平面的共有直线。因此求交线时，只要求出两平面的两个共有点或一个共有点和交线的方向，便可确定它们的交线。当两个平面之一是投影面垂直面时，其交线的一个投影一定在投影面垂直面有积聚性的投影上。求解方法如图 2 - 45 所示。

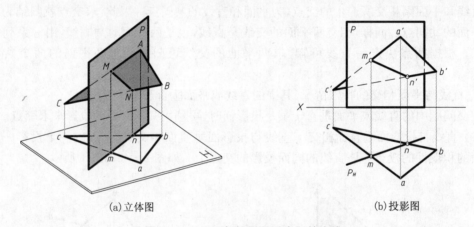

（a）立体图   （b）投影图

图 2 - 45   平面与投影面垂直面的交线

2.5.3   垂直关系（Perpendicular relation）

直线与平面垂直，则直线垂直于平面内任意直线（过垂足或不过垂足）。反之，直线垂直平面内任意两条相交直线，则直线垂直该平面。如图 2 - 46 所示。

根据直角投影定理：若一直线垂直于平面，则该直线的水平投影一定垂直于该平面内水平线的水平投影，而该直线的正面投影一定垂直于该平面上正平线的正面投影。反之，若直线的正面投影和水平投影分别垂直于该平面内正平线的正面投影和水平线的水平投影，则该直线一定垂直该平面。

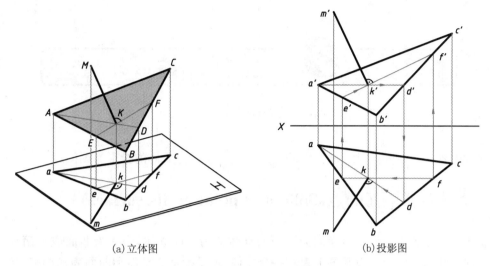

(a) 立体图   (b) 投影图

图 2 - 46 直线与平面垂直

复习思考题

2 - 1 投影法分为哪两类？正投影是怎样形成的？

2 - 2 试述点的三面投影规律和直线上的点的投影特性。

2 - 3 一般位置直线、投影面平行线、投影面垂直线分别有哪些投影特性？

2 - 4 直线与直线之间有哪三种相对位置关系？试分别叙述它们的投影特点。在 V/H 两投影面体系中，当两直线中有一条或两条为侧平线时，可用哪些方法判断它们的相对位置？怎样判断交叉两直线在投影图中的重影点的可见性？

2 - 5 试述用直角三角形法求作一般位置直线的实长及其对投影面的倾角的具体作图方法。

2 - 6 什么情况下需要使用换面法解题？用换面法解题时，应遵循哪两条原则？利用换面法可解决直线和平面的哪些基本问题？

2 - 7 试述一边平行于投影面的直角的投影特性（直角投影定理）。

2 - 8 一般位置平面、投影面垂直面、投影面平行面，分别有哪些投影特性？

2 - 9 如何根据投影判断空间点是否在平面内，当直线在平面内时，有哪些几何特征？求作直线与平面的交点，应通过哪些作图步骤？怎样判断直线与平面图形的同面投影重合处的可见性？

2 - 10 分别叙述直线与平面相互平行、两平面互相平行的几何条件。怎样在投影图中判断直线是否与平面相平行以及两平面是否互相平行？

2 - 11 分别叙述直线与平面相互垂直的几何条件；直线与一般位置平面相垂直，有何投影特性？怎样在投影图中判断直线是否与平面相垂直？

2 - 12 当几何元素对投影面处于哪些特殊位置时，在投影图中能直接反映点、直线、平面之间的距离和夹角的真实大小。

3 立 体

（Solid）

本章内容是在研究点、线、面投影的基础上进一步讨论立体的投影作图问题。

3.1 立体及其表面的点(Solid and point on its surface)

立体表面是若干个面。表面均为平面的立体称为平面立体,表面为曲面或平面与曲面的立体称为曲面立体。在投影图上表示一个立体,就是把这些平面和曲面表达出来,然后根据可见性把其投影画成实线或虚线,即得立体的投影图。

3.1.1 平面立体及其表面的点(Plan solid and point on its surface)

平面立体主要有棱柱、棱锥等。在投影图上表示平面立体就是把组成平面立体的平面、棱线和底边表示出来,然后判断其可见性,把可见的棱线及底边投影画成实线,把不可见的棱线及底边的投影画成虚线。

3.1.1.1 棱柱(Prism)

1. 棱柱的投影

图3-1为一正六棱柱,其顶面、底面均为水平面,它们的水平投影反映实形,正面及侧面投影重影为一直线。棱柱有六个侧棱面,前后棱面为正平面,它们的正面投影反映实形,水平投影及侧面投影重影为一直线。棱柱的其他四个侧棱面均为铅垂面,其水平投影均重影为直线,正面投影及侧面投影均为类似形。

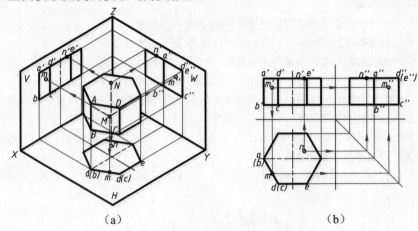

（a）　　　　　　　　　　　（b）

图3-1　正六棱柱的投影及表面上取点

棱线 AB 为铅垂线,水平投影 ab 重影为一点,正面投影及侧面投影均反映实长,即

$a'b'=a''b''=AB$。上底边 DE 为侧垂线,侧面投影 $d''e''$ 重影为一点,水平投影和正面投影均反映实长,即 $de=d'e'=DE$,下底边 BC 为水平线,水平投影反映实长,即 $bc=BC$,正面投影 $b'c'$ 和侧面投影 $b''c''$ 均小于实长。其余棱线,可类似进行分析。

作图时应先画六棱柱的底边和底面的投影,再画棱线、棱面的投影。

2. 棱柱表面上取点

在平面立体表面上取点,其原理和方法与平面上取点相同。由于图 3-1 所示正六棱柱的各个表面都处于特殊位置,因此在表面上取点可利用重影性原理作图。

如已知棱柱表面上 M 点的正面投影 m',要求出其他两投影 m、m''。由于 M 点正面投影可见,因此,M 点必定在 $ABCD$ 棱面上,而 $ABCD$ 棱面为铅垂面,水平投影 $abcd$ 有重影性,因此 m 必在 $abcd$ 上,根据 m' 和 m 即可求出 m''。又如已知 N 点的水平投影 n 为可见,因此 N 点必定在上底面上,而上底面的正面投影和侧面投影都具有重影性,因此 n'、n'' 必定在上底面的同面投影上。

3.1.1.2 棱锥(Pyramid)

1. 棱锥的投影

图 3-2 所示为一正三棱锥,锥顶 S,底面 $\triangle ABC$ 是水平面,水平投影 $\triangle abc$ 反映实形。棱面 $\triangle SAB$、$\triangle SBC$ 是一般位置平面,它们的各个投影均为类似形,棱面 $\triangle SAC$ 为侧垂面,其侧面投影重影 $s''a''c''$ 为一直线。底边 AB、BC 为水平线,CA 为侧垂线,棱线 SB 为侧平线,SA、SC 为一般位置直线,它们的投影可根据不同位置直线的投影特性进行分析。

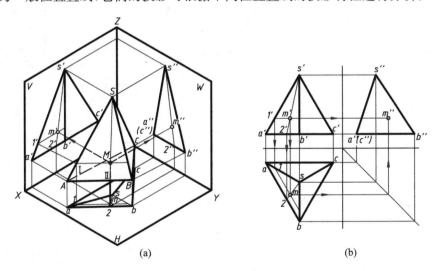

(a)   (b)

图 3-2 正三棱锥的投影及表面上取点

作图时先作出底面 $\triangle ABC$ 的各个投影,再作出锥顶 S 的各个投影,然后连接各棱线即得正三棱锥的三面投影。

2. 棱锥表面上取点

如图 3-2 已知 M 点在棱面 SAB 上,M 点的正面投影 m',可见过点 M 在 $\triangle SAB$ 上作 AB 的平行线 I M,即作 $1'm'$ // $a'b'$,再作 $1m$ // ab,求出 m,再根据 m、m' 求出 m''。也可过锥顶 S 和点 M 作一辅助线 S II,然后求出 M 点的水平投影 m。又已知点 N 的水平投影 n,N 点在侧垂面 $\triangle SAC$ 上,因此 n'' 必定在 $s''a''c''$ 上,由 n、n'' 可求出 n',n' 不可见,因而表示为 (n')。

3.1.2　回转体及其表面的点(Rotative body and point on its surface)

工程中常见的曲面立体是回转体,主要有圆柱、圆锥、圆球、圆环等,在投影图上表示回转体就是把组成立体的回转面或平面和回转面表示出来,然后判断其可见性。

回转面是由母线绕轴线旋转而成的。母线上各点绕轴旋转时形成了垂直于轴线的纬圆。曲面上任一位置的母线称为素线。

3.1.2.1　圆柱(Cylinder)

圆柱体的表面是由圆柱面和顶、底面所组成的。圆柱面是由一直母线绕与之平行的轴线回转而成的,如图3-3(a)所示。

1. 圆柱的投影

如图3-3(b)所示圆柱的轴线垂直于 H 面,其上下底面为水平面,在水平投影上反映实形,其正面和侧面投影重影为一直线。圆柱面的水平投影也重影为一个圆,在正面和侧面投影上分别画出圆柱面可见部分与不可见部分的分界线的投影,正面投影上为最左、最右两条素线 AA、BB 的投影 $a'a'$、$b'b'$;在侧面投影上为最前、最后 CC、DD 两条素线的投影 $c''c''$、$d''d''$。作图时可先画出底面的投影,再画出圆柱面的投影[图3-3(c)]。

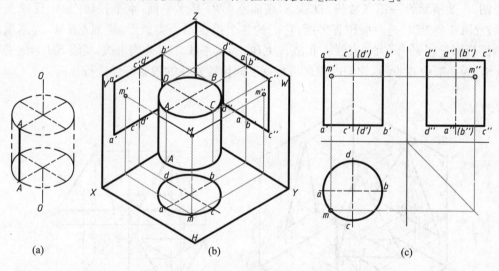

图3-3　圆柱的投影及表面上取点

2. 圆柱体表面上取点

可根据在平面(上、下底面)上或圆柱面上取点的方法来作图。如图3-3(c)所示,已知点 M 的正面投影 m' 点可见,因此 M 点必定在前半个圆柱面上,水平投影 m 必定落在具有重影性的前半水平圆上。由 m、m' 可求出 m''。

3.1.2.2　圆锥(Cone)

圆锥的表面是圆锥面和底圆。圆锥面是由一直母线绕与它相交的轴线回转而成的,如图3-4(a)所示。

1. 圆锥的投影

如图3-4(b)所示,圆锥轴线垂直 H 面,底面为水平面,它的水平投影反映实形(圆),其正面和侧面投影重影为一直线。对圆锥面要分别画出,正面投影上为最左、最右两条素线

SA、SB 的投影 $s'a'$、$s'b'$；在侧面投影上为最前、最后 SC、SD 两条素线的投影 $s''c''$、$s''d''$。作图时可先画出底面的各个投影，再画出锥顶的投影，然后分别画出其转向轮廓线，即完成圆锥的各个投影[图 3-4(c)]。

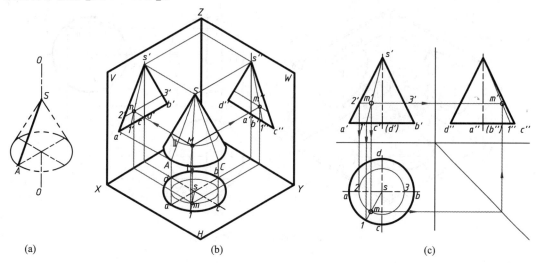

图 3-4　圆锥的投影及表面上取点

2. 圆锥体表面上取点

可根据圆锥的形成特性来作图，如图 3-4(c)所示，已知圆锥面上 M 点的正面投影 m'，可采用下列两种方法求出 M 点水平投影 m' 和侧面投影 m''。此法仅适用于直母线形成的回转面。

方法一　素线法

过锥顶 S 和点 M 作一辅助线 $S\mathrm{I}$，根据已知条件可以确定 $S\mathrm{I}$ 的正面投影 $s'1'$，然后求出它的水平投影 $s1$ 和侧面投影 $s''1''$，再由根据点在直线上的投影性质求出 m 和 m''。

方法二　纬圆法

过 M 点作一纬圆。该圆垂直于轴线，在正面投影为过 m' 且平行于 $a'b'$ 的直线 $2'3'$，它的水平投影为一直径等于 $2'3'$ 的圆，m 必在此圆周上，由 m' 求出 m，再由 m'、m 求出 m''。

3.1.2.3　球(Sphere)

球的表面是球面。球面是一个圆母线绕过圆心且在同一平面的轴线回转而形成的。

1. 球的投影

如图 3-5(a)所示，球的三个投影均为圆，其直径与球径相等，但三个投影面上的圆是不同的转向线的投影。正面投影上的圆是平行于 V 面的最大纬圆 D 的投影(区分前、后表面的转向轮廓线)，水平投影上的圆是平行于 H 面的最大纬圆 E 的投影(区分上、下表面的转向轮廓线)，侧面投影上的圆是平行于 W 面的最大纬圆 F 的投影(区分左、右表面的转向轮廓线)。作图时可先确定球心的三个投影，再画出三个与球等直径的圆。

2. 球面上取点

如图 3-5(b)所示，已知球面上 M 点的水平投影 m，要求出其 m' 和 m''。可过 M 点作一平行于 V 面纬圆，它的水平投影为 12，正面投影为直径等于 12 的圆，m' 必定在该圆上，由 m 可求得 m'，由 m 和 m' 可求出 m''。显然，M 点在前半球面上，因此从前垂直向后看是可见的。同理,M 点在左半球面上,从左垂直向右看也可见。

当然,也可作平行于 H 面的纬圆来作图,试自行分析。

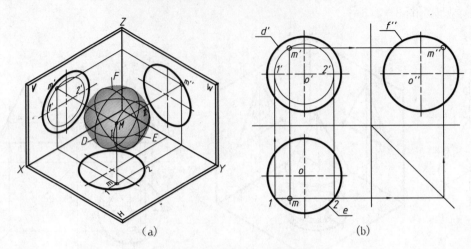

图 3 - 5　球的投影及表面上取点

3.1.2.4　圆环(Tours)

圆环的表面是圆环面。圆环面是一圆母线绕不通过圆心但在同一平面上的轴线回转而形成的,如图 3 - 6(a)所示。

1. 圆环的投影

如图 3 - 6(a)所示,圆环面轴线垂直 H 面。在正面投影上左、右两圆是圆环面上平行于 V 面的 A、B 两圆的投影(区分前、后表面的转向线),侧面投影上两圆是圆环面上平行于 W 面的 C、D 两圆的投影(区分左、右表面的转向线),水平投影上画出最大和最小圆(区分上、下表面的转向线),正面和侧面投影上顶、底两直线是环面最高、最低圆的投影(区分内、外表面的转向线),水平投影上还要画出中心圆的投影。

2. 圆环面上取点

如图 3 - 6(b)所示,已知圆环面上 M 点的正面投影 m',可采用过 M 点作水平面的辅助圆的方法,求出 m 和 m''。

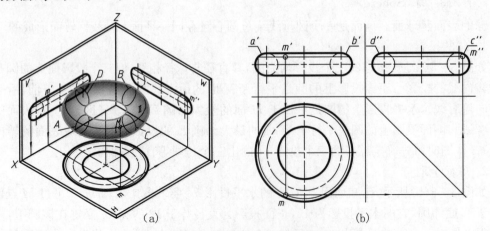

图 3 - 6　环的投影及表面上取点

3.1.2.5 组合回转体(Complex rotative body)

实际的回转物体往往由上述圆柱、圆锥、球、圆环等全部或部分组合而成的。图3-7所示一阀杆的表面由圆柱面(母线为 AB)、圆环面(母线为 BC,它是内圆环面的一部分)、平面(由垂直于轴线的 CD 直线形成)、圆锥面(母线为 DE)以及圆柱面(母线为 EF)和底面等组合而成。在画组合回转体时,对形体间光滑过渡处不画轮廓线,而形体间的交线应画出。如图3-7所示。

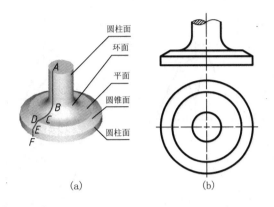

（a） （b）

图3-7 组合回转体的投影

3.2 平面与立体相交(Intersection of plane and solid)

3.2.1 截交线的概念和性质(The conception and character of cut lines)

平面与立体相交,可以认为是立体被平面截切。因此该平面通常称为截平面,截平面与立体表面的交线称为截交线。截交线围成的平面图形称为截断面(图3-8)。研究平面与立体相交的目的是求截交线的投影和截断面的实形。截交线的一般性质如下:

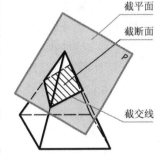

（1）截交线既在截平面上,又在立体表面上,因此截交线上的点是截平面与立体表面的共有点;

（2）由于立体表面是封闭的,因此截交线必定是封闭的平面线框,截断面是封闭的平面图形;

图3-8 截交线与截断面

（3）截交线的形状取决于立体表面的形状和截平面与立体的相对位置。平面与平面立体相交,其截交线为一平面多边形。平面与回转体相交时的截交线如图3-11、图3-13、图3-15所示。

作图方法:

根据截交线的性质,求截交线可归结为求截平面与立体表面的共有点、共有线的问题。当截平面是特殊位置平面时可利用重影性原理来作出其共有点、线,如果截平面为一般位置平面时,也可利用投影变换方法使截平面成为特殊位置平面,因此本章讨论的截平面是特殊位置平面。

3.2.2　平面与平面立体相交(Intersection of plane and plane solid)

如图 3-9 所示为一三棱锥 $S-ABC$ 被一正垂面所截切,由于 P 面的正投影 P_V 具有积聚性,所以交线的正面投影与 P_V 重影。其作图步骤如下:

(1) P_V 与 $s'a'$、$s'b'$、$s'c'$ 的交点 $1'$、$2'$、$3'$ 为截平面与各棱线的交点Ⅰ、Ⅱ、Ⅲ的正面投影;

(2) 根据线上取点的方法作出其水平投影 1、2、3 及侧面投影 $1''$、$2''$、$3''$;

(3) 顺次连接各点的同面投影即得截交线的三个投影。

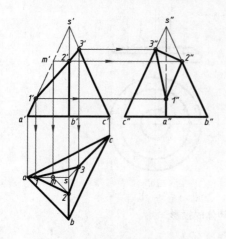

图 3-9　平面与三棱锥的交线

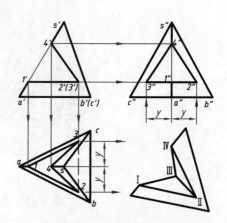

图 3-10　带缺口的三棱锥

图 3-10 为一带缺口的三棱锥,缺口由水平截面和正垂截面组成,缺口的正面投影有重影性。水平截面与三棱锥的底面平行,因此它与△SAB 棱面的交线ⅠⅡ必平行于底边 AB,与△SAC 棱面的交线ⅠⅢ必平行于底边 AC。正垂截面分别与△SAB、△SAC 棱面交于ⅠⅣ和ⅢⅣ。由于组成缺口的两个截面都垂直于正投影面,所以两截面的交线一定是正垂线,画出这些交线的投影即完成缺口的水平投影和侧面投影,作图步骤如下。

(1) 由 $1'$ 在 sa 上作出 1,由 1 作 12//ab、13//ac,再分别由 $2'$、$3'$ 在 12 和 13 上作出 2、3。由 $1'2'$ 和 12 作出 $1''2''$,由 $1'3'$ 和 13 作出 $1''3''$,$1''2''$ 和 $1''3''$ 重合在水平截面的侧面投影上。

(2) 由 $4'$ 分别在 sa 和 $s''a''$ 上作出 4 和 $4''$,然后再分别与 2、3 和 $2''$、$3''$ 连成 42、43 和 $4''2''$、$4''3''$。此即完成缺口的水平投影和侧面投影,特别注意组成缺口两截面交线的水平投影 23 因不可见应连成虚线。

3.2.3　平面与回转体相交(Intersection of plane and rotative body)

3.2.3.1　平面与圆柱相交(Intersection of plane and cylinder)

平面与圆柱相交的交线有三种情况,如图 3-11(a)(b)(c)所示。

如图 3-11(c)所示为一圆柱被正垂面截切,截交线为一椭圆。截交线的正面投影重影为一直线,其水平投影则与圆柱面的投影(圆)重影。其侧面投影根据投影规律和圆柱面上取点的方法求出。其具体作图步骤如下:

(1) 先作出截交线上的特殊点。对于椭圆首先要找出长短轴的四个端点。长轴的端点Ⅰ、Ⅴ是椭圆的最低点和最高点,位于圆柱面的最左最右两素线上。短轴的端点Ⅲ、Ⅶ是椭圆的最前点和最后点,分别位于圆柱面的最前最后素线上。这些点的水平投影是 1、5、3、7,

正面投影是 1′、5′、3′、7′,根据投影规律作出侧面投影 1″、5″、3″、7″,根据这些特殊点即可确定截交线的大致范围。

（2）再作出适当数量的一般点为 Ⅱ、Ⅳ、Ⅵ、Ⅷ 等各点的各个投影,在侧面投影上为 2″、4″、6″、8″。

（3）将这些点的投影依次光滑地连接起来,就得到截交线的投影。

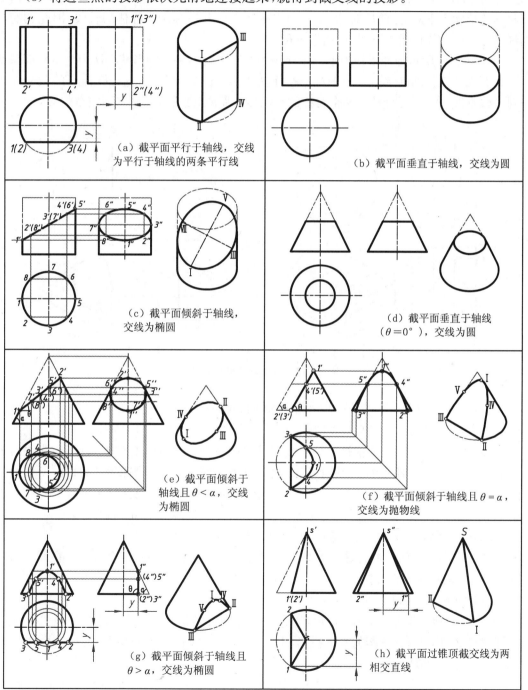

图 3-11 平面与回转体的交线

图 3-12(a)所示为带凹榫和凸榫的圆柱体,它是由平行于圆柱体的轴线的平面和垂直于圆柱体的轴线的平面共同截切圆柱体以后形成的。当用水平面 P 截切圆柱体时,在立体左端表面产生了交线 AB、CD 和 AC,在立体右端表面产生了交线 EF、GH 和 EG;用侧平面截切圆柱时,在立体表面产生了交线 BD 圆弧,并与水平截面相交得到交线 BD;用侧平面截切立体时,在立体表面产生了交线 EI 圆弧和 GJ 圆弧,并与水平截面产生了交线 EG。由于圆柱体的形状上下对称、前后对称,上下两水平截平面和对称于圆柱体的轴线,因此它们与圆柱体之间的交线也是上下对称、前后对称。

图 3-12(b)所示为冲模切刀上的截交线的投影。切刀头部的形状可认为是由平面截切圆柱面而成。刀头的前部被一个平行于圆柱轴线的平面切去一块,它与圆柱面的截交线为一对平行直线。刀刃部分是由两个对称的平面斜切而成,截交线为两个不完整的椭圆。

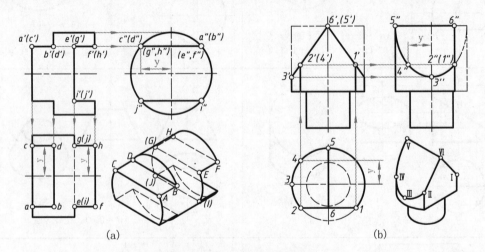

图 3-12　平面与圆柱体相交

3.2.3.2　平面与圆锥相交(Intersection of plane and cone)

平面与圆锥相交的交线有五种情况,如图 3-11(d)(e)(f)(g)(h)所示。

图 3-11(e)所示为一圆锥被正垂面截切,该截平面倾斜于圆柱的轴线,且圆锥素线与 H 面的倾角大于截平面对 H 面的倾角,因此截交线为一椭圆。由于圆锥前后对称,所以此椭圆也一定前后对称。椭圆的长轴就是截平面与圆锥前后对称面的交线(正平线),其端点在最左、最右素线上。而短轴则是通过长轴中点的正垂线。截交线的正面投影重影为一直线,其水平投影和侧面投影通常为一椭圆,其具体作图步骤如下:

(1)先作出截交线上的特殊点。对于椭圆首先要找出长短轴的四个端点。在截交线和圆锥面最左、最右素线正面投影的交点处作出 $1'$、$2'$,由 $1'$、$2'$ 可求出 1、2 和 $1''$、$2''$;$1'2'$、12、$1''2''$ 就是空间椭圆长轴的三面投影。

取 $1'2'$ 的中点,即为空间椭圆短轴有重影性的正面投影 $3'4'$。过 $3'4'$ 按圆锥面上取点的方法作辅助纬圆,作出该水平圆的水平投影,由 $3'$、$4'$ 在其上求得 3、4,再由此求得 $3''$、$4''$、$3'4'$、34 以及 $3''4''$ 即为空间椭圆短轴的三面投影。

(2)再作出适当数量的一般点。为了准确地画出截交线,在上半椭圆和下半椭圆上,分别取对正面投影重影的 Ⅴ、Ⅵ 和 Ⅶ、Ⅷ点。即先在截交线的正面投影上定出 $5'$、$6'$ 和 $7'$、$8'$,

再分别作两个水平辅助圆,求出 5、6 和 7、8,并由此求得 5″、6″ 和 7″、8″。特别要注意的是由于 V 和 VI 是最前和最后素线上的点,因此 5″、6″ 是截交线侧面投影与圆锥侧面投影转向轮廓线的切点。

(3)依次光滑地连接各点即得截交线水平投影和侧面投影。由图可见 12、34 分别为水平投影椭圆的长、短轴;3″4″、1″2″ 分别为侧面投影椭圆的长、短轴。

3.2.3.3 平面与球相交(Intersection of plane and sphere)

球被截平面截切后所得的截交线都是圆。如果截平面是投影面平行面,截交线在该投影上的投影为圆的实形,其他两投影重影成直线,长度等于截交圆的直径[图 3-13(a)]。

如果截平面是投影面垂直面,截交线在该投影面上的投影为一直线,其他两投影均为椭圆。

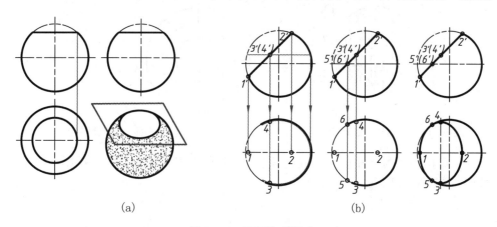

图 3-13 平面与球相交

图 3-13(b)所示为一球被正垂面截切,截交线的正面投影重影为一直线,且等于截交圆的直径,水平投影为一椭圆,它的作图步骤如下。

(1)确定椭圆长短轴的端点 1、2、3、4。在正面投影上作出 1′、2′ 两点,由于该两点在球面平行于 V 面的最大圆上,由 1′、2′ 点即可求出 1、2 两点。在 1′、2′ 两点连线的中点取 3′、4′ 两点。按圆球面上取点的方法作辅助纬圆,由 3′、4′ 点即可求出 3、4 两点。

(2)确定截交线水平投影与转向线的交点 5、6。由于该两点在球面平行于 H 面的最大圆上,由此找出 5′、6′ 即可求出水平投影 5、6。

(3)根据长轴 34 和短轴 12 画出椭圆,5、6 应在椭圆上。

3.2.3.4 平面与圆环相交(Intersection of plane and tour)

如图 3-14 所示为一铅垂面 P 与内环面相交。由于截平面与圆环面轴线平行,因此截交线为一条四次曲线,它的正面投影亦为四次曲线,其水平投影则重影为一直线,由于内圆环的母线是圆弧,因此可利用纬圆法求截交线上各点,其作图方法如图 3-14 所示。

本例截交线有两条,如把内环面扩大后,则这两条曲线必定是上、下对称的。

图 3-15 为平面与圆环相交,在一般情况下截交线为一条四次曲线。当截平面通过圆环面轴线或垂直圆环面轴线时,其截交线为两个圆。

3-16(a)为多个平面截切后带切口的圆锥,截交线是各平面与圆锥面的交线的组合,平面 P、Q、R 与圆锥面的交线分别为圆、一对直线和椭圆。这些截交线之间的连接点即为各平面之间的交线与圆锥面的交点Ⅰ、Ⅱ、Ⅲ、Ⅳ。

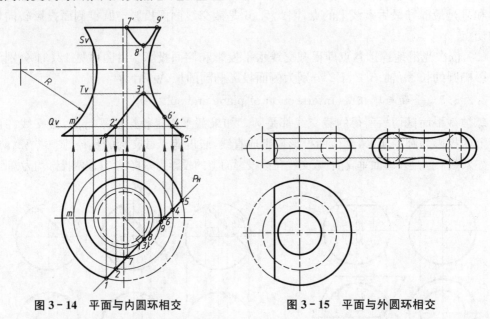

图 3 - 14　平面与内圆环相交　　　　　　图 3 - 15　平面与外圆环相交

图 3 - 16(b)所示为已知截交线的正面投影,求作截交线在其他两个投影面上的投影。其作图方法和步骤如下[图 3 - 16(b)]。

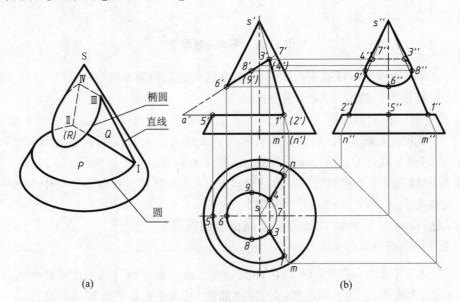

图 3 - 16　多个平面与圆锥相交

(1)求平面 Q 与圆锥面的截交线。由于平面 Q 通过锥顶,故截交线为一对直线段,其端点为Ⅰ、Ⅱ、Ⅲ、Ⅳ点,交线的正面投影为 $1'3'$、$2'4'$,作辅助线 SM、SN,求出其水平投影 13、24 以及侧面投影 $1''3''$、$2''4''$。

(2)求平面 P 与圆锥面的截交线。由于平面 P 为水平面,与圆锥面的截交线为圆弧,其水平投影 152 反映圆弧的实形。

（3）求平面 R 与圆锥面的截交线。由于平面 R 为正垂面，与圆锥面的截交线为椭圆的一部分。椭圆长轴为Ⅵ Ⅶ，短轴为Ⅷ Ⅸ，其正面投影重影为一直线段，水平投影与侧面投影可分别求出其长短轴而作出椭圆投影，或作出椭圆上的若干点，连接后也可作出椭圆的投影。

3.2.3.5　平面与组合回转体相交（Intersection of plane and complex rotative body）

图 3－17 为一连杆头，它的表面由侧平面和轴线为侧垂线的圆柱面、圆锥面和球面组成。前后各被正平面截切，球面部分的截交线为圆，圆锥部分的截交线为双曲线，圆柱部分未被截切。作图时先要在图上确定球面与圆锥面的分界线，从球心 o' 作圆锥面上最高、最低两条素线的垂线得交点 a'、b'，连线 $a'b'$ 即为球面与圆锥面的分界。以 $o'6'$ 为半径作圆弧 $1'6'5'$，即为球面的截交线的正面投影。点 $1'$、$5'$ 为截交线上圆与双曲线的结合点。然后按照图 3－11(g)画出圆锥面上的截交线，即完成连杆头的正面投影。

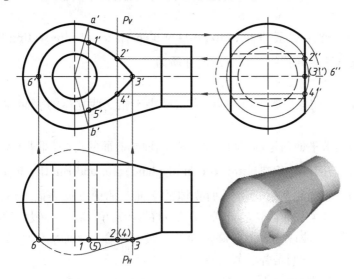

图 3－17　平面与组合回转体（连杆头）的截交线

图 3－18 为一磨床顶尖。其头部由圆锥和圆柱两部分组成，为了避免砂轮在进刀、退刀时与顶尖相撞，顶尖的上面和前面都铣去一部分，可以把它看作为被侧平面 Q、水平面 P、正平面 S 截切。截平面 Q 垂直于顶尖的轴线，因此截交线是圆一部分；截平面 P、S 平行于顶尖的轴线，因此圆柱部分的截交线为两条平行直线，圆锥部分的截交线为两条不完整的双曲线。用截平面 S 截切圆锥部分的作图步骤如下。

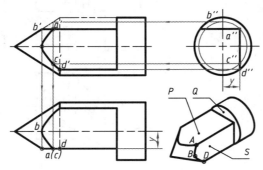

图 3－18　磨床顶尖的截交线

（1）两双曲线的交点 A 的侧面投影 a'' 可首先确定，然后可根据圆锥面上取点的方法确定 a' 和 a。

（2）作出截交线上的特殊点。最左点 B 的水平投影 b 可由正面投影 b' 直接求出；最右点 D 在圆锥底圆上，可由侧面投影 d'' 根据投影规律作出水平投影 1。

（3）再作出适当数量的一般点。C 是截交线上的点，正面投影为 c'，根据圆锥面上取点的方法作辅助圆（也可过锥顶作辅助直线），在侧面投影上求出 c''，然后根据两投影求出水平投影 c。同理，可作出其他一般点。

（4）依次光滑地连接各点即得截交线的投影。其他截面作图方法自行分析。

3.3　立体与立体相交(Intersection of solid and solid)

3.3.1　相贯线的概念和性质(The conception and character of intersecting line)

两立体表面的交线称为相贯线。相贯线的性质为：

（1）相贯线为相交两立体表面所共有；

（2）相贯线通常为封闭的三维线框，具体形状取决于相交两立体的表面性质及其相互位置关系。

求相贯线的实质是求平面与平面、平面与曲面、曲面与曲面的交线，即求它们的共有点。

3.3.2　平面立体与回转体相交(Intersection of plane solid and rotative body)

平面立体与曲面立体的相贯线即为平面立体的平面与曲面立体表面的各段交线的组合。见前图 3-16 所示多个平面截切后带切口的圆锥的示例可以看作一假想的三棱柱与圆锥相交，其相贯线实际上是棱柱的表面与圆锥面的交线的结合。平面立体的棱线与曲面立体表面的交点称为贯穿点，它们是各段截交线之间的连接点。

图 3-19(a)所示进气阀壳体的头部为一六棱柱与半球相交，作相贯线实际上是作六棱柱的表面与半球面的交线，其交线的实形都是圆，由于上底面是水平面，因此交线水平投影为圆弧，右前棱面为铅垂面，交线的正面和侧面投影均为椭圆（类似形），右棱面为侧平面，交线的侧面投影反映实形。

其相贯线的作图步骤如下[图 3-19(b)]。

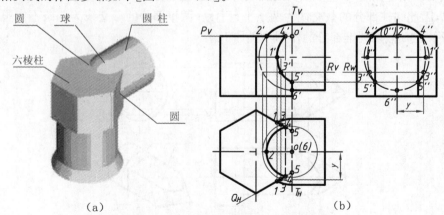

(a)　　　　　　　　　　　(b)

图 3-19　进气阀壳体上的相贯线

（1）作出上底面与球面的交线。该交线在正面和侧面投影上都重影为一直线,在水平投影上是一段圆弧。圆弧的半径在正面投影上可以直接量取,等于线段 $O'2'$。此圆弧画到棱柱的铅垂面(右前棱面)为止,得到两交点 I、V。

（2）作出六棱柱的右前棱面与球面的截交线。由于该棱面为铅垂面,交线水平投影重影为一直线段,正面投影、侧面投影均为椭圆的一部分。交线的最低点为 V,最高点为 IV,最左点为 I,可以直接作出。对一般点可应用辅助平面,如 R 面(水平面),求得 III 点,连接各点即得截交线的投影。右后棱面与右前棱面对称,它们与球面的交线水平投影和侧面投影呈前后对称,正投影为前后重影。

（3）作出六棱柱的右棱面与圆球的交线。右棱面为侧平面,交线位置恰巧为球与柱的分界处,因此交线圆弧的直径即为球直径,也即圆柱直径,其侧面投影 $5''6''5''$ 反映圆弧实形。

由上可知,IV 点为六棱柱上底面的边与球面的贯穿点。V 为六棱柱的侧棱线与球面的贯穿点。

求出各段交线的投影后,分别判别其可见性,并依次连接起来即得相贯线的投影。

3.3.3　回转体与回转体相交（Intersection of rotative body and rotative body）

求两曲面立体相交时,相贯线的形状一般为三维线框,特殊情况下可以由平面曲线或直线组成,也可以是不封闭的。相贯线为平面曲线的几种比较常见的特殊情况如下:

（1）相交的两个回转体具有公共轴线时,其表面的相贯线为圆,如图 3-20 所示。

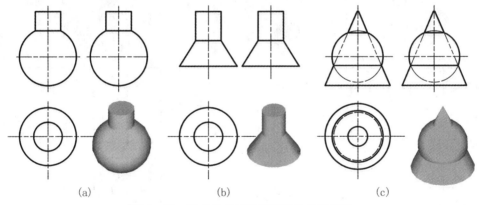

(a)　　　　　　　(b)　　　　　　　(c)

图 3-20　具有公共轴线的回转体的相贯线

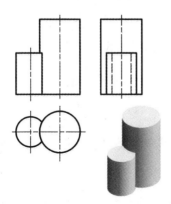

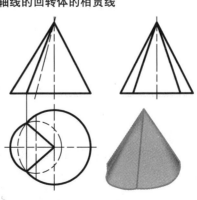

图 3-21　两个轴线平行的圆柱面的相贯线　　图 3-22　两个共锥顶的圆锥面的相贯线

（2）两个轴线平行的圆柱面的交线为一对平行直线。如图 3 - 21 所示。

（3）两个共锥顶的圆锥面的交线为一对相交直线。如图 3 - 22 所示。

（4）外切于同一个球面的圆锥、圆柱相交时，其相贯线为两条平面曲线——椭圆，如图 3 - 23所示。一般情况下曲面立体相贯的三种基本形式如图 3 - 24 所示。

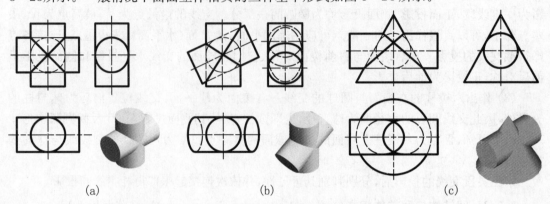

(a)　　　　　　　　　　　(b)　　　　　　　　　　　(c)

图 3 - 23　外切于同一个球面的圆锥、圆柱的相贯线

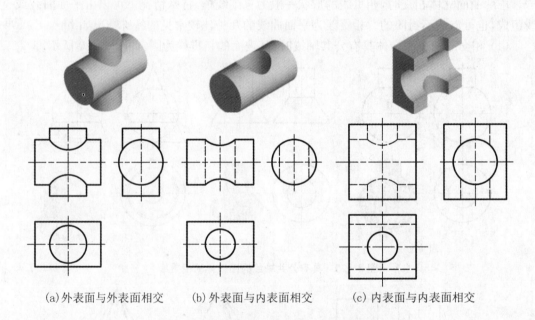

(a)外表面与外表面相交　　　(b)外表面与内表面相交　　　(c)内表面与内表面相交

图 3 - 24　曲面立体相贯的三种基本形式

相贯线的方法有重影性法、辅助平面法、辅助球面法。这里介绍前两种作图方法。

1. **重影性法**

当相交的曲面立体中有一个圆柱面的轴线垂直于投影面时，该圆柱面的一个投影重影为一个圆，相贯线上的各点在该投影面上的投影一定重影在该圆上，其他投影可根据立体表面取点的方法作出。

图 3 - 25 所示为铅垂圆柱与水平圆柱相交，其相贯线的水平投影重影在铅垂圆柱的水平投影圆上，侧面投影重影在水平圆柱的侧面投影圆上，已知相贯线的两个投影即可求出其

正面投影。由于两圆柱轴线相交且其公共对称面平行于 V 面,因此相贯线的正面投影为双曲线。作图步骤如下:

(1) 求特殊点。Ⅰ点是铅垂圆柱面最前素线与水平圆柱面的交点,它是最前点也是最下点(对上面一条曲线而言),1′可根据 1、1″求得;Ⅱ、Ⅲ点为铅垂圆柱面最左素线和最右素线与水平圆柱面的交点,它们是最高点,2′、3′可直接在图上作出。

(2) 求一般点。在铅垂圆柱面的水平投影圆上取 4、5 两点,它们的侧面投影 4″、5″重影在水平圆柱的侧面投影上,其正面投影 4′、5′可根据投影规律求出。

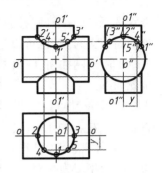

图 3 – 25 铅垂圆柱与水平
圆柱相交

(3) 顺次光滑地连接 2′、4′、1′、5′、3′等点即为相贯线的正面投影。

由于上下对称,故下面一条相贯线的正面投影为上述所求曲线的对称图形。

当相交两圆柱直径相等且相切于同一球面时,即球面直径即为圆柱直径,这时相贯线实形为两个椭圆。如图 3 – 23(a)所示。

如铅垂圆柱向前平移,这时两圆柱在前后位置上不具有公共对称面,因此相贯线的正面投影为四次曲线(图 3 – 26),它也可用重影性法求出。这时Ⅰ为最前点,Ⅵ为最后点,Ⅱ、Ⅲ为相贯线在前后方向上可见部分与不可见不分的分界点,Ⅳ、Ⅴ为最高点,注意 2′4′段曲线应为虚线。由于铅垂圆柱贯穿过水平圆柱,这种相贯成为全贯,交线为上下两条对称图形。

如铅垂圆柱继续向前平移,或圆柱直径增大,如图 3 – 27 所示.这时两圆柱互相交贯,称为互贯。其相贯线为一条四次曲线,其正面投影为一条以水平圆柱轴线为对称线的曲线。其作图也可用重影性法.此处不再赘述,请读者自行分析。

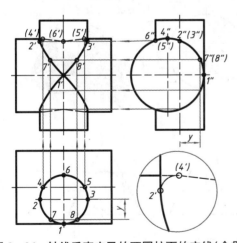

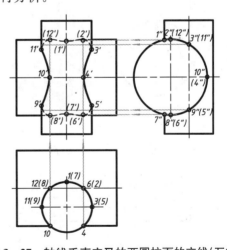

图 3 – 26 轴线垂直交叉的两圆柱面的交线(全贯)　图 3 – 27 轴线垂直交叉的两圆柱面的交线(互贯)

2. 辅助平面法

求两曲面立体的相贯线比较普遍的方法是辅助平面法。辅助平面的选择原则是要使辅助平面与两回转体的交线的投影都是最简单的线条(直线和圆)。以下分别举例说明。

(1) 圆柱与球相交。如图 3 – 28 所示为水平圆柱与半球相交,其公共对称面平行于 V 面,相贯线侧面投影重影于圆柱面的侧面投影圆上,求作相贯线另两投影时辅助平面可以选

择水平面,这时平面与圆柱面相交为一对平行直线,
与球面相交为圆;也可以选择侧平面作为辅助平面,
这时平面与圆柱面、球面相交均为圆或圆弧。其作图
步骤如下:

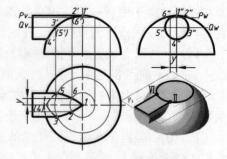

图 3-28　圆柱与球相交

① 求特殊点,Ⅰ、Ⅳ 为最高点和最低点,也是最
右点和最左点,可以直接求出。

② 求一般点,可作辅助平面,如取水平面 P,它
与圆柱面相交为一对平行直线,与球面相交为圆,直
线与圆的水平投影的交点 2、6 即为共有点 Ⅱ、Ⅵ 的水
平投影,由此可求出正面投影 $2'$、$6'$,这是一对重影点的重合投影。

③ 如过圆柱面轴线作水平面 Q,则与圆柱面相交为最前和最后素线,与球面相交为圆,
它们的水平投影相交在 3、5 点,此即为相贯线水平投影曲线的可见部分与不可见部分的分
界点,其正面投影为 $3'$、$5'$。

④ 判别可见性。其原则是:两曲面的可见部分的交线才是可见的,否则是不可见的。
Ⅲ-Ⅳ-Ⅴ 在圆柱面的下半部分的水平投影为不可见。

⑤ 顺次连接各点,即得相贯线的各个投影。

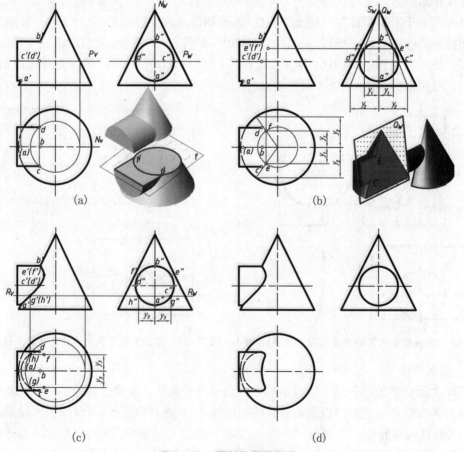

(a)　　　　　　　　　　　(b)

(c)　　　　　　　　　　　(d)

图 3-29　圆柱与圆锥相交

（2）圆柱和圆锥相交。如图 3-29(a)所示,求圆柱和圆锥的相贯线,补全相贯体的水平投影。

先由图 3-29(a)中已知条件所示的圆柱、圆锥及其相对位置来分析相贯线的大致情况。从已知条件可以看出,由于圆柱从左边全部穿过圆锥,所以相贯线是一条封闭的空间曲线。又由于这两个曲面立体有公共的前后对称面,所以相贯线也前后对称,前半相贯线与后半相贯线的正面投影将互相重合。根据相贯线性质可知。

由于圆柱面的侧面投影有积聚性,相贯线的侧面投影也必定重合在其上,于是问题可归结为已知相贯线的侧面投影,求作它的正面投影和水平投影,可利用积聚性及素线法取点,也可用辅助平面法求解。下面采用辅助平面法求解,并进行具体分析和说明作图过程。

为了使辅助平面能与圆柱面、圆锥面相交于素线或平行于投影面的圆,对圆柱而言,辅助平面应平行或垂直柱轴;对圆锥而言,辅助平面应垂直锥轴或通过锥顶。综上所述,只能选择如图 3-29 所示的两种辅助平面:

① 平行于柱轴,同时垂直于锥轴,即水平面。

② 通过锥顶,且平行于锥轴,即通过锥顶的一些侧垂面以及过锥顶的正平面。

根据上述分析,作图步骤如下:

① 如图 3-29(a)所示,通过锥顶作正平面 N,与圆柱面相交于最高、最低两素线,与圆锥面交于最左素线,在它们的正面投影的相交处,作出相贯线上的最高点 B 和最低点 A 的正面投影 b' 和 a'。由 b' 和 a' 分别在 N_H 和 N_W 上作出 b、a 和 b'' 和 a''。

通过柱轴作水平面 P,与圆柱面相交于最前、最后两素线,与圆锥面相交于水平纬圆,在它们的水平投影的相交处,作出相贯线上的最前点 C 和最后点 D 的水平投影 c 和 d。由 c、d 分别在 P_V、P_W 上作出 c'、d'(c'、d' 互相重合)和 c''、d''。由于 c 和 d 就是圆柱面水平投影的转向轮廓线的端点,也就确定了圆柱面水平投影转向轮廓线的范围。

② 如图 3-29(b)所示,通过锥顶作与圆柱面相切的侧垂面 Q,与圆柱面相切于一条素线,其侧面投影积聚在 Q_W 与圆柱面侧面投影的切点处;与左圆锥面相交于一条素线,其侧面投影与 Q_W 相重合。这两条素线的交点 E,就是相贯线上的点,其侧面投影 e'' 就重合在圆柱面的切线的侧面投影上。由 Q 面与圆柱面的切线和 Q 面与圆锥面的交线的侧面投影,作出它们的水平投影,其交点就是点 E 的水平投影 e。再由 e 和 e'' 作出 e'。

同理通过锥顶作与圆柱面相切的侧垂面 S。也可作出相贯线上的点 F 的三面投影 f''、f 和 f'。点 E 和 F 是相贯线上的一对前后对称点,e' 和 f' 相互重合。

点 E 和 F 也是确定相贯线范围的特殊点,即相贯线位于通过点 E、F 的两素线之间的左锥面上。

③ 如图 3-29(c)所示,在已作出的相贯线上点较稀疏处,作水平面 R,与圆柱面相交于两条素线,其侧面投影分别积聚在 R_W 与圆柱面侧面投影的交点处;与圆锥面相交于水平纬圆,其侧面投影重合于 R_W。这两条素线和水平纬圆的交点 G、H 就是相贯线上的点,其侧面投影 g''、h'' 分别重合在这两条圆柱素线的侧面投影上。作出这两条素线和水平纬圆的水平投影,在它们的交点处得出 g、h。在 g、h 上作出互相重合的 g'、h'。

④ 顺次连接各点即得相贯线的投影,并判断可见性。$cebfd$ 可见,$dhagc$ 不可见。$b'e'c'g'a'$ 可见,$b'f'd'h'a'$ 不可见,且与 $b'e'c'g'a'$ 重合。

3.3.4　组合相贯线(Complex intersecting line)

三个或三个以上的立体相交,其表面形成的交线,称为组合相贯线。组合相贯线的各段相贯线分别是两个立体表面的交线;而两段相贯线的连接点,则必定是相贯体上各个表面的共有点。

［例 3-1］　如图 3-30(a)所示,求作圆柱与圆锥和圆柱之间的组合相贯线。

［解］　由图 3-30(a)所示的已知条件来分析组合相贯线的大致情况为:左侧小圆柱上部与圆锥相交,下部与大圆柱相交,相贯线均为一段三维曲线,上部和下部的相贯线前后分别各有一个连接点,它们是小圆柱、圆锥、大圆柱的三面共点,连接成闭合的组合相贯线。

由于这三个立体有公共的前后对称面,即相贯体前后对称,所以组合相贯线也前后对称,相贯线的正面投影前后重合。小圆柱面的侧面投影有积聚性,与小圆柱面的相贯线的侧面投影也重合在其上;同样,大圆柱面的水平投影有积聚性,与大圆柱面的相贯线的水平投影也重合在其上。因此,只要作出小圆柱面与圆锥面的相贯线的正面投影与水平投影,以及大圆柱面与小圆柱面的相贯线的正面投影就可以了。

作图过程如图 3-30(b)(c)(d)所示,请读者自行分析。小圆柱面与圆锥面的相贯线利用辅助平面法求解,小圆柱面与大圆柱面的相贯线是利用积聚性取点作出的。

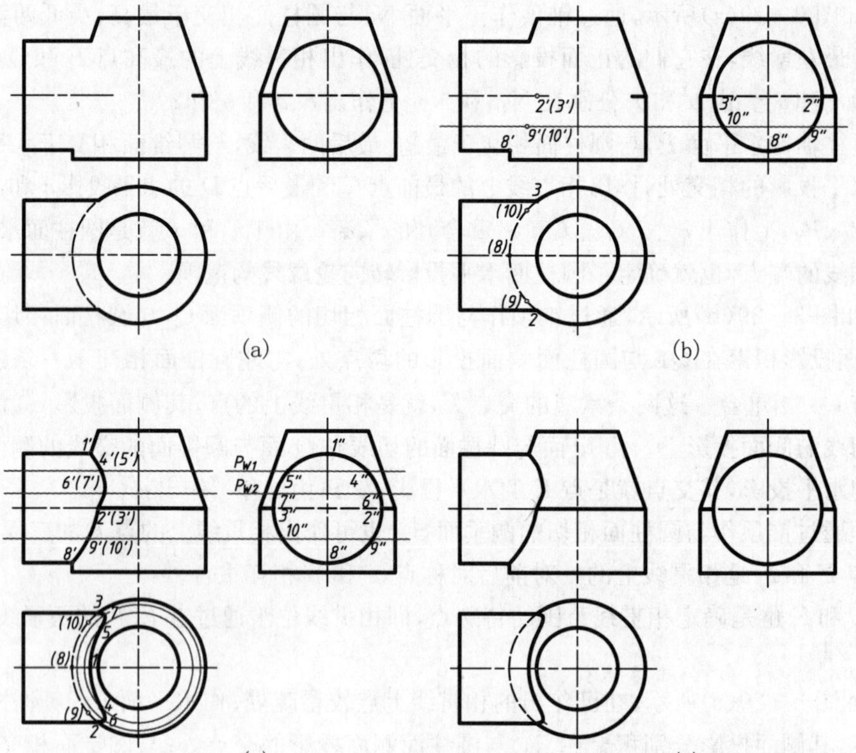

图 3-30　组合相贯线(一)

［例 3-2］　补全图 3-31(a)所示立体的三面投影。

［解］　从图 3-31(a)可见,该立体的上部为半球壳、下部为圆筒,半球壳与圆筒之间同轴,并且外球面与外圆柱面相切(无交线)、内球面与内圆柱面相切(无交线)。

从图 3-31(a)还可见,该立体的前方开挖一正四棱柱孔、后方开挖一圆柱孔。开孔以后立体表面产生了四棱柱孔表面与外球面、外圆柱面、内球面、内圆之间的相贯线,同时也产生了圆柱孔表面与外球面、外圆柱面、内球面、内圆柱面之间的相贯线。由于两个孔表面的正面投影都具有积聚性,所以这些交线在正面投影的视图上已存在,只要分别求出立体表面上每两个面之间的相贯线的水平投影和侧面投影就可以了。又由于该立体中的半球壳、圆筒、前后两孔均左右对称,所以立体表面的交线的形状也左右对称。

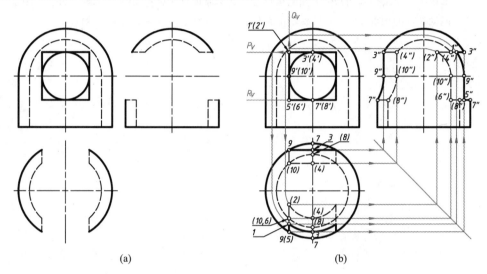

(a)   (b)

图 3-31 组合相贯线(二)

该立体除相贯线以外的轮廓的投影已齐全了。

作图过程如图 3-31(b)所示,在作出各相贯线上左半部的同时作出其右半部,即可得到各完整的相贯线。

复 习 思 考 题

3-1 试比较作平面上点和作曲面上点的方法有何异同之处。

3-2 试述绘制平面立体的投影的步骤。

3-3 试总结平面立体的投影特点。

3-4 能正确地在立体表面取点的关键是什么?

3-5 试归纳回转体的作图步骤和投影特点。

3-6 截交线是怎样形成的?为什么平面立体的截交线一定是平面上的多边形?多边形的顶点和边分别是平面立体上的哪些几何元素与截平面的交点和交线?当截平面垂直于投影面时,怎样求作平面立体的截交线和断面真形?

3-7 曲面立体的截交线通常是什么形状?还可能出现其他的哪些形状?当截平面为特殊位置平面时,怎样求作曲面立体的截交线和断面真形?

3-8 怎样的点是曲面立体截交线上的特殊点?怎样的点是曲面立体截交线上的一般点?作图时,在可能和方便的情况下,应作出哪些特殊点?

3-9 平面与圆柱面的交线有哪三种情况?为什么用表面取点、取线的方法就能简捷地作出轴线垂直于投影面的圆柱的截交线?

3-10　平面与圆锥面的交线有哪些情况？圆锥面的三个投影都没有积聚性,可用哪两种方法在圆锥面上取点来求作截交线？

3-11　相贯线是什么？为什么说"求作平面立体与曲面立体的相贯线的问题可以归结为求作曲面立体的截交线"？

3-12　截交线和相贯线分别有什么特点？

3-13　求作两曲面立体的相贯线常用哪两种方法？这两种方法分别可以应用于哪些场合？

3-14　辅助平面法求作两回转体表面的相贯线的基本原理是什么？如何适当地选择辅助平面？

3-15　两回转体的相贯线的两种特殊情况是什么？试分别举例说明这两种特殊情况。

4 组 合 体

（Complex）

4.1　概述（Introduction）

在工程制图中，由几个基本立体按一定方式组合而成的物体，称为组合体。

本章着重介绍组合体的组合形式——叠加式和切割式组合体，并运用形体分析法和线面分析法，来解决组合体的画图、读图和尺寸标注等问题。其中以形体分析法为主，线面分析法为辅。

4.1.1　组合体的三视图（Three views of a complex）

国家标准《机械制图》规定：物体向投影面投射所得到的图形称为视图。在三投影面体系中，物体的正面投影称为主视图，水平投影称为俯视图，侧面投影称为左视图，如图 4-1 所示。按图示位置关系配置视图时，一律不标注视图的名称。

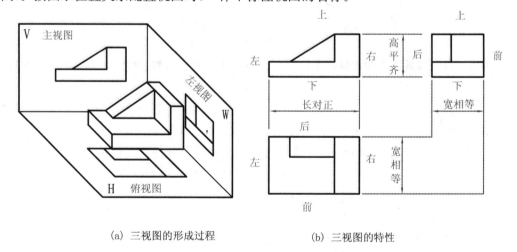

(a) 三视图的形成过程　　　　　　(b) 三视图的特性

图 4-1　组合体的三视图

4.1.2　三视图的特性（Character of three views）

从图 4-1(b) 中可以看出：主视图反映物体的上下、左右位置关系，即反映物体的高度和长度；俯视图反映物体的前后、左右位置关系，即反映物体的宽度和长度；左视图反映物体的前后、上下位置关系，即反映物体的宽度和高度。由此，可以得出三视图之间的投影规律为：

主视图与俯视图——长对正；

主视图与左视图——高平齐；

俯视图与左视图——宽相等。

需要特别注意的是,在确定"宽相等"时,在区别物体的前后,俯视图与左视图中,以远离主视图的一侧为前,反之为后。

4.2　组合体的分析(Analysis of a complex)

4.2.1　组合体的形成方式(Formation system of a complex)

组合体的组成方式通常分为叠加和切割两种。图4-2(a)所示轴承座,是由几个基本体叠加而形成的;图4-2(b)所示切割体,则可看作一四棱柱,逐步切割掉几个基本体后形成的。

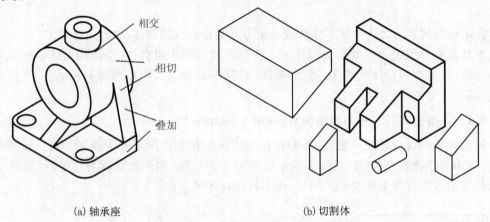

(a) 轴承座　　　　　　　　　　(b) 切割体

图4-2　组合体的组成方式

4.2.2　几何形体间表面连接关系(Surface connecting relationship between geometric object)

1. 叠加

基本形体通过叠加而形成组合体时,其形体之间的表面连接关系有以下几种:不共面、共面、相切、相交。

(1) 不共面:如图4-3(a),两形体连接表面不平齐,中间应该有线。

(2) 共面:如图4-3(b),两形体连接表面共面,中间应该没有线隔开。

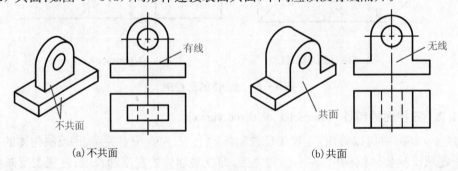

(a)不共面　　　　　　　　　　(b)共面

图4-3　表面连接关系

(3) 相切:相切是指两个基本体的表面(平面与曲面或曲面与曲面)光滑过渡,如图4-4(a)所示,当两形体表面相切时,相切处不应该画线。

(4) 相交:相交是指两个基本体的表面相交产生相贯线,两形体表面的相交处应该画出交线的投影,如图 4 - 4(b)所示。

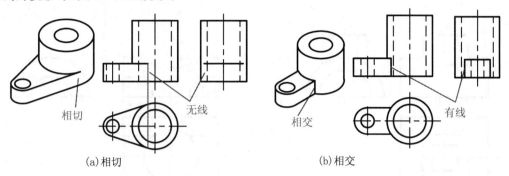

(a)相切　　　　　　　　　　(b)相交

图 4 - 4 相切、相交的画法

2. 切割与穿孔

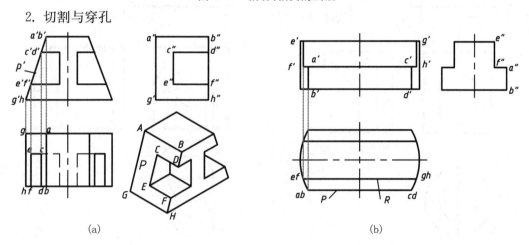

(a)　　　　　　　　　　(b)

图 4 - 5 切割的画法

(1) 切割　当基本体被平面或曲面切割后,会产生不同形状的截交线。

由图 4 - 5(a)所示,四棱柱被正垂面 P 切割后,产生截交线 $ABDCEFHGA$。正垂面 P 在主视图上积聚为一条直线 $a'g'$,在左视图上投影为平面类似形 $a''b''c''d''e''f''g''h''$,因此根据正垂面的性质,可以求出俯视图上的平面类似形 $abcdefgh$。如图 4 - 5(b)所示,圆柱体被正平面 P 切割后,在圆柱面上产生截交线 AB、CD。AB、CD 是铅垂线,在俯视图上积聚为两点 ab、cd,在左视图分别为直线 $a''b''$、$c''d''$,根据三视图的投影规律,可求出主视图上截交线 $a'b'$、$c'd'$。圆柱体继续被正平面 R 切割后,产生截交线 EF、GH。

(2) 穿孔　当基本体被穿孔后,也会产生不同形状的交线。

由图 4 - 6(a)所示,组合体的外表面是半圆柱与四棱柱相交产生的外表面交线,内表面是空心的半圆柱与空心四棱柱相交产生的内表面交线。由图 4 - 6(b)所示,空心的半圆柱上穿通一圆柱孔后,轴线为铅垂线的圆柱孔Ⅱ不仅与轴线为侧垂线的圆柱Ⅰ相交,也与轴线为侧垂线的圆柱孔Ⅲ相交。对照俯、左视图分析,作出主视图外表面的相贯线 R,内表面的相贯线 r。

由图 4 - 6(c)所示,在空心圆柱体上挖一半圆柱和四棱柱组合孔,左视图外表面产生一条由曲线和直线组成的交线,内表面空心圆柱面的直径和所挖一半圆柱孔等直径,左视图内表面相贯线投影为直线,内圆柱面和四棱柱孔的棱面相切,左视图无线。在图 4 - 6(d)所示的内部圆柱孔上先挖一半圆柱和四棱柱组合孔,后挖圆柱孔,即可作出这些交线,并作出左视图。

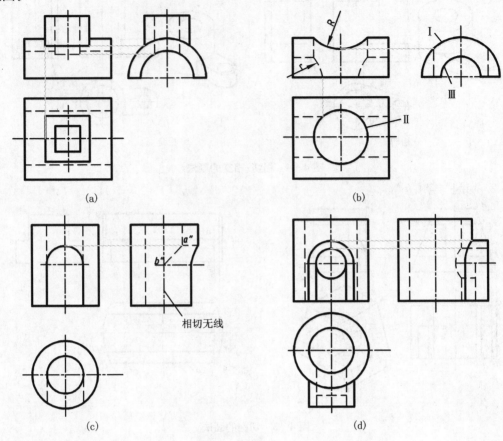

图 4-6　穿孔相贯线的画法

4.2.3　形体分析法与线面分析法(Shape-Body analysis method and Line-Surface analysis method)

假想把组合体分解为若干基本形体,并分析它们的组合方式和相邻表面间的连接关系,这种分析法称为形体分析法。

形体分析法可以把复杂问题变为简单问题,所以形体分析法是由组合体画三视图、读图和标注尺寸的最基本方法。

在绘制或阅读组合体时,对较复杂的组合体在运用形体分析法的基础上,对不易表达或难读懂的局部,还要结合线、面的投影分析,分析物体的表面形状、物体上面与面的相对位置、物体的表面交线等,来帮助表达或读懂这些局部的形状,这种方法称为线面分析法。

4.3　画组合体的视图(View of a complex)

4.3.1　叠加式组合体画法(Drawing method of piling up complex)

1. 形体分析

　　分析该组合体由哪些基本体组成,各基本体间的相互位置关系,各基本体表面的连接关系。

　　图4-7所示轴承座,可以分成五个组成部分:底板、轴承、支承板、肋板、凸台;它们的组合形式主要是叠加和局部挖切,底板的顶面与支承板、肋板的底面互相叠加,凸台和轴承是两个垂直相交的圆柱孔,在外表面和内表面上都有相贯线;支承板的左、右侧面都与轴承的外圆柱面相切,肋板的上表面与轴承的外圆柱面相交。

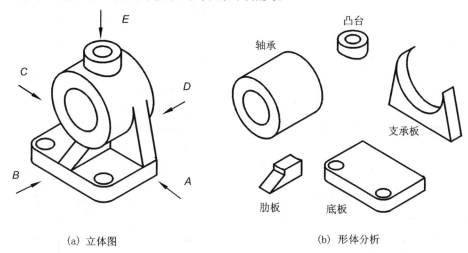

　　　　　(a) 立体图　　　　　　　　　　　　　　　　　(b) 形体分析

图 4-7　轴承座的形体分析

2. 视图选择

　　在形体分析基础上进行主视图选择。主视图是三视图中最重要的视图,确定主视图要考虑:

　　(1) 物体安放位置应选择自然平稳或主要加工位置。

　　(2) 主视图的投射方向反映物体的形状特征。

　　(3) 优化的视图方案。各视图中可见信息尽可能多,视图数量最少。

　　(4) 根据轴承座的形状特征和位置特选择 A 向作为主视图的投射方向较好。

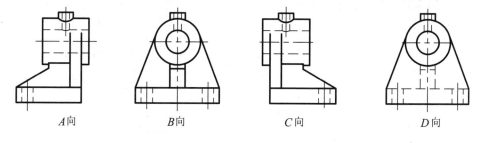

　　　A向　　　　　　　　B向　　　　　　　　C向　　　　　　　　D向

图 4-8　分析主视图的投射方向

3. 画图步骤

　　(1) 选比例、定图幅;

　　(2) 画底稿。

　　首先要画出组合体的主要轴线、对称线和基准线,恰当地布置视图位置,力求图面布局合理。

　　画图一般顺序:按形体分析法,逐步画出各组成部分,并且先画主要形体,后画次要形体;先画特征视图,后画其他视图;先画整体,后画细节。具体作图步骤如图 4-9 所示。

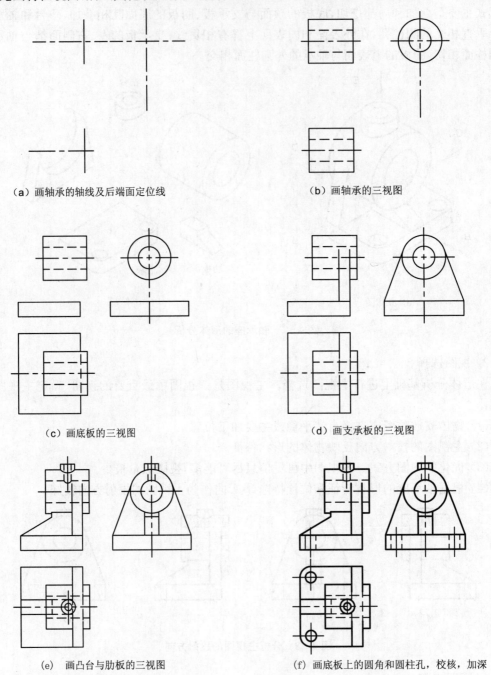

（a）画轴承的轴线及后端面定位线　　　　　　　　（b）画轴承的三视图

（c）画底板的三视图　　　　　　　　　　　　（d）画支承板的三视图

（e）　画凸台与肋板的三视图　　　　　　　（f）画底板上的圆角和圆柱孔,校核,加深

图 4-9　轴承座的作图步骤

画组合体的视图时应注意:

(1) 画图时,应几个视图结合起来画,以便利用投影关系;

（2）各形体之间的相对位置、表面连接关系,要表达正确;

（3）检查、加深。

完成视图底稿后,检查有无遗漏和错误,经修正和擦去多余的作图线后,按图线标准加深图线,完成所画组合体的三视图。如图 4－9(f)所示。

4.3.2 切割式组合体画法(Drawing method of cutting system complex)

[例4-1] 试画出图 4-10 所示塞块的三视图。

[解] 形体分析 塞块主要为切割式组合体,主体为在四棱柱右边叠加部分圆柱体,并在对称面上切去铅垂圆柱孔Ⅱ和水平圆柱孔Ⅲ,并在左上部先切去棱柱Ⅳ,然后切去三棱柱Ⅴ,最后在对称面上切去棱柱Ⅵ。

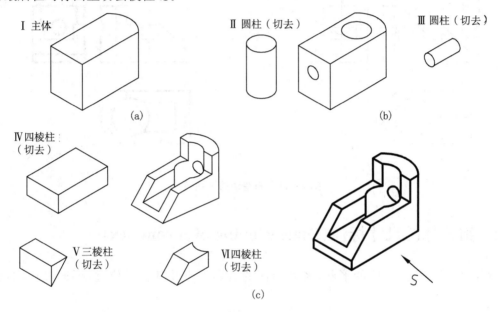

图 4－10 塞块的形体分析

视图选择 为反映被切割的各个形体的形状的特征及其相对位置,选择如图 4-10 的 S 方向,作为主视图投射方向。同时用俯视图和左视图来补充表达被切割部分的实形和相对位置。

作图步骤和画法如图 4-11 所示。

（1）布置主视图位置,画主体部分,如图 4-11(a)所示。

（2）画主体被挖切圆柱孔Ⅱ和圆柱孔Ⅰ,如图 4-11(b)所示。

（3）画左上方被挖切四棱柱Ⅳ、三棱柱Ⅴ及棱柱Ⅵ,如图 4-11(c)所示。

（4）校核、加深,如图 4-11(d)所示。

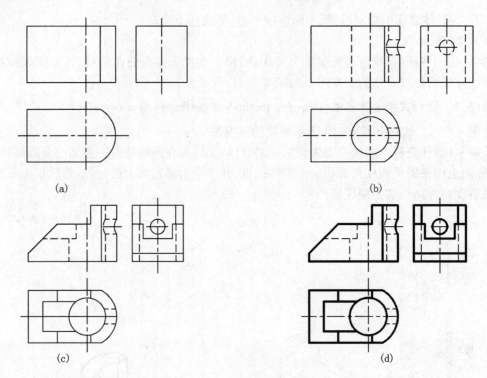

图 4 - 11　画塞块的三视图

4.4　组合体的尺寸标注(Dimensioning of a complex)

视图只能表达组合体的形状,各种形体的真实大小及其相对位置,要通过标注尺寸来确定。

4.4.1　标注尺寸的基本要求(Basic requirement of dimensioning)

(1) 正确:尺寸标注要符合国家标准的有关规定。

(2) 完整:标注尺寸能确定出物体各部分形状的大小及相对位置,并且不要遗漏也不要重复。

(3) 清晰:尺寸布置应清晰、恰当。尺寸标注必须注意以下各点。

① 尺寸尽可能标注在形状特征明显的视图上。例如半径应标注在圆弧上,直径尽量标注在非圆视图上。

② 同一形体的尺寸应尽量集中标注。

③ 尺寸排列要整齐,应尽量避免尺寸线与尺寸界线、轮廓线相交。同方向的串联尺寸应尽量排列在一条直线上。同方向的平行尺寸,应尽量使小尺寸排在内,大尺寸排在外。

4.4.2　基本体的尺寸标注(Dimensioning of basic body)

标注基本体尺寸,一般要注出长、宽、高的尺寸。图 4 - 12 是几种常见基本体尺寸标注示例。

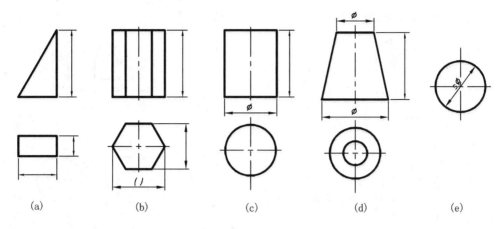

图 4 - 12　基本体的尺寸标注示例

4.4.3　截切和相贯体的尺寸标注(Dimensioning of cutting and intersection)

对被截切的立体,除了标出立体的定形尺寸外,还要标出确定截平面位置的尺寸。当两个立体相贯时,则要标出两相贯体的定形尺寸和确定两相贯体的相对位置的尺寸。

由于截平面与立体的相对位置确定后,立体表面的交线也就唯一确定了,因此,对交线不应再标尺寸。同样,当两相贯体的大小和相对位置确定后,相贯线也唯一确定,也不应对相贯线标注尺寸。图 4 - 13 是截切和相贯体尺寸标注示例。

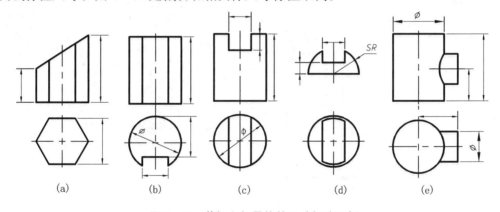

图 4 - 13　截切和相贯体的尺寸标注示例

4.4.4　组合体的尺寸标注(Dimensioning of complex)

标注组合体尺寸,仍按形体分析法将组合体分解为若干基本体,图样上一般要标注三类尺寸:定形尺寸、定位尺寸、总体尺寸。

定形尺寸——确定各组成部分形状及大小的尺寸。

定位尺寸——确定各组成部分相对位置的尺寸。

总体尺寸——确定组合体外形的总长、总宽、总高的尺寸。

标注每一个尺寸,都应有一个尺寸起点,这个尺寸起点就称为基准。为了清楚和清晰地标注组合体的尺寸,必须选定尺寸基准。组合体有长、宽、高尺寸,就要有长、宽、高三个方向基准,通常以组合体的底面、端面、对称面、回转体轴线为尺寸基准。

下面以轴承座为例,说明标注组合体尺寸的方法和步骤。

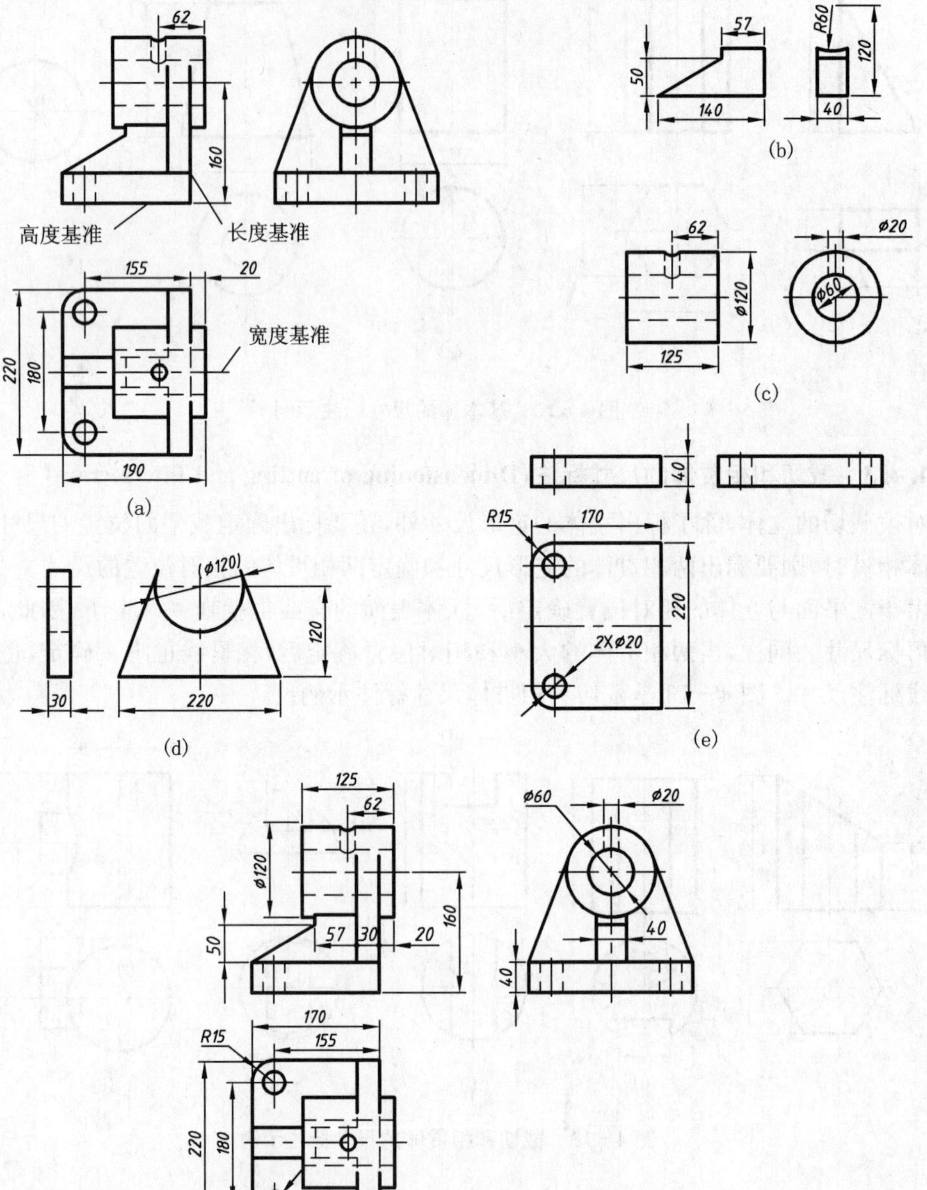

图 4-14　组合体的尺寸标注

(1) 形体分析　该轴承座可以看作是由四个基本形体组成的。

(2) 选尺寸基准　由轴承座结构特点可知,底板的下底面是安装面,可作为高度方向的尺寸基准,底板和支承板底右端面可作为长度方向的尺寸基准,轴承座前后是对称的,对称平面可作为宽度方向的尺寸基准。图 4-14(a)标注的是轴承座的尺寸基准。

(3) 标注定形尺寸　四个基本形体的定形尺寸如图 4-14(b)(c)(d)(e)所示。

(4) 标注定位尺寸　尺寸基准选定后,按各基本形体的相对位置标注它们的定位尺寸基准。由于各基本形体都是前后对称,宽度方向定位尺寸均不需标注。支承板与底板右端面平齐,并且在高度方向上与底板叠加,肋板在长度和高度方向上分别与支承板、底板叠加,故不标注它们在长度和高度方向的定位尺寸。所以,只需标注轴承的长度和高度方向的定位尺寸 20 和 160。底板上的两个小圆柱孔定位尺寸 155、180,轴承上的小圆柱孔的定位尺寸 62。如图 4-14(a)所示。

（5）标注总体尺寸　轴承座的总宽是底板宽度 220,总长由底板长度 170 和轴承在支承板右面突出部分的长度 20 所决定是 190,总高是由轴承的高度定位尺寸 160 和它的外圆直径 φ120 所决定,如图 4-14(a)所示。

（6）检查　按形体逐个检查尺寸,避免重复多余或遗漏尺寸。轴承座的全部尺寸如图 4-14(f)所示。肋板的长度 140 与支承板的厚度 30 之和恰好与底板的长度 170 相同,标注了尺寸 30 和 170,就不应再标注 140。同理,标注底板长度 170 和轴承在支承板右面突出部分的长度 20,也就不标总长 190。标注了高度定位尺寸 160 和底板高度 40,也不应再标注肋板和支承板的高度尺寸 120。

4.5　读组合体的视图(To read a complex view)

根据组合体的视图,想象出组合体的形状,称为读图。读图主要方法仍是形体分析法,有时还要应用线面分析法,即从"线和面"的角度出发,分析局部形体的图线和线框,判断出形体表面的面、线的形状和位置,从而想象它的形状。

根据视图正确快速想象出物体形状的关键是:熟练掌握并运用投影原理、直线和平面的投影特点、基本几何体的投影特点,以及常见截交线和相贯线的投影特性。

4.5.1　读图基本要领(Fundamental key points of read drawing)

1. 要把几个视图联系起来看

一个视图是不能确定物体的形状的,如图 4-15(a)(b)(c)(d)所示,其主视图完全相同,由于俯视图不同,它们却表示不同的物体。

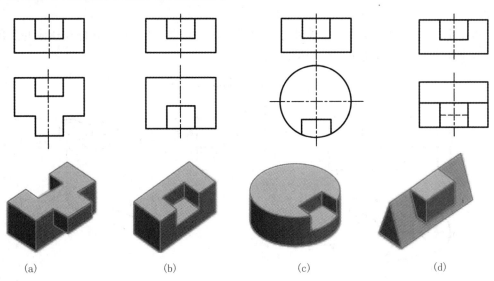

图 4-15　几个组合体视图的比较

有时两个视图也不能唯一确定物体的形状,如图 4-16(a)(b)所示两物体的主、俯视图相同,随着左视图的不同,物体的形状也随之变化。

2. 要注意视图中反映形体之间连接的图线

形体之间表面连接关系的变化,会使视图中的图线也产生相应的变化。在图 4-16(a)和图 4-16(b)的左视图中,三角形肋板和与侧板连接是实线部分,说明它们的左表面不平齐,三角形肋板和与侧板连接是虚线部分,说明它们的左表面平齐,因此,视图中反映形体之间连接的虚实线不同,决定各形体的相对位置和表面关系。

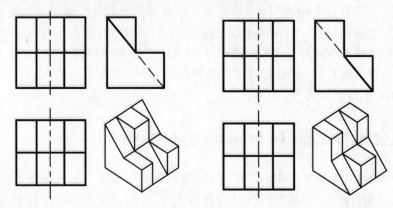

图 4-16　几个视图联系起来看的示例

3. 应明确视图中的图线和线框的含义

视图中每个封闭线框,通常都是物体上一个表面或一个基本形体的投影,视图中每一条图线则可能是平面或曲面的积聚投影,也可能是轮廓线的投影,因此,必须将几个视图对照分析,才能明确视图中线框和图线的含义。

(1) 视图中的封闭线框　如图 4-17 中三角形线框 a 是三棱柱的一个正平面投影,矩形线框 b 是圆柱面的投影,矩形线框 d 是平面与圆柱面相切的投影,带虚线的矩形线框 c 表示一个圆柱孔的投影。

(2) 视图上的图线　如图 4-17 中 Ⅰ 是平面与圆柱面的交线投影,Ⅱ 是圆柱体的上顶面的投影,Ⅲ 是圆柱体的转向轮廓线的投影。

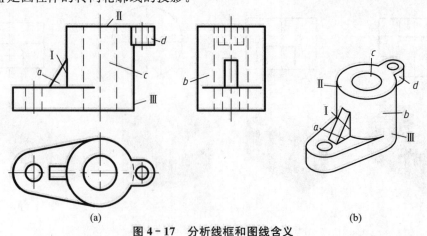

(a)　　　　　　　　　　　　　　　　　(b)

图 4-17　分析线框和图线含义

（3）视图上的相邻封闭线框　它们往往是物体上相交的或有不平齐的两个面（或其中一个是通孔）的投影。

4. 要从反映形状特征的视图入手

反映物体形状特征最充分的视图为特征视图。如图 4 - 16 中的左视图，找到这个视图，就能很快认清物体的形状。但是，物体各组成部分的形状特征，不一定是集中在一个视图上，图 4 - 18 的支架是由四个形体叠加而成，主视图反映形体Ⅰ、Ⅳ的特征，俯视图反映形体Ⅲ的特征，在看图时要抓住反映形体特征较多的视图。

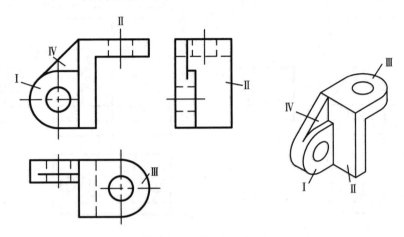

图 4 - 18　找出特征视图

4.5.2　读图方法（Reading method）

1. 形体分析

运用形体分析法读组合体视图的方法如下：

（1）从反映物体形状特征的视图着手，画线框。

图 4 - 19(a)中，主视图为特征视图，可以把它分成Ⅰ、Ⅱ、Ⅲ部分，它不仅反映Ⅰ、Ⅱ的形状特征，又较多地反映组成部分之间的位置关系。

（2）对投影，找其他视图，想象每一形体的形状。

从每个形体的主视图出发，根据"三等"关系，找到其他视图上的相应投影，图 4 - 19(b)粗实线可以看出形体Ⅰ是一个四棱柱，上端挖了一个半圆柱槽。

同样由形体Ⅱ主视图找到的其他视图，如图 4 - 19(c)粗实线，可以看出它是一个三角形的肋板。

最后看底板Ⅲ的三视图，如图 4 - 19(d)粗实线，左视图反映了它的形体特征，配合俯视图可看出Ⅲ形体是带弯边的四方板，上面钻了两个圆柱孔。

（3）综合想象物体的整体形状。

分析各形体形状以及相对位置。形体Ⅰ叠加在形体Ⅲ的上，形体Ⅱ左右对称分布在形体Ⅰ的两侧，形体Ⅰ、Ⅱ、Ⅲ后端平齐，综合想象整体，如图 4 - 19 所示的组合体立体图。

学习看图时，常采用给出两个视图，在想象出该物体形状的基础上，补画出其第三个视图，这是提高看图能力的一种重要手段。

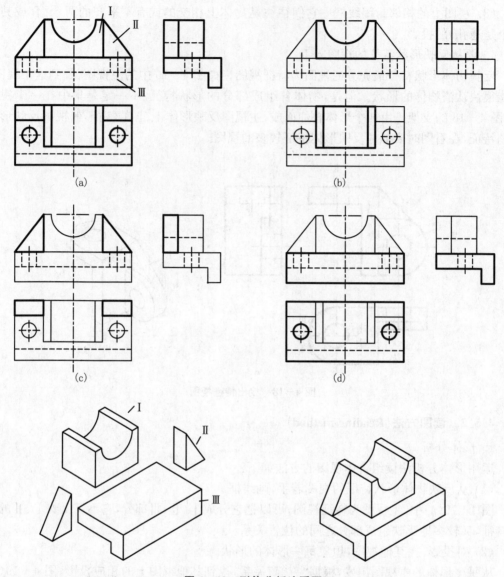

图 4-19　形体分析法看图

[例 4-2]　根据图 4-20 所示,由组合体的主、俯视图,想象其形状,并补画它的左视图。

[解]　步骤如下:

(1)把图 4-20 主视图划分为Ⅰ、Ⅱ、Ⅲ三个封闭的线框。

(2)对投影,具体想象各组成部分的形状,并利用三等关系补画出各形体的左视图。想象和作图过程如图 4-21(a)(b)(c)所示。

(3)按整体形状校核底稿,加深左视图,如图 4-21(d)所示。

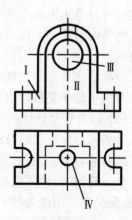

图 4-20　已知组合体的主、俯视图

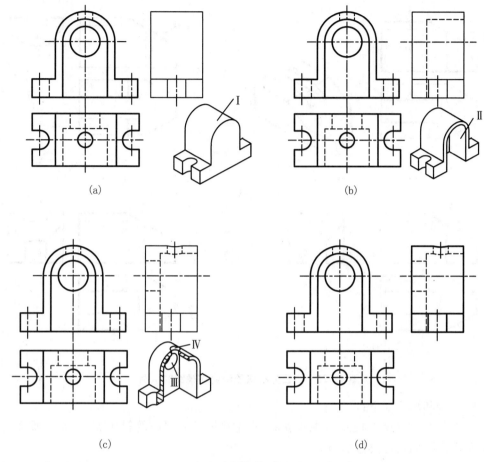

（a）　　　　　　　　　　　　　　　　　　　　　（b）

（c）　　　　　　　　　　　　　　　　　　　　　（d）

图 4 - 21　想象组合体的形状和补画左视图

2. 线面分析法

在运用形体分析法的同时,对不易读懂的部分,常需用线面分析法来帮助想象和读懂这些局部的形状。

当基本体和不完整的基本体被投影面垂直截切时,则断面的一个投影积聚成直线,而另两个投影则是类似形。

一个平面在各个视图上的投影除了有积聚性的投影外,其余的投影都表现为封闭的线框,在读图时利用这个规律对面的投影进行分析,这种方法称为线面分析法。

下面就用图上的一个封闭线框,在一般情况下,反映物体上一个面的投影的规律分析,并按"三等"对应关系找出每一表面的三个投影。

［例 4 - 3］　已知图 4 - 22 所示组合体的主、俯视图,试补画其左视图。

［解］　从图 4 - 22(a)所示的俯视图可知,该物体形状前后对称。主视图中有两个封闭的线框 q'、t',对应俯视图的投影积聚成直线的投影 q、t,T 是正平面,Q 是铅垂面。再分析俯视图中两个封闭线框 p 和 s,对应到主视图的投影积聚成直线的投影 p' 和 s'。显然,P 是正垂面,S 是水平面;由此可以想象组合体是一四棱柱,其左端被三个平面截切(正垂面 P,两个铅垂面 Q 截切,如图 4 - 22(a)所示。

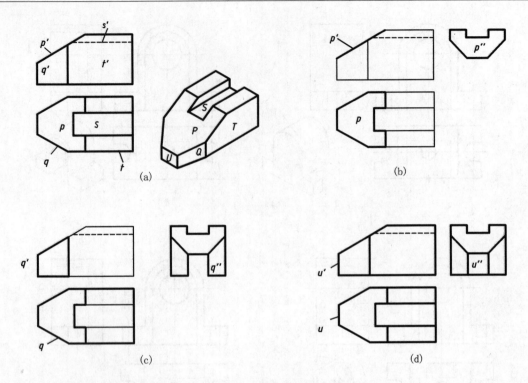

图 4-22　线面分析法读组合体视图的示例

作图过程和想象如下：

（1）从图 4-22(b)俯视图粗线框 p 看，在主视图找到对应的斜线 p'，P 是正垂面，根据投影关系求出侧面投影类似形 p''。

（2）从图 4-22(c)主视图粗线框 q' 看，在俯视图找到对应的斜线 q，Q 是铅垂面，根据投影关系求出侧面投影类似形 q'' 类似形。

（3）从图 4-22(d)主视图粗线框 u' 看，在俯视图找到对应的细线 u，U 是侧平面，找出侧面投影反映实形 u''。

（4）综上所述，对组合体主、俯视图线面分析，并补画出它的左视图，可清晰地想象出物体的整体形状。

　　[例 4-4]　如图 4-23 所示，已知组合体的主、俯视图，求左视图。

　　[解]　视图中的封闭线框表示物体上一个面的投影，要确定面与面的相对位置，必须通过其他视图来分析。如图 4-23，主视图中的三个封闭线框 a'、b'、c'，对照俯视图分别对应 a、b、c 三条水平线。按投影关系对照主视图和俯视图可见，这个架体分成前、中、后三层：前层切割成一个直径较小的半圆柱槽，中层切割成一个直径较大的半圆柱槽，后层切割成一个直径最小的穿孔的半圆柱槽；另外，中层和后层有一个圆柱形通孔。由这三个半圆柱槽的主视图和俯视图可以看出：具有最低的较小直径的半圆柱槽的这一层位于前层，而具有最高的最小直径半圆柱槽的那一层位于后

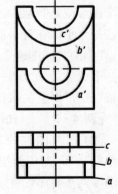

图 4-23　补画架体的左视图和投影分析

层。因此,前述的分析是正确的。于是就可能想象出这个架体的整体形状,并如图 4－24 所示,逐步补出左视图。

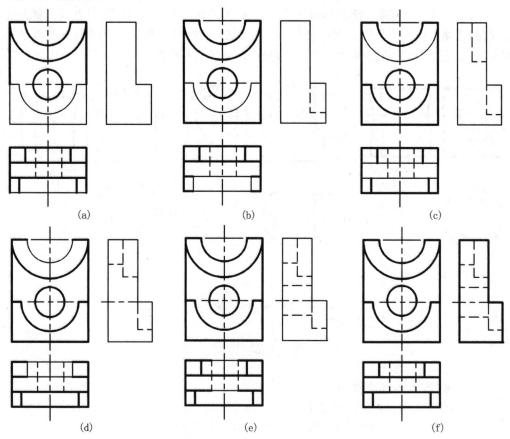

图 4－24　补画架体左视图的作图步骤

作图步骤:

(1) 画出左视图的轮廓线,如图 4－24(a);

(2) 画出前层半圆柱槽,如图 4－24(b);

(3) 画出中层半圆柱槽,如图 4－24(c);

(4) 画出后层半圆柱槽,如图 4－24(d);

(5) 画出中层、后层圆柱通孔,如图 4－24(e);

(6) 检查,加深,如图 4－24(f)。

运用形体分析法和线面分析法读图,要注意分析各个组合体表面上曲面截交线和相贯线的投影特性,理解这些交线的作图过程,想出立体的形状。

[例 4－5]　分析各个组合体表面上曲面交线的投影,理解这些交线的作图过程,补画图 4－25(a)(b)(c)中第三视图。

[解]　(1) 图 4－25(a)是一空心圆柱,所挖孔在主视图上均为粗实线,因此是前孔大,后孔小,故前面挖拱形孔,后面挖圆柱孔,补画左视图上的交线。

(2) 由图 4－25(b)俯视图及左视图可知,在圆柱体上部有一个与它相切的半球,左端与另一圆柱体相交,则上部分为圆柱与半球的相贯线,交线在俯视图上为 123、左视图 1″2″3″,

求出主视图的交线 $1'2'3'$。下半部分为圆柱体与半圆柱体相交,交线在俯视图为 124,左视图上为 $1''2''4''$,求出主视图的交线为 $1'2'4'$。

(3) 图 4-25(c)为圆柱体上部被一个半径为 R 的正垂圆柱面截切,中下部分被与半径为 R 的圆柱面相切的侧平面和水平面相切,侧平截面与圆柱体的交线为 12,圆柱面截面与圆柱体的交线为 23,分析俯视图及主视图的投影,补画出左视图交线 $1''2''3''$。

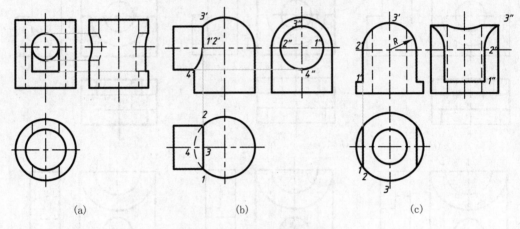

(a)　　　　　　　　　　(b)　　　　　　　　　　(c)

图 4-25　分析画与面交线

复习思考题

4-1　试述三视图的投影特性。

4-2　组合体的组合形式有哪几种? 各基本体表面之间的连接关系有哪些? 它们的画法各有何特点?

4-3　画组合体视图时,如何选择主视图? 怎样才能提高绘图速度?

4-4　画组合体的基本方法是什么? 什么是组合体的形体分析法? 什么是线面分析法?

4-5　标注组合体尺寸的基本要求是什么? 怎样才能满足这些要求?

4-6　试叙述运用形体分析法画图、读图和标注尺寸的方法与步骤。

4-7　试叙述运用线面分析法读图的方法和步骤。

5 轴 测 图

（Axonometric projection）

多面正投影图通常能较完整地、确切地表达出零件各部分的形状，而且作图方便，但缺乏立体感。轴测图是用平行投影的原理绘制的一种富有立体感的图形，如图5-1所示，但它不能确切地表达物体的原形与大小，因而轴测图在工程上仅用作为辅助图样。

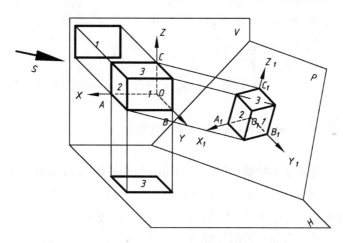

图 5-1 轴测图的形成

5.1 概述（Introduction）

5.1.1 轴测图（Axonometric projection）

如图5-1所示，将四棱柱及参考直角坐标系一起，沿不平行于任一坐标平面的方向 S，用平行投影法投射在单一投影面 P 上得到的图形称为轴测投影图，简称轴测图。其中平面 P 称为轴测投影面。

5.1.2 轴向伸缩系数和轴间角（Axial deformation coefficient and axes angle）

轴测轴——坐标轴 OX、OY、OZ 在轴测投影面上的投影 O_1X_1、O_1Y_1、O_1Z_1，称为轴测投影轴，简称轴测轴。

轴间角——轴测轴之间的夹角 $\angle X_1O_1Y_1$、$\angle Y_1O_1Z_1$、$\angle X_1O_1Z_1$，称为轴间角。

轴向伸缩系数——轴测轴上的单位长度与相应坐标轴上的单位长度的比值，称为 X、Y、Z 轴的轴向伸缩系数，分别用 p、q、r 表示：

$$p=\frac{O_1A_1}{OA},\ q=\frac{O_1B_1}{OB},\ r=\frac{O_1C_1}{OC}$$

当确定了空间的几何形体在直角坐标系中的位置后，就可按选定的轴向伸缩系数和轴间角作出它的轴测图。

5.1.3　轴测图的基本特点(Principal characteristic of axonometric projection)

轴测投影具有平行投影的一切投影特点:

(1)平行性　空间互相平行的直线,轴测投影仍平行;空间平行于坐标轴的直线的轴测投影仍平行于相应的轴测轴。

(2)沿轴量　OX、OY、OZ 轴方向或与其平行的方向,轴测图中的轴向伸缩系数是已知的,故画轴测图时要沿轴测轴或平行轴测轴的方向度量。

5.1.4　轴测图的分类(Classification of axonometric projection)

轴测图按投射方向不同分为正轴测图和斜轴测图两大类。按轴向伸缩系数的不同分为三种:

(1)正(或斜)等测,即 $p=q=r$;

(2)正(或斜)二测,即 $p=q\neq r$;

(3)正(或斜)三测,即 $p\neq q\neq r$。

工程中用得较多的是正等测和斜二测,本章只介绍这两种轴测图的画法。

5.2　正等轴测图(Isometric projection)

5.2.1　轴向伸缩系数和轴间角(Coefficient of axial deformation and axes angle)

正等测图的轴间角 $\angle X_1O_1Y_1=\angle Y_1O_1Z_1=\angle X_1O_1Z_1=120°$,作图时使 O_1Z_1 轴处于垂直位置,O_1X_1 和 O_1Y_1 轴与水平线成 $30°$,如图 5-2 所示。正等测图的轴向伸缩系数 $p=q=r\approx0.82$。为了作图方便,常采用简化系数 $p=q=r=1$,这样作出的正等测图的线段被放大到了$1/0.82\approx1.22$ 倍(图 5-3)。

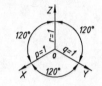

图 5-2　轴间角和各轴
向简化系数

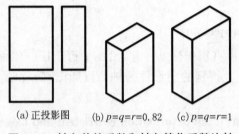

(a)正投影图　　(b) $p=q=r=0.82$　　(c) $p=q=r=1$

图 5-3　轴向伸缩系数和轴向简化系数比较

5.2.2　平面立体的画法(Representation of plane solid)

在一般情况下常用正等测来绘制物体的轴测图,画轴测图的方法有坐标法、切割法和综合法三种。下面举例说明平面立体轴测图的几种具体作法。

[例5-1]　作出垫块(图5-4)的正等测图。

[解]　(1)形体分析,确定坐标轴。

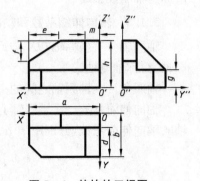

图 5-4　垫块的三视图

由图 5-4 所示的三视图通过形体分析和线面分析可知,垫块是由四棱柱被一个正平面和水平面切割而成。所以可先画出四棱柱的正等测图,然后按切割法,把四棱柱上需要切割掉的部分逐个切去,再在形体的右端加上一个三棱柱的肋板,即可完成垫块的正等测图。

为了方便地画出四棱柱的正等测图,现确定如图中所附加的坐标轴。

(2) 作图过程如图 5-5 所示。

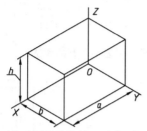

(a) 先按垫块的长a、宽b、高h
画出其外形四棱柱的轴测图

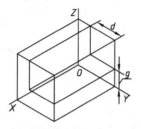

(b) 根据给定的尺寸d、g,
将四棱柱切割成L形

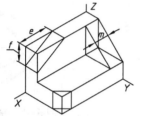

(c) 根据给定的尺寸e、f在左
上方斜切掉一个角,在右
端再加上一个三角形的肋板

(d) 最后擦去多余的作
图线并描深,即完
成垫块的正等测图

图 5-5 作垫块的正等测图

5.2.3 回转体的画法(Drawing method of rotative solid)

1. 圆的正等测图的画法

图 5-6 画出了立方体表面上三个内切圆的正等测椭圆,它们都可以用图 5-7 的作法分别画出。

平行于坐标面的圆的正等测椭圆的长轴,垂直于与圆平面垂直的坐标轴的轴测图(轴测轴);短轴则平行于轴测轴。例如平行坐标面 XOY 圆的正等测椭圆的长轴垂直于 Z 轴,而短轴则平行于 Z 轴。用各轴向简化系数画出的正等测椭圆,其长轴约等于 $1.22d$(d 为圆的直径),短轴约等于 $0.7d$。

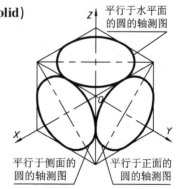

图 5-6 平行于坐标面的圆的正等测图

2. 画法举例

掌握了圆的正等测的画法后,就不难画出回转曲面立体的正等测图。

下面举例说明不同形状特点的曲面立体轴测图的具体作法。

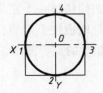 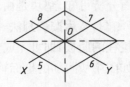 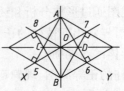 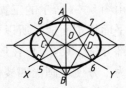

(a) 通过圆心 O 作坐标轴和圆的外切正方形,切点为1、2、3、4　(b) 作轴测轴和切点5、6、7、8,通过这些点作外切正方形轴测菱形,并作对角线　(c) 过5、6、7、8作各边的垂线,交得圆心 A、B、C、D。A、B 即短对角线的顶点,C、D 在长对角线上　(d) 以 A、B 为圆心、$A5$ 为半径作弧56、78;以 C、D 为圆心,$C5$ 为半径,作弧58、67,连成近似椭圆

图 5-7　平行于坐标面的圆的正等测图——近似椭圆的作法

[例5-2]　作图5-8所示的轴套的正等测图。

[解]　(1) 形体分析,确定坐标轴。

图5-8所示,轴套的轴线是铅垂线,顶圆和底圆都是水平圆,取顶圆的圆心为原点,确定图中所示坐标轴。

因此可用综合法解题,即先用坐标法作出空心圆柱和顶端的键槽缺口,再用切割法画出整条键槽。

(2) 作图过程如图5-9所示。

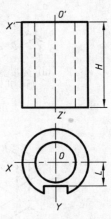

图 5-8　轴套的两视图

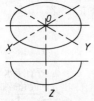 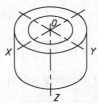 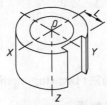 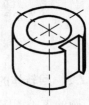

(a) 作轴测轴,画顶面的近似椭圆,再把连接圆弧的圆心向下移 H,作底面近似椭圆的可见部分　(b) 作与两个椭圆相切的圆柱面轴测投影的转向轮廓线及轴孔　(c) 由 L 定出键槽的位置,再作平行于轴测的诸轮廓线,画全键槽　(d) 作图结果

图 5-9　轴套的正等测图画法

[例5-3]　作图5-10所示的支架的正等测图。

[解]　(1) 形体分析,确定坐标轴。

如图5-10所示,支架由上、下两块板组成。上面一块竖板的顶部是圆柱面,两侧的壁与圆柱面相切,中间有一圆柱通孔。下面是一块带圆角的长方形底板,底板的左右两边都有圆柱通孔。

因支架左右对称,取后底边的中点为原点,确定如图中所附加的坐标轴,用综合法完成该支架的正等测图。

(2) 作图过程如图5-11所示。

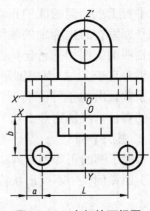

图 5-10　支架的两视图

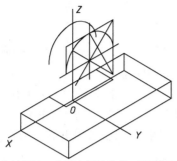

(a) 作轴测轴。先画底板的轮廓,再画竖板与它的交线,确定竖板后孔口的圆心,并定出前孔口的圆心。画出竖板圆柱面顶部的正等测近似椭圆

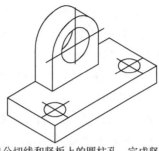

(b) 作出公切线和竖板上的圆柱孔,完成竖板的正等测。由 L、a、b 确定底板顶面上两个圆柱孔口的圆心,作出这两个孔的正等测近似椭圆

(c) 从底板顶面上圆角的切点作切线的垂线,得圆心,再分别在切点间作圆弧,得顶面圆角的正等测,再作底面圆角的正等测,作圆弧公切线,完成圆角的正等测图

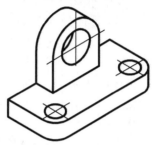

(d) 擦去多余作图线,加深,作图结果如图所示

图 5 - 11 支架的正等测图画法

5.3 斜二等轴测图(Cabinet axonometry projection)

5.3.1 轴向伸缩系数和轴间角(Axial deformation coefficient and axes angle)

在斜轴测投影中,投射方向倾斜于轴测投影面。当投射方向与三个坐标轴都不平行时,形成正面斜轴测图。

物体的一个坐标面 XOZ 放置成与轴测投影面平行时,按一定的方向进行投射,如图 5 - 12所示,则所得的图形称为斜二等轴测图,简称斜二测图。本节只介绍一种常用的正面斜二测图。

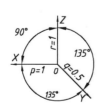

图 5 - 12 轴间角和各轴向伸缩系数图

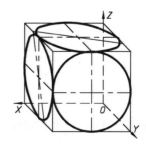

图 5 - 13 平行于坐标面的圆的斜二测图

斜二测的轴间角和轴向伸缩系数：

$\angle XOZ = 90°, \angle XOY = \angle YOZ = 135°; p = r = 1, q = 1/2$。

图 5-13 画出了立方体表面上的三个内切圆的斜二测平行于坐标面 XOZ 的圆的斜二测图反映实形;平行于坐标面 XOY 和 YOZ 的圆的斜二测图是椭圆。

作平行于坐标面 XOY 和 YOZ 的圆的斜二测图时,可用八点法作椭圆,也可用由四段圆弧相切拼成的椭圆,这两种作法都比较麻烦,所以当物体上只有平行于坐标面 XOZ 的圆时,采用斜二测最有利。当有平行于坐标面 XOY 或 YOZ 的圆时,则以选用正等测为宜。

5.3.2 回转体的画法(Drawing method of rotative solid)

画物体斜二测图的方法和步骤与作正等测图相同。

[例 5-4] 作图 5-14(a)所示的支架的斜二测图。

[解] (1)形体分析,确定坐标轴。

如图 5-14 所示。支架的两端具有同轴圆柱孔,因此应将前后端面放成平行于坐标面 XOZ 的位置。

取后端面右边的圆心为原点,确定如图中所附加的坐标轴。

(2)作图过程如图 5-14(b)(c)(d)所示。

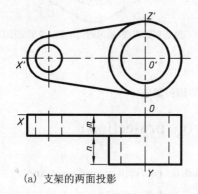

(a) 支架的两面投影

(b) 作轴测轴,并在 Y 轴上量取 $m/2$,定出底板右端圆的圆心,同理定出左端圆心,画出底板前后两个端面的斜二测图,作端面圆的公切线以及孔口的可见部分

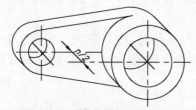

(c) 画长度为 n 的圆筒:圆心沿 Y 轴向前移 $n/2$,画圆筒的内、外圆,作外轮廓的切线,画出后部可见轮廓线

(d) 擦去多余作图线,加深,作图结果如图所示

图 5-14 支架的斜二测图画法

5.4 轴测剖视图(Isometric sectional views)

5.4.1 轴测剖切方法(Cutting method)

为了表达物体内部的结构形状,可假想用剖切平面将物体的一部分剖去,这种剖切后的

轴测图称为轴测剖视图。一般用两个相互垂直的轴测坐标面(或其平行面)进行剖切,能较完整地显示该物体的内、外形状[图5-15(a)]。尽量避免用一个剖切平面剖切整个物体[图5-15(b)]和选择不正确的剖切位置[图5-15(c)]。

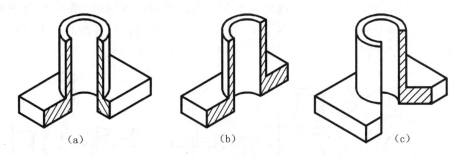

图 5-15 轴测图剖切的正误方法

轴测剖视图中的剖面线方向,应按图5-16所示方向画出,正等测如图5-16(a)所示。图5-16(b)则为斜二测。

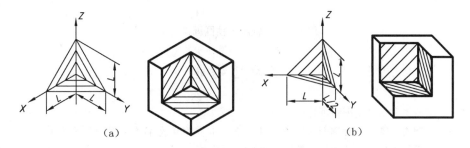

图 5-16 轴测剖视图中的剖面线方向

5.4.2 轴测剖视的画法(Method drawing of Isometric sectional views)

轴测剖视图一般有两种画法。

(1) 先把物体完整的轴测外形图画出,然后用沿轴测轴方向的剖切平面将它剖开。如图5-17(a)所示底座,要求画出它的正等轴测剖视图。如图5-17(b)所示,先画出它的外形轮廓,然后沿X、Y轴向分别画出其剖面形状,擦去被剖切掉的1/4部分轮廓,再补画上剖切后下部孔的轴测投影,并画上剖面线,即完成该底座的轴测剖视图[图5-17(c)]。

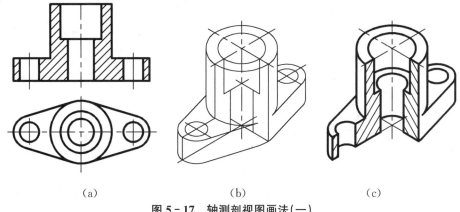

图 5-17 轴测剖视图画法(一)

（2）先画出剖面的轴测投影，然后再画出剖面外部看得见的轮廓，这样可减少很多不必要的作图线，使作图更为迅速。如图 5 - 18(a)所示的端盖，要求画出它的斜二轴测剖视图。由于该端盖的轴线处在正垂线位置，故采用通过该轴线的水平面及侧平面将其左上方剖切掉 1/4，如图 5 - 18(b)所示。先分别画出水平剖切平面及侧平剖切平面剖切所得剖面的斜二测，再用点画线确定前后各表面上各个圆的圆心位置。然后再过各圆心作出各表面上未被剖切的 3/4 部分的圆弧，并画上剖面线，即完成该端盖的轴测剖视图[图 5 - 18(c)]。

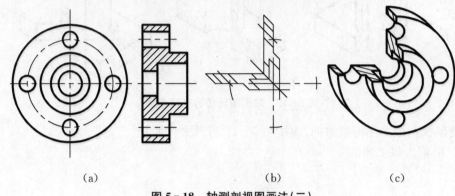

(a)   (b)   (c)

图 5 - 18 轴测剖视图画法(二)

复习思考题

5 - 1 正轴测图和斜轴测图根据什么区分？

5 - 2 正等测属于哪一类轴测图？它的轴间角、各轴向伸缩系数、简化系数分别为多少？

5 - 3 试述平行于坐标面的圆的正等测近似椭圆的画法。

5 - 4 斜二测图属于哪一类轴测图？它的轴间角、各轴向伸缩系数分别为多少？

5 - 5 平行于哪一个坐标面的圆，在斜二测图中仍为圆，且大小相等？

5 - 6 当物体上具有平行于两个或三个坐标面的圆时，选用哪种轴测图较为合适？

5 - 7 当物体上具有较多平行于坐标面 XOZ 的圆或曲线时，选用哪种轴测图较为方便？

5 - 8 画轴测图的方法有哪三种？一般作图步骤如何？Z 轴通常放置在什么位置？

6 图样表示法

（Representation of drawing）

由于物体的结构形状是千差万别的,仅用前面介绍的主视图、左视图、俯视图三个视图,往往不能满足正确、完整、清晰地表达物体内外结构形状的要求。为此,国家标准《技术制图》《机械制图》规定了各种表达方法。本章主要介绍视图、剖视图、断面图等常用的表达方法。

6.1 视图(Views)

视图是物体在投影面上的投影。GB/T 17451—1998 和 GB/T 4458.1—2002 规定,视图主要用于表达物体的外部形状,一般只画出物体的可见部分,必要时才用细虚线画出其不可见部分。视图通常有基本视图、向视图、局部视图和斜视图。

6.1.1 基本视图(Basic views)

在原来三个相互垂直的投影面的基础上,再增加三个相互垂直的投影面,构成一个正六面体的六个侧面,这六个侧面称为基本投影面。

如图 6-1 所示,将物体置于六个基本投影面的体系中,按正投影法分别向六个基本投影面投射,所得到的视图称为基本视图。各基本视图的名称及其投射方向规定如表 6-1所示。

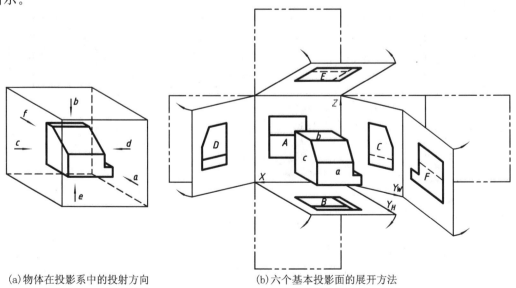

　(a)物体在投影系中的投射方向　　　　　(b)六个基本投影面的展开方法

图 6-1　六个基本视图的形成

表 6 - 1　投射方向及其视图名称

投射方向		视图名称
方向代号	方　向	
a	从前向后投射	主视图
b	从上向下投射	俯视图
c	从左向右投射	左视图
d	从右向左投射	右视图
e	从下向上投射	仰视图
f	从后向前投射	后视图

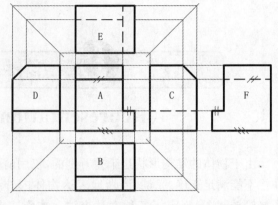

图 6 - 2　六个基本视图的配置和投影规律

当各基本投影面按图 6 - 1(b)所示的方法展开后,六个基本视图的配置关系如图 6 - 2 所示。同一张图样内的各视图之间按此关系配置时,不用标注视图的名称。六个基本视图之间仍应满足"长对正,高平齐,宽相等"的投影规律。

实际绘图时,应根据物体的复杂程度和结构特点,考虑看图方便,选用适当的表达方法,在正确、完整、清晰地表达物体结构形状的前提下,力求制图简便。如图 6 - 3 中的图像所示的物体,仅用主视图表达时不能反映物体沿宽度方向以及左右两端的结构形状;采用主视图加左视图后,能基本表达该物体的结构形状,但不能唯一地确定底板的形状;采用主视图加俯视图时,则不能确定物体左右两端的结构形状;应用主视图、左视图、右视图,则仍不能唯一地确定底板的形状;应用主视图、俯视图、左视图,并用细虚线反映不可见的轮廓时,已能完整地表达该物体的内外结构形状,因此不必再采用其他视图;若应用主视图、俯视图、左视图、右视图,并在主视图、俯视图上用细虚线反映不可见的内部结构,由于四个视图结合起来已能清晰完整地表达该物体的内外结构形状,所以左视图、右视图中的不可见部分不再用细虚线来表达。

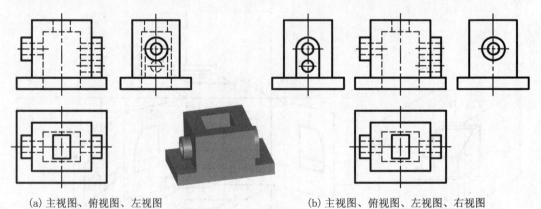

(a) 主视图、俯视图、左视图　　　　　　　　(b) 主视图、俯视图、左视图、右视图

图 6 - 3　视图的选择

6.1.2　向视图(Reference arrow view)

向视图是可以自由配置的视图。当基本视图不按图 6 - 2 的方法配置时,可采用向视图的表达方式。向视图必须进行标注,标注时可根据专业需要,从以下两种表达方式中选择一种:

(1) 在向视图上方标注"×"("×"为大写拉丁字母),在相应视图的附近用箭头指明投

射方向,并标注相同的字母,如图 6-4;

(2) 在视图下方(或上方)标注图名,标注图名的各视图的位置,应根据需要和可能,按相应规律布置,如图 6-5。

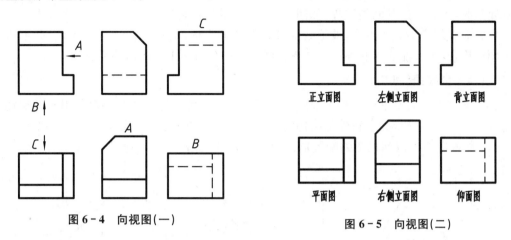

图 6-4 向视图(一)   图 6-5 向视图(二)

6.1.3 局部视图(Partial view)

局部视图是将物体的某一部分向基本投影面投射所得到的视图,如图 6-6(a)中的局部视图 B 和图 6-6(b)中的局部视图 A。当物体沿某投射方向仅有局部外形需要表达时,可采用局部视图。局部视图的图示方法如下。

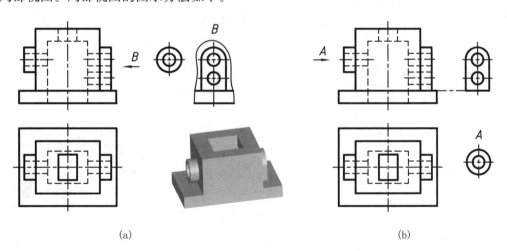

(a)   (b)

图 6-6 局部视图

1. 局部视图的配置和标注

(1) 当局部视图按基本视图(图 6-2)的形式配置时,若相应基本视图与局部视图之间无其他图形隔开,则不必标注,如图 6-6(a)所示的两个局部视图中的左边一个局部视图。

(2) 当局部视图按向视图的形式配置时,应在局部视图的上方用大写拉丁字母标注其名称,并在相应视图的对应部位的附近标注投射方向和相同字母,如图 6-6(a)中局部视图 B 和图 6-6(b)中局部视图 A。

(3) 当局部视图配置在视图上被表达的局部结构的附近时,应用细点画线将两者相连,如图 6-6(b)中配置在主视图右边的局部视图。

2. 局部视图的断裂边界

通常用波浪线(或双折线)表示局部视图的断裂边界。当所表达的局部视图的外轮廓线呈封闭状时,不必画出其断裂边界,如图 6-6(b)中的局部视图 A。

用波浪线作为断裂边界时,波浪线应画在物体的实体部位,不得超出物体轮廓,不得与其他图线重合,也不能成为其他图线的延长线,如图6-6(a)中的局部视图 B。

6.1.4　斜视图(Oblique view)

斜视图是物体向不平行于基本投影面的平面投射所得到的视图。斜视图用于反映物体上与基本投影面不平行的倾斜外部结构的实形。斜视图的图示方法如下:

(1)斜视图通常按向视图的配置形式配置并标注,如图 6-7(a)所示。

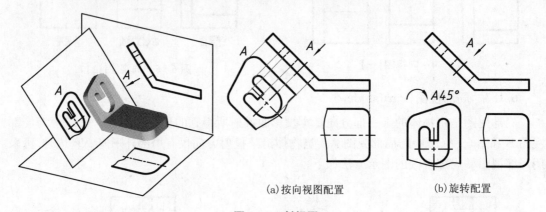

(a)按向视图配置　　　　　　　(b)旋转配置

图 6-7　斜视图

(2)必要时,允许将斜视图旋转配置。斜视图旋转配置后还必须标注旋转符号,表示斜视图名称的大写拉丁字母应靠近旋转符号的箭头一侧,如图 6-7(b)所示。需要给出旋转角度时,角度数字注写在字母后。

(3)画斜视图时应注意:

① 斜视图只表达物体上倾斜部分的实形,为避免表达非实形部分,其他部分应采用波浪线(或双折线)断开。

② 表示斜视图名称的大写拉丁字母不得跟随箭头和斜视图的图形旋转。

③ 旋转符号的箭头应反映旋转方向。

图 6-8 所示为旋转符号的尺寸与比例。

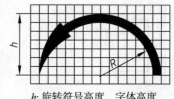

h: 旋转符号高度、字体高度
$h=R$
符号笔画的宽度 $=\frac{1}{10}h$ 或 $=\frac{1}{14}h$

图 6-8　旋转符号的尺寸与比例

6.2　剖视图(Sections)

用视图表达物体时,其不可见部分采用细虚线来表示。当物体内部的结构形状比较复杂时,图上的细虚线较多,不但图形不清晰,也不便于标注尺寸。GB/T 17452—1998 和 GB/T 4458.6—2002 规定可用剖视图来完整地表达物体的内外结构形状。

6.2.1 剖视图的概念和基本画法（The conception and representation of section）

6.2.1.1 剖视的概念（The conception of section）

（1）剖视图 如图6-9所示，假想用剖切面剖开物体，将处在观察者和剖切面之间的部分物体移去，将其余部分物体向投影面投射所得到图形称剖视图，简称剖视。

（2）剖切面 用于剖切被表达物体的假想平面或曲面称为剖切面。

（3）剖面区域 假想用剖切面剖开物体后，剖切面与物体的接触部分为剖面区域。

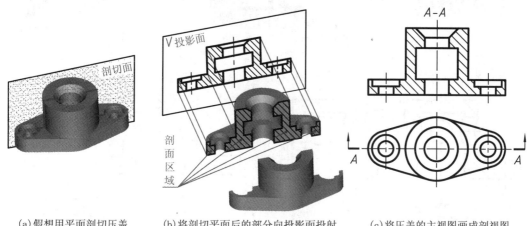

(a)假想用平面剖切压盖　　　(b)将剖切平面后的部分向投影面投射　　　(c)将压盖的主视图画成剖视图

图6-9　剖视的概念

6.2.1.2 剖视图的绘制方法和步骤（Drawing method and order of section）

1. 确定剖切面的位置

通常选择平面作为剖切面。为了能反映物体内部结构的实形，剖切面应平行于对应的投影面，并通过被剖切物体的对称面或内部孔、槽等的轴线。

注意：剖切物体只是假想，因此当需要多次剖切物体时，每次剖切都是对完整物体进行的，如图6-10(a)所示。

2. 去除观察者和剖切面之间的部分物体

假想将剖切面和观察者之间的部分物体去除，并将其余部分物体保留下来。

3. 画出剖视图

将保留下来的部分物体向投影面投射，并用粗实线画出这部分物体上的剖面区域和所有可见轮廓。

绘制剖视图图形时应注意：

（1）剖视图一般配置在基本视图的位置上，如图6-10(b)所示；也可以按投影关系配置在与剖切符号相对应的位置，见图6-10(c)；必要时允许配置在其他适当位置。

（2）由于对物体进行剖切只是假想，因此当物体的某些视图画成剖视图后，其他视图仍应按完整的物体绘制，如图6-10(b)和(c)中的俯视图所示。

（3）剖视的目的是清晰地表达物体的内部结构形状，因此剖切面应通过尽可能多的内部结构的轴线或公共对称面。

（4）剖视图中已表达清楚的结构,在其他视图中的细虚线应相应省略不画,如图 6-10 中的俯视图。

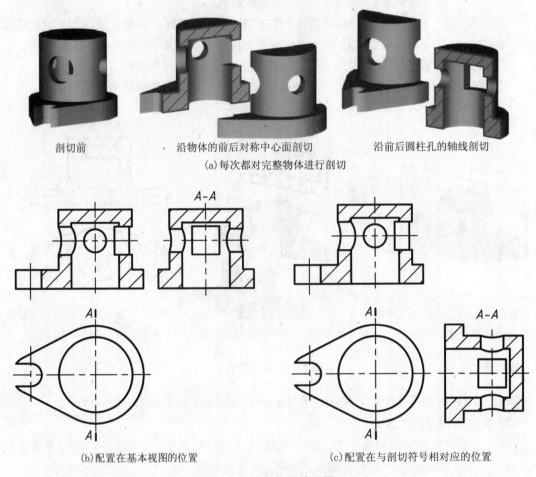

剖切前　　　　　沿物体的前后对称中心面剖切　　　　　沿前后圆柱孔的轴线剖切

(a)每次都对完整物体进行剖切

(b)配置在基本视图的位置　　　　　　　　　　(c)配置在与剖切符号相对应的位置

图 6-10　剖视图的配置

（5）在剖面区域内用细实线画出剖面符号。GB/T 17453—1998 和 GB/T 4457.4—2003 对剖面区域和剖面符号的表示规定,剖面区域内不必表示材料类别时,可采用通用剖面线。绘制通用剖面线时应注意以下问题:

① 剖面线最好与主要轮廓或剖面区域的对称线成 45°,如图 6-11 所示。

② 在同一物体的各个剖面区域内,表示剖面符号的剖面线的画法应一致(即代表的材料类别一致,以及图线的宽度、方向、间隔距离分别一致)。

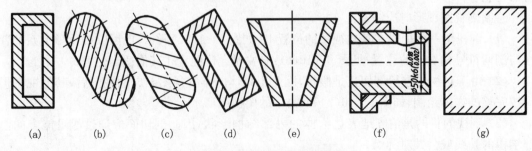

(a)　　　　(b)　　　　(c)　　　　(d)　　　　(e)　　　　(f)　　　　(g)

图 6-11　通用剖面线的画法

③ 相邻物体的剖面线必须以不同的方向或以不同的间隔画出,如图 6-11(f)所示。

④ 剖面线遇到剖面区域内标注的数字、字母时应断开,如图 6-11(f)所示。

⑤ 在保证最小间隔(通常为 0.7mm)的前提下,剖面线之间的间隔视剖面区域的大小选择。

⑥ 对大面积剖面区域,允许沿剖面区域的轮廓线画出部分剖面线,如图 6-11(g)所示。

⑦ 剖面区域内需要表示材料类别时,应采用标准规定的剖面符号(表 6-2)。

表 6-2 常用剖面符号

金属材料,普通砖(已有规定剖面符号者除外)	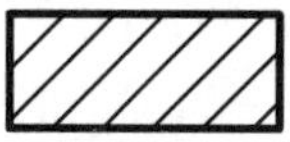	自然土壤	
非金属材料、多孔材料(除普通砖和已有规定剖面符号者)		夯实土	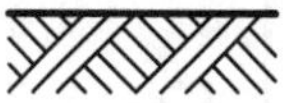
线圈绕阻元件	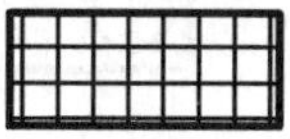	沙砾石、碎砖、三合土	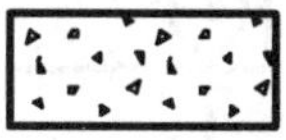
转子、电枢、变压器、电抗器等的叠钢片		混凝土	
液体材料		钢筋混凝土	
玻璃及供观察用的其他透明材料	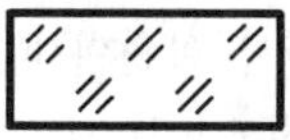	型砂、填砂、粉末冶金、砂轮、陶瓷刀片、硬质合金刀片、沙、灰土等	
格网(筛网、过滤网等),建筑图中的防水材料		石材	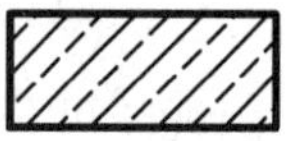
木材	纵剖面	 粉刷	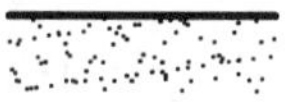
	横剖面	 固体材料,建筑图中的金属	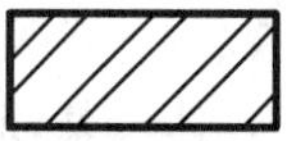
	垫木、木砖、木龙骨	 空心砖	
	胶合板	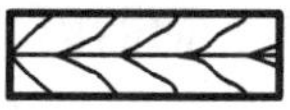 饰面砖	

4. 标注剖切位置与剖视图

(1) 标注的内容包括:

① 在剖视图上方用大写拉丁字母标出剖视图的名称"×-×",如图 6-9(c)的主视图所示。

② 在相应的视图上用剖切符号表示剖切位置和投射方向,并标注与剖视图上方一致的字母,如图 6 - 9(c)的俯视图所示。

剖切符号是指示剖切面起讫和转折位置及投射方向的符号。起讫位置用粗实线短画表示,投射方向用箭头表示,如图 6 - 12(a);投射方向也可以用粗实线的短画表示,见图 6 - 12(b)。通常机械图等图样中的投射方向采用箭头,建筑图中的投射方向采用长度比起讫位置线短的粗画。

③ 在剖切符号之间绘制剖切线。剖切线的线型为细点画线,可以省略不画,如图 6 - 12(c)和(d)所示。

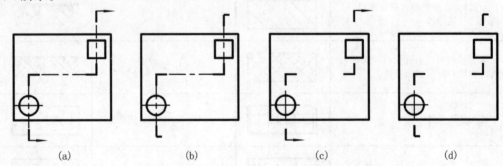

(a)　　　　　　　(b)　　　　　　　(c)　　　　　　　(d)

图 6 - 12　通用剖切符号和剖切线的画法

(2) 省略标注的情况:

① 当剖视图按基本视图的位置关系配置、中间又无其他图形隔开时,可省略箭头,见图 6 - 10的 A-A 剖视图。

② 当剖切平面通过物体的对称平面或基本对称平面,且视图按基本视图的位置关系配置、中间又无其他图形隔开时,不必标注,见图 6 - 10 中主视方向的剖视图。

6.2.2　剖视图的类型(Classification of sections)

剖视图可分为全剖视图、半剖视图和局部剖视图。各种剖视图的应用和表达方法如下。

6.2.2.1　全剖视图(Full section)

(1) 全剖视图的定义　假想用剖切面完全地剖开物体所得到的剖视图为全剖视图,如图 6 - 9和图 6 - 10 所示。

(2) 全剖视图的应用　当物体沿某投射方向的外形简单、或外形虽复杂但在其他视图中已表达清楚,而内部形状需要表达的时候,通常采用全剖视图来表达。

6.2.2.2　半剖视图(Half section)

(1) 半剖视图的定义　当物体具有对称平面时,在垂直于对称平面的投影面上的投影,以对称中心线为界,一半画成剖视图、另一半画成视图,这种剖视称为半剖视图(图 6 - 13)。

(2) 半剖视图的应用　当物体沿着某投射方向的内外结构形状为对称(或局部不对称结构已在其他视图中表达清楚的,如图 6 - 14 所示)、而且比较复杂时,可采用半剖视图表达。

(3) 绘制半剖视图时应注意:

① 半个外形视图和半个剖视图之间的分界线应是物体的对称中心线或回转中心线(细点画线)。因此当物体沿着某投射方向有轮廓线与对称中心线重合时,此投射方向不宜采用半剖视图,如图 6 - 15 所示。

　② 当物体内部结构在半个剖视中已表达清楚时,在另半个视图中就不再绘制相应虚线。

　③ 半剖视图的标注内容和标注方法与全剖视图完全相同。

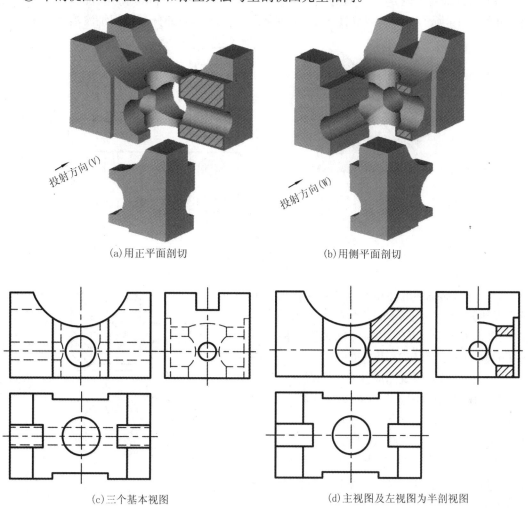

(a)用正平面剖切　　　　　　　　　　(b)用侧平面剖切

(c)三个基本视图　　　　　　　　　　(d)主视图及左视图为半剖视图

图 6 - 13　半剖视图

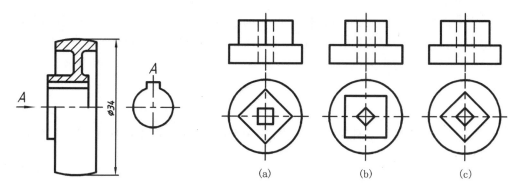

图 6 - 14　物体结构形状基本对称的图例

(a)　　　　　(b)　　　　　(c)

图 6 - 15　不宜采用半剖视图的图例

6.2.2.3　局部剖视图（Partial section）

（1）局部剖视图的定义　假想用剖切面局部地剖开物体所得到的剖视图为局部剖视图，如图 6-16 所示。在局部剖视图中，剖视部分与视图部分的分界线用细波浪线表示。

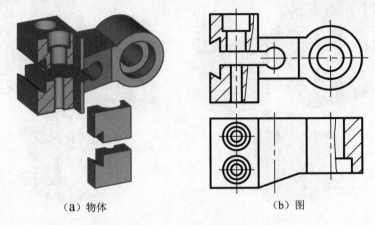

（a）物体　　　　　　　　（b）图

图 6-16　局部剖视图

（2）局部剖视图的使用　当物体沿投射方向只需表达其局部的内部结构时，或不宜采用全剖视图、半剖视图时，可采用局部剖视图。局部剖视图的应用比较灵活，适用范围较广。

（3）绘制局部剖视图应注意的问题：

① 剖视与视图的边界　局部剖视图中，作为剖视与视图分界线的波浪线，应画在物体的实体部位，不得超出物体轮廓线，且不得与图样上的其他任何图线重合。当被剖切结构为回转体时，允许将该结构的中心线作为局部剖视图与视图的分界线，如图 6-17 所示。

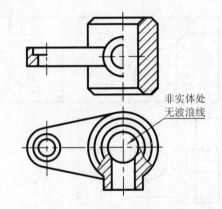

非实体处无波浪线

图 6-17　以中心线作为局部剖视图的边界

② 局部剖视的标注　局部剖视图的标注内容和标注方法与全剖视图完全相同。当用单一剖切平面剖切物体，并且剖切位置明显时，可以省略局部剖视图的标注，如图 6-16、图 6-17 所示。

③ 局部剖视的范围　采用局部剖视图时，剖切面的位置和剖切的范围应根据对物体结构形状的表达需要确定。剖切范围可以是物体上的很小部分，也可以是物体上的很大部分。

同一图形中可以在多处进行局部剖视，但局部剖视的量不宜过多，以免使图形支离破碎不清晰。

6.2.3　剖切面（Cutting plane）

在国家标准中规定了多种剖切面，而且各种剖切面分别适用于各种剖视图，以满足具有不同结构特点的物体的表达需要。

6.2.3.1　单一剖切面（Single cutting plane）

1. 平行于基本投影面的剖切平面

　　以上的全剖视、半剖视和局部剖视的各例,都是采用平行于基本投影面的单一剖切平面剖切得到的,这是最常用的剖切面。

　　2. 不平行于任何基本投影面的剖切平面

　　当物体上有倾斜部分的内部结构需要表达时,可以假想选择一个与该倾斜部分平行的辅助投影面,用一个平行于该辅助投影面的单一剖切面剖切物体,物体可以在辅助投影面上获得剖视图。为便于看图,这样得到的剖视图,应尽量按投影关系配置在与剖切符号相对应的位置,如图6-18(b)所示;必要时允许将该剖视图平移,如图6-18(c)所示;在不致引起误解时允许将该剖视图旋转,但必须加注旋转符号,如图6-18(d)所示。

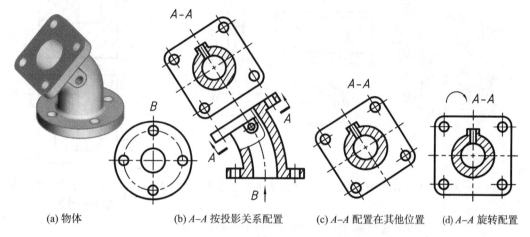

(a) 物体　　　　(b) A–A 按投影关系配置　　(c) A–A 配置在其他位置　　(d) A–A 旋转配置

图6-18　不平行于基本投影面的单一剖切面剖切的全剖视图

　　3. 垂直于某一基本投影面的柱面剖切面

　　当物体上若干内部结构的对称中心(或轴线)位于同一圆柱面上时,可假想用圆柱面剖切物体,此时的剖视图应按展开绘制,并在剖视图名称后加注"展开"两字,如图6-19所示。

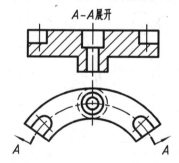

图6-19　单一柱面剖切获得的剖视图

6.2.3.2　几个平行的剖切平面(Several parallel cutting planes)

　　当物体上有较多的内部结构,而且这些结构的对称面相互平行时,可假想用几个相互平行的剖切平面剖切物体,如图6-20所示。

　　采用这种剖切平面剖切并绘制剖视图时应注意:

　　(1)用这种剖切方法得到的剖视图,必须标注剖切符号和剖视的名称。当剖切符号转折处的位置有限、而且不会引起误解时,可以不注字母。当剖视图按基本视图的位置关系配置、中间又无其他图形隔开、不致引起误解时,表示投射方向的箭头可以省略(图6-21)。

(2) 图形内不应画出剖切平面转折处的分界线。

(3) 剖切平面的转折处不得与物体的轮廓重合。

(4) 剖视图中不应产生不完整的结构要素,除非两个要素在图形上具有公共对称中心面或轴线时,才可以以中心线或轴线为界各画一半,如图6-21所示。

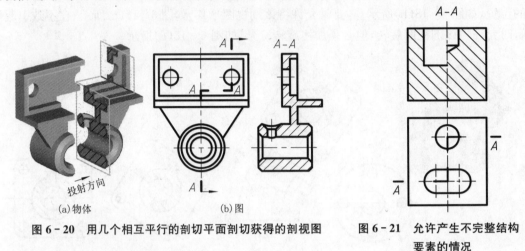

图 6-20　用几个相互平行的剖切平面剖切获得的剖视图　　图 6-21　允许产生不完整结构要素的情况

6.2.3.3　几个相交的剖切面(Several cross cutting planes)

当物体上若干结构要素的轴线、对称中心面,既不在同一平面或柱面上,也不在若干相互平行的平面上时,可假想用几个相交的剖切面剖切物体。用几个相交的面剖切物体后,应采用旋转或展开的方法绘制相应的剖视图,如图6-22所示。

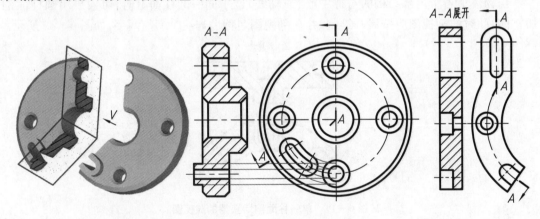

(a) 旋转绘制的剖视图　　　　　　　　　　(b) 展开绘制的剖视图

图 6-22　用几个相交剖切面剖切获得的剖视图

用几个相交的剖切面剖切物体时应注意:

(1) 几个相交的剖切面应垂直于同一个基本投影面。

(2) 采用这种方法绘制剖视图时,先假想按剖切位置剖开物体,并将被剖切面剖开的结构及其有关部分旋转到与选定投影面平行的位置,或进行展开,然后再向基本投影面投射。

(3)采用这种方法绘制的剖视图,必须标注剖切符号和名称,其中表示投射方向的箭头不能省略。

(4)对物体进行投射时,剖切面后的其他结构一般按原来位置投射,如图 6-23 所示的物体下方的小孔的投影。

(5)当剖切后产生不完整要素时,应将此要素按不剖绘制,如图 6-24 所示。

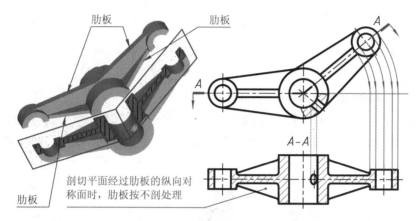

图 6-23 剖切平面后的其他结构的处理

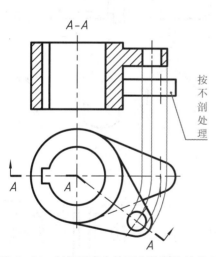

图 6-24 剖切后产生的不完整结构的处理

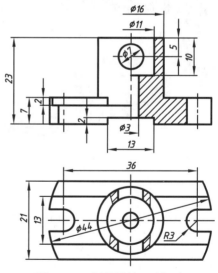

图 6-25 剖视图的尺寸标注

6.2.4 剖视图上的尺寸标注(Dimensioning of section)

本章之前介绍过的尺寸标注的要求、方法,同样适用于剖视图。但在剖视图上标注尺寸时,还应注意以下几点(图 6-25):

(1)同轴的圆柱、圆锥的直径尺寸,一般应尽量标注在剖视图上,避免标注在投影为同心圆的视图上,如图 6-25 主视图中的尺寸 $\phi3$、$\phi16$ 和 $\phi11$。但当剖视图上标注尺寸有困难时,可以标注在投影为圆的视图上,如图 6-25 中的尺寸 $\phi7$ 和 $\phi44$。

（2）在剖视图上标注尺寸时，应尽量把外形尺寸集中标注在图形的一侧，而内形尺寸则尽量集中标注在图形的另一侧，如图 6-25 中的高度尺寸。这样既清晰，又便于读图。

（3）当采用半剖视图、局部剖视图以后，物体上有些要素的形状轮廓将不完整，但仍必须标注完整结构要素的尺寸。标注时，可使尺寸线的一端用箭头指向轮廓，另一端超过中心线或圆心，但不画箭头，如图 6-25 中，标注的 φ16、φ11 和 φ3。

（4）当必须在剖面区域注写尺寸数字时，应将数字处的剖面线断开，以保证数字的清晰。

6.3　断面图(Cuts)

6.3.1　断面图的概念(The conception of cuts)

断面图就是假想用剖切面将物体的某处切断，仅画出该剖切面与物体接触部分的图形。断面图可简称断面，如图 6-26 所示。断面图常用于表达物体上的肋板、轮辐、键槽、小孔、型材等的断面形状。

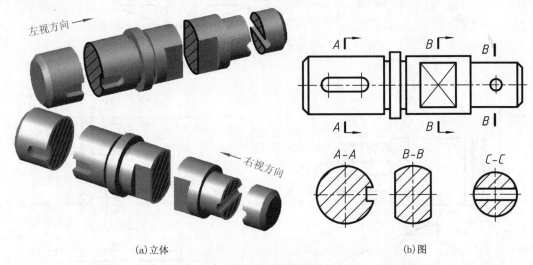

(a)立体　　　　　　　　　(b)图

图 6-26　断面图

断面图与剖视图的区别：断面图只画出剖面区域的投影，剖视图不仅要画出剖面区域的投影，还要画出剖切面后的物体结构的投影，如图 6-27 所示。

6.3.2　断面图的分类(Classification of cuts)

断面图可分为移出断面图和重合断面图。

1. 移出断面图

画在视图外的断面图为移出断面图。绘制移出断面图时应注意：

（1）移出断面图的轮廓线应采用粗实线绘制。

（2）移出断面图的配置。

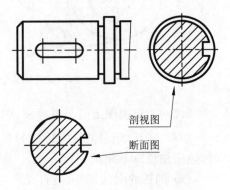

剖视图

断面图

图 6-27　断面图与剖视图的比较

① 移出断面图应尽量配置在剖切符号或剖切平面迹线的延长线上，如图6-28所示。

② 必要时，移出断面图可配置在其他适当位置（图6-26），此时必须标注。在不致引起误解时，允许将断面图图形旋转，标注形式如图6-29所示。

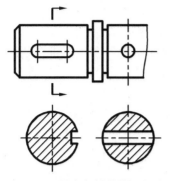

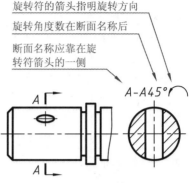

旋转符的箭头指明旋转方向

旋转角度数在断面名称后

断面名称应靠在旋转符箭头的一侧

图6-28　配置在剖切线的延长线上

图6-29　旋转配置

③ 形状对称的移出断面图，可配置在视图的中断处，如图6-30所示。

④ 由两个或多个相交平面剖切得出的移出断面图，中间一般应采用波浪线断开，如图6-31所示。

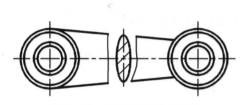

中间应断开

图6-30　配置在视图中断处

图6-31　断开的移出断面

（3）绘制移出断面图的轮廓时应注意：

① 当剖切平面通过由回转面形成的孔或凹坑的轴线时，断面图中的这些结构按剖视图要求绘制，如图6-26中$B-B$断面、图6-28中右端的断面和图6-29中$A-A$断面。

② 当剖切平面通过非圆孔，会导致断面图图形出现完全分离的剖面区域时，这些结构应按剖视要求绘制，如图6-32中右端的断面。

（4）剖切位置和移出断面图的标注。

① 标注内容：如图6-26所示，用大写拉丁字母标注移出断面图的名称"×-×"，在相应视图上用剖切符号表示剖切位置和投射方向（用箭头表示），并标注相同的字母。剖切符号之间的剖切线可以省略不画。

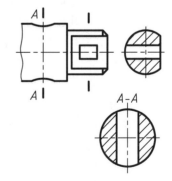

图6-32　按剖视绘制的断面

② 应省略标注的情况：

a. 配置在剖切符号延长线上的不对称移出断面图，不必标注字母，如图6-28左端的断面。

b. 不配置在剖切符号延长线上的对称移出断面图(图 6-32 中的 $A-A$ 断面),以及按基本视图关系配置的移出断面图(图 6-32 中右边的断面),不必标注箭头。

c. 配置在剖切线延长线上的对称移出断面图,不必标注剖切符号、字母和箭头,如图 6-28 右端的断面和图 6-31。

2. 重合断面图

画在视图内的断面图为重合断面图。绘制重合断面图时应注意:

(1) 重合断面图的轮廓应采用细实线绘制。当视图中的轮廓线与重合断面的图形轮廓重叠时,视图中的轮廓线仍应连续画出,不可间断,如图 6-33(a)所示。

(2) 重合断面图的标注。

① 配置在剖切符号上的不对称的重合断面图可省略标注。即对于图 6-33(a)可以省略标注。

② 对称的重合断面图不必标注,如图 6-33(b)所示。

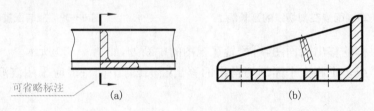

图 6-33　重合断面图

6.4　其他表达方法(Other representation method)

为使图形清晰、作图简便,国家标准中还规定了局部放大图、简化画法、规定画法等表达方法。

6.4.1　局部放大图(Partial enlarged drawing)

(1) 局部放大图的定义　将物体的部分结构,用大于原图形所采用的比例绘制出的图形为局部放大图,如图 6-34 所示。

(2) 局部放大图的应用　当物体上某些细小结构在视图中表达不清,或不便于标注尺寸和技术要求时,常采用局部放大图。

(3) 局部放大图的图形

① 局部放大图可画成视图、剖视图、断面图,与被放大部分原来的表达方式无关,如图 6-34 下侧的局部放大图所示;

② 同一物件上不同部位的局部放大图相同或对称时,只需画出一个,如图 6-35 所示;

③ 必要时可用几个图形来表达同一个被放大部位的结构,如图 12-5(a)所示。

(4) 局部放大图的标注

① 绘制局部放大图时,除螺纹牙型、齿轮和链轮的齿型外,应采用细实线圈出被放大部位。同一物体上有几个被放大部分时,应用罗马数字依次标明被放大部位,如图 6-34 所示。

② 在局部放大图的上方应标注出相应的罗马数字和所采用的作图比例。当物体被放大的部位仅有一个时,只需标注所采用的作图比例,如图 6-36 所示。

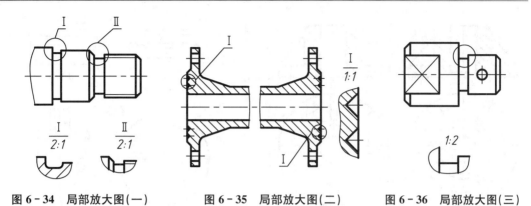

图6-34　局部放大图(一)　　　　图6-35　局部放大图(二)　　　　图6-36　局部放大图(三)

6.4.2　简化画法(Simplified representation)

为了提高绘图、读图效率,国标规定在不致引起误解的前提下可采用简化画法。

简化画法:由必要的结构要素和几何参数按比例表示图形的方法,也可单独采用符号、字母或文字表示,包括规定画法、省略画法、示意画法、符号表示法等在内的图示方法。

规定画法:对标准中规定的某些特定表达对象所采用的特殊图示方法。

省略画法:通过省略重复投影、重复要素、重复图形等,使图样简化的图示方法。

示意画法:用规定符号和(或)较形象的图线绘制图样的示意性图示方法,如滚动轴承、弹簧等的示意画法。

符号表示法:用符号不按或按比例表示特定结构或功能的图形信息的方法。

以下介绍几种常用的简化画法。

(1)机件的肋、轮辐、薄壁等按纵向剖切时,这些结构不画剖面符号,而用粗实线将它与其相邻接部分分开,如图6-37所示。

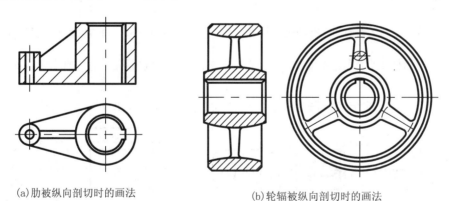

(a)肋被纵向剖切时的画法　　　　　　　　(b)轮辐被纵向剖切时的画法

图6-37　肋、轮辐被纵向剖切时的画法

(2)回转体上均布的肋、轮辐、孔等结构不处于剖切平面上时,可将这些结构旋转到剖切平面上画出,如图6-37(b)和图6-38所示。

(3)物体上按规律分布的重复结构,允许只绘制出其中一个或几个完整结构,其余用细实线连接,或用细点画线反映其分布情况,并注明重复结构的数量,如图6-39所示。

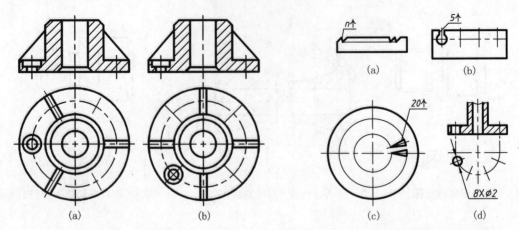

图 6-38　回转体上均布肋、孔的画法　　　　图 6-39　重复结构的简化画法

(4) 回转体表面的平面,通过用相交的细实线表示后,可省略视图、剖视图或断面图,如图 6-40 所示。

(5) 在不致引起误解时,对称物体的视图可只画一半或 1/4,并在对称中心线两端画出两条与其垂直的平行细实线,如图 6-41 所示。

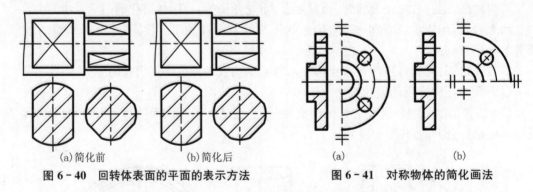

(a)简化前　　　　(b)简化后　　　　　　　(a)　　　　　　(b)

图 6-40　回转体表面的平面的表示方法　　图 6-41　对称物体的简化画法

(6) 较长物体的形状沿长度方向一致或按规律变化时,可断开后缩短绘制,如图 6-42 所示。

(7) 剖切平面前的结构按假想投影的轮廓绘制,如图 6-43 所示。

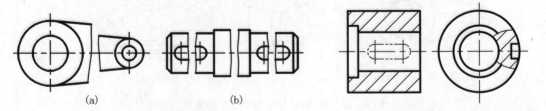

(a)　　　　　　　(b)　　　　　　　　　　　

图 6-42　断开画法　　　　　　　　图 6-43　剖切平面前的结构的简化画法

(8) 物体上的较小结构在一个图形中已表达清楚时,其他图形可以简化或省略,如图 6-44(a)中的相贯线。在不致引起误解时,物体上的小倒圆、小倒角允许省略不画,但必须注明尺寸,或在技术要求中加以说明,如图 6-44(b)所示。

（9）对称的局部视图可按图 6 - 44（a）所示绘制。

（10）机件表面的滚花，可如图 6 - 45 所示，在轮廓线附近用细实线画出其局部，或省略不画。

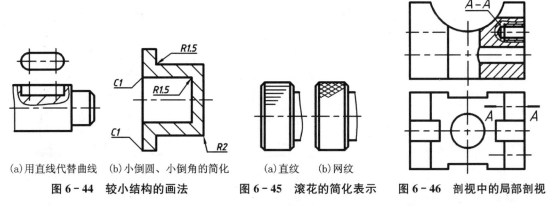

(a)用直线代替曲线　(b)小倒圆、小倒角的简化　　(a)直纹　(b)网纹

图 6 - 44　较小结构的画法　　　**图 6 - 45　滚花的简化表示**　　**图 6 - 46　剖视中的局部剖视**

（11）在剖视图的剖面区域内可再作一次局部剖视。采用这种方法表达时，两个剖面区域内的剖面线应同方向、同间隔，但要互相错位，并用引出线标注其名称，如图 6 - 46 所示。

6.5　表达方法综合应用举例(Synthetic applied example of representation)

绘制图样时，应根据物体的结构特点，选用适当的表达方式。通常表达一个物体可先考虑几种不同的表达方案，然后根据以下原则确定一个表达方案：在正确、完整、清晰地表达物体各部分结构形状和尺寸大小的前提下，力求绘图简单、看图方便。下面对图 6 - 47（a）所示箱体的视图表达进行分析。

（1）形体分析　通过形体分析了解该物体的组成及其结构特点。该物体前后对称，主体是能包容蜗轮蜗杆的空腔，其前后两端的内外均有凸台；右边有一支撑蜗轮轴的圆筒；空腔和圆筒之间有支撑肋板；下端是有四个安装孔的底板。

（2）选择视图

● 方案一

① 选择主视图　选择最能反映物体结构特征的方向作为主视图的投射方向。为了表达清楚空腔和圆筒的内部结构，以及空腔和圆筒、肋板的相互位置关系，主视图可采用全剖视，并添加肋板的重合断面图来配合表达肋板的断面形状。

② 确定其他视图　由于该物体前后对称，采用半剖视的左视图既能反映外形，又能表达内部结构。主视图和左视图综合起来已将箱体的内部结构表达清楚，但物体外形表达还不全。因此增加俯视图来配合表达底板的结构形状，以及底板、肋板、圆筒、空腔之间的位置关系。并增加局部视图反映凸台形状及其孔的分布情况。

● 方案二

① 选择主视图　通过分析方案一可见，若采用局部剖视的表达方法，不仅既能表达清楚空腔和圆筒的内部结构，以及空腔和圆筒、肋板的相互位置关系，还可反映空腔外凸台的形状及其孔的分布情况，如图 6 - 47（c）所示。

②　确定其他视图　由于该物体前后对称,可采用方案一的左视图;俯视图可采用简化画法,以减少制图工作量。圆筒右端面的孔的分布情况采用图 6－39 所示的简化画法来反映。

由上可见,表达物体结构形状的方案不是唯一的。只有准确熟练地掌握各种表达方法,才能确定出正确、完整、清晰的视图表达方案。读者可尝试确定该箱体的更多表达方案。

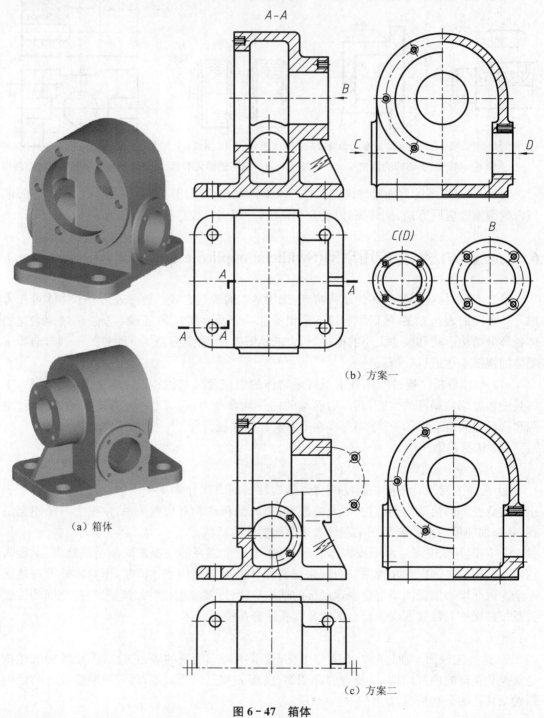

（a）箱体

（b）方案一

（c）方案二

图 6－47　箱体

6.6 第三角画法简介(Brief introduction of the third angle projection)

国家标准《技术制图》规定,我国的技术图样采用正投影法绘制,并优先采用第一角画法,必要时(按合同规定时)才允许使用第三角画法。

三个相互垂直的平面可将空间分成如图6-48所示的八个象限角。国际上美国、日本、加拿大等国均采用第三角画法绘制工程图样,中国、俄罗斯、欧洲大多数国家采用第一角画法绘制工程图样。随着国际交流和贸易的日益增长,学习和掌握第三角画法的基本知识十分必要。

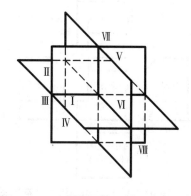

图 6-48　三投影面体系的八个象限角

6.6.1 第三角画法的形成(Forming the third angle projection)

采用第三角画法时,物体被置于第三分角内,即将投影面置于观察者与物体之间进行投射(第一角画法则是物体处于投影面与观察者之间),然后按规定展开投影面,如图6-49所示。

第三角画法同第一角画法一样,表达物体的图样画法有:六个基本视图、局部视图、斜视图、剖视图、局部放大图、断开画法等。

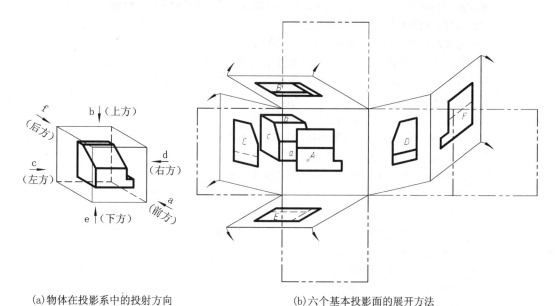

(a)物体在投影系中的投射方向　　　　　　　(b)六个基本投影面的展开方法

图 6-49　第三角投影

6.6.2 第三角画法中的六个基本视图(Six basic views of an object in the third angle projection)

若六个基本投影面按图6-49(b)的方式展开后,各视图之间的位置关系如图6-50所示。当同一图样内的视图按图6-50所示配置视图时,一律不标注视图的名称。

由于第三角画法同样按正投影法绘制,因此各视图间保持"长对准、高平齐、宽相等"的对应关系。

6.6.3　第三角画法的标记(The third angle projection mark)

采用第三角画法时,必须在图样中画出第三角投影的识别符号,如图 6-51 所示。第一角画法的识别标记可以省略。

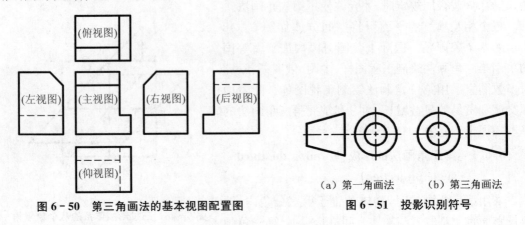

图 6-50　第三角画法的基本视图配置图　　　　　(a) 第一角画法　　　(b) 第三角画法

图 6-51　投影识别符号

复习思考题

6-1　基本视图共有几个? 它们是如何配置的? 向视图和基本视图的区别是什么?

6-2　分别叙述斜视图和局部视图的适用场合。

6-3　斜视图和局部视图应标注哪些内容? 它们在图样中如何配置?

6-4　用波浪线表示斜视图和局部视图的断裂边界时,应注意哪些问题?

6-5　剖视图是怎样形成的? 剖视图有哪几种? 它们分别适用于什么情况?

6-6　什么情况下结构形状对称的物体,不能采用半剖视图表达?

6-7　绘制剖视图时如何确定剖切面的位置?

6-8　要得到任何一种剖视图,共有哪几种剖切面?

6-9　剖视图应标注哪些内容? 省略部分或全部标注的条件是什么?

6-10　剖视图中的什么部位应绘制剖面符号? 剖面符号的画法有哪些规定?

6-11　当剖切平面纵向通过物体的肋、轮辐或薄壁时,这些结构应如何绘制?

6-12　在用几个平行的面剖切物体时候,应注意哪些问题?

6-13　什么是断面图? 断面图与剖视图有哪些共同点和不同点?

6-14　断面图分哪几种? 断面图在图样中如何配置、如何标注?

6-15　哪些情况下断面图中的哪些结构应按剖视绘制?

6-16　试述局部放大图的画法、配置及标注方法。

6-17　如何简化表达重复结构?

6-18　第一角投影与第三角投影有哪些共同点和不同点?

6-19　我国的工程图样是否能采用第三角画法绘制?

6-20　第三角画法的投影识别符号是什么?

常用机件的特殊表示法

(Special representations of machine parts in common use)

常用机件包括常用标准件和常用非标准件。有一类在机器设备中被广泛使用的零件，如螺纹紧固件(螺栓、螺柱、螺钉、垫圈等)、连接件(键、销)和滚动轴承等，国家标准对其结构要素、画法等各方面都作了规定，称为常用标准件；另一类常用零件如齿轮、弹簧、花键等，国家标准仅对其部分结构要素作了规定，所以称为常用非标准件。

国家标准规定了常用机件及结构要素的特殊表示法。图样的特殊表示法是相对于基本表示法而言的。特殊表示法是按比例简化地表达特定的机件和结构要素，它主要进行了两方面的标准化处理：一是规定了比真实投影简单得多的画法，例如螺纹、齿轮的画法；二是用规定的符号、代号或标记进行图样标注，以表示对结构要素的规格、精度等要求。

7.1 螺纹(Screw thread)

螺纹是指圆柱(或圆锥)表面上沿着螺旋线形成的，且具有相同轴向断面的连续凸起和沟槽。螺纹是零件中一种常见的结构要素，有外螺纹和内螺纹两种，一般内外螺纹旋合使用，旋合后的内外螺纹也称螺纹副。

加工螺纹的方法很多，图7-1(a)为车削外螺纹的示意图。工件作等速旋转运动，刀具切入圆柱表面并沿轴线方向作等速直线运动，切削出螺纹。图7-1(b)为加工内螺纹的示意图。

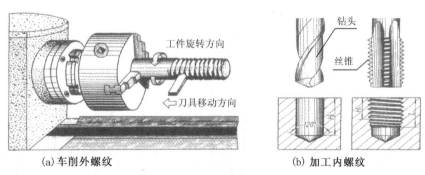

(a) 车削外螺纹　　　　　　　　(b) 加工内螺纹

图7-1　内外螺纹的加工方法

7.1.1 螺纹的基本要素(Basic essential factors of thread)

螺纹的基本要素是牙型、直径、螺距、线数和旋向。内外螺纹旋合时，这些要素必须相同。

1. 螺纹牙型

在通过螺纹轴线的剖面上，螺纹的轮廓形状称为螺纹牙型。常见的螺纹牙型有三角形、梯形、锯齿形和矩形等多种,它们有着不同的用途。其中除矩形螺纹外,其余牙型的螺纹均已标准化,也称为标准螺纹。标准螺纹有各自的螺纹特征代号,常用标准螺纹的牙型和螺纹特征代号如表 7-1 所示。

表 7-1　常用标准螺纹的牙型和螺纹特征代号

种类		螺纹特征代号	牙型放大图	说　明
普通螺纹	粗牙	M	60°	最常用的连接螺纹,一般连接多用粗牙。在相同的大径下,细牙螺纹的螺距较粗牙的小,切深较浅,多用于薄壁或紧密连接的零件
	细牙			
管螺纹	55° 非密封管螺纹	G	55°	内外螺纹均为圆柱螺纹。螺纹副本身不具有密封性,但如另加密封结构后,可有很可靠的密封性能。适用于管接头、旋塞、阀门等
	55° 密封管螺纹	Rp	55°	有两种连接形式:圆柱内螺纹 Rp 与圆锥外螺纹 R_1;圆锥内螺纹 Rc 与圆锥外螺纹 R_2。圆柱内螺纹的牙型与 55°非密封管螺纹相同。螺纹副具有较高的密封性能,适用于管接头、旋塞、阀门等
		Rc		
		R_1、R_2		
梯形螺纹		Tr	30°	用于传递运动和动力,如机床丝杠、尾架丝杠等
锯齿形螺纹		B	30° 3°	用于传递单向压力,如千斤顶螺杆

2. 螺纹直径

如图 7-2 所示,螺纹的直径有三个:

大径(d 或 D):与外螺纹的牙顶或内螺纹的牙底相切的假想圆柱(或圆锥)的直径。

小径(d_1 或 D_1):与外螺纹的牙底或内螺纹牙顶相切的假想圆柱(或圆锥)的直径。

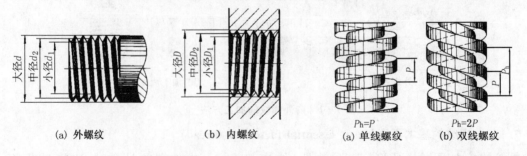

(a) 外螺纹	(b) 内螺纹	(a) 单线螺纹 $P_h=P$	(b) 双线螺纹 $P_h=2P$

图 7-2　螺纹的直径　　　　　　　　图 7-3　螺纹的线数、旋向、螺距和导程

中径(d_2 或 D_2):一个假想圆柱(或圆锥)的直径,在其母线上牙型的沟槽和凸起的宽度相等。中径是控制螺纹精度的主要参数之一。

3. 螺纹线数 n

螺纹分单线和多线:沿一条螺旋线所形成的螺纹称为单线螺纹;沿两条或两条以上,且在轴向等距分布的螺旋线所形成的螺纹称为多线螺纹(图7-3)。

4. 螺距 P 和导程 P_h

螺纹相邻两牙在中径线对应两点间的轴向距离,称为螺距,用 P 表示。同一条螺旋线上相邻两牙在中径线上对应两点间的轴向距离,称为导程,用 P_h 表示。对于单线螺纹:$P_h = P$,如图7-3(a)所示。对于多线螺纹:$P_h = nP$,图7-3(b)为双线螺纹,即:$P_h = 2P$。

5. 螺纹的旋向

螺纹旋向分右旋和左旋。顺时针方向旋转时,沿轴向旋入的是右旋螺纹,其可见螺旋线为右高左低的特征;反之即左旋螺纹,其可见螺旋线为左高右低的特征(图7-3)。

7.1.2　螺纹的规定画法(Stipulation representation of thread)

GB/T4459.1《机械制图　螺纹及螺纹紧固件表示法》规定了在机械图样中螺纹和螺纹紧固件的特殊表示法。螺纹的规定画法如表7-2所示。

表 7-2　螺纹的规定画法

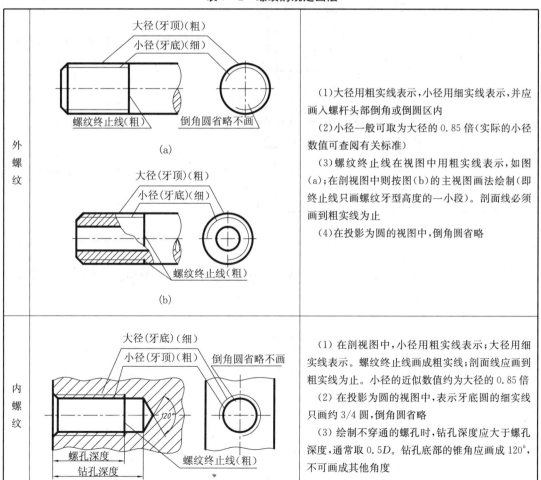

| 外螺纹 | (1)大径用粗实线表示,小径用细实线表示,并应画入螺杆头部倒角或倒圆区内
(2)小径一般可取为大径的0.85倍(实际的小径数值可查阅有关标准)
(3)螺纹终止线在视图中用粗实线表示,如图(a);在剖视图中则按图(b)的主视图画法绘制(即终止线只画螺纹牙型高度的一小段)。剖面线必须画到粗实线为止
(4)在投影为圆的视图中,倒角圆省略 |
| 内螺纹 | (1)在剖视图中,小径用粗实线表示;大径用细实线表示。螺纹终止线画成粗实线;剖面线应画到粗实线为止。小径的近似数值约为大径的0.85倍
(2)在投影为圆的视图中,表示牙底圆的细实线只画约3/4圆,倒圆省略
(3)绘制不穿通的螺孔时,钻孔深度应大于螺孔深度,通常取0.5D。钻孔底部的锥角应画成120°,不可画成其他角度 |

续表

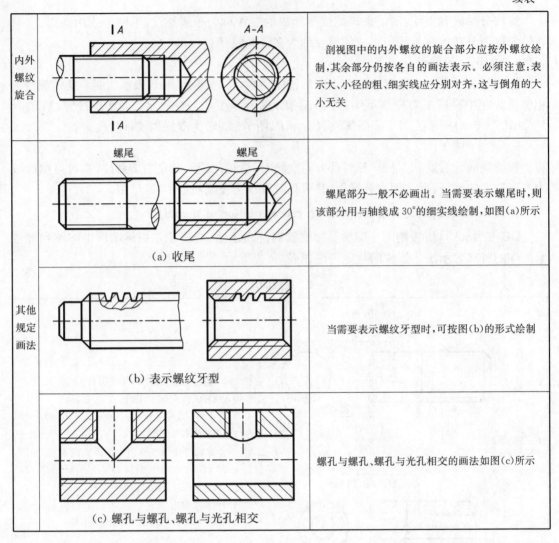

内外螺纹旋合		剖视图中的内外螺纹的旋合部分应按外螺纹绘制，其余部分仍按各自的画法表示。必须注意：表示大、小径的粗、细实线应分别对齐，这与倒角的大小无关
其他规定画法	（a）收尾	螺尾部分一般不必画出。当需要表示螺尾时，则该部分用与轴线成30°的细实线绘制，如图（a）所示
	（b）表示螺纹牙型	当需要表示螺纹牙型时，可按图（b）的形式绘制
	（c）螺孔与螺孔、螺孔与光孔相交	螺孔与螺孔、螺孔与光孔相交的画法如图（c）所示

7.1.3　常用螺纹的种类和标注（Kind and dimensioning of in common use screw thread）

螺纹按用途可分为四类，即：

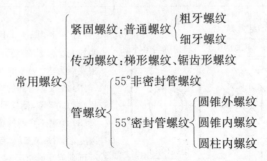

国家标准规定的螺纹特殊表示法，除了规定画法外，还规定用螺纹标记表示螺纹的基本要素。各种常用螺纹的标记方式及示例如表7-3所示。

1. 普通螺纹的标注

普通螺纹完整标记的各部分内容顺序如下：

$$\boxed{螺纹特征代号}\quad\boxed{尺寸代号}-\boxed{公差带代号}-\boxed{旋合长度代号}-\boxed{旋向代号}$$

上述标注内容的说明如下：

(1) 螺纹特征代号：普通螺纹为 M 。

(2) 尺寸代号：单线：公称直径×螺距(粗牙不注螺距)；

　　　　　　　多线：公称直径×P_h 导程 P 螺距。[①]

其中：公称直径一般指螺纹的大径[②]。

(3) 公差带代号：螺纹的公差带代号[③]包含中径公差带代号和顶径(指外螺纹大径和内螺纹小径)公差带代号。中径公差带代号在前，顶径公差带代号在后。两者都由表示公差等级的数值和表示公差带位置的字母(大写字母代表内螺纹；小写字母代表外螺纹)组成。如内螺纹：6H，外螺纹：5g。

① 当中径与顶径的公差带代号相同时，只注写一个代号。

② 最常用的中等公差精度(公称直径≤1.4mm 的 6H、5h 和公称直径≥1.6mm 的 6H、6g)不标注公差带代号。

③ 表示内、外螺纹配合时，内螺纹公差带在前，外螺纹公差带在后，中间用斜线分开。如：6H/6g。

(4) 旋合长度代号：内外螺纹的旋合长度分为：长(L)，中等(N)，短(S)。一般均采用中等旋合长度，因此可省略标注 N。

(5) 旋向代号：左旋时应注写旋向代号 LH；右旋时可省略标注。

2. 梯形螺纹的标注

梯形螺纹完整标记的各部分内容顺序如下：

$$\boxed{螺纹特征代号}\quad\boxed{尺寸代号}\quad\boxed{旋向代号}-\boxed{公差带代号}-\boxed{旋合长度代号}$$

上述标注内容的说明如下：

(1) 螺纹特征代号：梯形螺纹为 Tr。

(2) 尺寸代号：单线：公称直径×螺距；

　　　　　　　多线：公称直径×导程(P 螺距)。

(3) 旋向代号：左旋时应标注 LH；右旋时可省略标注。

(4) 公差带代号：梯形螺纹的公差带代号只标注中径公差带，中径的公差等级为 7、8、9级。如：内螺纹：7H；外螺纹：8e。

(5) 旋合长度代号：梯形螺纹的旋合长度只有长(L)、中等(N)。

3. 管螺纹的标注

管螺纹的标注顺序如下：

注：① 需要表明螺纹线数时，应包括线数的说明，如：M20×P_h3P1.5(two starts)

　　② 在(GB/T 197—2003)中，公称直径又被称为基本大径。

　　③ 公差带的概念可参阅第 8 章；螺纹公差带的内容可查阅相关标准。

| 螺纹特征代号 | 尺寸代号 | 旋向代号 | 公差等级代号 |

上述标注内容说明如下：

（1）螺纹特征代号：55°非密封管螺纹的内外螺纹均为 G；55°密封管螺纹分为三类：圆柱内螺纹为 Rp，圆锥内螺纹为 Rc，与圆柱内螺纹旋合的圆锥外螺纹为 R_1，与圆锥内螺纹旋合的圆锥外螺纹为 R_2。

（2）尺寸代号：管螺纹来源于英制，因此它的尺寸代号是用一个无单位的数字代号来表示，只是定性（不是定量）地表征管螺纹的大小，并不等于管螺纹的大径，所以不能称为公称直径。

（3）旋向代号：左旋时，55°非密封管螺纹的外螺纹应在公差等级代号后加注 LH，其余的左旋管螺纹均应在其尺寸代号后加注 LH。

（4）公差等级代号：55°非密封管螺纹的外螺纹有 A、B 两种公差等级，应该注上。而其余的管螺纹只有一种公差等级，故不必标注。

4. 锯齿形螺纹

锯齿形螺纹的标注方法与梯形相同，标注示例如表 7-3 所示。

表 7-3　常用标准螺纹的标记方式及示例

螺纹类别	标准编号	特征代号	标记方法	标记图例	说　明
普通螺纹	GB/T 197—2003	M	M20×2-5H-S-LH 左旋 短旋合长度 中、顶径公差代号 螺距 公称直径（大径） 螺纹特征代号 M14×P_h6P2-5h 中、顶径公差代号 螺距 导程 公称直径（大径） 螺纹特征代号	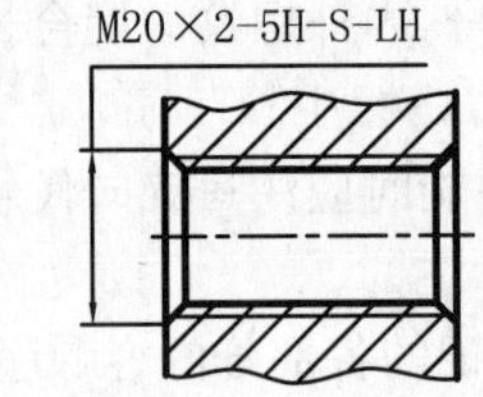 M20×2-5H-S-LH M14×P_h6P2-5h	①粗牙不注螺距 ②右旋不注旋向 ③中等公差精度不注公差代号 ④中等旋合长度不注 N ⑤螺纹副的标记示例： M20-6H/6g
梯形螺纹	GB/T 5796.4—2005	Tr	Tr40×14(P7)LH-8e-L 长旋合长度 中径公差代号 旋向 螺距 导程 公称直径（大径） 螺纹特征代号	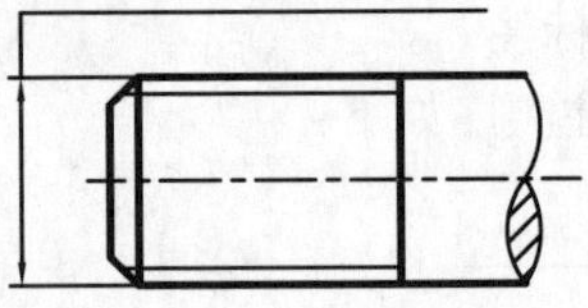 Tr40×14(P7)LH-8e-L	①单线螺纹不注导程 ②右旋不注 LH ③只标注中径公差带代号 ④无短旋合长度，中等旋合长度不注 N ⑤螺纹副的标记示例 Tr40×7-7H/7e

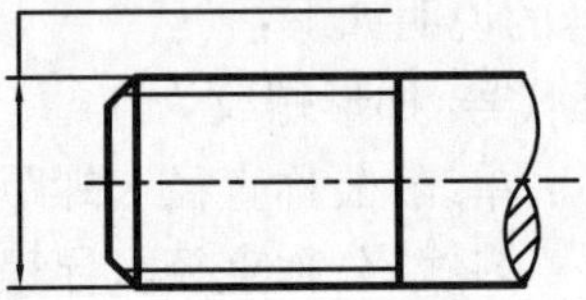

续表

螺纹类别	标准编号	特征代号	标记方法	标记图例	说　明
锯齿形螺纹	GB/T 13576 —2008	B	B40×14(P7)LH—8c—L 长旋合长度 中径公差代号 旋向 螺距 导程 公称直径(大径) 螺纹特征代号	B40×14(P7)LH-8c-L	①标注方法与梯形螺纹相同 ②螺纹副：B40×7-7H/7c
55°非密封管螺纹	GB/T 7307— 2001	G	G 3 A — LH 左旋 公差等级代号 尺寸代号 螺纹特征代号	G3　　G3A-LH	①外螺纹的公差等级代号分 A、B 两级标注；内螺纹不标注 ②右旋不注 LH ③螺纹副仅需标注外螺纹的标记
55°密封管螺纹	GB/T 7306.1 ～ 7306.2 —2000	Rp	Rp 1/2 LH 左旋 尺寸代号 螺纹特征代号	Rp1/2LH　　R1 1/2LH	①R₁ 表示与圆柱内螺纹配合的圆锥外螺纹；R₂ 表示与圆锥内螺纹配合的圆锥外螺纹 ②右旋不注 LH ③不注公差等级代号
		Rc	Rc 3/4 尺寸代号 螺纹特征代号	Rc3/4　　R2 3/4	
		R₁ R₂	R1 3 尺寸代号 螺纹特征代号		

7.2　螺纹紧固件(Threaded parts)

　　运用内外螺纹的旋合起连接紧固作用的零件,称为螺纹紧固件。常用的螺纹紧固件有螺栓、双头螺柱、螺母以及配套使用的垫圈等(图 7-4)。

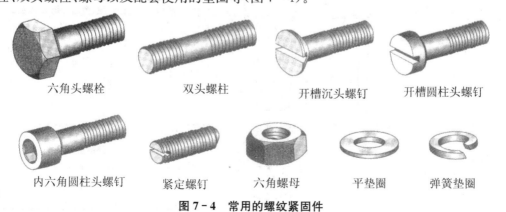

|六角头螺栓　　双头螺柱　　开槽沉头螺钉　　开槽圆柱头螺钉|

内六角圆柱头螺钉　　紧定螺钉　　六角螺母　　平垫圈　　弹簧垫圈

图 7-4　常用的螺纹紧固件

螺纹紧固件是常用标准件,规格多、批量大,为了降低成本、保证质量,由专业工厂大批量生产,需用时按标准外购选用,不自行加工。

7.2.1　螺纹紧固件的标记(Symbol of threaded parts)

绘图时,在装配图中应注明螺纹紧固件的标记,需了解其各项参数时,可查阅相关的标准。

螺纹紧固件标记的一般格式如下:

| 标准件名称 | 国标号 | 规格 | 性能等级 |

常用标准件的标记方法如表 7-4 所示。

表 7-4　常用标准件的标记

名称和标准号	图　例	标记示例	说　明
六角头螺栓 GB/T 5782—2000	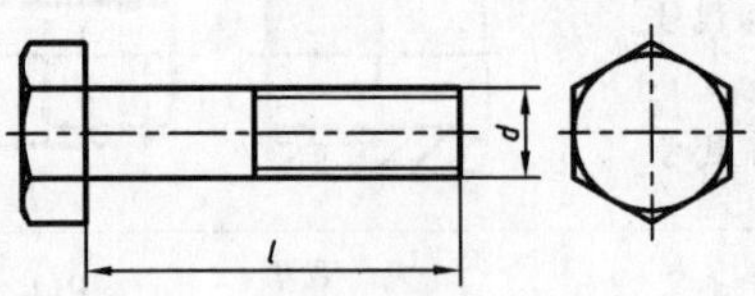	螺栓 GB/T 5782 M12×80	螺纹规格 d＝M12、公称长度 l＝80mm、性能等级为 8.8 级、表面氧化、产品等级为 A 级的六角头螺栓
双头螺柱 GB/T 897—1988	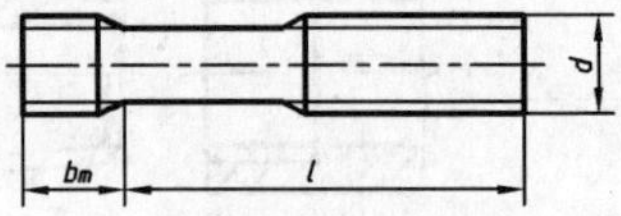	螺柱 GB/T 897 M10×50	两端均为普通螺纹,d＝M10、公称长度 l＝50mm、性能等级为 4.8 级、不经表面处理、B 型、bm＝1d 的双头螺柱
开槽沉头螺钉 GB/T 68—2000	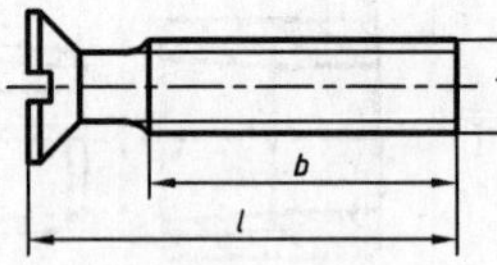	螺钉 GB/T 68 M5×20	螺纹规格 d＝M5、公称长度 l＝20mm、性能等级为 4.8 级、不经表面处理的 A 级开槽沉头螺钉
开槽锥端紧定螺钉 GB/T 71—1985	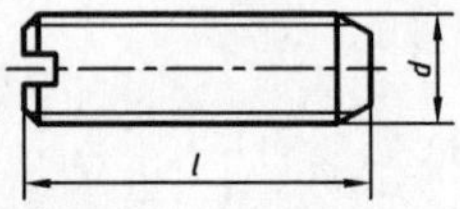	螺钉 GB/T 68 M5×20	螺纹规格 d＝M5、公称长度 l＝20mm、性能等级为 14H 级的开槽锥端紧定螺钉
1 型六角螺母 GB/T 6170—2000	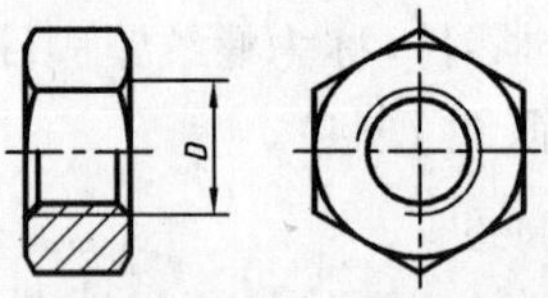	螺母 GB/T 6170 M12	螺纹规格 D＝M12、性能等级为 8 级、不经表面处理、产品等级为 A 级的 1 型六角螺母
平垫圈 A 级 GB/T 97.1—2002	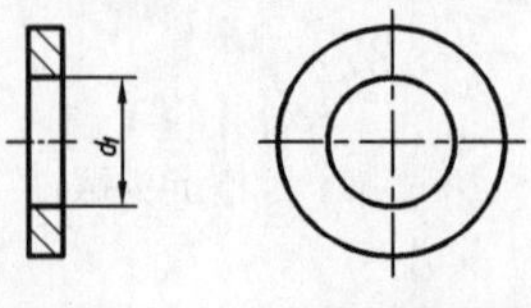	垫圈 GB/T 97.1 8	标准系列:公称规格 8mm、由钢制造的硬度等级为 200HV、不经表面处理、产品等级为 A 级的平垫圈
标准型弹簧垫圈 GB/T 93—1987	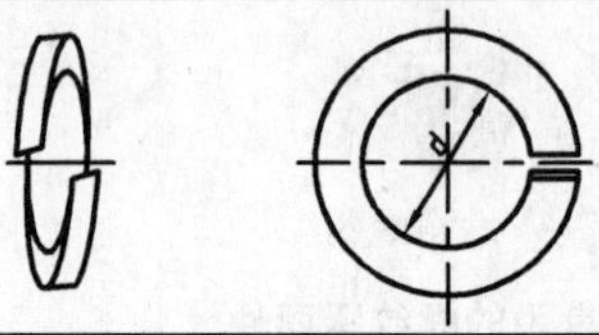	垫圈 GB/T 93 16	公称尺寸 d＝16、材料为 65Mn、表面氧化的标准型弹簧垫圈

7.2.2 螺栓连接的画法(Drawing method of bolt joint)

螺栓连接适用于连接两个不太厚的被连接件,如图7-5所示。

画螺栓连接件时应知道螺栓的形式、公称直径、被连接件的厚度,再查阅有关标准,得到螺栓、螺母和垫圈的有关尺寸,计算出螺栓的公称长度 l。

螺栓的公称长度 l 可按下式计算:

$$l \geqslant \delta_1 + \delta_2 + h + m + a$$

式中: δ_1、δ_2 为被连接件的厚度; h 为垫圈厚度; m 为螺母厚度; a 为螺栓顶端超出螺母的高度,一般取 $a \approx (0.3 \sim 0.4)d$,$d$ 为螺栓的公称直径。求出的 l 值还应按螺栓标准所规定的长度系列,选用相近的标准长度。

画六角螺栓的连接图时,可按标准查得各零件的尺寸,然后作图,也可采用近似画法,即按图7-6所示的比例绘图。

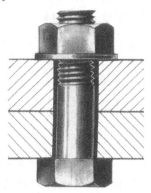

图7-5 螺栓连接

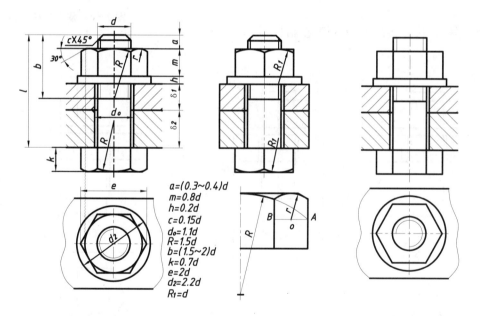

a=(0.3~0.4)d
m=0.8d
h=0.2d
c=0.15d
d₀=1.1d
R=1.5d
b=(1.5~2)d
k=0.7d
e=2d
d₂=2.2d
R₁=d

图7-6 螺栓连接的近似画法 　　　图7-7 螺栓连接的简化画法

绘制螺栓连接应注意:

(1) 螺栓、螺母和垫圈按规定在剖视图中作不剖处理;

(2) 各零件间的接触面均只画一条线;

(3) 剖视图中两个被连接件的剖面线方向应相反;

(4) 被连接件的孔径大于螺栓直径,不接触,因此孔和螺栓大径的投影应画成两条粗实线。

在装配图中,螺栓连接可按简化画法,如图7-7。

7.2.3　双头螺柱的连接画法(Connected representation of double end stud)

双头螺柱连接用于被连接件之间较厚,不宜加工成通孔的场合。双头螺柱的两端都加工有螺纹,一端旋紧在较厚工件的螺孔里,称为旋入端;另一端则称为紧固端(图7-8)。

双头螺柱根据其旋入端长度 b_m 的不同,共有四种标准。b_m 长度的选用应根据带螺孔连接件材料的强度和硬度来确定:

钢和青铜:$b_m = d$ (GB/T 897—1988)

铸铁:$b_m = 1.25d$ (GB/T 898—1988)

或 $b_m = 1.5d$ (GB/T 899—1988)

铝:$b_m = 2d$ (GB/T 900—1988)

式中:d 为双头螺柱的公称直径。

双头螺柱连接的画法与螺栓连接基本相同,按比例近似画法如图7-9所示。绘图时应先计算出双头螺柱的公称长度:

$$l \geqslant \delta + h + m + a$$

求出的 l 值还应按双头螺柱标准所规定的长度系列,选用相近的标准长度。

双头螺柱连接在装配图中的简化画法如图7-10所示 。

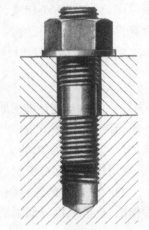

图7-8　双头螺柱连接

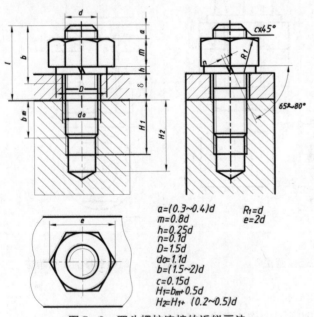

$a=(0.3\sim0.4)d$
$m=0.8d$
$h=0.25d$
$n=0.1d$
$D=1.5d$
$d_0=1.1d$
$b=(1.5\sim2)d$
$c=0.15d$
$H_1=b_m+0.5d$
$H_2=H_1+(0.2\sim0.5)d$

$R_1=d$
$e=2d$

图7-9　双头螺柱连接的近似画法

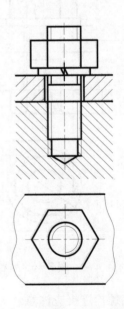

图7-10　双头螺柱连接的简化画法

7.2.4　螺钉连接(Screw joint)

螺钉连接按用途分为连接用、紧固用两类;前者用于连接零件,后者用于固定零件。

1. 连接用螺钉的连接

用螺钉连接时,应在较厚的零件上加工出螺孔,在另一个被连接零件上加工出比螺钉直径稍大且穿通的光孔。螺钉连接常用于受力不大,又不经常拆装的场合。

螺钉连接的画法,在连接部分与双头螺柱的连接画法相似。螺钉连接的近似画法如图7-11所示。

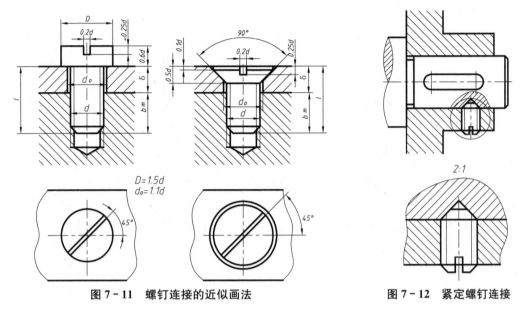

图 7 - 11　螺钉连接的近似画法　　　　　图 7 - 12　紧定螺钉连接

2. 紧定螺钉连接

紧定螺钉连接用于固定两个零件间的相对位置。图 7 - 12 所示的是紧定螺钉用于轮毂与轴之间的轴向定位。

7.3　齿轮(Gear)

齿轮是机器或部件中广泛使用的传动零件。由于国家标准仅规定了齿轮轮齿部分的特殊表示法,因此齿轮属于常用非标准件。

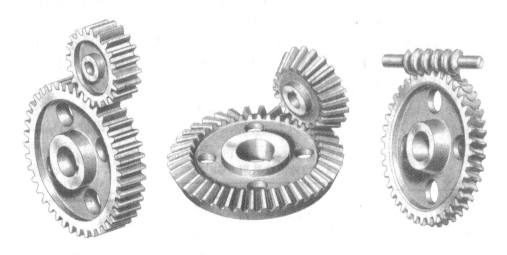

图 7 - 13　常见的齿轮传动形式

齿轮不仅可以传递动力,而且可以改变转速和回转方向。齿轮的种类很多,常见的有圆柱齿轮(用于平行两轴之间的传动)、锥齿轮(用于相交两轴间的传动)、蜗杆蜗轮(用于交错两轴间的传动),如图 7 - 13 所示。

7.3.1　圆柱齿轮(Cylindrical gear)

圆柱齿轮的轮齿有直齿、斜齿和人字齿,这里主要介绍直齿圆柱齿轮。

1. 直齿圆柱齿轮各部分名称、代号和尺寸计算

图 7 - 14 是两个直齿圆柱齿轮啮合的示意图,图中表示了其各部分的名称和代号。

齿顶圆(直径 d_a):通过圆柱齿轮轮齿顶部的圆。

齿根圆(直径 d_f):通过圆柱齿轮轮齿根部的圆。

分度圆(直径 d):设计和制造齿轮时,计算轮齿各部分尺寸的基准圆,它位于齿顶圆和齿根圆之间。

节圆(直径 d'):两齿轮啮合时,位于其连心线 O_1O_2 上的两齿廓接触点 P(即啮合点),称为节点。分别以 O_1、O_2 为圆心,O_1P、O_2P 为半径所作的两个相切的圆称为节圆。一对正确安装的标准齿轮 $d=d'$。

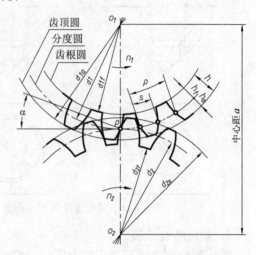

图 7 - 14　直齿圆柱齿轮各部分的名称和代号

齿顶高(h_a):分度圆到齿顶圆之间的径向距离。

齿根高(h_f):分度圆到齿根圆之间的径向距离。

齿高(h):齿顶圆到齿根圆之间的径向距离。

齿厚(s):每一齿在分度圆上所占的弧长。

齿距(p):分度圆上相邻两齿对应两点间的弧长。标准齿轮的齿厚为齿距的一半,即 $s=p/2$。

齿数(z):轮齿的个数,是齿轮计算的主要参数之一。

模数(m):齿轮的主要参数之一。模数 m 大,则齿距 p 增大,齿厚 s 也增大,在其他条件相同的情况下,齿轮的承载能力就大。当两齿轮啮合时,因为它们的齿距 p 必须相等,所以模数 m 也必须相等。模数的数值已标准化,其值如表 7 - 5 所示。

表 7 - 5　齿轮模数系列　　　　　　　　　　　　　　　　　单位:mm

第一系列	⋯ 1　1.25　1.5　2　2.5　3　4　5　6　8　10　12　16　20　25　32　40　50
第一系列	⋯ 1.75　2.25　2.75　(3.25)　3.5　(3.75)　4.5　5.5　(6.5)　7　9　(11)　14　18　22　28　36　45

压力角(α):过齿廓与分度圆交点处的径向直线与齿廓在该点处的切线所夹的锐角。压力角是影响齿轮传动的一个重要参数。我国采用的压力角一般为 $20°$。

传动比(i):主动齿轮的转速 n_1(r/min)与从动齿轮的转速 n_2(r/min)之比。因为转速与齿数成反比,所以:$i=n_1/n_2=z_2/z_1$。

中心距(a)：两圆柱齿轮轴线之间的最短距离。装配准确的两标准齿轮啮合的中心距：

$$a = d_1/2 + d_2/2 = 1/2\,m(z_1 + z_2)$$

标准直齿圆柱齿轮各部分的尺寸都是根据模数来确定的（表7-6）。

表7-6 直齿圆柱齿轮的尺寸计算

基本几何要素：模数 m；齿数 z					
名 称	代号	计算公式	名 称	代号	计算公式
齿顶高	h_a	$h_a = m$	分度圆直径	d	$d = mz$
齿根高	h_f	$h_f = 1.25m$	齿顶圆直径	d_a	$d_a = m(z+2)$
齿高	h	$h = 2.25m$	齿根圆直径	d_f	$d_f = m(z-2.5)$

2. 直齿圆柱齿轮的画法

齿轮的轮齿，属多次重复出现的结构要素，为简化制图，国家标准对此规定了特殊表示法。

单个圆柱直齿轮的画法如图7-15所示，其中轮齿部分应按表7-7的规定画法，其余部分按其真实投影绘制。

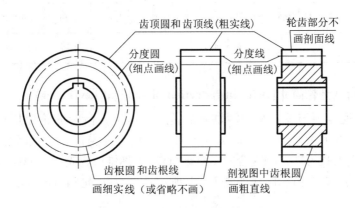

图7-15 单个圆柱直齿轮的画法

表7-7 单个齿轮轮齿的画法

名 称	在平行齿轮轴线的投影面上		在垂直齿轮轴线的投影面上
分度圆和分度线	细点画线		细点画线
齿顶圆	粗实线		粗实线
齿根圆和齿根线	剖视图	视图	细实线（可省）
	粗实线（轮齿按不剖处理）	细实线（可省）	

两齿轮啮合（也称齿轮副）的画法如图7-16所示。两齿轮啮合时，除啮合区外，其余部分均按单个齿轮绘制。啮合区的规定画法如表7-8所示。

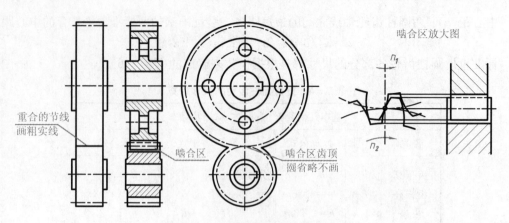

图 7-16 两齿轮啮合的画法

表 7-8 两齿轮啮合区的规定的画法

名 称	在平行齿轮轴线的投影面上		在垂直齿轮轴线的投影面上
分度圆和分度线	剖视图	视图	细点画线
	细点画线	粗实线	
齿顶圆和齿顶线	一齿轮的轮齿画粗实线;另一齿轮的轮齿画细虚线(可省)	不画	粗实线(啮合区可省)
齿根圆和齿根线	粗实线	不画	细实线(可省)

7.3.2 直齿锥齿轮简介(Brief introduction of straight bevel gear)

直齿锥齿轮通常用于垂直相交两轴间的传动。由于锥齿轮的轮齿是制作在圆锥面上的,因此轮齿在齿宽上由大到小变化,其齿厚和模数也都在变化。国家标准规定,锥齿轮的设计、计算以大端模数为准。相啮合的一对锥齿轮(也称锥齿轮副)其模数必须相等。

锥齿轮的画法:单个齿轮画法如图 7-17 所示,两个锥齿轮啮合的画法如图 7-18 所示。

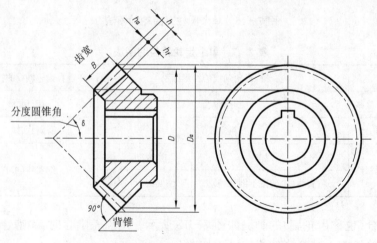

图 7-17 直齿锥齿轮的各部分名称代号和画法

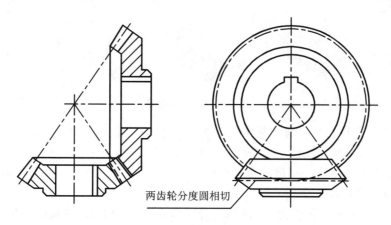

两齿轮分度圆相切

图 7 - 18　直齿锥齿轮啮合的画法

7.3.3　蜗杆蜗轮简介(Brief introduction of worm and worm wheel)

蜗杆与蜗轮用于垂直交错两轴之间的传动。蜗杆蜗轮传动结构紧凑,速比大,但效率低。通常蜗杆为主动,蜗轮为从动,用于减速。常见的蜗杆为圆柱形蜗杆:将一个轮齿沿圆柱面上的一条螺旋线运动即形成单头蜗杆;将多个轮齿沿圆柱面上不同的螺旋线运动则形成多头蜗杆。一对蜗杆蜗轮(也称蜗杆副)啮合时,必须模数相同,蜗杆的导程角与蜗轮的螺旋角大小相等、方向相同。

蜗杆蜗轮的啮合画法有外形视图和剖视图两种形式,如图 7 - 19 所示。

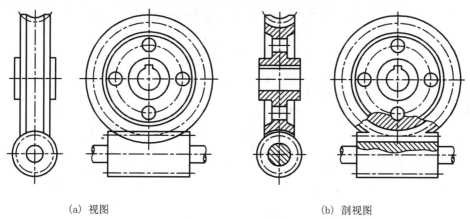

(a) 视图　　　　　　　　(b) 剖视图

图 7 - 19　蜗杆蜗轮的啮合画法

7.4　键和销(Key and pin)

7.4.1　键及其联结(Keys and its fastening)

键通常用于联结轴与轴上的零件(如齿轮、皮带轮等),使它们一起转动,键起着传递扭矩的作用。键属于常用标准件,键和键槽的尺寸均可查阅相关标准。

常用键有普通平键、半圆键、楔键等(图 7 - 20)。这里主要介绍普通平键的标记(GB/T 1096—2003)和联结画法(GB/T 1095—2003)。

图 7-20　常用的键

普通平键的型式、尺寸和标注见附录表 1-8。轴和轮毂的键槽尺寸标注如图 7-21 所示。平键联结的装配画法如图 7-22 所示。画时应注意：

（1）剖切平面通过轴线和键的对称面时，轴和键均按不剖处理，需要表达轴上的键槽时，可采用局部剖视图。

（2）平键的两侧面是工作面，与轴和轮毂的键槽侧面相接触，应画成一条线；平键的顶面是非工作面，与轮毂键槽的顶面之间有间隙，应画成两条线。

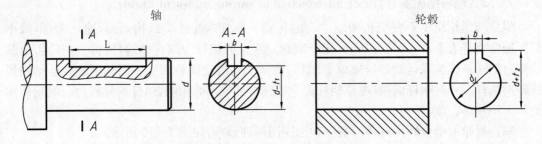

图 7-21　轴和轮毂的键槽尺寸标注

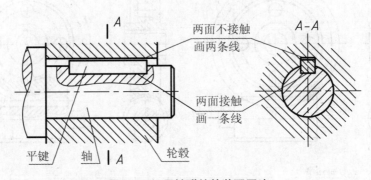

图 7-22　平键联结的装配画法

7.4.2　销及其联结(Pins and its fastening)

销主要用于机器设备中零件的联结和定位。销是常用标准件，常用的有圆柱销、圆锥销、开口销，如图 7-23 所示，使用时可按标准选用。

图 7-23　常用的销

圆柱销的型式、尺寸和标注如附录表 1-9 所示。

圆锥销的锥度是1∶50,绘图时应采用夸大画法,圆锥销的公称直径是指小端直径。圆柱销和圆锥销的联结画法如图7-24所示。

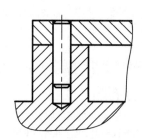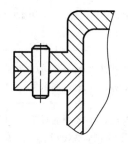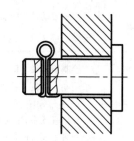

图 7-24   销的联结画法

7.5   滚动轴承表示法(Representation of rolling bearing)

滚动轴承的作用是支承轴进行旋转运动,由于其摩擦阻力小、结构紧凑、旋转精度高,所以在机器或部件中被广泛使用。

7.5.1   滚动轴承的种类和结构(Classification and fabric of rolling bearing)

滚动轴承的类型和规格很多,属标准组件(除特殊需要外)。本书仅介绍最常用的几种类型和系列。

按可承受载荷的方向或公称接触角[①]的不同,滚动轴承分为两类。

(1)向心轴承   主要承受径向载荷,按公称接触角的不同,又分为:

① 径向接触轴承,如深沟球轴承;

② 角接触向心轴承,如圆锥滚子轴承。

(2)推力轴承   主要承受轴向载荷,如平底推力球轴承。

滚动轴承的结构一般由外圈、内圈、滚动体及保持架组成,如图7-25所示。

通常外圈装在机座孔内,固定不动;内圈套在轴上,随轴一起转动;保持架将滚动体隔开,并使其沿圆周方向均匀分布。

图 7-25   滚动轴承的结构

7.5.2   滚动轴承的画法(Drawing method of rolling bearing)

在装配图中,滚动轴承是根据其代号,从相应的标准中查出外径D、内径d和宽度B等几个主要尺寸来进行绘图的。国家标准(GD/T 4459.7—1998)规定,滚动轴承可采用通用画法、特征画法和规定画法表示,前两种画法属简化画法(在同一图样中一般只采用其中一种简化画法)。标准对以上画法作了基本规定,如表7-9所示。

① 公称接触角的概念可查阅滚动轴承的相关标准。

表 7 - 9　滚动轴承表示法的基本规定

要　素	规　　　定
图线	表示滚动轴承时,通用画法、特征画法及规定画法中的各种符号、矩形线框和轮廓线均用粗实线绘制
尺寸及比例	绘制滚动轴承时,其矩形线框或外形轮廓的大小应与滚动轴承的外形尺寸一致,并与所属图样采用同一比例。各种画法的尺寸比例示例如表 7 - 10 所示
剖面符号	在剖视图中,用简化画法时,一律不画剖面符号;用规定画法时,轴承的滚动体不画剖面线,其各套圈可画成方向和间隔相同的剖面线(图 7 - 26)。在不致引起误解时,也允许省略不画 　若轴承带有其他零件或附件(如挡圈等)时,其剖面线应与套圈的剖面线呈不同方向或不同间隔,见图 7 - 27。在不致引起误解时,也允许省略不画

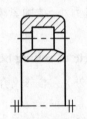

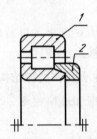

图 7 - 26　滚动轴承的剖面线画法　　　　图 7 - 27　滚动轴承带附件的剖面线画法

1. 通用画法

在剖视图中,当不需要确切地表示滚动轴承的外形轮廓、载荷特性、结构特征时,可按表 7 - 10 所示的通用画法(a)表示;如需确切地表示滚动轴承的外形,则应按表 7 - 10 所示的通用画法(b)表示。

2. 特征画法

在剖视图中,如需形象地表示滚动轴承的结构特征时,可采用特征画法,如表 7 - 10 所示。

3. 规定画法

必要时,在滚动轴承的产品图样、产品样本、产品标准等资料中可采用规定画法绘制(表 7 - 10)。规定画法一般绘制在轴的一侧,另一侧按通用画法绘制。

7.5.3　滚动轴承的代号(Code name of rolling bearing)

滚动轴承的代号由字母和数字组成,用以表示滚动轴承的结构、尺寸和技术性能等特征。国家标准(GB/T 272—1993)规定,滚动轴承的代号排列如下:

前置代号　基本代号　后置代号

其中,基本代号是滚动轴承代号的基础,前置、后置代号是当轴承的结构、尺寸和技术性能等有改变时,在其基本代号左右添加的补充代号。本书仅介绍基本代号的内容,其余内容可查阅有关滚动轴承的标准。

表 7 - 10　常用滚动轴承的形式和画法

名称、标准号、结构和代号	由标准中查得尺寸	规定画法	特征画法	通用画法
深沟球轴承 GB/T 276—1994	D d B			(a)
圆锥滚子轴承 GB/T 297—1994	D d T B C			
推力球轴承 GB/T 301—1995	D d T			(b)

基本代号用以表示轴承的基本类型、结构和尺寸,其排列如下:

$$\boxed{类型代号}\quad \boxed{尺寸系列代号}\quad \boxed{内径代号}$$

(1) 类型代号用一个数字或字母表示,代表轴承的类型(表 7 - 11)。

(2) 尺寸系列代号由两位数字组成,分别代表滚动轴承的宽(高)度系列代号和直径系列代号。前者表示轴承的宽(高)度,后者表示轴承的外径。例如:尺寸系列代号 24,其中 2 表示宽度系列代号;4 表示直径系列代号。

（3）内径代号用两位数字表示轴承的内径尺寸。常用内径代号的表示方法如表 7 - 12 所示。

表 7 - 11　滚动轴承的类型代号

代号	轴承类型	代号	轴承类型
0	双列角接触球轴承	7	角接触球轴承
1	调心球轴承	8	推力圆柱滚子轴承
2	调心滚子轴承和推力调心滚子轴承	N	圆柱滚子轴承
3	圆锥滚子轴承		双列或多列用字母 NN 表示
4	双列深沟球轴承	U	外球面球轴承
5	推力球轴承	QJ	四点接触球轴承
6	深沟球轴承		

表 7 - 12　内径代号的表示法

内径代号	00	01	02	03	04 以上
内径数值(mm)	10	12	15	17	将代号数值乘以 5 即为内径数值

例如：

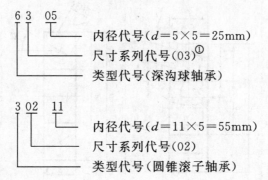

63 05
内径代号($d=5×5=25\text{mm}$)
尺寸系列代号(03)[①]
类型代号(深沟球轴承)

3 02 11
内径代号($d=11×5=55\text{mm}$)
尺寸系列代号(02)
类型代号(圆锥滚子轴承)

7.6　弹簧(Spring)

弹簧属于常用非标准件，主要用于减震、储能、夹紧和测力等方面。

弹簧的种类很多，最常见的是螺旋压缩弹簧、拉伸弹簧和扭转弹簧，如图 7 - 28 所示。本节只介绍圆柱螺旋压缩弹簧的尺寸计算和画法。

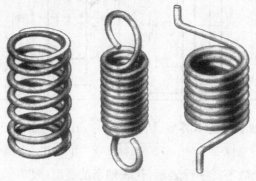

图 7 - 28　常用的螺旋弹簧

---

① 标准规定，此类轴承的部分尺寸系列代号在其基本代号中省略"0"。

7.6.1 圆柱螺旋压缩弹簧各部分的名称及尺寸计算(Terms and dimension calculation of cylindrical helical compression spring)

圆柱螺旋压缩弹簧各部分的名称及其计算方法如图 7-29(b)所示。

(1) 直径：

材料直径 d——弹簧钢丝的直径；　　弹簧外径 D_2——弹簧的外圈直径；

弹簧内径 D_1——弹簧的内圈直径；　　弹簧中径 D——弹簧内、外径的平均值。

(2) 节距 t——除支承圈外,相邻两圈的轴向距离。

(3) 圈数：

有效圈数 n——有相同节距的圈数。

支承圈数 n_z——两端并紧磨平起支承作用的部分。

常用支承圈数 $n_z=2.5$,总圈数 $n_1=n+n_z$。

(4) 自由高度(或长度)H_0——不受外力作用时的高度。当 $n_z=2.5$ 时,$H_0=nt+2d$。

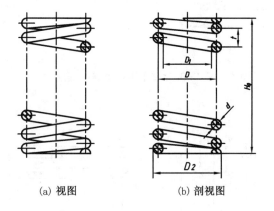

(a) 视图　　　　(b) 剖视图

图 7-29　圆柱螺旋压缩弹簧各部分的名称及画法

7.6.2 圆柱螺旋弹簧的规定画法(Stipulation representation of cylindrical helical spring)

(1) 在平行于螺旋弹簧轴线的投影面的视图中,其各圈的轮廓应画成直线,如图 7-29(a)所示。

(2) 螺旋弹簧均可画成右旋,对必须保证的旋向要求应在"技术要求"中注明。如要求两端并紧且磨平时,不论支承的圈数多少和末端贴紧情况如何,均按图 7-29 的形式绘制。必要时也可按支承圈的实际结构绘制。

(3) 有效圈数在四圈以上的螺旋弹簧中间部分可以省略,并允许适当缩短图形的长度。装配图中,被弹簧挡住的结构一般不画出,可见部分应从弹簧的外轮廓线或从弹簧钢丝剖面的中心线画起,如图 7-30(a)。

(4) 在装配图中,当材料直径在图形上等于或小于 2mm 时,其剖面可以涂黑表示,如图 7-30(b)所示,也可用示意图表示,如图 7-30(c)所示。

圆柱螺旋压缩弹簧的画法举例如下。

已知条件:弹簧中径 D,材料直径 d,自由高度 H_0,节距 t,总圈数 n_1,旋向(右旋)。作图步骤如图 7-31 所示。

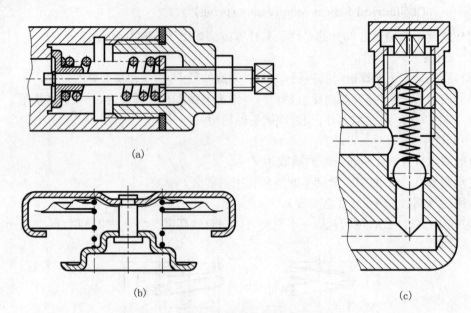

(a)

(b)　　　　　　　　　　　　　　　　　(c)

图 7-30　装配图中弹簧的画法

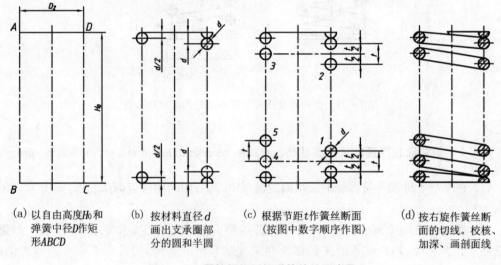

（a）以自由高度H_0和
弹簧中径D作矩
形$ABCD$

（b）按材料直径d
画出支承圈部
分的圆和半圆

（c）根据节距t作簧
丝断面（按图中数字顺序作图）

（d）按右旋作簧丝断
面的切线。校核、
加深、画剖面线

图 7-31　圆柱螺旋压缩弹簧的绘图步骤

复习思考题

7-1　常用机件包含了哪几类零件？其中哪些是标准件？哪些是非标准件？

7-2　什么是图样的特殊表示法？

7-3　螺纹的基本要素是什么？内、外螺纹连接时其要素应符合哪些要求？

7-4　试述螺纹的规定画法。

7-5   直齿圆柱齿轮的基本要素是什么？一对齿轮啮合时其要素应符合哪些要求？

7-6   试述普通平键、圆柱销的标记方法。

7-7   滚动轴承的画法有哪几种？分别用于什么场合？

7-8   滚动轴承的代号由哪几部分组成？其中基本代号又包含哪些内容？

7-9   试述圆柱螺旋压缩弹簧的规定画法。

8 零件图

（Detail drawing）

机器零件根据其作用一般可分为三大类:常用标准件、常用非标准件和一般零件。一般零件根据零件的结构特点又可分为:① 轴套类零件,如轴、衬套等;② 盘盖类零件,如泵盖、齿轮等;③ 叉架类零件,如拨叉、托架等;④ 箱体类零件,如泵体、阀体等。制造机器或部件时,除标准件外,其余零件均要画出它们的零件图。

8.1 零件图的作用和内容（Action and content of detail drawing）

8.1.1 零件图的作用（Action of detail drawing）

零件图用于表达单个零件的结构、形状、尺寸和技术要求,它是制造和检验零件的依据。图 8-1 是主动齿轮轴的零件图。

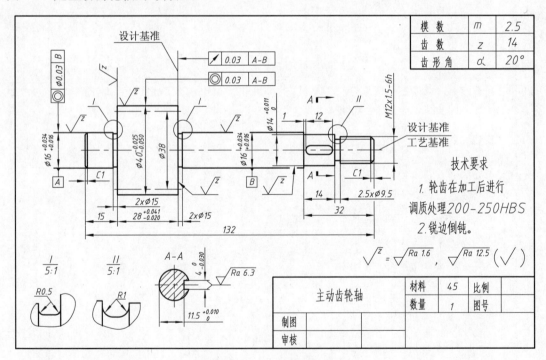

图 8-1 主动齿轮轴零件图

8.1.2 零件图的内容（Content of detail drawing）

一张完整的零件图,一般包括下列内容:

（1）一组图形 根据机械制图国家标准,采用视图、剖视图和断面图等方法表示零件的结构形状；

(2) 足够的尺寸　正确、完整、清晰，并尽可能合理地确定出零件各部分结构形状的尺寸；

(3) 技术要求　表明零件在制造和检验时应达到的技术要求，如表面粗糙度、极限和配合、形位公差、热处理要求等；

(4) 标题栏　填写出零件的名称、件号、图号、材料、数量、比例、设计、制图、校核人员的签名、日期等各项内容。

8.2　零件的视图(Views of detail)

8.2.1　视图选择的一般原则(General rule of view selection)

1. 分析零件的形状结构

零件的形状结构是由它在机器中的作用、装配关系与制造方法等因素决定的。因此对零件结构形状进行分析，有助于了解零件的设计要求和工艺要求，了解零件的加工方法和工作情况，并为主视图的选择作准备。

2. 主视图的选择

主视图是表达零件结构形状的最重要的视图。在选择主视图时，要考虑以下两个问题。

(1) 主视图中零件的安放位置，应尽可能地符合零件的加工位置或零件的工作(安装)位置。对轴、盘、轮等回转体零件，常选择其加工位置(图 8-1 和图 8-2)；对叉架、箱体类零件，常选择其工作(安装)位置(图 8-3 和图 8-4)。

(2) 主视图中零件的投射方向，应遵循形状特征原则，即选择表达零件结构信息量最多的那个视图作为主视图。

3. 其他视图选择

主视图确定后，其他视图的选择应注意：

(1) 各个视图应该有明确的表达目的，零件内外结构形状、主体或局部的结构形状，都应有各自的表达重点；

(2) 在完整、清晰表达了零件结构形状的前提下，尽量减少图形数量；

(3) 应尽量减少图形中的虚线，或恰当地运用少量虚线；

(4) 要考虑合理地布置各视图的位置，既要使图样清晰，又要充分利用图幅。

8.2.2　典型零件的视图选择(View choosing of typical detail)

1. 轴套类零件的视图选择

轴套类零件的视图选择如表 8-1 所示。图 8-1 是主动齿轮轴零件图。

2. 盘盖类零件的视图选择

盘盖类零件的视图选择如表 8-2 所示。图 8-2 所示的电机盖是典型的盘盖类零件图。

表 8-1　轴套类零件的视图选择

用　途	轴套类零件包括各种轴和套。轴用来支撑传动零件(如皮带轮、齿轮等)和传递扭矩。套一般是装在轴上和轴承孔中,用于定位、支撑、导向或保护传动零件
结构特点	轴套类零件一般由大小不同的同轴回转体(圆柱、圆锥)组成,有轴向尺寸大于径向尺寸的特点。轴有直轴、曲轴、光轴和阶梯轴,实心轴和空心轴之分 　　轴套类零件常有的结构有轴肩,它是由阶梯轴上直径不等的圆柱所形成的圆柱台阶。可供安装在轴上的零件作轴向定位 　　工艺结构有:倒角、倒圆、退刀槽、砂轮越程槽和中心孔等;其他结构有:键槽、挡圈槽、花键、螺纹和销孔等
主视图选择	轴套类零件主要在车床上加工,一般按加工位置将轴线水平放置来画主视图。通常将轴的大端画在左侧,小端画在右侧;轴上的键槽、孔槽朝上或朝前,这样表示其形状明显。由于轴类零件是实心体,在表达内部结构(孔、槽)时,可用局部剖视图表达。空心套可用剖视图表达
其他视图选择	由于轴套类主要形状是回转体,在主视图中注出相应的直径尺寸"φ"后,一般不必再选其他视图表达。主视图中没有表达清楚的结构,(如键槽、退刀槽、孔等)可以作断面图、局部视图和局部放大图补充表达

表 8-2　盘盖类零件的视图选择

用　途	盘盖类零件包括各种用途的轮、盘和盖等零件,毛坯多为铸件。轮用键、销与轴连接以传递扭矩;盘盖用于支承、定位和密封
结构特点	轮、盘、盖零件主体多为回转体。一般径向尺寸大于轴向尺寸,其上常有孔、肋、槽、凸缘、销孔等结构
主视图选择	轮、盘、盖零件主要的回转面和端面都是在车床上加工的,和轴套类零件相同,也按加工位置将轴线水平放置画主视图。主视图的投射方向应反映零件的结构形状特征,通常选非圆视图作为主视图。采用各种剖视图反映内部结构(图 8-2) 　　对于加工时不以车削为主的箱盖,按工作位置放置
其他视图选择	盘盖类零件一般需要两个基本视图,主、左视图或主、右视图;也有用主、左、右视图,反映两端面不同的结构形状。基本视图未能表达清楚的部分可用剖视图、局部视图和断面图补充表达

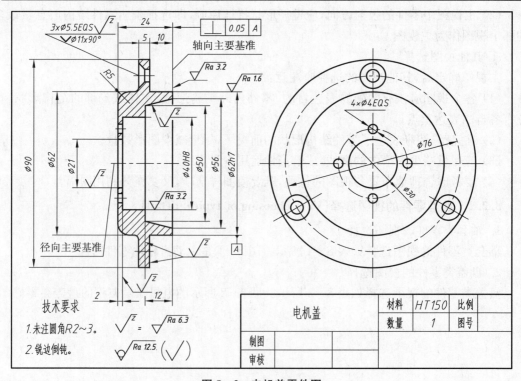

图 8-2　电机盖零件图

3. 叉架类零件的视图选择

叉架类零件的视图选择如表 8-3 所示。图 8-3 所示的托架为叉架类零件。

表 8-3 叉架类零件的视图选择

用途	叉架类零件包括各种连杆、叉架和托架等零件。连杆多为运动件,有连接、传动作用;叉架和托架起支撑、连接作用。这类零件的毛坯多为铸件或锻件
结构特点	叉架类零件形状不规则,外形复杂,其结构一般可分为工作、安装和连接三个部分。例如,工作部分多有空心圆柱体、油槽、油孔等结构;连接部分有肋板、耳板;安装部分有底板,还会有螺孔、沉孔等结构
主视图选择	叉架类零件加工时,各加工工序位置不同,难以区分主次,因此一般按工作位置画主视图。主视图中的投射方向以选择形状特征为原则进行选取。常在主视图上采用局部剖视图表达局部内部形状
其他视图选择	由于叉架类零件形状复杂,常常需要两个或更多的基本视图表达,同时较多地运用局部视图和局部剖视图;对于倾斜的结构形状常用斜视图、斜剖视图和断面图表达

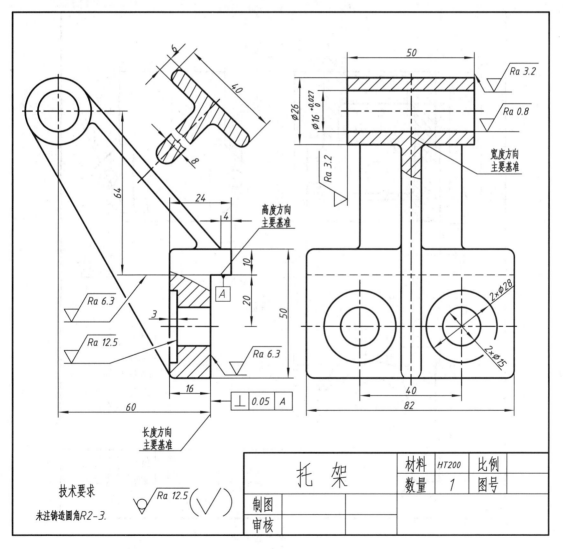

图 8-3 托架零件图

4. 箱体类零件的视图选择

箱体类零件的视图选择方法如表8-4所示。图8-4所示的泵体属箱体类零件图。

表8-4　箱体类零件的视图选择

用　途	箱体类零件毛坯多为铸件,呈现为壳体、箱体结构;起承托、包容、定位、密封和保护作用
结构特点	箱体类零件形状复杂,尤其是内腔,多数带有安装孔的底板,并有凹坑、凸台、支承用孔和加强肋板等结构
主视图选择	箱体类零件加工部位多,各工序的加工位置也不同,与叉架类零件一样,按工作位置画主视图。选择反映形状特征的投射方向作图,并采用各种剖视图表达主要结构形状
其他视图选择	由于箱体类零件外形与内部结构形状很复杂,一般需要三个或更多的基本视图,并采用适当的剖视图表达结构形状,还常用局部视图和断面图表达局部结构。对外形或内腔的截交线和相贯线(过渡线)都应注意正确表达

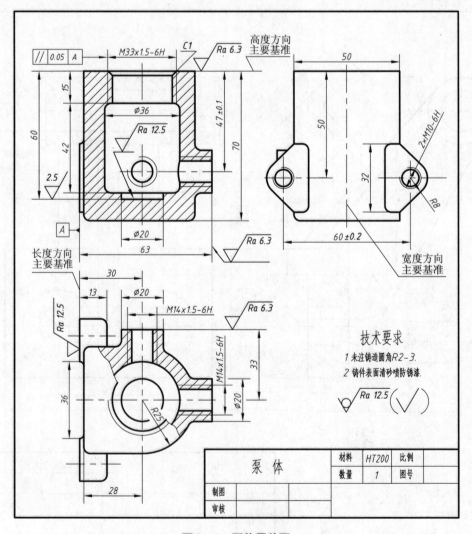

图8-4　泵体零件图

8.3 零件的尺寸标注(Dimensioning of detail)

零件图上尺寸是零件加工制造的主要依据。标注尺寸的要求是:正确、完整、清晰、合理。尺寸的合理标注要求所注的尺寸既满足设计要求又满足加工、测量和检验等制造工艺的要求。要做到尺寸标注的合理,需要较多机械设计和加工方面知识,这里主要对尺寸标注合理性作一般介绍和分析。

8.3.1 零件的尺寸基准(Dimensional datum of detail)

尺寸基准是指尺寸标注和测量的起始位置。基准可以是基准面、基准线。可以选择安装底面、重要的端面、装配的结合面、零件的对称平面作基准面;基准线可以是回转结构的轴线等。标注零件的尺寸首先必须正确选择尺寸基准。尺寸基准分设计基准和工艺基准。

1. 设计基准

用以确定零件在机器(或部件)中某一正确位置的一些面、线称为设计基准。例如,为了确定齿轮在轴上安装的位置,常以齿轮的一个端面作为其长度方向的设计基准。与之相应的轴,安装齿轮的轴肩的一个端面就是轴在长度方向的设计基准,如图 8-5 所示。齿轮和轴的轴线是它们各自的径向设计基准,因为以轴线为基准才能保证回转体各部分同轴。叉架零件的设计基准一般为主要孔的中心轴线、对称平面、对称轴线和较大的加工面(安装面),如图 8-3 所示。箱体零件一般以轴承孔轴线、对称平面、主要接触面和底面为设计基准,如图 8-4 所示。

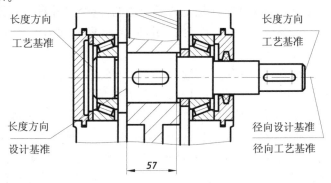

图 8-5 低速轴装配图

2. 工艺基准

在零件加工、测量和检验时,确定零件结构位置的一些面、线称为工艺基准。例如,轴在加工制造时,为了方便测量轴向尺寸,常以轴的某一侧的端面为长度方向的工艺基准。显然,轴径的加工与测量将以轴线(两个顶尖的连线)为基准,即径向的工艺基准。

3. 主要基准和辅助基准

零件在长、宽、高三个方向上至少各有一个主要基准,如果在同一方向上有几个基准存在,常常把设计基准称为主要基准,其余的基准称为辅助基准(工艺基准常常是辅助基准)。主要基准与辅助基准之间应有尺寸相联系。

为了保证尺寸精度,保证所设计的零件在机器或部件中的工作性能,应尽可能使设计基准与工艺基准重合,如果两者不能保持统一时,应以设计基准为主。

8.3.2　合理标注尺寸的原则(Appropriate dimensioning methods)

(1)零件的重要尺寸,例如直接影响性能、工作精度和互换性的尺寸(功能尺寸)应直接注出,以满足设计要求。对零件性能影响不大的尺寸(非功能尺寸),一般可以按形体分析法来标注其定形尺寸和定位尺寸。

(2)尺寸的标注要便于加工和测量。例如轴类零件长度方向的尺寸,按加工顺序标注尺寸,便于加工人员读图、按图加工和测量。

(3)尺寸不得注成封闭的尺寸链。

按一定顺序依次连接起来的尺寸标注形式称为尺寸链。组成尺寸链的各个尺寸称为尺寸链的环。如果同一方向的尺寸链是各个环首尾相连,绕成一整圈的封闭形式,这样的尺寸链称为封闭的尺寸链。这是尺寸标注中不允许的,如图8-6(a)所示。

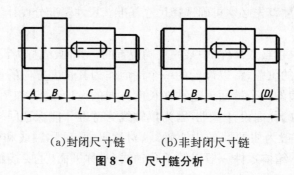

(a)封闭尺寸链　　　(b)非封闭尺寸链

图8-6　尺寸链分析

在零件加工中,总有一个尺寸是在加工最后形成的,这个尺寸称为封闭环。其他尺寸称为组成环。如果以图8-6(a)的总长作为封闭环,封闭环的误差与组成环的误差有如下关系式:

$$L_{max} - L_{min} = (A_{max} - A_{min}) + (B_{max} - B_{min}) + (C_{max} - C_{min}) + (D_{max} - D_{min})$$

即
$$\Delta L = \Delta A + \Delta B + \Delta C + \Delta D$$

如果按图8-6(a)封闭尺寸链标注,加工零件时要保证L在一定误差范围内,尺寸A,B,C,D的允许误差总和不能超过L的允许误差,各环的允许尺寸误差将相互牵制。组成环愈多,各段尺寸的允许误差范围就愈小,零件加工难度就愈大,制造成本也愈高。

因此,不得注成封闭的尺寸链。通常将尺寸链中精度要求最低的环不标注尺寸,称为开口环,或标注后打上半圆括号,作为参考尺寸。如图8-6(b)所示,这样使制造误差都集中在这个开口环"(D)"上。从而各环的尺寸误差不相互牵制。

8.3.3　零件中常见结构的尺寸标注(Normal structural dimensioning)

零件中部分常见结构的尺寸标注方法可参阅表8-5。

表 8-5　零件常见结构的尺寸标注

结构类型		标注方法	说明
光孔	一般孔	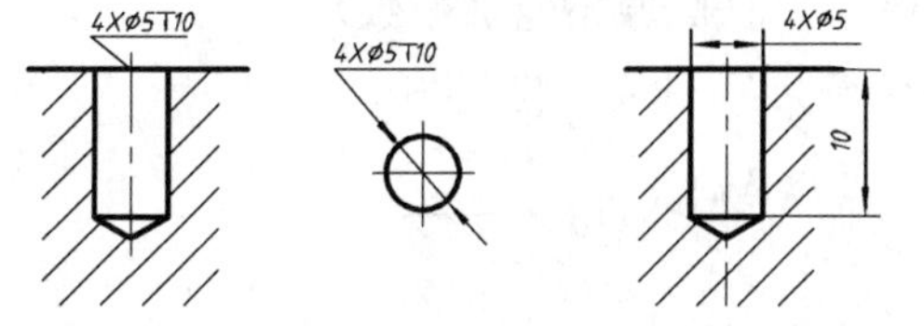	$4\times\phi5$ 表示直径为 5,均匀分布的 4 个光孔。孔深可与孔径连注,也可以分开注出
	锥销孔	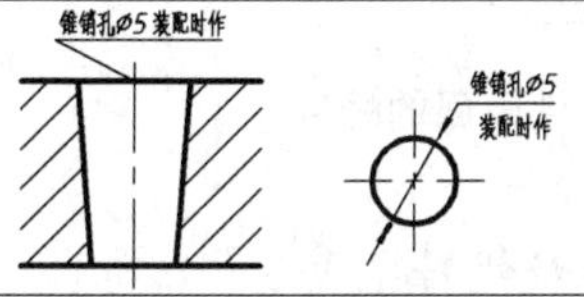	$\phi5$ 为与锥孔相配的圆锥销小头直径。锥销孔通常是相邻两零件装在一起时加工的
沉孔	锥形沉孔	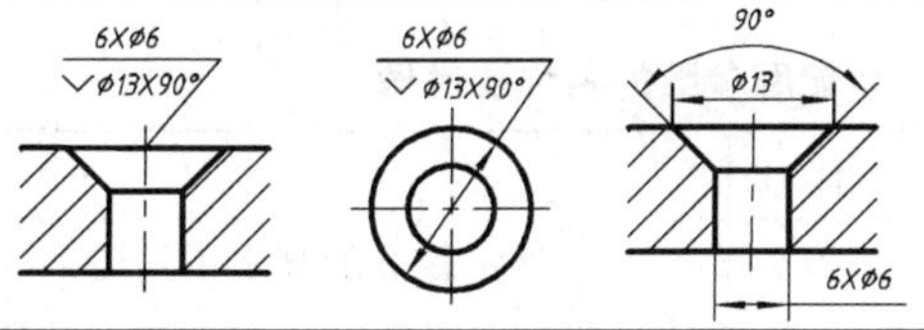	$6\times\phi6$ 表示直径为 6,均匀分布的 6 个孔。锥形部分尺寸可以旁注,也可以分开注出
	柱形沉孔	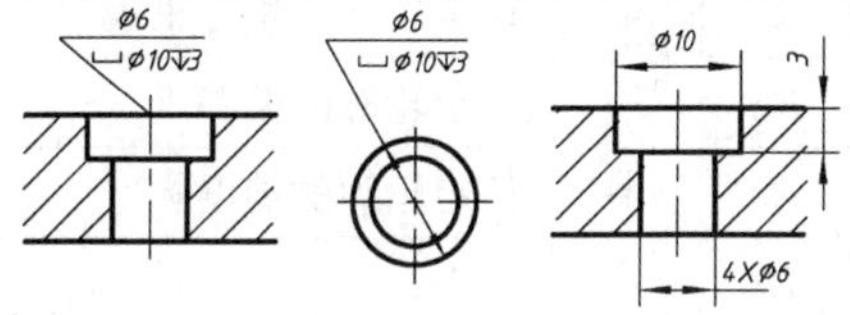	柱形沉孔的小直径为 6,大直径为 10,深度为 3,均需标注
	锪平面	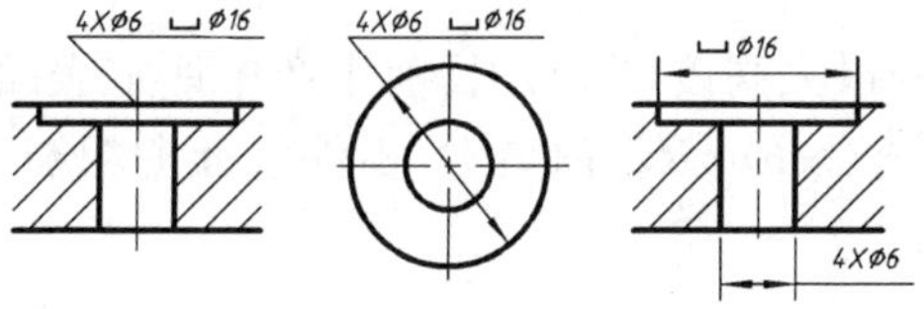	锪平面 $\phi16$ 的深度不需标注,一般锪平到不出现毛面为止
其他	退刀槽	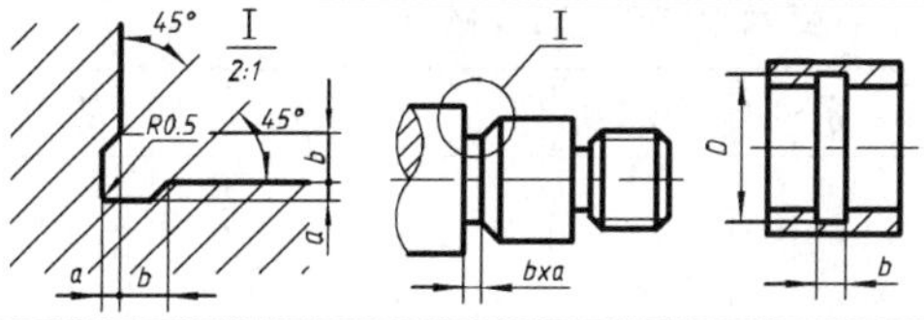	退刀槽宽度 b 应直接注出,D 可直接注出,也可注出切入深度 a
	倒角	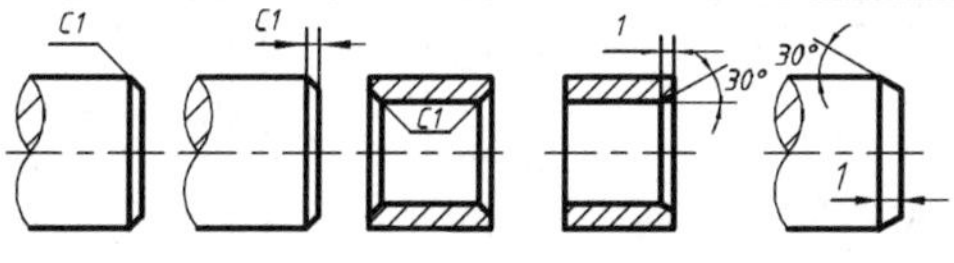	水平距离为 1 的 45°倒角可按图(a)标注 水平距离为 1 的非 45°倒角应按图(b)标注
	正方形	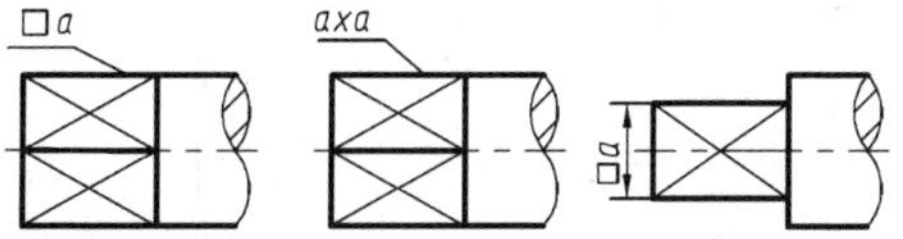	剖面为正方形(边长为 a)的尺寸标注形式

8.4　零件的技术要求(Technique requirement of detail)

8.4.1　技术产品文件中表面结构的表示法(Indication of surface texture in technical product documentation)

零件在加工时,由于零件和刀具间的运动和摩擦、机床的振动以及零件的塑性变形等各种原因,导致零件表面存在着许多微观高低不平的峰和谷,如图 8-7 所示。GB/T 131、GB/T 1031、GB/T 3505 等规定了零件表面结构的表示法,涉及表面结构的轮廓参数是:R 轮廓(粗糙度参数)、W 轮廓(波纹度参数)和 P 轮廓(原始轮廓参数)。

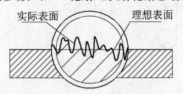

图 8-7　零件表面的峰谷

1. 表面结构的 R 轮廓(粗糙度)参数的简介

表面结构的 R 轮廓(粗糙度)参数的名称及代号见表 8-6。

表 8-6　R 轮廓参数的名称及代号

	参　数	代号		参　数	代号
峰谷值	最大轮廓峰高	Rp	平均值	评定轮廓的算术平均偏差	Ra
	最大轮廓谷深	Rv		评定轮廓的均方根偏差	Rq
	轮廓的最大高度	Rz		评定轮廓的偏斜度	Rsk
	轮廓单元的平均线高度	Rc		评定轮廓的徒度	Rku
	轮廓的总高度	Rt			

轮廓的算术平均偏差(Ra)、轮廓的最大高度(Rz)是目前生产中评定表面结构的常用参数。$Ra(Rz)$值愈小,零件表面愈平整光滑;$Ra(Rz)$值愈大,零件表面愈粗糙。表 8-7 列出了 Ra 值的系列,应优先选用第一系列。

表 8-7　轮廓算术平均偏差 Ra 的数值　　　　　(μm)

第1系列	第2系列	第1系列	第2系列	第1系列	第2系列	第1系列	第2系列
	0.008						
	0.010						
0.012			0.125		1.25		12.5
	0.016		0.160	1.6			16.0
0.025	0.002	0.2			2.0		20
			0.25		2.5	25	
	0.032		0.32	3.2			32
0.050	0.040	0.4			4.0		40
			0.5		5.0	50	
	0.063		0.63	6.3			63
0.1	0.080	0.8			8.0		80
			1.00		10.0	100	

2. 表面结构的图形符号

GB/T 131—2006 规定了表面结构标注用图形符号的比例和尺寸及其标注方法,符号的比例见图 8-8。尺寸 d'、H_1、H_2、h 见表 8-8。图形符号的名称及含义如表 8-9 所示。

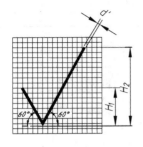

图 8 - 8　符号的比例

表 8 - 8　表面结构图形符号的尺寸

数字与字母的高度 h(见 GB/T 14690)	2.5	3.5	5	7	10	14	20
符号的宽度 d',数字与字母的笔画宽度 d	0.25	0.35	0.5	0.7	1	1.4	2
高度 H_1	3.5	5	7	.10	14	20	28
高度 H_2(最小值)	7.5	10.5	15	21	30	42	60

注:H_2 取决于标注内容。

表 8 - 9　表面结构图形符号的名称及含义

符　号	名　称	含　义
	基本图形符号	未指定工艺方法的表面,当通过一个注释解释时可以单独使用
	扩展图形符号	用去除材料方法获得的表面;仅当其含义是"被加工表面"时可单独使用
		不去除材料的表面,也可用于表示保持上道工序形成的表面,不管这种情况是通过去除材料或不去除材料形成的
	完整图形符号	对基本符号或扩展符号的扩充;用于对表面结构有补充要求的标注,符号的水平线段长度取决于其上下所标注内容的长度
		表示在图样某个视图上构成封闭轮廓的各表面有相同的表面结构要求
补充要求的注写		位置 a:注写表面结构的单一要求 位置 a 和 b:注写两个或多个表面结构要求 位置 c:注写加工方法 位置 d:注写表面纹理和方向 位置 e:注写加工余量
示例		表示去除材料,单向上限值,默认传输带,R 轮廓,算术平均偏差 $3.2\mu m$,评定长度为 5 个取样长度(默认),"16% 规则"(默认)

3. 表面结构要求在图样中的注法(GB/T 131—2006 摘录)

表面结构要求对每一表面一般只标注一次,并尽可能注在相应的尺寸及其公差的同一视图上。除非另有说明,所标注的表面结构要求是对完工零件表面的要求。标注示例见表 8 - 10。

表 8－10　　表面结构要求的标注示例

表面结构的注写和读取方向与尺寸的注写和读取方向一致,见图(a)	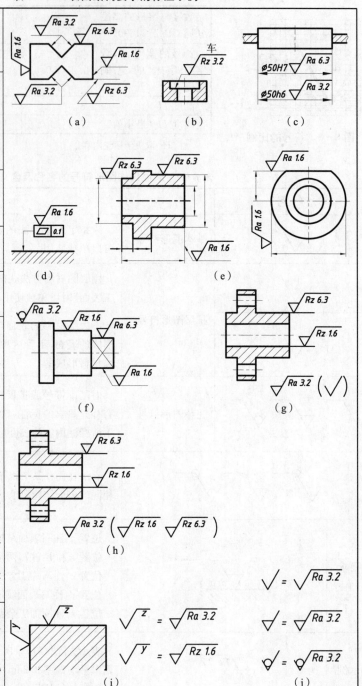
表面结构要求可标注在轮廓线上,其符号应从材料外指向并接触表面。必要时,也可用带箭头或黑点的指引线引出标注,见图(a)(b)	
在不致引起误解时,表面结构要求可以标注在给定的尺寸线上,见图(c)	
表面结构要求可标注在形位公差框格的上方,见图(d)	
表面结构要求可以直接标注在延长线上,见图(e)	
圆柱和棱柱的表面结构要求只标注一次,见图(e)。当每个棱柱表面有不同要求时,应分别单独标注,见图(f)	
有相同表面结构要求的简化注法:如果在工件的多数(包括全部)表面有相同的表面结构要求,则其要求可统一标注在图样的标题栏附近。此时(除全部表面有相同要求的情况外),表面结构要求的符号后面应有: ①在圆括号内给出无任何其他标注的基本符号见图(g) ②在圆括号内给出不同的表面结构要求,见图(h)	
多个表面有共同要求的注法: ①用带字母的完整符号的简化注法,见图(i) ②只用表面结构符号的简化注法,见图(j)	

8.4.2　极限与配合(Limits and fits)

1. 极限与配合的基本概念

(1)互换性　从一批已加工的、同样规格的零件中任取一件,不再经过修配就能装配在机器设备上,并达到使用要求,这样的零件就称为具有互换性。互换性对于零件成批或大量生产,对于装配和维修、提高生产率和降低成本都有积极的意义。

(2) 极限尺寸与公差参阅图 8 - 9(a)。

① 公称尺寸 由图样规范确定的理想形状的尺寸,可以是一个整数或一个小数。

② 实际尺寸 通过测量所得的尺寸。

③ 极限尺寸 尺寸要素允许的尺寸的两个极端。

上极限尺寸 尺寸要素允许的最大尺寸。

下极限尺寸 尺寸要素允许的最小尺寸。

④ 偏差 某一实际尺寸减其公称尺寸所得的代数差。

⑤ 极限偏差 上极限偏差(孔 ES,轴 es)和下极限偏差(孔 EI,轴 ei)。

上极限偏差(ES,es) 上极限尺寸减其公称尺寸所得的代数差。

下极限偏差(EI,ei) 下极限尺寸减其公称尺寸所得的代数差。

⑥ 尺寸公差(简称公差) 允许尺寸的变动量。即上极限尺寸减下极限尺寸之差;或上极限偏差减下极限偏差之差。(注:尺寸公差是一个没有符号的绝对值。)

⑦ 零线 在极限与配合的图解中,表示公称尺寸的一条直线,以其为基准确定偏差和公差,如图 8 - 9 (a)所示。

⑧ 公差带 在公差带图解中,由代表上下极限偏差或上下极限尺寸的两直线所限定的一个区域。如图 8 - 9 (b)所示。

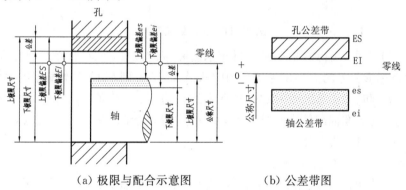

(a) 极限与配合示意图 (b) 公差带图

图 8 - 9 极限与配合示意图和公差带图

2. 标准公差和基本偏差

国家标准《极限与配合》(GB/T 1800.1—2009)中规定,公差带由标准公差和基本偏差两部分组成。标准公差确定公差带的大小,基本偏差确定公差带的位置,并对这两部分予以标准化。

(1) 标准公差(IT) 是标准中列出的用以确定公差带大小的任一数值。标准公差在基本尺寸至 500mm 内分为 20 个等级以区别精确程度,分别以 IT01,IT0,IT1,…,IT18 表示;在基本尺寸 500~3 150mm 内分为 IT1 至 IT18 共 18 个等级。IT 表示公差,阿拉伯数字表示公差等级。IT01 公差值最小,IT18 公差值最大。尺寸公差等级应根据使用要求确定。(注:字母 IT 为"国家公差"的英文缩写)

(2) 基本偏差 是标准中列出的用以确定公差带相对于零线位置的那个偏差(图 8 - 10),靠近零线的极限偏差为基本偏差。标准规定,轴与孔各有 28 个基本偏差,用拉丁字母

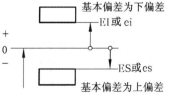

图 8 - 10 基本偏差示意图

命名,大写表示孔,小写表示轴。基本偏差系列如图 8 - 11 所示。

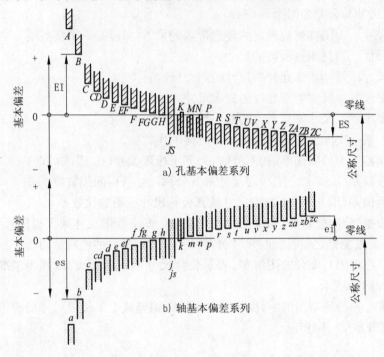

a) 孔基本偏差系列

b) 轴基本偏差系列

图 8 - 11   基本偏差系列

从图 8 - 11 中可以看到:基本偏差只表示公差带的位置,不表示公差带的大小,开口的
另一端要根据标准公差的大小来封闭。图中从 A 到 H(a 到 h)的基本偏差绝对值逐渐减小
到零;J 和 JS(j 和 js)的公差带对称分布在零线两边;从 J 到 ZC(j 到 zc)的基本偏差绝对
值逐渐增大;在与基准轴或基准孔配合时,从 A 到 H(a 到 h)用于间隙配合,J 到 ZC(j 到
zc)用于过渡配合和过盈配合。

3. 配合

公称尺寸相同的并且互相配合的孔和轴之间的关系,称为配合。轴与孔的基本尺寸虽
相同,但实际尺寸不同,装配后就会出现有松有紧的情况。国家标准规定:配合分为三类:间
隙配合、过盈配合、过渡配合(图 8 - 12)。

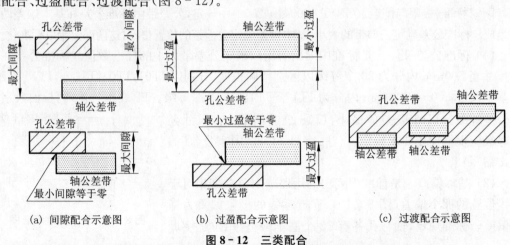

(a) 间隙配合示意图   (b) 过盈配合示意图   (c) 过渡配合示意图

图 8 - 12   三类配合

（1）间隙配合　孔的公差带在轴的公差带之上。即任取其中一对孔和轴相配合,都具有间隙的配合(包括最小间隙为零)。如图 8-12(a)所示。

（2）过盈配合　孔的公差带在轴的公差带之下。即任取其中一对孔和轴相配合,都具有过盈的配合(包括最小过盈为零)。如图 8-12(b)所示。

（3）过渡配合　孔的公差带和轴的公差带相互交叠。任取其中一对孔和轴相配合,都具有间隙或过盈的配合。如图 8-12(c)所示。

4. 配合制度

国家标准规定有两种配合制度(图 8-13)：

（1）基孔制　基本偏差为一定的孔的公差带与不同基本偏差的轴的公差带形成各种配合的一种制度。基孔制的孔为基准孔,基准孔以 H 表示,其下极限偏差为零。如图 8-13(a)所示。

（2）基轴制　基本偏差为一定的轴的公差带与不同基本偏差的孔的公差带形成各种配合的一种制度。基轴制的轴为基准轴,基准轴以 h 表示,其上极限偏差为零。如图 8-13(b)所示。在一般情况下,优先选用基孔制配合。如有特殊需要,允许将任一孔、轴公差带组成配合。

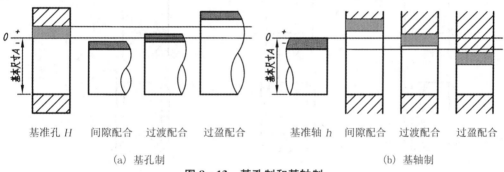

| (a) 基孔制 | (b) 基轴制 |

图 8-13　基孔制和基轴制

5. 优先、常用配合

基本尺寸确定后,不同的公差等级和不同的基本偏差可以组成许多带,由此形成的配合就更多,不利于使用。国家标准根据机械工业产品生产使用的需要,制定了优先及常用配合。基本尺寸至 500mm 的基孔制和基轴制的优先配合如表 8-11、表 8-12 所示。(GB/T 1801—2009 摘录)

表 8-11　基孔制优先配合

基准孔	轴									
	c	d	f	g	h	k	n	p	s	u
	间隙配合					过渡配合		过盈配合		
$H7$				$\dfrac{H7}{g6}$	$\dfrac{H7}{h6}$	$\dfrac{H7}{k6}$	$\dfrac{H7}{n6}$	$\dfrac{H7}{p6}$	$\dfrac{H7}{s6}$	$\dfrac{H7}{u6}$
$H8$			$\dfrac{H8}{f7}$		$\dfrac{H8}{h7}$					
$H9$		$\dfrac{H9}{d9}$			$\dfrac{H9}{h9}$					
$H11$	$\dfrac{H11}{c11}$				$\dfrac{H11}{h11}$					

注：$\dfrac{H6}{n5}$、$\dfrac{H7}{p6}$ 在基本尺寸小于或等于 3mm 和 $\dfrac{H8}{r7}$ 在小于或等于 100 mm 时,为过渡配合。

表 8-12　基轴制优先配合

基准轴	孔									
	C	D	F	G	H	K	N	P	S	U
	间隙配合					过渡配合		过盈配合		
h6				$\frac{G7}{h6}$	$\frac{H7}{h6}$	$\frac{K7}{h6}$	$\frac{N7}{h6}$	$\frac{P7}{h6}$	$\frac{S7}{h6}$	$\frac{U7}{h6}$
h7			$\frac{F8}{h7}$		$\frac{H8}{h7}$					
h9		$\frac{D9}{h9}$			$\frac{H9}{h9}$					
h11	$\frac{C11}{h11}$				$\frac{H11}{h11}$					

6. 尺寸公差与配合注法(GB/T 4458.5—2003)

零件图上,应标注极限偏差或公差带代号。公差带代号由基本偏差代号和标准公差等级代号组成。标注的方法有三种,如图 8-14 所示。

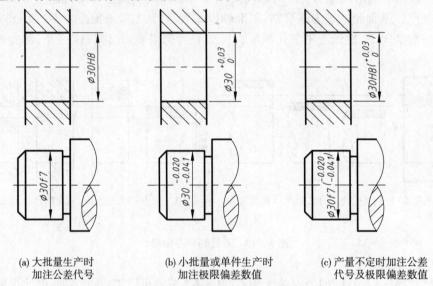

(a) 大批量生产时加注公差代号　(b) 小批量或单件生产时加注极限偏差数值　(c) 产量不定时加注公差代号及极限偏差数值

图 8-14　零件图中公差的标注

装配图上,应标注如图 8-15(a)所示的配合代号。其中,分子为孔的公差带代号,分母为轴的公差带代号。标注标准件、外购件与零件(轴和孔)的配合代号时,可以仅标注相配零件的公差代号,如图 8-15(b)所示。

8.4.3　几何公差(Geometrical tolerancing)

几何公差(形状、方向、位置和跳动公差)是指零件的实际几何要素相对于理想几何要素的允许变动量。对于精度要求较高的零件,为了保证其互换性及使用要求,除了要规定其尺寸公差外,还要规定其几何公差(形状、方向、位置和跳动公差)。对一般要求的零件,它的几何公差可由尺寸公差、加工机床的精度等加以保证。

1. 几何公差的代号

GB/T 1182—2008 规定采用代号来标注几何公差(当无法用代号标注时,允许在技术要求中用文字说明)。几何公差代号主要包括:

(1) 几何公差的几何特征符号和附加符号,如表 8-13 所示。

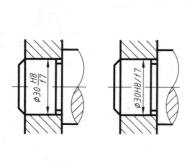
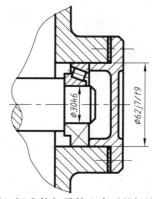

（a）组合式标注法　　　（b）标准件与零件配合时的标注方法

图 8-15　装配图中配合的注法

表 8-13　几何特征符号及附加符号摘录

公差类型	几何特征	符号	有无基准	公差类型		几何特征	符号	有无基准
形状公差	直线度	—	无	方向公差		平行度	//	有
	平面度	▱	无			垂直度	⊥	有
	圆度	○	无			倾斜度	∠	有
	圆柱度	⌀	无	位置公差		位置度	⊕	有或无
	线轮廓度	⌒	无			同心度（用于中心点）	◎	有
	面轮廓度	⌓	无			同轴度（用于轴线）	◎	有
跳动公差	圆跳动	↗	有			对称度	⚌	有
	全跳动	⌿	有					
附加符号								
说明	符号			说明		符号		
被测要素				基准要素				

（2）几何公差框格及指引线，如图 8-16 所示。其尺寸 d,H,h 可参阅表 8-14[国际标准（ISO 7083）摘录]。公差要求注写在划分成两格或多格的矩形框格内，其中框格的宽度：第一格为 H；第二格应与标注内容长度相适应；第三格及以后各格（如需要）须与有关字母的宽度相适应。各格自左至右顺序标注的内容及规定如表 8-15 所示。

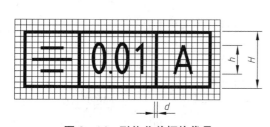

图 8-16　形位公差框格代号　　　图 8-17　基准代号画法

表 8-14　几何公差框格及基准符号的尺寸（ISO 7083 摘录）

数字与字母的高度 h	2.5	3.5	5	7	10	14	20
框格线宽度 d	0.25	0.35	0.5	0.7	1	1.4	2
框格高度 H	5	7	10	14	20	28	40

表 8－15　几何公差框格

自左至右标注内容		框格图例
第 1 格	几何特征符号。见右图(a)～(h)	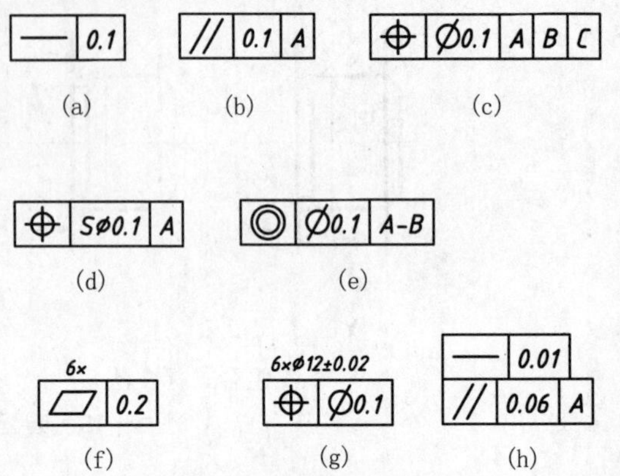 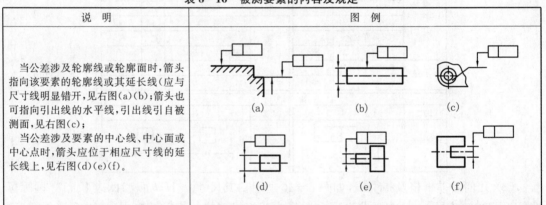
第 2 格	公差值，以线性尺寸单位表示的量值。如果公差带为圆形或圆柱形，公差值前应加注符号"φ"；如果公差带为圆球形，公差值前应加注符号"Sφ"。见右图(c)(d)(e)(g)	
第 3 格	基准，用一个大写字母表示单个基准，或用几个大写字母表示基准体系或公共基准。见右图(b)(c)(d)(e)	
说明	当某项公差应用于几个相同要素时，应在公差框格的上方被测要素的尺寸之前注明要素的个数，并在两者之间加上符号"×"，见右图(f)(g)；如果需要就某个要素给出几种几何特征的公差，可将一个公差框格放在另一个的下面，见右图(h)	

（3）被测要素，如表 8－16 所示。用指引线连接被测要素和公差框格。指引线引自框格的任意一侧，终端带一箭头。

表 8－16　被测要素的内容及规定

说　明	图　例
当公差涉及轮廓线或轮廓面时，箭头指向该要素的轮廓线或其延长线（应与尺寸线明显错开，见右图(a)(b)；箭头也可指向引出线的水平线，引出线引自被测面，见右图(c)；　当公差涉及要素的中心线、中心面或中心点时，箭头应位于相应尺寸线的延长线上，见右图(d)(e)(f)。	(a)　(b)　(c) (d)　(e)　(f)

（4）基准要素，其符号如图 8－17 所示。与被测要素相关的基准用一个大写字母表示，并标注在基准符号的方格内（一律水平书写），与一个涂黑的或空白的三角形相连，字母还应标注在公差框格内。涂黑的或空白的基准三角形含义相同。基准要素的内容及规定摘录如表 8－17 所示。

表 8－17　基准要素的内容及规定摘录

说　明	图　例
（1）当基准要素是轮廓线或轮廓面时，基准三角形放置在要素的轮廓线或其延长线上（与尺寸线明显错开），基准三角形也可放置在该轮廓面引出的水平线上，见右图(a)　（2）当基准要素是轴线、中心平面或中心点时，基准三角形应放置在该尺寸线的延长线上。如尺寸线处安排不下两个箭头，则其中一箭头可用基准三角形代替，见右图(b)	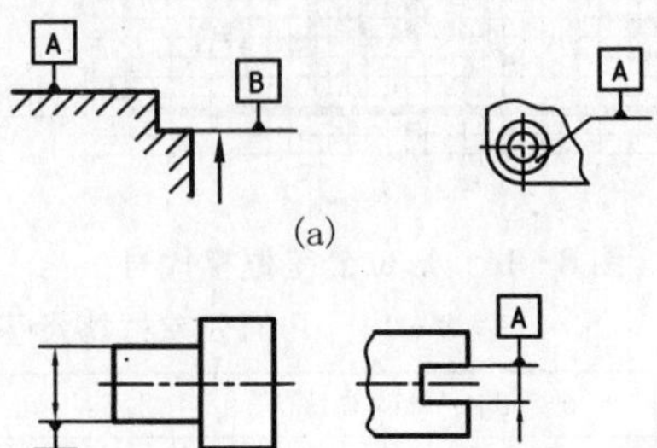 (a) (b)

2. 几何公差的标注方法及示例如表 8-18 所示

表 8-18 几何公差的标注图例与解释

标注图例	标注解释
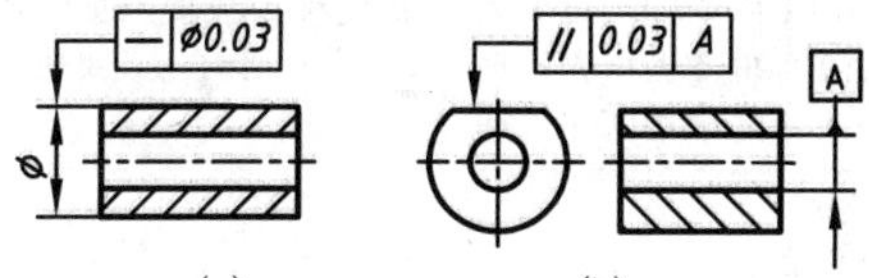 (a)　　　　(b)	(a) 直径为 ϕ 的外圆柱面轴线的直线度公差为 $\phi0.03$ (b) 所指平面相对于内圆柱面轴线的平行度公差为 0.03
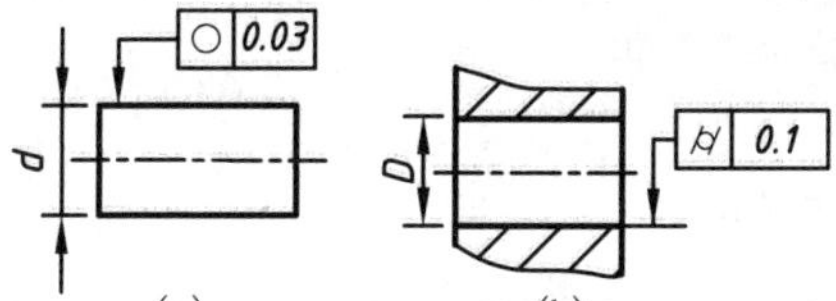 (a)　　　　(b)	(a) 直径为 d 的外圆柱面的圆度公差为 0.03 (b) 直径为 D 的内圆柱面的圆柱度公差为 0.1
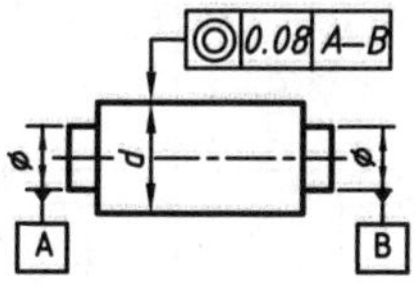	大轴圆柱面的轴线对左右两小轴轴线的公共轴线 $A-B$（公共基准轴线）的同轴度公差为 0.08
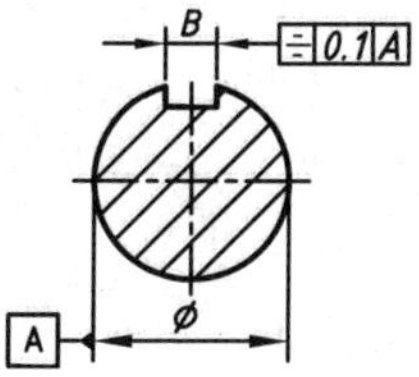	键槽两侧面对轴的轴线 A（基准轴线）对称度公差为 0.1
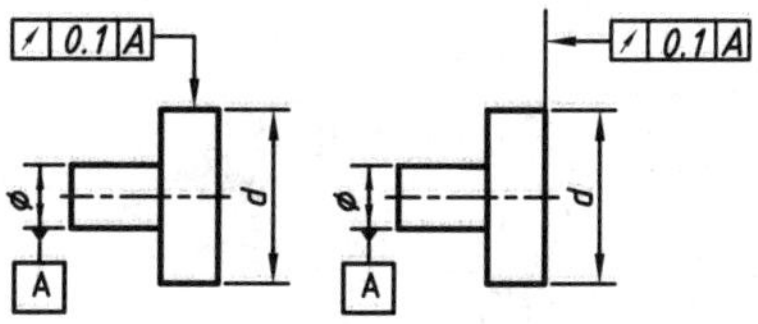 (a)　　　　(b)	(a) 大轴圆柱面对小轴的轴线 A（基准轴线）的径向跳动公差为 0.1 (b) 大轴右端面对小轴的轴线 A（基准轴线）的轴向跳动公差为 0.1

8.5　零件结构的工艺性(Technological property of detail structure)

设计零件的结构时既要考虑满足功能要求,还要考虑便于加工制造。

8.5.1　铸造零件的工艺结构(Technological structure of cast detail)

铸造零件的工艺结构如表 8-19 所示。

表 8－19　铸造零件的工艺结构

图　例	说　明
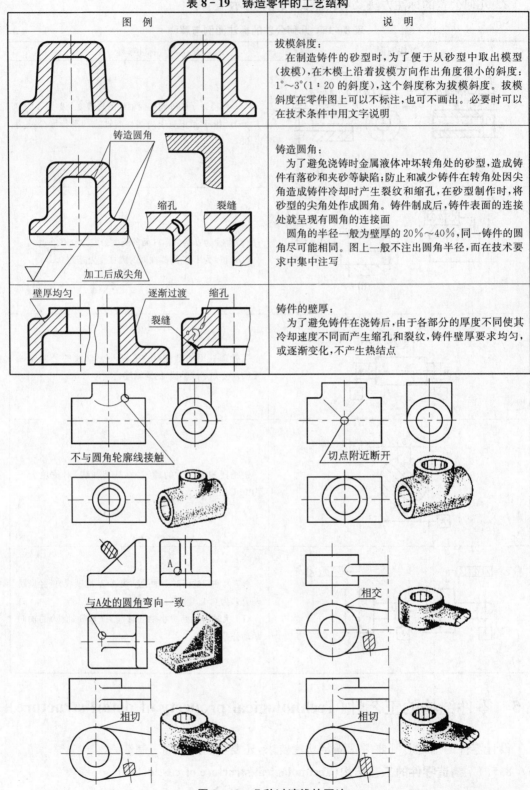	**拔模斜度：** 在制造铸件的砂型时，为了便于从砂型中取出模型（拔模），在木模上沿着拔模方向作出角度很小的斜度：$1°\sim3°$（1：20 的斜度），这个斜度称为拔模斜度。拔模斜度在零件图上可以不标注，也可不画出。必要时可以在技术条件中用文字说明
	铸造圆角： 为了避免浇铸时金属液体冲坏转角处的砂型，造成铸件有落砂和夹砂等缺陷；防止和减少铸件在转角处因尖角造成铸件冷却时产生裂纹和缩孔，在砂型制作时，将砂型的尖角处作成圆角。铸件制成后，铸件表面的连接处就呈现有圆角的连接面 圆角的半径一般为壁厚的 $20\%\sim40\%$，同一铸件的圆角尽可能相同。图上一般不注出圆角半径，而在技术要求中集中注写
	铸件的壁厚： 为了避免铸件在浇铸后，由于各部分的厚度不同使其冷却速度不同而产生缩孔和裂纹，铸件壁厚要求均匀，或逐渐变化，不产生热结点

图 8－18　几种过渡线的画法

　　铸造圆角,使零件表面的交线变得不明显。为便于看图时区分不同表面,应在图样中用细实线画出这些交线,这样的交线称为过渡线。图 8-18 中是部分过渡线的画法。

8.5.2　机械加工工艺结构(Technological structure of machine process)(见表 8-20)

表 8-20　机械加工工艺结构

图　例	说　明
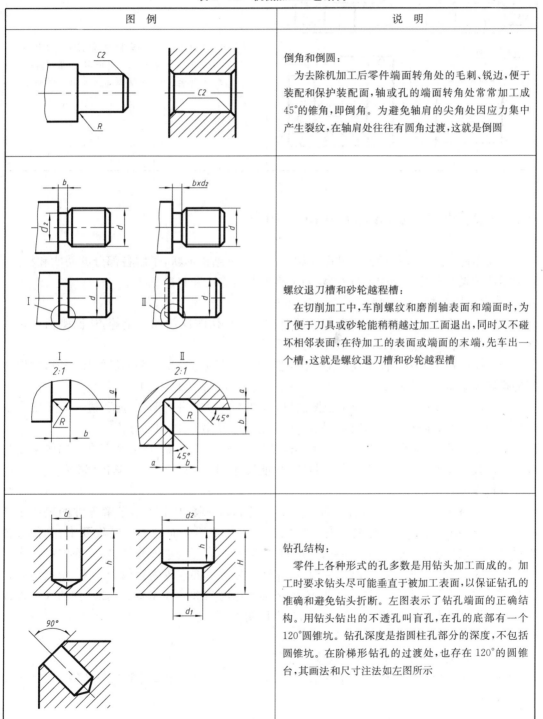	倒角和倒圆: 　　为去除机加工后零件端面转角处的毛刺、锐边,便于装配和保护装配面,轴或孔的端面转角处常常加工成 45°的锥角,即倒角。为避免轴肩的尖角处因应力集中产生裂纹,在轴肩处往往有圆角过渡,这就是倒圆
	螺纹退刀槽和砂轮越程槽: 　　在切削加工中,车削螺纹和磨削轴表面和端面时,为了便于刀具或砂轮能稍稍越过加工面退出,同时又不碰坏相邻表面,在待加工的表面或端面的末端,先车出一个槽,这就是螺纹退刀槽和砂轮越程槽
	钻孔结构: 　　零件上各种形式的孔多数是用钻头加工而成的。加工时要求钻头尽可能垂直于被加工表面,以保证钻孔的准确和避免钻头折断。左图表示了钻孔端面的正确结构。用钻头钻出的不透孔叫盲孔,在孔的底部有一个 120°圆锥坑。钻孔深度是指圆柱孔部分的深度,不包括圆锥坑。在阶梯形钻孔的过渡处,也存在 120°的圆锥台,其画法和尺寸注法如左图所示

续表

图　例	说　明
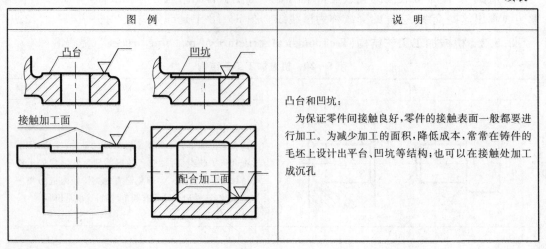	凸台和凹坑： 　为保证零件间接触良好,零件的接触表面一般都要进行加工。为减少加工的面积,降低成本,常常在铸件的毛坯上设计出平台、凹坑等结构;也可以在接触处加工成沉孔

8.6　读零件图(Read detail drawing)

　　阅读零件图的目的是根据零件图了解零件各部分结构形状,了解各部分的功能和特点,了解零件的尺寸和技术要求,以便确定对零件的制造方法和制造工艺。

　　1. 读图基本方法和步骤

　　(1) 读标题栏　从标题栏知道零件的名称、材料、作图比例和重量等,从而概括了解零件所属类型和作用、零件的大小和加工方法等。

　　(2) 分析表达方法　首先找出主视图,然后阅读其他基本视图和辅助视图,分析它们之间的投影关系,从而了解每一个视图的作用、所用表达方法的目的。

　　(3) 分析形体和结构　从基本视图出发,分部位对投影进行形体分析;进一步了解形状结构,对难以用形体分析法解读的结构,可运用线面分析法完成细部分析。

　　(4) 分析尺寸和技术要求　通过对零件结构分析,找出长度、宽度和高度方向的主要基准。分清设计基准和工艺基准,找出零件的功能尺寸;根据形体分析了解各部分的定形和定位尺寸以及零件的总体尺寸。

　　零件的技术要求是制造零件的质量指标。分析技术要求主要是了解零件的表面粗糙度、尺寸公差和形位公差的要求。先了解配合面或主要加工面的加工精度要求、其代号含义;然后了解其他加工面的相应要求;了解材料热处理、表面处理或修饰、检验等技术要求。

　　(5) 综合归纳　把零件的形状结构、尺寸标注和技术要求等内容综合起来,全面地读懂这张零件图。对于比较复杂的零件图,有时还需要参考有关的技术资料,如零件所属部件或机器的装配图,以及与它相关的零件图和技术说明书等。

　　2. 读零件图示例

　　图 8-19 是柱塞泵泵体零件图,读图过程如下。

　　(1) 读标题栏　零件的名称是柱塞泵泵体,属于箱体类零件;材料为灰铸铁 HT200;作图比例 1∶2。

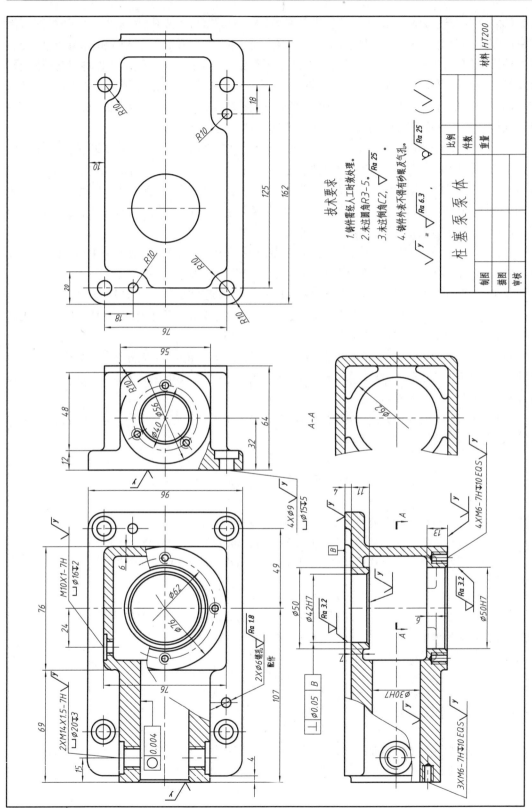

图 8-19 柱塞泵泵体零件图

技术要求
1. 铸件需经人工时效处理。
2. 未注圆角R3-5。
3. 未注倒角C2。
4. 铸件外表不得有砂眼及气孔。

（2）分析表达方法　采用了四个基本视图（主、俯、左和后视图）和一个局部剖视图。因为泵体零件不全部对称，主视图采用局部剖视图来表达内部孔、槽的结构和前端面，后安装板的外形、螺孔及安装孔的分布。俯视图也用局部剖视图，表达前、后方向的内部孔、槽结构以及凸台，前端面轴承孔的凸沿结构用虚线表示（结合 A-A 局部剖视图）；左视图表达外形和右端面螺孔的分布，并局部剖视一个安装孔；后视图表达安装底板后面凹槽的形状。A-A 局部剖视图与俯视图前端的虚线结合起来表达前轴承孔内部凸沿结构。

（3）分析形体和结构　泵体是由长方箱体和连通的圆柱以及安装底板组成。泵体左侧有 $\phi37H7$ 圆柱轴孔，右侧方形箱体空腔前后有 $\phi50H7$、$\phi42H7$ 的轴承孔，左端面和前端面有三个 M6—7H 和四个 M6—7H 的螺孔固定端盖。在底板上有四个 $\phi9$ 沉孔以安装泵体，有两个 $\phi6$ 的销孔定位；后视图表达了安装底板背面凹槽。泵体左侧上下有两个 $M14\times1.5-7H$ 的螺孔安装进出油的单向阀门。

（4）分析尺寸和技术要求　柱塞泵是依靠凸轮（安装在右侧）的旋转来推动柱塞（安装在左侧）作往复运动从而完成油泵工作的。安装凸轮轴的轴承孔的轴线是泵体长度方向的主要基准，注有尺寸 107 到左端面。安装底板的平面是宽度方向的主要基准，注有尺寸 32，64，12。泵体上下基本对称，对称平面就是高度方向的主要基准，注有尺寸 56，76，96。泵体上还有其他的定形和定位尺寸，请读者自己分析。

泵体上有许多配合表面和接触表面，表面粗糙度 Ra 最高 1.6、最低 25，还有不加工的毛坯面。尺寸公差有轴孔 $\phi30H7$、$\phi42H7$、$\phi50H7$；形位公差有圆度公差和垂直度公差；热处理方面有人工时效等技术要求。

（5）综合归纳　综上所述，柱塞泵泵体是一个用于液压系统、中等复杂程度的箱体类零件，它是由灰铸铁的铸件加工而成。

复习思考题

8-1　在生产过程中零件图有什么作用？零件图应包括哪些内容？

8-2　零件图视图的选择原则是什么？主视图和其他视图如何选择？步骤和方法是什么？

8-3　除常用标准件和非标准件之外的一般零件按其结构形状可分成哪几类？它们的视图选择分别有哪些特点？

8-4　在零件图上标注尺寸的基本要求是什么？如何才能使零件的尺寸注得合理？

8-5　尺寸的基准有哪些？它们是如何确定的？零件图上哪些面和线常用作尺寸的基准？

8-6　什么是表面结构的主要轮廓参数？分别用什么符号表示？

8-7　轮廓算术平均值 Ra 的单位是什么？选用的数值系列是怎样规定的？

8-8　什么是零件的互换性？什么叫极限尺寸？极限偏差？尺寸偏差？

8-9　公差带由哪两个要素组成？公差带代号由哪两个代号组成？

8-10　什么是配合？配合有哪三类？是如何定义它们的？配合制度分为哪两种基准制？它们是如何定义的？

8-11　零件图和装配图上如何标注公差与配合？某一公称尺寸公差带的极限偏差数值怎样查表获得？

8-12　什么是几何公差？几何公差各有什么项目？各用什么符号表示？

8-13　常见的铸造零件的工艺结构有哪些？常见的机械加工工艺结构有哪些？

8-14　试述阅读零件图的基本方法和步骤。

9 装 配 图

（Assembly drawing）

表示机器或部件的(装配)图样称为装配图。

9.1 装配图的作用和内容(Action and content of assembly drawing)

1. 装配图的作用

装配图是表示机器或部件的结构形状、装配关系、工作原理和技术要求的图样,是设计和生产机器和部件的重要技术文件,也是调试、操作和检修机器或部件的重要参考资料。在设计过程中,首先要画出装配图,然后根据装配图拆画出零件图。根据零件图生产和制造零件;根据装配图将各零件装配成机器或部件。图 9-1 是球阀的装配图。

2. 装配图的内容

表 9-1 是装配图的内容。

表 9-1 装配图的内容

类 别	内 容
一组图形	根据机械制图国家标准,采用主视图、剖视图、断面图等方法表达部件工作原理、装配关系、主要零件结构形状等
尺寸	必要的尺寸:表达部件性能或规格尺寸、装配尺寸和安装尺寸等
技术要求	注明部件进行装配和调试的方法、技术指标和使用要求等
零件编号	对每一个零件顺序编号
标题栏和明细栏	标题栏:填写机器或部件的名称、比例、图号和签名等 明细栏:填写说明各零件的名称、数量、材料和规格等

9.2 装配关系表达方法(Representation of mounting relation)

零件图使用的各种表达方法和视图选用原则,在装配图中也完全适用。装配图的表达侧重是机器、部件的工作原理和主要装配关系。主要零件的结构形状应表达清楚。

9.2.1 规定画法(Conventional presentation)

(1) 相邻两零件的接触面或具有相同基本尺寸的配合表面,规定只画一条线。

(2) 相邻两零件的非接触面或非配合表面,应画两条线表示各自的轮廓。相邻两零件的基本尺寸不相同时,间隙再小也画两条线。

(3) 相互邻接的金属零件,它们的剖面线倾斜方向应相反,或方向一致而间隔不等;如果有两个以上的零件相邻接时，可以改变第三个零件剖面线的间隔或错开剖面线，以区别不同的零件。

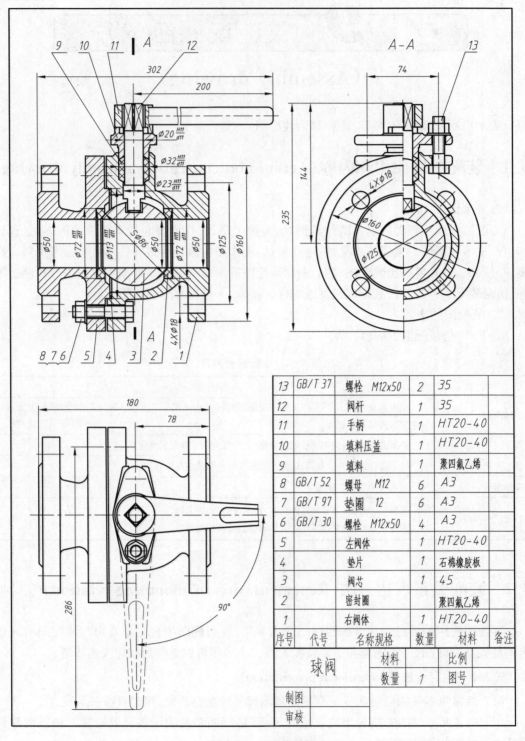

13	GB/T 37	螺栓　M12x50	2	35	
12		阀杆	1	35	
11		手柄	1	HT20-40	
10		填料压盖	1	HT20-40	
9		填料	1	聚四氟乙烯	
8	GB/T 52	螺母　M12	6	A3	
7	GB/T 97	垫圈　12	6	A3	
6	GB/T 30	螺栓　M12x50	4	A3	
5		左阀体	1	HT20-40	
4		垫片	1	石棉橡胶板	
3		阀芯	1	45	
2		密封圈		聚四氟乙烯	
1		右阀体	1	HT20-40	
序号	代号	名称规格	数量	材料	备注

球阀	材料		比例	
	数量	1	图号	
制图				
审核				

图 9 - 1　球阀装配图

　　(4) 装配图中,同一零件的剖面线不论在哪个剖视图或断面图中,它的方向、间隔必须一致。剖面厚度在 2mm 以下的图形允许以涂黑来代替剖面符号。

　　(5) 当剖切平面通过紧固件(螺栓、螺钉、螺母和垫圈)、实心体零件(轴、连杆、球、键和销等)的对称平面或轴线时,这些零件均按不剖画出。如果要表达它们的局部构造可用局部剖视图表示。

　　如图 9-1 球阀装配图所示,螺栓 6、垫圈 7 和螺母 8 与左阀体 5、右阀体 1 的接触面;尺寸 $\phi20H11/d11$,$\phi32H11/d11$,$\phi23H11/d11$ 是孔与轴相配合的配合面;在主视图中,它们都只画一条线。主视图中,阀杆 12 的榫头与阀芯 3 的槽口是非接触面,左阀体 5、右阀体 1 的非接触面都是画两条线。由于垫片 4 厚度小于 2mm,在主视图中,用涂黑代替它的剖面符号。阀杆 12 是实心体零件,在主视图和左视图中被剖切时,均按不剖画出。

9.2.2　特殊画法(Representation)

　　由于部件是由若干个零件装配而成,因此在表达部件时会出现一些新问题。为解决这些新问题提出了特殊的画法。

　　(1) 拆卸画法　当某些零件遮挡了需要表达的其他零件时,可将该零件假想地拆去,画出需要表达的部分,需要说明时可加注(拆去某某零件)。拆去的零件的结构形状应该在其他视图上表达清楚。

　　如图 9-2 滑动轴承装配图所示,俯视图是拆去轴承盖、上轴衬和油杯等零件后画出的。在俯视图的上方注写了"拆去轴承盖、上轴衬等"。

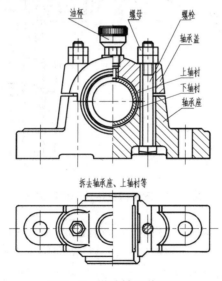

图 9-2　滑动轴承装配图

　　(2) 沿结合面剖切画法　假想沿两个零件相接触的表面进行剖切,剖切到的零件按剖视画,画出剖面符号(结合面上方的零件假想被拆去);而结合面的部分不画剖面符号。需要说明时可加注(拆去某某零件)。

　　如图 9-2 滑动轴承装配图,俯视图是从轴承盖与轴承座的结合面处剖切的,并拆去轴承盖、上轴衬和油杯等零件后的视图。结合面处不画剖面符号,而螺栓是被剖切面横向剖切的,在其断面上应画出剖面符号。

（3）假想画法　为表达与相邻件的装配关系,用细双点画线（假想线）将相邻的零件轮廓表示出来。为表示运动零件的运动范围和极限位置,用细双点画线画出运动零件在极限位置的轮廓外形。

如图9-3三星齿轮传动机构装配图所示,左视图中,床头箱的轮廓用细双点画线画出,表示床头箱与三星齿轮传动机构的相对位置和连接情况。主视图中,用假想线画出了挂轮手柄的三个位置中的两个极限位置。

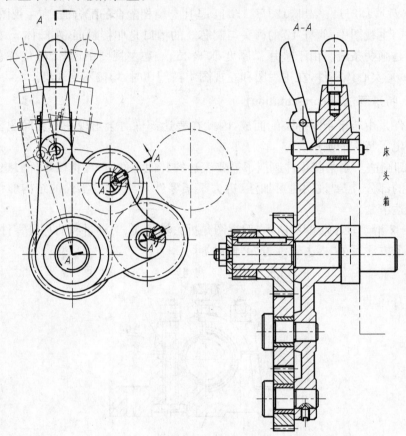

图 9-3　三星齿轮传动机构装配图

（4）展开画法　为了表示传动机构的传动路线和零件间的装配关系,可假想按传动顺序沿轴线剖切,再依次展开,使剖切平面展平到与选定的投影面平行后再画出其剖视图。

如图9-3三星齿轮传动机构装配图所示,左视图是三星齿轮传动机构的展开图。

（5）夸大画法　尺寸很小的零件如不能按比例清晰表达的零件和细小间隙,允许夸大画出,使图形显示清晰。

如图9-4装配图中的简化画法所示,垫片厚度小,剖开后其断面厚度夸大画出,并涂黑。键的顶面与轮毂的键槽顶面的间隙很小,在局部剖视图中夸大画出它们的间隙。

（6）简化画法　在装配图中,零件上的某些工艺结构,如倒角、小圆角、退刀槽和砂轮越程槽等,允许省略不画。多次出现的规格相同的常用标准件,允许只画出一二处,其余的用相应的简化画法表示。

　　如图9-4装配图中的简化画法所示,零件上的工艺结构省略不画,螺栓头部、螺母和齿轮的倒角都不画出。滚动轴承结构只画出一处;螺钉只画一处,用细点画线表示其他的中心位置。

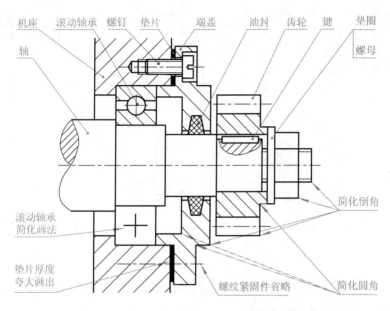

图9-4　装配图中的简化画法

9.3　装配结构的合理性(Reasonable of assemble structure)

　　零件结构除了依据设计和工艺要求外,还必须考虑装配结构的合理性,否则将造成装拆困难,甚至达不到设计要求。

　　(1) 两零件的接触面在同一方向上应只有一对接触面。这样既能保证零件的良好接触,又降低了加工要求。如图9-5所示。

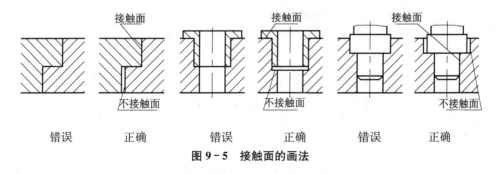

图9-5　接触面的画法

　　(2) 在轴和孔配合时,要求轴肩的端面与孔的端面接触良好,应在孔的接触端面上制有倒角或在轴肩的根部车削出凹槽,如图9-6所示。

　　(3) 当圆锥面相互配合时,必须有足够的锥面长度,而且不能再有其他端面接触,以保证配合的可靠性,如图9-7所示。

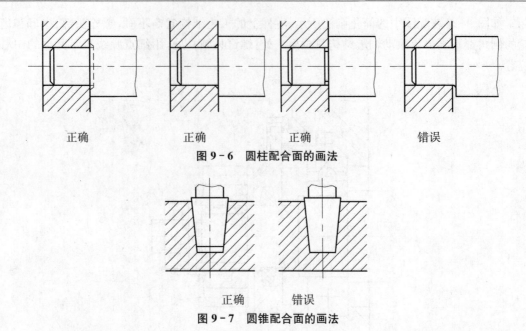

图9-6　圆柱配合面的画法

图9-7　圆锥配合面的画法

9.4　装配图上的尺寸和技术要求(Dimension and technique requirement on assembly drawing)

1. 装配图上的尺寸

在装配图上,需标注出机器或部件的性能、工作原理、装配关系和安装要求等方面的尺寸(表9-2)。

表9-2　装配图上的尺寸

性能尺寸 (规格尺寸)	是表示机器或部件性能、规格的尺寸。如图9-1球阀装配图所示,尺寸$\phi50$表示球阀的液体通道的孔径
装配尺寸	配合尺寸表示两零件间配合性质的尺寸 相对位置尺寸表示设计或装配机器时保证零件间重要相对位置的尺寸 装配加工尺寸表示零件需要装配在一起后才能加工 图9-1球阀装配图所示尺寸$\phi20H11/d11$,$\phi32H11/d11$,$\phi23H11/d11$是球阀杆12与填料压盖10、右阀体1的配合尺寸;尺寸$\phi113H11/d11$,是左阀体5与右阀体1的法兰盘配合尺寸;尺寸$\phi72H11/d11$是左、右阀体与密封圈的配合尺寸
安装尺寸	表示机器或部件安装在与地基或与其他部件相连时所需的尺寸 如图9-1球阀装配图所示,尺寸$\phi125$,$\phi160$,$4\times\phi18$,$\phi50$是球阀与相连管道的安装用尺寸
外形尺寸	表示机器或部件外形总长、总宽、总高的尺寸。如图9-1球阀装配图所示,尺寸302(180),$\phi160$,235是球阀的长、宽、高总体尺寸
其他重要尺寸	是设计过程中计算或选定的重要尺寸。如主要零件的重要结构尺寸,主要定位尺寸和运动件的极限尺寸。如图9-1球阀装配图所示,尺寸200,78是手柄长度和转动轴线的定位尺寸;尺寸144是球阀杆顶端与通道孔轴线的距离

上述五类尺寸,在每张装配图上不是全都有;有时同一尺寸可能具有几种功能,分属于几类尺寸。

2. 装配图上的技术要求

装配图上的技术要求可以有五方面的内容，如表9-3所示。

表9-3　装配图上的技术要求

性能要求	机器或部件的规格、参数和性能指标等
装配要求	装配方法和顺序，装配配合必须保证的精度和密封性等；需装配时加工的说明
调试要求	安装后，试运转的方法和步骤；应达到的技术指标和注意事项
检验要求	基本性能的检验方法和要求；装配后应达到的精确度及其检验方法
使用要求	对产品的基本性能、维护和保养的要求以及操作的注意事项

技术要求一般写在明细表上方或图纸下方的空白处。

9.5　装配图上的序号、明细栏(Order number and item lists on assembly drawing)

机器、部件是由许多零件组成的，为了便于读图和便于图样管理、备料、组织生产，必须对每个零件编注序号，并填写明细栏(表)。

9.5.1　序号编写(To write order number)

(1) 编写序号的基本要求　装配图中所有的零、部件均应编号。一个部件可以编写一个序号；同一装配图中多处出现的相同零、部件用一个序号，一般只标注一次，必要时可以重复标注。装配图中零部件的序号，应与明细栏(表)中的序号一致。

(2) 序号的编写方法　装配图中编写零部件序号的表示方法有三种：即在水平基线(细实线)上或圆(细实线)内注写序号；也可在指引线的非零件端附近注写序号。应注意序号字号比该装配图中所注尺寸数字号大一号或两号。如图9-8所示。同一装配图中编排序号的形式应一致。

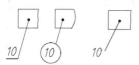

图9-8　序号的编写形式

图9-9　涂黑部分指引法

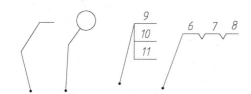

图9-10　指引线的曲折

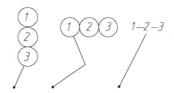

图9-11　零件组的公共指引线

指引线应自所指部分的可见轮廓内引出，并在末端画一圆点(图9-8)；若指引部分(很薄的零件或涂黑的剖面)内不便画圆点时，用箭头代替并指向该部分轮廓，如图9-9所示。指引线不能相交。当指引线通过有剖面线的区域时，指引线不应与剖面线平行。指引线可以画成折线,但只可以曲折一次,如图9-10所示。一组紧固件以及装配关系清楚的组件,可以采用公共指引线,如图9-11所示。

序号水平或竖直方向顺次排列,按顺时针或逆时针方向在整个一组图形的外围整齐排列,不得跳号。

9.5.2　明细栏(Item lists)

明细栏是机器或部件全部零件的详细目录,一般配置在标题栏上方,按由下而上顺序填写。如果位置不够时,可以紧靠标题栏的左侧自下而上继续顺序填写。当机器、部件较复杂、零件数量很多时,可以将明细栏另外单独装订成册,作为装配图的附件。明细栏格式应遵循《技术制图》GB 10609.2—1989。图9-12所示为标准明细栏。

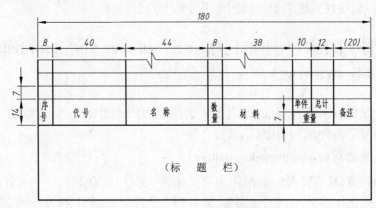

图 9-12　标准明细栏和标题栏格式

9.6　画装配图(To draw assembly drawing)

下面以滑轮架部件(图9-19)为例,介绍画装配图的方法。

9.6.1　了解装配关系和工作原理(To understand mounting relation and working principle)

图9-13为滑轮架装配示意图。该滑轮架由支架、滑轮和销轴三部分组成。销轴从支架和滑轮中心孔穿过,用垫圈和开口销将其固定,使滑轮能在支架中旋转。销轴中有注油孔,并用螺栓封住端口,防止油液溢出。

9.6.2　确定表达方案(To determine the representation scheme)

由图9-14支架零件图、图9-15销轴零件图和图9-16滑轮零件图可以拼画出滑轮架的装配图。标准件螺栓和开口销的图形以及尺寸可查附表取得。

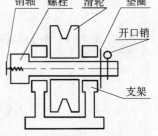

图 9-13　滑轮架装配示意图

1. 主视图

主视图应明显地反映出机器或部件的结构特点、装配关系和工作原理。主视图中部件的安放位置应与部件的工作位置相符;主视图的投影方向应选择反映主要装配关系和工作原理的方向。滑轮架装配图的主视图应选择销轴轴线水平放置;选择反映装配主干线、通过轴线剖切滑轮、销轴和支架的轴孔投影方向。

2. 其他视图

在表达部件装配关系和工作原理的同时,应尽可能准确、完整地表达主要零件的结构形状。用左视图表达支架的侧面形状,俯视图表达支架的底板形状。

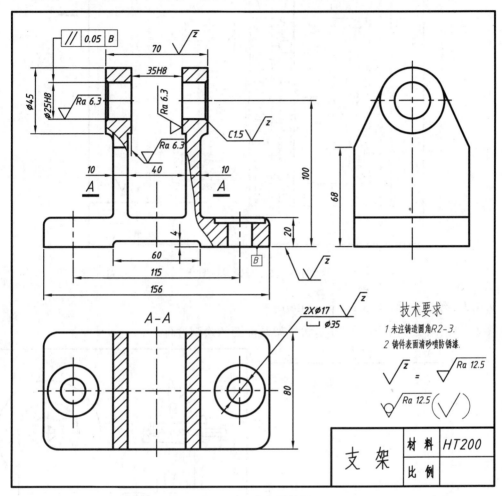

图 9-14　支架零件图

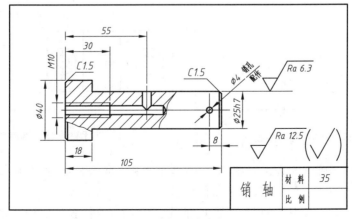

图 9-15　销轴零件图

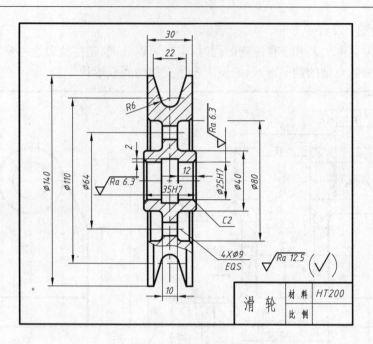

图 9 - 16　滑轮零件图

9.6.3　绘制步骤(Drawing procedure)

图 9 - 17、图 9 - 18、图 9 - 19 是滑轮架装配图的绘制过程。

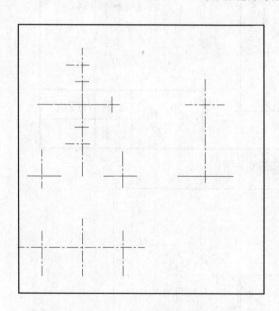

图 9 - 17　布图、画基准线

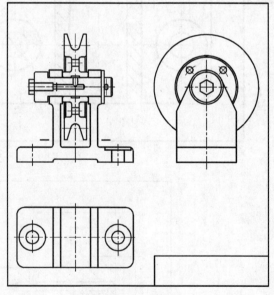

图 9 - 18　画底稿

　　(1)布图　根据确定的表达方案,选取适当比例和图幅合理布图,并要留出注写零件序号、明细栏、标题栏、标注尺寸和技术要求的位置。

　　(2)画底稿　画出各视图的基准线,如轴线、对称中心线、零件底面或端面线等。然后以装配示意图所示的装配干线,由里向外或由外向里逐一画出各零件。先画主要零件,再画其他零件和细部。

(3)审核标注填表 底稿完成后,审核、清理图面,加深图线,标注尺寸。先编写序号,然后填写明细栏和标题栏。

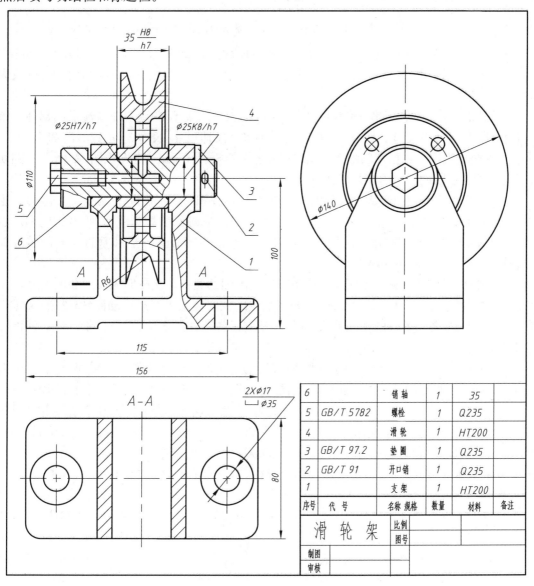

6		销 轴	1	35
5	GB/T 5782	螺 栓	1	Q235
4		滑 轮	1	HT200
3	GB/T 97.2	垫 圈	1	Q235
2	GB/T 91	开口销	1	Q235
1		支 架	1	HT200
序号	代 号	名 称 规 格	数量	材 料	备 注

滑 轮 架

比例 / 图号

制图 / 审核

图 9-19 滑轮架装配图

9.7 读装配图(To read assembly drawing)

在工业生产、设计、制造、使用、维修以及技术交流和技术改造等活动中,都要阅读装配图。在设计机器或部件的过程中,需要根据装配图拆画零件图。因此,从事工程技术的人员必须具备阅读装配图的能力。

9.7.1　读装配图的基本要求(Fundamental requirement of reading assembly drawing)

(1) 了解机器或部件的名称、用途、性能、结构和工作原理。

(2) 明确各零件之间的装配关系、连接特点和拆装顺序。

(3) 分清各零件的主要结构形状和作用。

9.7.2　读装配图的步骤和方法(Procedure and method of reading assembly drawing)

(1) 概括了解　通过阅读标题栏、明细表、视图配置、尺寸和技术要求,了解产品和零件的名称、数量、材料等;了解装配图的组成情况、复杂程度、该装配体的大小、结构特点以及大致的工作原理。

阅读图9-1球阀装配图,了解球阀是管道系统中用于启闭和调节流体流量的部件。该部件由13种零件组成,其中件6,7,8,13是标准件。总体尺寸:长302,宽172,高235。

(2) 分析视图　根据视图配置,搞清视图之间的投影关系,分析剖视图、断面图的剖切位置,分析各视图的表达内容与表达重点。

图9-1由三个视图组成:主视图(全剖视图),左视图(半剖视图)和俯视图(外形)。主视图是沿球阀杆轴线位置剖切的全剖视图,主要表达了在球阀装配干线上,垂直方向和左右方向的装配关系以及左右通道的情况。左视图用半剖视图表达外形和垂直方向的装配关系。俯视图表达球阀的外形。

(3) 分析装配关系和工作原理　这是阅读装配图的关键。从较明显反映装配关系和工作原理的视图入手,并联系其他视图,分析了解:① 主要装配干线或传动路线;② 有关零件的运动情况;③ 各个零件的装配关系、连接情况;④ 各零件的定位、配合松紧、调整、润滑和密封等情况。以此分析其装配关系和工作原理。

球阀的主视图较明显地反映了装配关系和工作原理。可以看到垂直装配干线,自上向下有:手柄方孔与球阀杆上方头连接,球阀杆下端插入(球形)阀芯槽内,阀芯在两片密封片中间,被包在左、右阀体内;球阀杆四周是密封的,它是由填料、填料压盖、压紧螺栓和螺母等组成。球阀杆下端与右阀体有 $\phi23H11/d11$ 的配合,球阀杆与填料压紧盖有 $\phi20H11/h11$ 的配合,填料压盖与右阀体上段的圆柱孔有 $\phi32H11/h11$ 的配合等。

左右装配干线自左向右,左阀体用四个螺栓、螺母与右阀体连接,中间用(调整)垫片调节左阀体与右阀体之间空腔的大小,保证阀芯在两片密封圈间可以正常转动,也完成了阀体空腔的密封。左阀体与右阀体左、右端面的接头有 $\phi113\ H11/d11$ 的配合。密封圈与左、右阀体有 $\phi72\ H11/d11$ 的配合。

根据装配关系的阅读和分析,球阀的工作原理可简述如下:图9-1中所示的球阀正处于开启的状态,左右管道相通;当顺时针扳动手柄后,手柄的方孔旋转球阀杆,带动(球形)阀芯转动,如旋转90°,球阀关闭;如手柄板动小于90°时,可调节阀芯开启的大小,控制流体的流量。

(4) 分析零件　根据序号、指引线和明细表,找到各零件的名称和零件的轮廓范围。区分常用标准件和一般零件,然后从一般零件中的主要零件开始分析零件。

分析零件的重要工作是从装配图中分离零件,即从装配图中分离出零件的各个投影。方法:① 依照序号、指引线找到零件的位置和轮廓范围。② 根据各视图对应的投影关系和利用形体分析法,找出零件的三个投影。③ 利用同一零件在各剖视图上的剖面线方向相同、间隔一致的规则,分离出零件的剖视图投影。④ 利用一些规定画法可以判别零件的结构。例如,内外螺纹旋合时,旋合部分按外螺纹画出;剖切平面通过轴线或对称平面时,实体零件按不剖画出;半剖视图的规定画法;肋板在剖切时的规定画法;各种螺纹紧固件的连接画法。⑤ 有配合的零件,常常标出配合代号,从中可以分离出轴和孔或凸块和槽。

球阀的主要零件右阀体 1 是一个壳/箱体零件。上端有安装球阀杆 12 和填料 9 的圆柱孔,有填料压盖 10 与之配合,其端口的长菱形盘与填料压盖用两个螺栓 13、螺母紧固后压紧填料;下部是一个包容(球)阀芯 3 和密封圈 2 的空腔,右侧有法兰盘与外管道连接,左侧用四个螺栓 6 将右阀体的法兰盘与左阀体 5(法兰盘)连接。

其余零件结构形状相对简单,请读者自行分析。

(5) 归纳总结 ① 部件的组成和工作原理;② 各个零件的结构形状和功能;③ 运动零件的工作情况;④ 各零件的拆卸情况。

完成上述分析后,还应对标注的尺寸和技术要求进行分析和了解,进一步了解设计意图和装配工艺,完成阅读装配图的全过程,为拆画零件图打下基础。

球阀的主要零件是左阀体、右阀体、阀芯、阀杆和扳手。扳动扳手,阀杆带动阀芯转动,完成开、关球阀通道与调节流量的工作。阀芯是球阀中最后拆卸的零件之一,在卸去四个螺栓后,打开阀体,移开密封圈、阀杆才能从阀体内拆下阀芯。

9.7.3 由装配图拆画零件图(To dismantle assembly drawing to detail drawing)

由装配图拆画零件图(拆图)是机器或部件设计过程中的重要环节。在拆画零件图时,常用标准件、滚动轴承是不需要拆画零件图的,一般零件是拆画的主要对象。

由装配图拆画零件图的方法和步骤:

(1) 分离零件 分离零件的方法在读装配图的分析零件中已介绍。

(2) 选择零件的表达方法 在拆画零件图时,不能简单地照抄装配图中零件的表达方法。因为装配图的视图和表达方法的选择主要是从部件整体出发,为表达其工作原理和装配关系而确定的,不一定符合每一个零件的表达要求。各个零件的表达方法和视图的选择应根据零件的分类、结构形状等,重新考虑最好的表达方案。

以球阀中的球阀杆 12 为例,球阀杆是轴类零件,其视图应轴线水平放置,如图 9－20 所示。

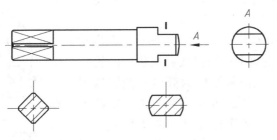

图 9－20 球阀杆零件图

(3) 补全零件的结构形状 ① 补充装配图中未确定的结构形状。装配图中,需补全被其他零件遮挡的结构形状的投影;某些次要结构形状未表达完全,拆画时应进行补充设计。② 增补被省略的工艺结构。以球阀中的右球阀体 1 为例,其零件图的主视图在分离零件后如图 9 - 21(a)所示;需要对其补全图线和结构,完成后如图 9 - 21(b)所示。

(4) 标全零件的尺寸,包括定形、定位尺寸,配合尺寸,工艺结构尺寸,其他重要尺寸。

(5) 标注零件的表面粗糙度和技术要求。

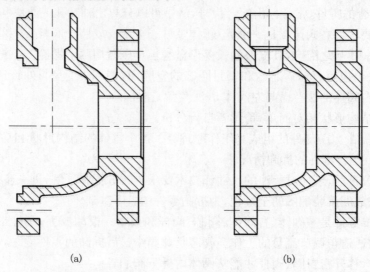

(a)　　　　　　　　　　　　　　(b)

图 9 - 21　右阀体的主视图

9.8　零部件测绘简介(Brief introduction of survey and drawing on detail and subassembly)

依据实体零部件进行绘图、测量和确定技术要求的过程称为零部件测绘。测量画出零件草图,经过整理后,绘制装配图和零件工作图。

机器或部件的维修及技术改造中,零部件测绘起着重要作用。下面以齿轮油泵为例,介绍零部件测绘的一般步骤和方法。

9.8.1　了解分析部件(Understanding to analyze subassembly)

测绘前对零部件的用途、性能、工作原理、结构特点以及零件间的装配关系进行了解和分析。

齿轮油泵是输送油液的一种装置。如图 9 - 22 齿轮油泵工作原理图所示,由两个相同齿数和模数的齿轮啮合,作等速反向旋转,将油液从泵体的低压一侧输送到高压一侧。为了防止油液溢漏,泵体内腔与齿轮的两个端面、齿轮的齿顶圆柱面必须有配合。泵体与泵盖之间、主动齿轮轴与泵体轴孔之间必须有密封装置和密封结构。

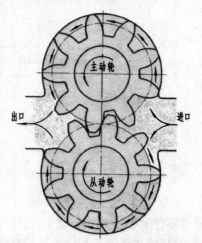

图 9 - 22　齿轮油泵工作原理图

9.8.2　拆卸零件(To dismantle details)

在拆卸部件并对部件的各个零件进行测绘前,应先测量一些重要装配尺寸,如零件之间相对位置尺寸、运动零件的极限尺寸等,便于在校核图纸和装配复原部件时用。对不可拆连接和过盈装配的零件应尽量不拆,以免损坏零件。拆卸时应制定拆卸顺序,记录各零件之间装配次序与装配关系。选取不同走向,将零件在拆卸前的排列次序记录成一条装配干线,为制作装配示意图作准备。

齿轮油泵的装配干线自左向右,主要有泵盖、垫片、泵体、齿轮轴、齿轮、填料、填料压盖键、皮带轮、垫圈和螺栓。

9.8.3 画装配示意图(To draw assembly diagram)

装配示意图是记录装配次序的图样,作为绘制装配图和装配复原部件的依据。装配示意图一般以简单的线条画出零件大致的轮廓。

依据装配干线的记录,作出齿轮油泵的装配示意图,如图 9-23 所示。

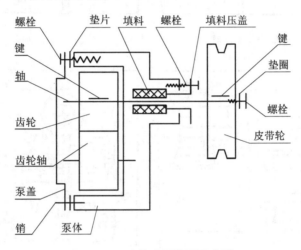

图 9-23 齿轮油泵装配示意图

9.8.4 画零件草图(To draw detail sketch)

测绘零件的工作常在机器的现场进行。由于受条件限制,一般先绘制零件草图(即以目测比例、徒手绘制的零件图);然后由零件草图整理成零件工作图(简称零件图)。

1. 对零件草图的要求

内容俱全。零件草图是画零件工作图的重要依据,有时也直接用草图制造零件。因此,零件草图必须具有零件工作图的全部内容。

徒手目测。测绘零件时往往不能使用绘图工具,要目测实体零件的形状大小和大致比例关系,用铅笔徒手画出图形。然后再集中测量需要标注的尺寸和技术要求。切不要边画边测量。

草图不潦草。草图决不是"潦草之图"。画出的草图应该图形正确、比例匀称、表达清楚,尺寸完整清晰,线型分明,字体工整。为提高绘图质量和速度,应使用方格纸画零件草图。

2. 画零件草图的方法和步骤

了解和分析测绘对象。了解零件名称、用途和材料。对零件进行结构分析,弄清各部分的功能。对破损和带有缺陷的零件应在分析结构、弄清功用的基础上,把它们改正和补全。

拟订零件的表达方案。根据零件的结构和类型,确定主视图图形的安放位置及投影方向,并选择其他视图和表达方法。

绘制零件草图(图 9-24):

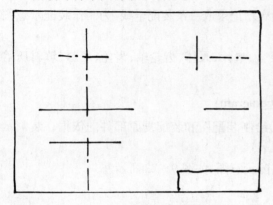

（a）画基线与中心线　　　　　　　　　（b）画各视图

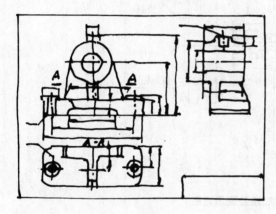

（c）标注尺寸线　　　　　　　　　（d）测量尺寸,完成全图

图 9-24　画零件草图的主要步骤

(1) 确定图幅,徒手画出图框线和标题栏。以目测比例在图纸上作出各视图的作图基线,确定各视图位置。

(2) 画出各视图,表达零件内外结构形状。经仔细校核后,按规定的线型加深。

(3) 选定尺寸基准,标出全部尺寸界线、尺寸线和箭头。

(4) 逐个测量并填写尺寸数字。查阅有关资料,确定标准工艺结构尺寸数值。注写技术要求,填写标题栏。

3. 测绘零件时的注意事项

(1) 零件的制造缺陷和使用造成的缺陷不应画出。

(2) 对零件上的标准工艺结构的测量结果,应与有关标准核对后,采用标准规定的尺寸画出。

(3) 有配合关系的尺寸(如配合的孔和轴的直径),一般只要测出它的基本尺寸,其配合性质和公差值应在结构分析之后,再查阅有关标准资料后确定。

9.8.5 尺寸测量和处理(Dimension survey and treatment)

1. 测量工具与方法

测量各部分尺寸常用的工具有钢片尺、游标卡尺、千分尺,螺纹规、圆角规,游标量角器和内、外卡钳等。

常用的测量方法如表9-4所示。

表9-4 零件尺寸的测量方法

使用与说明	使用与说明
线性尺寸 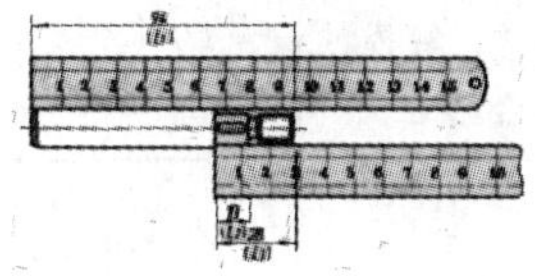 线性尺寸用直尺直接测量	直径尺寸 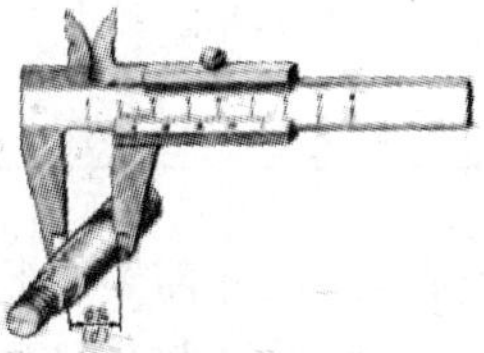 直径尺寸用游标卡尺直接测量
曲面轮廓 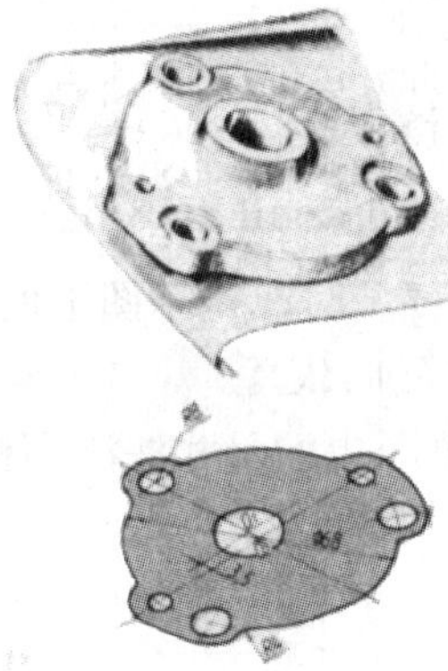 曲面轮廓用拓印法在纸上拓出它的轮廓,然后用几何作图的方法求出各连接圆弧的尺寸和圆心位置,如图中 $\phi68$、R8、R4 和 3.5	孔间距 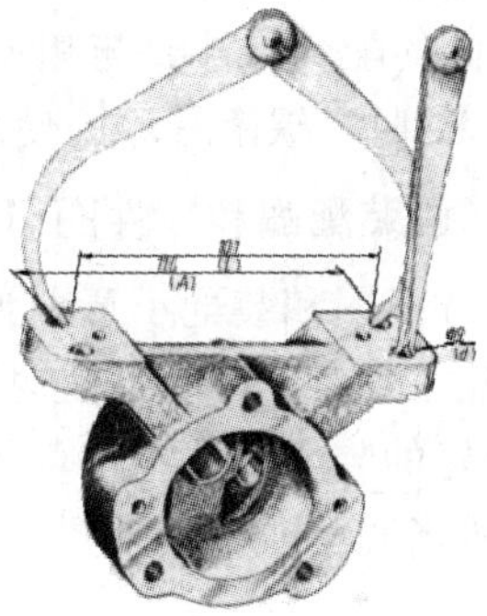 孔间距用卡钳(或游标卡尺)结合直尺测出。如图中两孔中心距 $A=L+d$
中心高 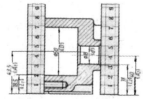 中心高用直尺和卡钳(或游标卡尺)测出。如图中 $\phi59$ 孔中心高 $A_1=L_1+0.5D$,$\phi18$ 孔中心高 $A_2=L_2+0.5d$	壁厚尺寸 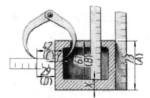 壁厚尺寸用直尺直接测量。如图中 $X=A-B$,或用卡钳和直尺测量,如图中壁厚度 $Y=C-D$

续表

使用与说明	使用与说明
螺纹的螺距 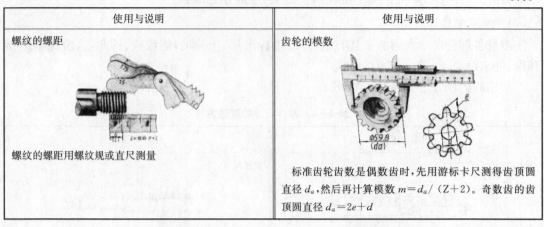 螺纹的螺距用螺纹规或直尺测量	齿轮的模数 标准齿轮齿数是偶数齿时,先用游标卡尺测得齿顶圆直径 d_a,然后再计算模数 $m=d_a/(Z+2)$。奇数齿的齿顶圆直径 $d_a=2e+d$

2. 测量所得的尺寸需要进行尺寸处理

(1) 一般尺寸,要圆整到整数。重要的直径尺寸要取标准值。

(2) 标准结构(如螺纹、键槽等)的尺寸要取相应的标准值。

(3) 有些尺寸要进行复核,如齿轮传动的轴孔中心距与齿轮的中心距核对。

(4) 零件的配合尺寸要与相关零件的尺寸一致。

(5) 由于磨损、缺陷等原因使尺寸变动的,要对尺寸进行复原。

9.8.6　画装配图和零件图(To draw assembly drawing and detail drawing)

根据零件草图和装配示意图画出装配图。画装配图时要及时改正草图上的错误,零件的尺寸、装配关系要正确。这是对测绘进行校对的工作,要仔细、认真。

根据画好的装配图和零件草图再画出零件图,对零件草图中的尺寸注法和极限配合的选定,可作适当调整或重新配置,并编制出明细栏。

复习思考题

9-1　装配图在生产过程中有什么作用? 它应包括哪些内容? 试与零件图的内容作一比较。

9-2　装配图有哪些特殊的表达方法?

9-3　在装配图中,一般应标注哪几类尺寸?

9-4　在装配图中,编写零、部件的序号应遵守哪些规定?

9-5　为什么在设计和绘制装配图时,要考虑装配结构的合理性? 有哪些常见的合理装配结构?

9-6　试说明由已知零件图拼画装配图的步骤和方法。

9-7　装配图视图的选择步骤和方法是怎样的? 其主视图如何选定?

9-8　读装配图的目的是什么? 要求读懂哪些内容?

9-9　由装配图拆画零件图的方法和步骤如何? 为什么拆画零件图的视图表达方案与该零件在装配图中的表达方案不完全相同?

9-10　什么是零部件测绘? 完成测绘的步骤、使用什么工具你知道吗? 要注意些什么?

10 立体表面展开

（Development of solid surfaces）

将立体表面按其实际大小，依次摊平在同一平面上，称为立体表面的展开。展开后所得的图形，称为展开图。展开图在造船、机械、电子、化工、建筑等工业部门中，都得到广泛的应用。

立体表面分为可展和不可展两种。平面立体的表面都是平面，是可展的；曲面立体的表面是否可展，则要根据组成其表面的曲面是否可展而定。只有母线为直线的曲面是可展曲面，其他的曲面都是不可展曲面。不可展的立体表面常采用近似展开的方法画出其展开图。

10.1 平面立体的表面展开（Development of surfaces on plane solid）

平面立体的表面均为平面多边形，因此作平面立体表面展开图的实质是作出这些平面多边形的实形。

10.1.1 棱柱的展开（Development of prism）

【例 10-1】 求如图 10-1(a)所示斜口四棱柱面的展开图。

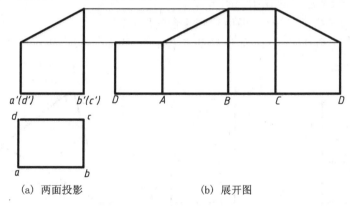

（a）两面投影　　　　　　　　（b）展开图

图 10-1 棱柱面的展开

分析：四棱柱前后两侧棱面在主视图上反映实形，左右两侧棱面分别在俯视图上反映实际宽度，在主视图上反映实际高度，所以四个侧棱面皆可画出其实形。

作图：

（1）沿棱柱底面作一水平线，令 DA、AB、BC、CD 分别等于四个侧棱面宽度 da、ab、bc 和 cd；

（2）过 D、A、B、C、D 作垂线，并由主视图作平行线截取相应侧棱线的实长；

（3）用直线连接如图 10-1(b)所示，得展开图。

10.1.2　棱锥的展开(Development of pyramid)

【例 10 - 2】　图 10 - 2(a)所示为一四棱台的两视图,求作其展开图。

分析:在两个视图上四个侧棱面都不能反映实形,必须另求实形。为此可将各个侧棱面都用对角线分成两个三角形,求出这些三角形各边实长,则可依次画出各个三角形即得展开图(图 10 - 2(b))。

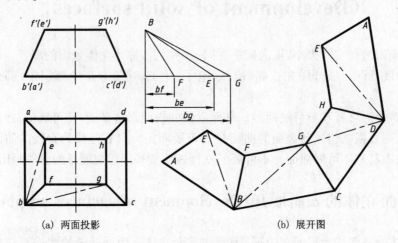

(a) 两面投影　　　　　　　　　　　　　　(b) 展开图

图 10 - 2　棱锥的展开

作图:

(1) 用直角三角形法求出侧棱线 BF、前后侧棱面对角线 BG、左右侧棱面对角线 BE 的实长,其他边的实长都已反映在俯视图中;

(2) 按已知边长拼画三角形,最后得到棱台的展开图。

【例 10 - 3】　上例所示棱台,如果棱线延长后交于一点 S,形成一个四棱锥,可采用图 10 - 3所示展开方法。

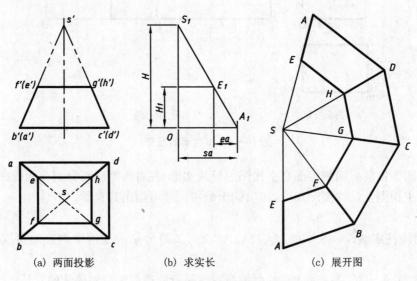

(a) 两面投影　　　　　　(b) 求实长　　　　　　(c) 展开图

图 10 - 3　棱锥的展开

分析：先画出完整棱锥并将其侧棱面展开，在展开图中把棱锥上部分的展开图截去，则得棱台的展开图。

作图：

(1) 如图 10 - 3(a)所示将各侧棱线延长交于 $S(s', s)$，并用直角三角形法求出侧棱线的实长。以 sa 之长作水平线 OA_1，作铅垂线 OS_1 等于四棱锥之高，则 S_1A_1 即为棱线 SA 的实长，如图 10 - 3(b)所示。其他边的实长都已反映在俯视图中。

(2) 如图 10 - 3(c)所示，以棱线和底边的实长依次作出三角形 SAB、SBC、SCD、SDA，得四棱锥的展开图。再在各棱线上，截去延长的棱线的实长，得 E、F、$\cdots$各点，依此连接，最后得到棱台的展开图。

10.2　可展曲面的展开(Developable surfaces representation)

最常见的可展曲面是圆柱面和圆锥面。

10.2.1　圆柱的展开(Development of cylinder)

圆柱与棱柱相似，在圆柱表面是素线与素线相互平行；在棱柱表面是棱线与棱线相互平行。因此棱柱的展开方法都可用于圆柱的展开。

1. 圆管的展开

不带斜截口的圆管的展开图为一矩形，高为管高 H，长为 πD(图 10 - 4)。

2. 斜口圆管的展开

图 10 - 5 所示的斜口圆管的展开，与展开平口圆管基本相同，只是斜口展成曲线。利用素线互相平行且垂直底圆的特点作出其展开图。其作图步骤如下：

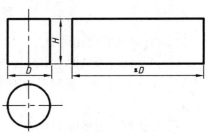

图 10 - 4　圆管的展开

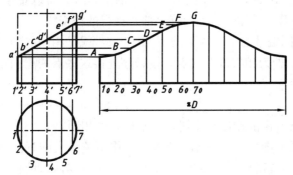

图 10 - 5　斜口圆管的展开

(1) 在俯视图上将圆周等分，如图为12等分，得分点 $1, 2, 3, \cdots, 7$。过各等分点在主视图上作出相应的素线 $1'a', 2'b', \cdots, 7'g'$。

(2) 将底圆展开成一直线，取 $1_0 2_0$ 近似等于12，得到各等分点 $1_0, 2_0, \cdots, 7_0$。

(3) 过 $1_0, 2_0, \cdots, 7_0$ 各点作垂线，并分别截取长度为 $1'a', 2'b', \cdots, 7'g'$ 得 $A, B, \cdots, G$ 等各端点。

(4) 光滑连接各端点 $A,B,\cdots,G$ 即得斜口圆管展开图的一半,另一半为其对称图形。

3. 异径三通管的展开

如图 10-6 所示为一异径三通管。作展开图时需先求出相贯线,然后分别求出大、小圆管的展开图。其作图步骤如下。

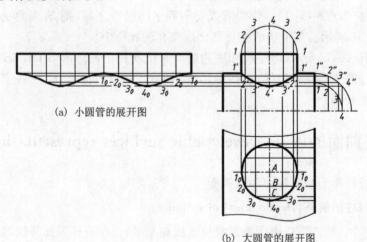

(a) 小圆管的展开图

(b) 大圆管的展开图

图 10-6　异径三通管的展开

(1) 作两圆管的相贯线。

① 把小圆管顶端的前半圆绕直径旋转到平行于正面,并六等分。作出小圆管上诸等分素线,把它们想象为一系列平行于正面的辅助平面和小圆管相截或相切所得到的截交线或切线。

② 把大圆管右端前上方的 1/4 圆旋转至平行于正面。再如图中所示,用小圆管的半径作出 1/4 圆,进行三等分,由这些分点 1、2、3、4 作铅垂线,与表示大圆管口的 1/4 圆交得 $1''$、$2''$、$3''$、$4''$ 等点。再由点 $1''$、$2''$、$3''$、$4''$ 作出大圆管上的诸素线。可以想象出这些素线就是上述一系列相应的辅助平面(正平面)与大圆管上部所截得的截交线。

③ 大、小圆管相同编号的素线的交点 $1'$、$2'$、$3'$、$4'$,就是相同的辅助平面与大、小圆管的截交线或切线的交点,即为相贯线上的点。按顺序连接这些点的正面投影,就是相贯线的正面投影。

(2) 作展开图。

① 作小圆管的展开图的作法与作斜口圆管展开图相同,如图 10-6(a)所示。

② 作大圆管的展开图如图 10-6(b)所示,先作出整个大圆管的展开图,然后在铅垂的对称线上,由 A 点分别按弧长 $1''2''$,$2''3''$,$3''4''$ 量得 B,C,4_0 各点,由这些点作水平的素线,相应地从正面投影 $1'$,$2'$,$3'$,$4'$ 各点引铅垂线,与这些素线相交,得 1_0,2_0,3_0,4_0 等点。同样地可作出后面对称部分的各点。连接这些点,就得到相贯线的展开图。

4. 等径直角弯管的展开

工程上常采用多节斜口圆管拼接形成等径直角弯管。图 10-7(a)为五节直角弯管的正面投影,中间三节是两端斜口的圆管的全节;将一个全节分为两个半节置于两端,并把与圆柱轴线垂直的平口放在外端。其作图步骤如下:

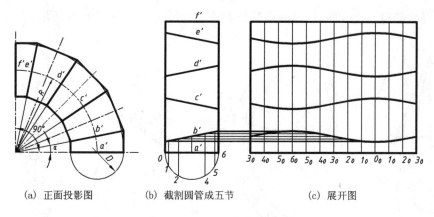

| (a) 正面投影图 | (b) 截割圆管成五节 | (c) 展开图 |

图 10 - 7　直角弯管的展开

（1）过任意点 O 作水平线和铅垂线，以 O 为圆心、R 为半径作圆弧。

（2）分别以 $R+\dfrac{D}{2}$ 和 $R-\dfrac{D}{2}$ 为半径画内、外两圆弧。

（3）由于整个弯管由三个全节和两各半节组成，因此半节的中心角 $\alpha=\dfrac{90°}{8}=11°15'$，按 $11°15'$ 将直角分成八等分，画出弯管各节的分界线。

（4）作出外切于各弧段的切线，即完成五节角弯管的正面投影，如图 10 - 7(a)所示。

把弯管的 BC、DE 两节分别绕其轴线转 $180°$，各节就可拼成一个圆柱管，如图 10 - 7(b)所示。因此也可将现成的圆柱管截割成所需节数，再焊接成所要的弯管。若用钢板制作弯管，只要按照斜口圆管展开的方法展开半节，并把半节的展开图作为样板，在钢板上画线下料，不但放样简捷，而且还能充分利用材料，如图 10 - 7(c)所示。

在实际工作中，不必画出完整的弯管正面投影，只要求出半节的中心角，作出半节的正面投影，即可进行展开。

10.2.2　圆锥的展开(Development of a conical)

锥管与棱锥相似，其素线交于锥顶，因此锥管的展开方法与棱锥相同。即在锥面上作一系列呈放射状的素线，将锥面分成若干三角形，然后分别求出其实形。

1. 圆锥管的展开

图 10 - 8 所示的圆锥管是一种常见的圆台形连接管。展开时常将圆台延伸成正圆锥。先展开圆锥面，如图 10 - 8 所示，以 S 为圆心、圆锥面素线的实长 L 为半径作圆弧，圆心角 $\theta=\dfrac{360°\pi D}{2\pi L}=180°\dfrac{D}{L}$，得到圆锥面展开图为一扇形。然后在完整的圆锥面展开图上，截去上面延伸的小圆锥面，即得圆锥管的展开图。

（1）斜口锥管的展开。

图 10 - 9(a)所示的正面投影表示一个斜截口圆锥管。先按展开圆锥管的方法画出延伸后完整的圆锥面的展开图，再减去上面延伸的部分。延伸部分的素线除 $s'1'$ 和 $s'7'$ 是正平线的正面投影而反映实长外，其余 $s'2'$，$s'3'$，$\cdots$，$s'6'$ 等都不反映实长，自 $2'$，$3'$，$\cdots$，$6'$ 等点作水平线，与 $s'1'$ 相交得 $2_1'$，$3_1'$，$\cdots$，$6_1'$ 等点，则 $s'2'$，$s'3'$，$\cdots$，$s'6'$ 等就是延伸部分素线的实长。把它们量到完整的圆锥面展开图中的相应素线上去，得出斜截口展开图上的 1_0，2_0，$\cdots$ 各点，用

曲线板连得斜截口的展开曲线,完成斜截口圆锥管的展开图,如图 10-9 所示。

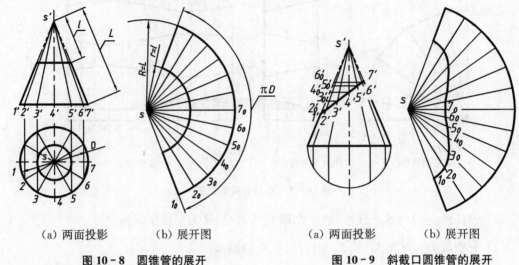

（a）两面投影　　　　（b）展开图　　　　　　（a）两面投影　　　　（b）展开图

图 10-8　圆锥管的展开　　　　　　**图 10-9　斜截口圆锥管的展开**

（2）方圆过渡接管的展开。

图 10-10(a)是上圆下方的变形接管的两面投影。此变形接管由四个等腰三角形和四部分斜圆锥面所组成。等腰三角形的两腰为一般位置直线,需求出实长。对于斜圆锥面可等分底圆,并作出过分点的素线,求出各素线的实长,以底圆的弦长近似代替弧长,用几个三角形近似地代替这个斜圆锥面进行展开。

如图 10-10(b)所示,用直角三角形法求出各线段的实长。其作图步骤如下:

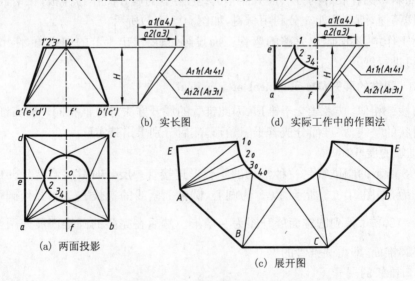

（b）实长图　　　　　　　　　　　（d）实际工作中的作图法

（a）两面投影　　　　　　　　（c）展开图

图 10-10　方圆过渡接管的展开

① 根据制造工艺的要求,如图 10-10(c)所示,可在一个等腰三角形的中线处 1_0E 作为接缝来展开。先作 EA 线,并由 E 作 EA 的垂线,然后以 A 为圆心、以 A_11_1 之长为半径画圆弧,与 EA 的垂线交得 1_0。画出的 $\triangle AE1_0$ 即为原等腰三角形的一半。

② 以 A 为圆心、A_12_1 之长为半径画圆弧,再以 1_0 为圆心、12 之弦长为半径做圆弧,两圆

弧交得 2_0，得到△$A1_02_0$。用同样的方法作出△$A2_03_0$和△$A3_04_0$，最后把 1_0、2_0、3_0、4_0连成曲线，即为一部分斜圆锥面的展开图。

③ 用上述方法继续作图，即得图 10-10(c)所示方圆过渡接管的展开图。

实际工作中，不按图 10-10(a)、(b)所示方法绘图，而按图 10-10(d)所示方法绘图。

10.3　不可展曲面的近似展开(The approximate development of non-developable surfaces)

作不可展曲面的展开图时，可假想把它划分成若干与它接近的小块可展曲面，按可展曲面进行近似展开；或者假想把它分成若干与它接近的小块平面，从而进行近似展开。

10.3.1　球面的展开(Development of sphere)

球面是不可展曲面，在石油、化学工业中，制作储存气体和液体介质的球形储罐时，采用近似展开。通常先按球罐的大小选用适当的球心角，定出若干个水平截平面去截切球罐，如地球那样，将球面分割成两极和若干个带，例如较小的球罐可用90°球心角，按纬线将球面分成上极、赤道带和下极，稍大的球罐可用45°或45°左右的球心角，将球面分成上极、上温带、赤道带、下温带和下极，更大的球罐可用30°或30°左右的球心角，将球面分成上极、上寒带、上温带、赤道带、下温带、下寒带和下极，再用过球心的铅垂平面截切各带进行分瓣，按分瓣的经线分块；然后将与各球面分块相接近的柱面或锥面近似地代替这些分块进行展开；最后按各分块的展开图下料，弯曲成型，焊接成所要制作的球罐。

图 10-11(a)画出了一个较小球罐的正面投影和水平投影以及分带分角分块设计。其中 ns 是球罐的铅垂轴，正投影中，用90°球心角将球面分成上极、赤道带和下极，从而作出了分界纬线(两个水平圆)的正面投影和水平投影。水平投影中，用过球心的铅垂面将赤道带八等分，将赤道带前后、左右都对称地划分为八个分块，从而作出了分界经线的正投影和水平投影。

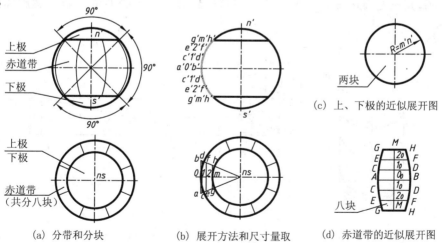

(a) 分带和分块　　　(b) 展开方法和尺寸量取　　　(c) 上、下极的近似展开图

(d) 赤道带的近似展开图

图 10-11　球面的近似展开

图 10-11(b)是按选定的方法进行展开时，在正面投影和水平投影中的作图过程；图 10-11(c)是上下极的近似展开图，制作时将钢板放样下料后加热弯曲产生塑性变形而成

型,通常用近似变形法把上、下极球面展开成半径 R 等于上极正面投影的左半转向轮廓线 $m'n'$ 弧长的圆。在图 10-11(b)是赤道带的近似展开图,用灰线画出了赤道带的一个分块在两邻铅垂等分平面之间的一块外切圆柱面,以这块外切圆柱面近似地代替这个分块的球面进行展开,就可作出赤道带一个分块的近似展开图。

图 10-11(d)的作图步骤如下:

(1) 如图 10-11(b)所示作出上、下极和赤道带的分界纬线的两面投影,然后将赤道带八等分。

(2) 按图 10-11(b)所示,取出赤道带左侧的一个分块,作出图中用灰色图线所示的位于该分块两侧的等分平面之内一块外切圆柱面:它的正面投影即为球面的一段转向轮廓线 $m'0'm'$;它的水平投影是梯形 $abhg$,其中 ab 和 hg 是与球面的转向轮廓线以及上、下极和赤道带的分界纬线的水平投影相切的切线。因此这块代替赤道带一个分块的外切圆柱面的素线是正垂线,ab 则是这块圆柱面的水平投影的转向轮廓线。

(3) 作外切圆柱面的展开图:按图 10-11(b)沿径向等分外切圆柱面,如图中作六等分,得分点 $1'$ 和 $2'$,并分别作出过上、下柱面等分点的素线。根据上述已知的外切圆柱面的积聚性投影及素线的投影,可作出图 10-11(d)所示的赤道带的一个分块的近似展开图。

10.3.2　螺旋面的展开(Development of helical convolute)

1. 圆柱螺旋线及其展开

(1) 圆柱螺旋线的形成及其要素(图 10-12(a))　当动点 A 沿圆柱的素线方向作等速移动,同时又绕圆柱的轴线作等速旋转,则点 A 在圆柱面上的运动轨迹称为圆柱螺旋线。

圆柱螺旋线有三个基本要素:直径 d、导程 S、旋向。当轴线是铅垂位置时,螺旋线正面投影的可见部分,由左下方向右上方盘旋,为右螺旋线;反之,则为左螺旋线。

(2) 圆柱螺旋线的投影及其展开　圆柱螺旋线投影的画法如图 10-12(b)所示。

圆柱螺旋线的展开如图 10-12(c)所示,图中斜边即为动点旋转一周所形成的圆柱螺旋线的展开图,其长度为 $\sqrt{(\pi d)^2 + S^2}$。直角三角形斜边与底边的夹角 α,称为螺旋线的升角,$\tan \alpha = \dfrac{S}{\pi d}$。

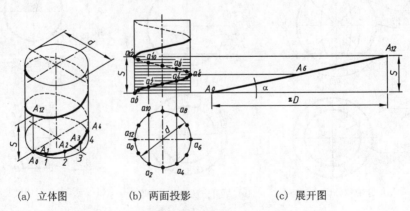

| (a) 立体图 | (b) 两面投影 | (c) 展开图 |

图 10-12　右旋圆柱螺旋线

2. 圆柱螺旋面的近似展开

(1) 圆柱螺旋面的形成和投影画法。

如图 10 - 13(a)所示,长度为 b 的水平直母线 OO_1,内端 O_1 沿着直径为 d、导程为 S 的圆柱螺旋线运动,而直母线的延长线始终与此圆柱螺旋线的轴线垂直相交,这样形成的曲面称为圆柱螺旋面。母线外端的轨迹也是一条导程为 S 的圆柱螺旋线,直径为 D(即 $D=d+2b$)。按已知的 d、b、S 即可作出这个圆柱螺旋线的两面投影。

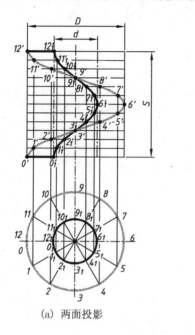 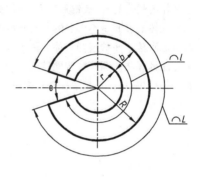

(a) 两面投影　　　　　　　　　　(b) 用计算法作近似展开图

图 10 - 13　圆柱螺旋面的展开

(2) 圆柱螺旋面的近似展开　圆柱螺旋面是不可展曲面,工程中常用作旋风分离器的螺旋盖、螺旋输送器等。

下面介绍一种在一个导程之间的一圈螺旋面的近似展开法。用这种近似展开法,如已知 d、b、S,则不必画出这个圆柱螺旋面的两面投影,就可直接用计算法作出 10 - 13(b)所示的近似展开图。

画出这个近似展开图(开口圆环),需要求出 r、R 及 θ 角。现已知内、外螺旋线的直径 d、D(即 $D=d+2b$)和导程 S,则大、小两螺旋线的长度为:

$$L=\sqrt{(\pi D)^2+S^2},\ l=\sqrt{(\pi d)^2+S^2}$$

由于两螺旋线的展开图被看作是圆心角相同、半径分别为 r 和 R 的两个同心圆弧,所以

$$l/L=r/R,\ 于是\ r=\frac{l}{L}R=\frac{l}{L}(r+b)$$

化简可得

$$r=\frac{bl}{L-l}$$

由此便可计算出下列三个数值:

$$r=\frac{bl}{L-l},\ R=r+b,\ \theta=\frac{2\pi R-L}{2\pi R}\times 360°$$

在制造螺旋输送器时,也可用一个完整的圆环,沿半径方向展开后,弯制成一圈多一些

的螺旋面,然后焊成螺旋输送器。这样不仅便于放样制作,也可使焊缝沿着轴线方向均匀分布,传动时也比较平稳。

复 习 思 考 题

10-1　试述立体表面展开的含义。

10-2　如何区分可展曲面和不可展曲面?

10-3　哪些立体的表面是可展的?

10-4　怎样作棱柱形管件、棱锥形管件、圆柱形管件的展开图?

10-5　哪些立体的表面是不可展的? 对不可展曲面采用什么方法进行近似展开?

10-6　圆锥面和棱锥面的展开有什么联系?

10-7　怎样用计算法作圆柱螺旋面的展开图?

10-8　在制作球罐时,通常是怎样对球面进行分块来近似展开的?

11 房屋施工图

（Construction drawing of building）

11.1　概述（Introduction）

建造房屋要经过设计和施工两个过程。设计过程中用来研究、比较、审批等反映房屋功能组合、房屋内外概貌和设计意图的图样，称为房屋初步设计图，简称设计图。为施工服务的图样称为房屋施工图，简称施工图。

11.1.1　房屋的组成及其作用（Composition of building and its action）

房屋按其使用功能通常可以分为以下几类：

（1）民用建筑：住宅、公寓、宿舍等，属于居住建筑；学校、宾馆、医院、车站、机场、剧院等属于公共建筑。

（2）工业建筑：如厂房、仓库、发电站等。

（3）农业建筑：如粮仓、饲养场、农机站等。

各种房屋一般都由基础、墙、柱、梁、楼板、地面、楼梯、屋顶、门、窗等基本部分组成；此外，还有阳台、雨篷、台阶或坡道、窗台、明沟或散水，以及一些其他构配件和装饰等。图 11-1 是某房屋的轴测示意图，图中注出了房屋的一些组成部分的名称。

基础位于墙或柱的最下部，是房屋与地基接触的部分，起支承建筑物的作用，并将载荷传递给地基。

墙起着承重、分隔、围护、挡风雨、隔热、保温等作用。

柱是将上部结构所承受的载荷传递给地基的承重构件，按需要设置；梁则是将支撑在其上的结构所承受的载荷传递给墙或柱的承重构件。

楼板、地面将房屋的内部空间按垂直方向分隔成若干层，并承受作用于其上的载荷，连同自重一起传递给墙或其他承重构件。

楼梯是房屋的垂直交通设施。

屋顶位于房屋的最上部，起着抵御风霜雨雪和保温隔热的作用，外墙伸出屋面向上砌筑的矮墙，称为女儿墙，顶部通常还有钢筋混凝土压顶，用来保护和增强女儿墙。

门的主要功能是交通和疏散；窗的主要功能是采光和通风，还可供眺望之用。

11.1.2　房屋施工图的分类和内容（Classification and content of working drawing of building）

施工图设计阶段的主要任务是为施工服务，是在初步设计的基础上，将建筑、结构、设备等工种相互配合、协调、校核和调整，并把满足工程施工的各项具体要求反映在各类图纸中，是建造房屋的唯一技术依据，因此房屋施工图应做到完整统一、尺寸齐全、明确无误。

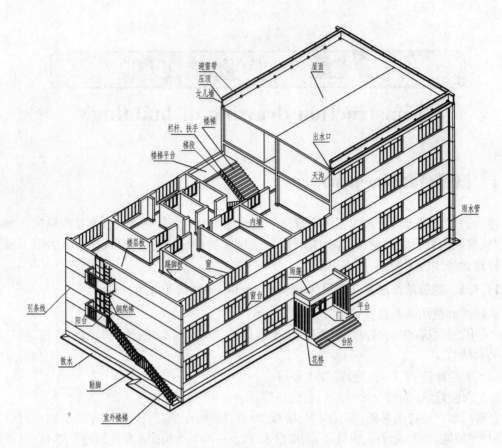

图 11 - 1　房屋结构示意图

　　房屋施工图因专业分工的不同可分为:建筑施工图、结构施工图和设备施工图,简称"建施"、"结施"和"设施"。而设备施工图按需又可分为给水排水施工图(水施)、采暖通风施工图(暖施)和电气施工图(电施)。

11. 2　建筑施工图(Architectural construction drawing)

11. 2. 1　建筑施工图的作用和内容(Action and content of architectural construction drawing)

　　建筑施工图是表示建筑物的总体布局、外部造型、内部布置、细部构造、内外装饰、固定设施和施工要求的图样。一般包括:图纸目录、总平面图、施工总说明、门窗表、房屋平面图、立面图、剖面图和建筑详图等。

11. 2. 2　建筑施工图的有关规定(The relative stipulation of architectural construction drawing)

　　建筑施工图除了要符合投影原理以及视图、剖面和断面等图示方法外,为了保证制图质量、提高效率、表达图意和便于识读,在绘制施工图时,还应严格遵守建筑工程制图国家标准。

　　下面介绍的是国家标准中有关建筑施工图的一些规定和表示方法。

1. 比例

房屋建筑制图中常用比例及可用比例如表 11-1 所示。

表 11-1 房屋建筑制图中常用比例及可用比例

图 名	常用比例	可用比例
总平面图	1:500 1:1000 1:2000 1:50000	1:2500 1:10000
总图专业的竖向布置图、管线综合图、断面图等	1:100 1:200 1:500 1:1000 1:2000	1:300 1:5000
平面图、立面图、剖面图、结构布置图、设备布置图等	1:50 1:100 1:200	1:150 1:300 1:400
内容比较简单的平面图	1:200 1:400	1:500
详图	1:1 1:2 1:5 1:10 1:20 1:25 1:50	1:3 1:15 1:30 1:40 1:60

2. 图线

房屋图中图线应符合《建筑制图标准》中的规定。表 11-2 摘录了部分图线使用的规定。

表 11-2 图线的宽度

名 称		图 的 比 例				用 途
		1:1 1:5 1:2 1:10	1:20 1:50	1:100	1:200	
		线 宽 b(mm)				
实线	粗	1.4 1.0	0.7	0.5	0.35	平面、剖面图中被剖切的主要建筑构造(包括构配件)的轮廓线 建筑立面图的外轮廓线 建筑构造详图中被剖切的主要部分的轮廓线 建筑构配件详图中构配件的轮廓线 平、立、剖面图的剖切
	中粗	0.7b				平面、剖面图中被剖切的次要建筑构造的轮廓线 建筑平面、立面、剖面图中建筑构配件的轮廓线 建筑构造详图及建筑构配件详图中的一般轮廓线
	中	0.5b				小于 0.7b 的图形线、尺寸线、尺寸界线、索引符号、标高符号、详图材料做法、引出线、粉刷线、保温层线、地面、墙面的高差分界线等
	细	0.25b				图例填充线、家具线、纹样线等
虚线	中粗	0.7b				建筑构造及构配件不可见的轮廓线 拟建、扩建的建筑物轮廓线
	中	0.5b				投影线、小于 0.5b 的不可见轮廓线
	细	0.25b				图例填充线、家具线等
	加粗线	1.4b				地平线

3. 定位轴线及其编号

在建筑平面图中应画出建筑定位轴线,用它们来确定房屋各承重构件的位置,是施工定位、放线的重要依据。定位轴线用细点画线绘制,其编号注在轴线端部用细线绘制的圆内,圆的直径应为 8mm,圆心在定位轴线的延长线或延长线的折线上。轴线的编号宜标注在图样的下方和左侧,东西方向编号用阿拉伯数字,从西至东编写;南北方向编号用拉丁字母(除

Ⅰ、O、Z外)从南至北编写。在标注非承重的分隔墙或次要承重构件时,可在两根轴线之间附加分轴线,标注时编号用分数表示,分母表示前一轴线编号,分子表示附加轴线的编号(用阿拉伯数字顺序编写)。如图11-5所示。

4. 尺寸与标高

尺寸单位除标高及建筑总平面图以米(m)为单位外,其余一律以毫米(mm)为单位。标注尺寸的基本形式参阅1.2.5节。

标高是标注建筑物高度的另一种尺寸形式。标高符号的画法和标高数字的注写应按如下规定。

(1) 个体建筑物图样上的标高符号,以细实线绘制,通常用图11-2(a)左图所示的形式;如标注的位置不够,可按图11-2(a)右图所示的形式绘制。图中的 l 是注写标高数字的长度,高度 h 则视需要而定。

(2) 总平面图和底层平面图中的室外整平地面标高符号,宜用涂黑的等腰直角三角形表示,如图11-2(b)所示,标高数字注写在涂黑三角形右上方,也可注写在黑三角形的右面或上方。

(3) 标高数字以米(m)为单位,注到小数点后第三位;在总平面图中,可注写到小数点后两位。零点标高应注写成±0.000;正数标高不注"+",负数标高应注"-",例如:3.000,-0.600。如图11-2(c)所示,标高符号的尖端应指至被注的高度,短的横线表示需注高度的表面界线,尖端可向下(左图),也可向上(右图)。

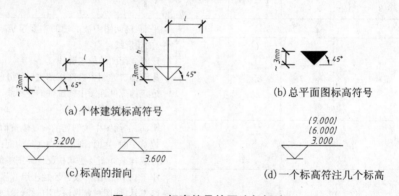

(a)个体建筑标高符号　　　　　　　　(b)总平面图标高符号

(c)标高的指向　　　　　　　　(d)一个标高符注几个标高

图11-2　标高符号的画法与标注

(4) 图样中同一位置需表示几个不同标高时,标高数字可按图11-2(d)的形式注写。

标高有绝对标高和相对标高两种。绝对标高是以青岛附近的黄海平均海平面为零点,以此为基准的标高。在实际施工中,如果全用绝对标高,十分不方便,因此,除总平面图以外,一般都应用相对标高,即将底层室内主要地面标高定为相对标高的零点,并在建筑工程的总说明中说明相对标高和绝对标高的关系。

房屋的标高,还有建筑标高和结构标高的区别。如图11-3所示,建筑标高是构件包括粉饰层在内的、装修完成后的标高;结构标高则不包括构件表面的粉饰层厚度,是构件的毛面标高。

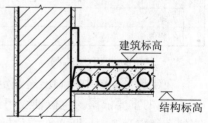

图11-3　建筑标高与结构标高

5. 字体

图样上的所有字体都应按 1.2.3 节中介绍的有关规定书写。

6. 图例及代号

建筑物和构件物是按标准统一规定的图例和代号表示。表 11 - 3、表 11 - 4、表 11 - 5 列出了一些常用的总平面图图例、建筑图例、详图符号。

表 11 - 3　总平面图图例

图　例	名　称	图　例	名　称
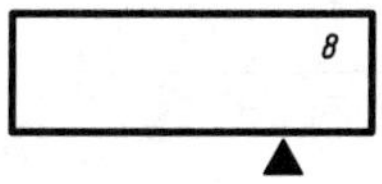	新设计的建筑物右上角以点数或数字表示层数	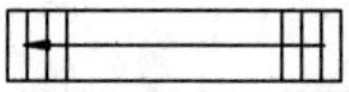	台　阶
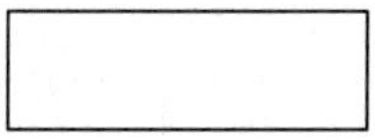	原有的建筑物	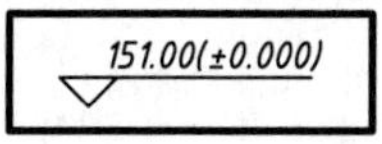 151.00(±0.000)	室内地坪标高
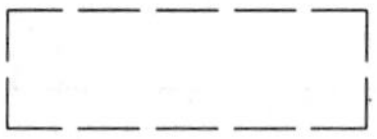	计划扩建的建筑物或预留地	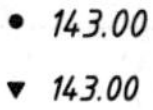 • 143.00 ▼ 143.00	室外整平标高
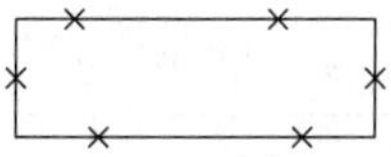	拆除的建筑物	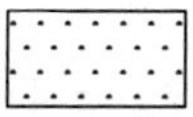	草坪
	水池、槽坑	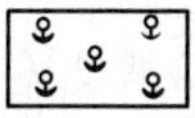	花坛
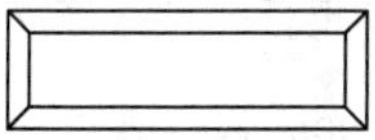	散状材料露天堆场		常绿阔叶乔木
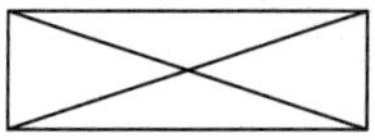	其他材料露天堆场或露天作业场	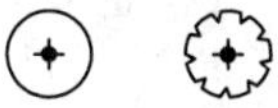	落叶阔叶乔木
	露天桥式吊车		整形绿篱
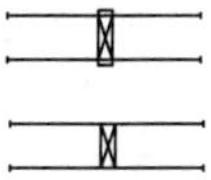	龙门吊车	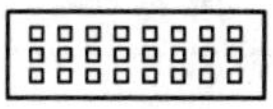	植草砖铺地
	烟　囱	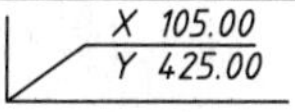 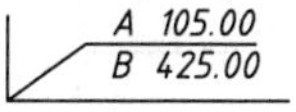 X 105.00 Y 425.00 A 105.00 B 425.00	测量坐标 建筑坐标
	原有道路	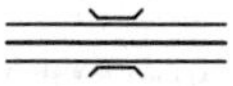 	公路桥 铁路桥
	计划道路	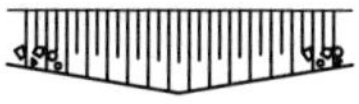	填挖边坡
	围墙及大门	北 北	风向频率玫瑰图 指北针

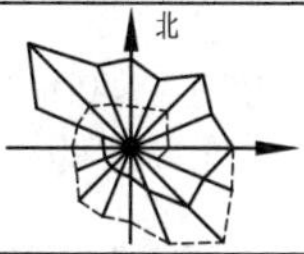

表 11-4　建筑图例

图　例	名　称	图　例	名　称
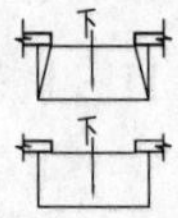	入口坡道	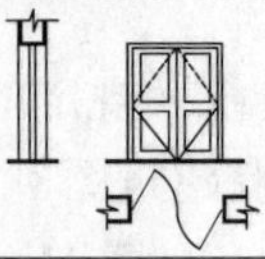	双扇双面弹簧门
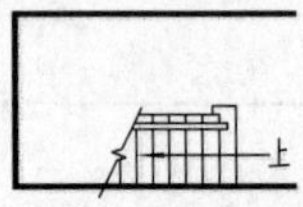	底层楼梯	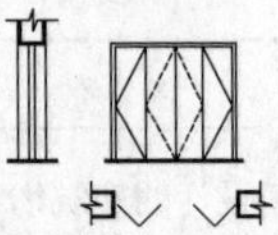	对开折叠门
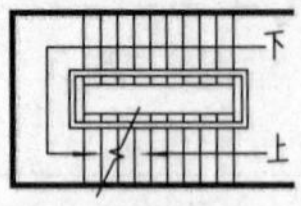	中间层楼梯	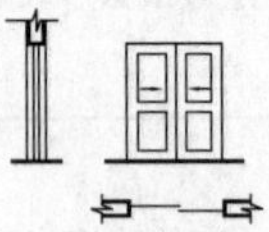	推拉门
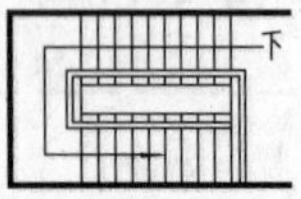	顶层楼梯	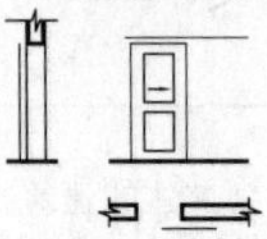	墙外单扇推拉门
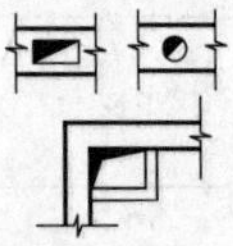	烟道	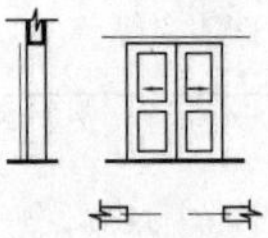	墙外双扇推拉门
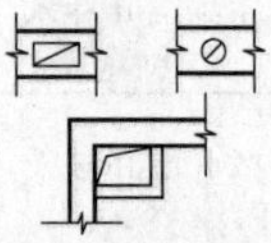	通风道	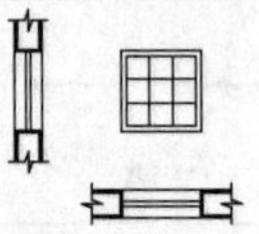	单层固定窗
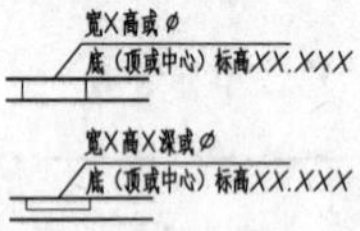	墙预留洞　墙预留槽	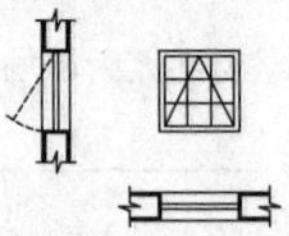	单层外开上悬窗
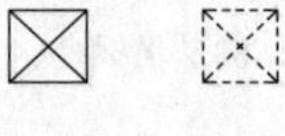	检查孔	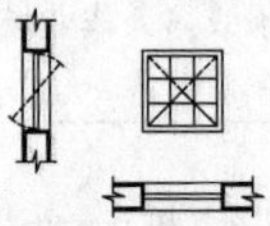	单层中悬窗
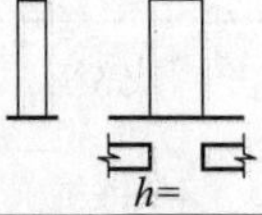	空门洞（h为门洞高度）	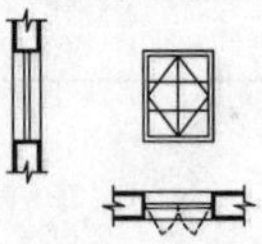	单层外开平开窗
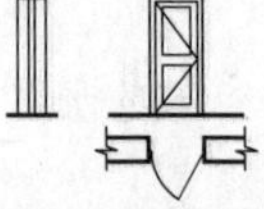	单扇门	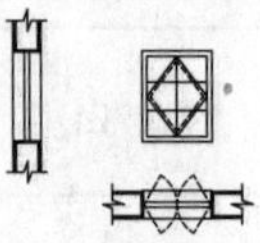	双层内外开平开窗
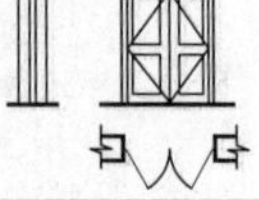	双扇门（包括平开和单面弹簧）	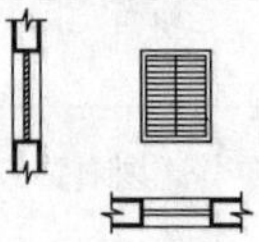	百叶窗

表 11 - 5 详图符号

名称	符 号	说 明
详图的索引符号	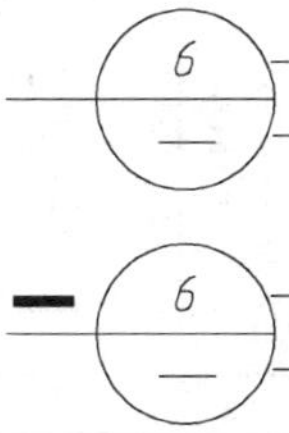 6 —— 详图的编号 —— 详图在本张图纸上	细实线单圆圈直径应为10mm 详图在本张图纸上
	6 —— 局部剖视详图的编号 —— 剖视详图在本张图纸上	
	6 —— 详图的编号 3 —— 详图所在的图纸编号	详图不在本张图纸上
	6 —— 局部剖视详图的编号 3 —— 详图所在的图纸编号	
	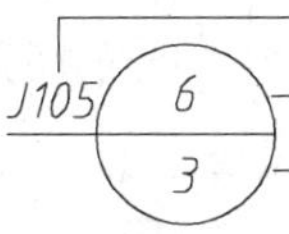 J105 6 —— 标准图册编号 —— 标准详图的编号 3 —— 详图所在的图纸编号	标准详图
详图的符号	 6 —— 详图的编号	粗实线单圆圈直径应为14mm 被索引的在本张图纸上
	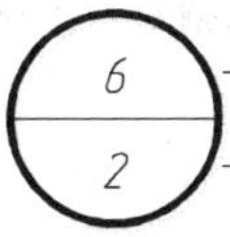 6 —— 详图的编号 2 —— 被索引的图纸编号	被索引的不在本张图纸上

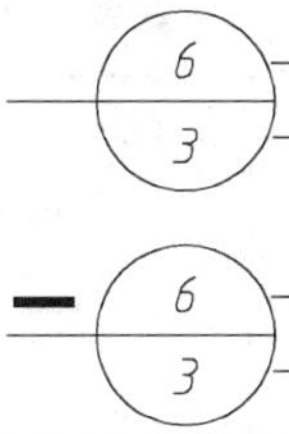

7. 索引符号和详图符号

图样中的某一局部或某一构、配件或构、配件间的构造如需另画详图,则在需要另画详图的部位编上索引符号;而在索引出的详图上,应画出相应的详图符号,两者必须对应一致。

索引符号的圆及水平直径线均以细实线绘制,圆的直径为 10mm,引出线应指在要索引的位置上。

详图符号的圆应画成直径为 14mm 的粗实线圆,水平直径仍为细实线(表 11 - 5)。

8. 指北针和风向频率玫瑰图

在底层建筑平面图上应画出指北针。单独的指北针,其细实线圆的直径一般以 24mm 为宜,指针尾端的宽度,以圆直径的 1/8(=3mm)为宜,在指针的尖端处,国内工程注"北"字,涉外工程注"N"字,如图 11 - 4 所示。

建筑总平面图上,通常应画出带有指北方向的风向频率玫瑰图(简称风玫瑰),用以表示该地区常年的风向频率和房屋的朝向。风玫瑰图是根据当地多年平均统计的各个方向吹风次数的百分比,按一定比例绘制的,风的吹向是从外吹向中心。实线表示全年风向频率,虚线表示 6、7、8 三个月统计的夏季风向频率。上海地区的风向频率玫瑰图如表 11 - 3 所示。

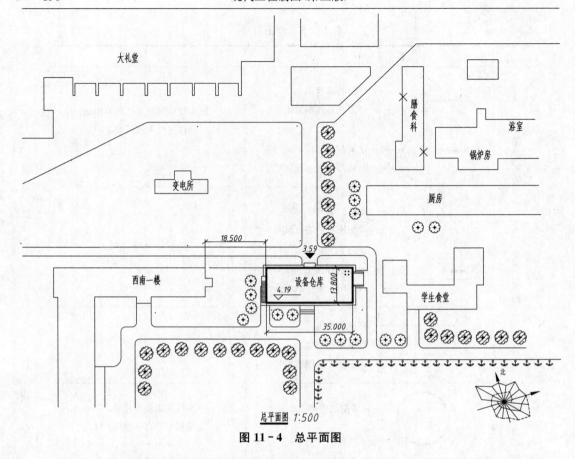

总平面图 1:500

图 11 - 4　总平面图

11. 2. 3　图纸目录、施工总说明和总平面图(List of drawing paper, over-all explanation and general layout of construction)

1. 图纸目录的内容和作用

图纸目录又称标题页或首页图,说明该套图纸有几类,各类图纸分别有几张,每张图纸的图号、图名、图幅大小;如采用标准图,应写出所用标准图的名称、所在的标准图集和图号或页次。编制图纸目录的目的是为了便于查找图纸。

2. 施工总说明

施工总说明主要用来说明图样的设计依据和施工要求。中小型房屋的施工总说明也常与总平面图一起放在建筑施工图内。有时,施工总说明与建筑、结构总说明合并,成为整套图纸的首页,放在所有施工图的最前面。

3. 总平面图

(1) 总平面图的作用　建筑总平面图是新建房屋在基地范围内的总体布置的水平正投影图。它表明新建房屋的平面轮廓形状、朝向和层数,与原有建筑物的相对位置、周围环境、地貌地形、道路和绿化的布置情况,是新建房屋及其他设施的施工定位、土方施工,以及设计水、电、暖、煤气等管线总平面图的依据。

(2) 总平面图的内容和图示方法:

① 图名、比例。

② 采用图例表明新建、原有、拟建的建筑物,附近的道路、广场、室外场地和绿化等布置

情况以及各建筑物的层数等。表 11 - 3 摘录了部分常用图例。此外对于《总图制图标准》中没有规定而需要自定的图例，必须在总平面图中绘制清楚，并注明其名称。

③ 确定新建或扩建工程的具体位置，一般根据原有房屋或道路来定位，并以米为单位标注出定位尺寸。当新建成片房屋或较大的公共建筑或厂房时，往往用坐标来确定每一建筑物及道路转折点的位置。在地形起伏较大的地区，还应画出地形的等高线。

④ 注明新建房屋底层室内地面和室外整平地面的绝对标高。

⑤ 画上风向频率玫瑰图和指北针，来表示该地区的常年风向频率和建筑物、构筑物的朝向（有时只画其中一个）。

（3）识读总平面图示例。

图 11 - 4 是某大学拟建造的设备仓库的总平面图。图中用粗实线画出的图形，是新建设备仓库的平面图外形，东西总长 35m（不包括室外楼梯），南北总宽 13.8m，朝向南偏西，四层。它以已建的西南一楼定位，其北墙面与西南一楼的北墙面平齐，并在西南一楼的东墙面之西 18.5m。它的底层室内主要地面的相对标高为 0.000m，绝对标高为 4.19m，室外整平地面的绝对标高为 3.59m，室内外地面高度差 600mm。

同时，从图中还能了解到该仓库周围的道路、绿化和其他房屋布局。

11.2.4　建筑平面图(Architectural plan)

1. 概述

建筑平面图是房屋的水平剖面图（除屋顶平面图外），就是用一个假想的水平面，在窗台上方把整幢房屋剖开，移去上面部分后的正投影图。简称平面图。

建筑平面图主要是表示房屋的平面形状、水平方向的各部分布置情况和组合关系。

在平面图中可看到房间的大小和水平方向分隔及联系（如出入口、房间、走廊、楼梯、门窗的布置关系等）情况，以及各类构配件的尺寸和其他必要尺寸。一般多层房屋应该画出各层平面图。建筑平面图通常以层次来命名，如：底层平面图、二层平面图。但当有些楼层的平面布置相同，或仅有局部不同时，则这几层只需画出一个共同的平面图，称为某几层平面图，如：二、三层平面图。也可称标准层平面图。至于局部不同之处，可绘制局部平面图作补充。

建筑平面图除上述各层平面图外，还有局部平面图、屋顶平面图等。局部平面图除了可以用于表示共用的平面图中的局部不同之处外，还可以用来将平面图中某个局部以较大的比例另行画出，以便较清晰地表示室内一些固定设施的形状和尺寸。屋顶平面图则是房屋顶部按俯视方向在水平投影面上得到的正投影。

本章选用的房屋实例（某设备仓库），根据房屋平面布置的实际情况，需要画出底层平面图（图 11 - 5），三、四层平面图（图 11 - 6），二层局部平面图（图 11 - 7），四层局部平面图（图 11 - 8）和屋顶平面图（图 11 - 9）。

2. 建筑平面图的图示内容和读图示例

1）图示内容

图 11 - 5 为房屋的底层平面图，表明了该房屋的平面形状，底层各房间的分隔和组合、房间名称、出入口、门厅、走廊、楼梯等的布置和相互关系，各种门、窗的布置，室外的台阶、散水、明沟和雨水管的布置等。

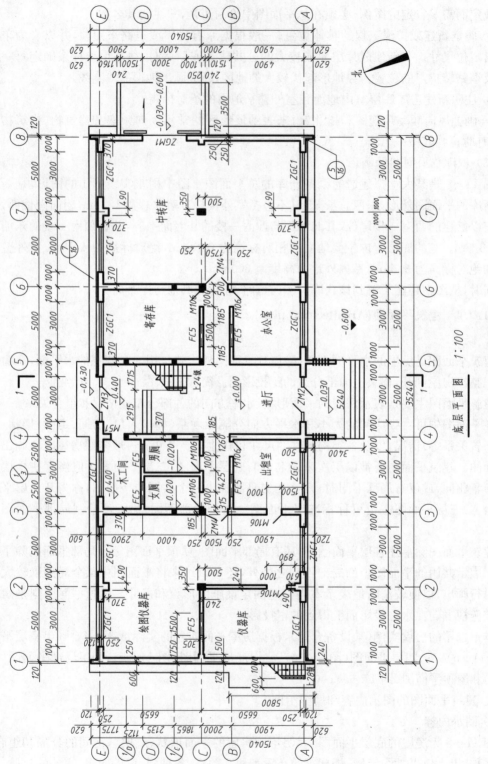

底层平面图　1:100

图 11-5　底层平面图

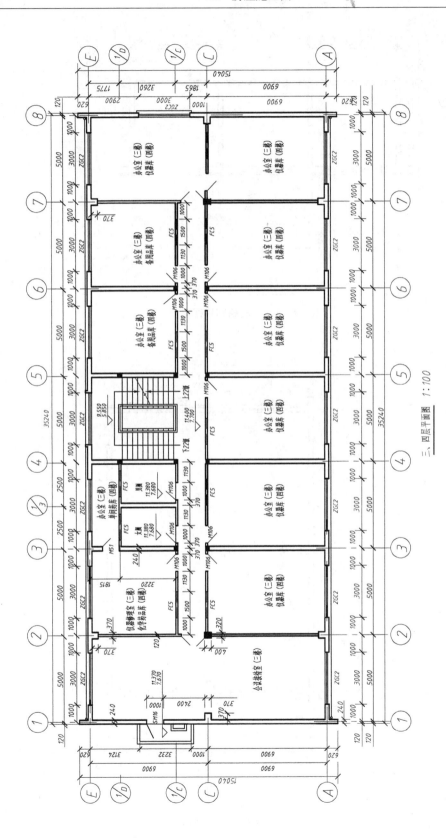

图 11-6 三、四层平面图

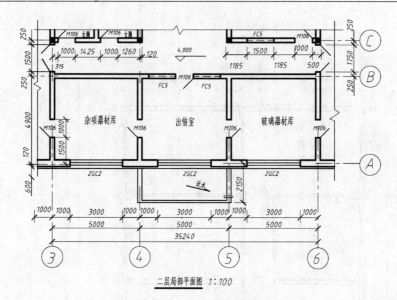

二层局部平面图　1:100

图 11-7　二层局部平面图

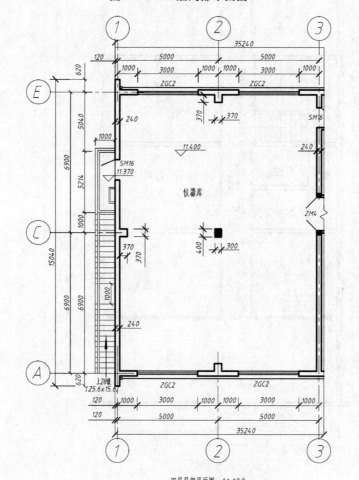

四层局部平面图　1:100

图 11-8　四层局部平面图

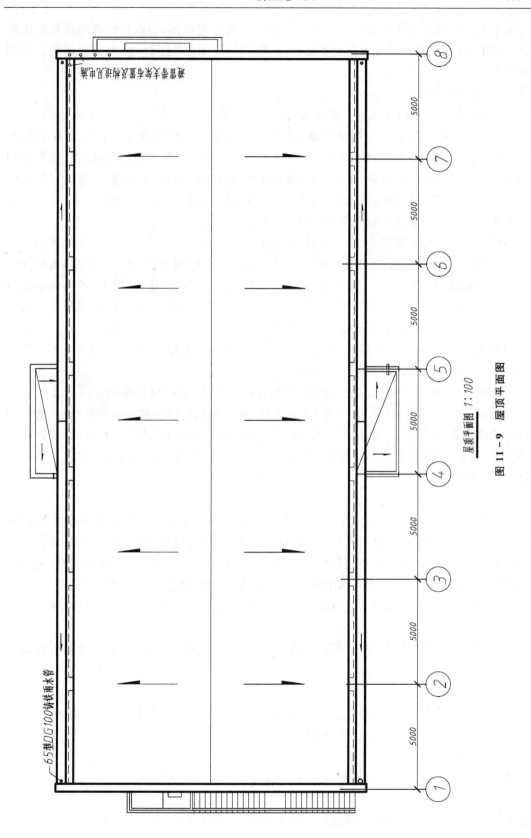

屋顶平面图 1:100

图11-9 屋顶平面图

由于底层平面图是底层窗台上方剖切后的一个水平剖视图,所以在楼梯间中只画出第一梯段的下面部分,并按规定把折断线画成 45°倾斜线。图中"上 24 级"是指底层到二层两个梯段共 24 级。

2) 有关规定和要求

(1) 定位轴线　定位轴线和分轴线的编号方法参阅 11.2.2 节。

(2) 图线　建筑图中被剖切到的墙、柱的断面轮廓线用粗实线(b)画出(而粉刷层在 1∶100 的平面图中不必画出,在 1∶50 或比例更大的平面图中则用细实线画出);没有剖切到的可见轮廓线,如窗台、台阶、花坛、梯段等用中粗线(0.7b)画出;尺寸线、标高符号等用中线(0.5b)画出;定位轴线的圆圈、轴线用细线(0.25b)画出和细点画线(0.25b)画出。

表示剖切位置的剖切线则用粗实线画出,参见图 6-12。

各种图线的宽度可参照表 11-2 的规定选用。

(3) 图例　平面图一般采用 1∶100、1∶200 和 1∶50 比例绘制,其门、窗等建筑配件均按规定图例表示(表 11-4)。其中用两条平行细实线表示窗框及窗扇,用 45°倾斜的中粗线表示门及其开启方向。门窗的具体形式和大小可在有关的建筑立面图、剖面图和门窗通用图集中查阅。其中 ZGC1、ZGC2 等表示窗的型号,M106、ZM1 等表示门的型号。

门窗表的编制,是为了计算出每幢房屋不同类型的门窗数量,以供订货加工之用。中小型房屋的门窗表一般放在建筑施工图纸内。

平面图中,凡是被剖切到的断面部分应画出材料图例(常用材料图例参阅 6.2 节中表 6-2),但在 1∶100 和 1∶200 小比例的平面图中,剖切到的砖墙一般不画图例(或在透明图纸的背面涂红表示),在 1∶50 的平面图中砖墙也可不画图例,但在大于 1∶50 时,应该画上材料图例。剖切到的钢筋混凝土构件的断面,当小于 1∶50 的比例(或断面较窄,不易画出图线时)可涂黑。

(4) 尺寸注法。

建筑平面图中的外墙一般应注三道尺寸。内侧第一道尺寸是外墙门、窗洞的宽度和洞间墙的尺寸(从轴线注起);第二道尺寸是轴线间距尺寸;第三道尺寸是房屋两端外墙面之间的总尺寸。此外,还须注出某些局部尺寸,例如各房间的开间、进深,内外墙的墙厚,内墙的门、窗洞的宽度和位置,一些主要构配件与固定设施的定形和定位尺寸(例如图 11-5 中的踏步、平台和楼梯的起步线等),以及某些室内外装饰的主要尺寸。所有上述尺寸除了预制花饰等的装饰构件外,均不包括粉刷厚度。

平面图中还应注明地面、台阶顶面、阳台顶面、楼梯休息平台面以及室外地面等处的相对标高。

(5) 有关的符号。

在底层平面图中,除了应画指北针外,必须在需要绘制剖面图的位置,画出剖切符号(画法参阅 6.2.1 节),以及在需要画详图的局部或构件处画出索引符号。

3) 读图示例

现以图 11-5 底层平面图为例,简要说明读图方法。

首先,通过视图可知道该仓库底层的总体布局和交通联系,从指北针的指向可知本仓库的朝向为南偏西方向;在仓库的西侧有一室外楼梯,上楼梯经 28 个梯级可到二楼西阳台,东侧有一个带有坡度的卸货平台,并有门 ZGM1 与中转库相通;在外墙东南角雨水管处,画出了局部剖视详图的索引符号,因此,这里的散水、雨水管的布置等建筑构造被索引到建施 20 中的编号为 5 的局部剖视详图中;底层的外墙宽为 370mm,内墙则有两种宽度,即 370mm 和 240mm(相当于一块标准砖的宽度 240mm×115mm×53mm,统称一砖墙)。

从仓库南面标高为 -0.600m 处上四级台阶,到南门外标高为 -0.030m 的平台,门洞两侧有装饰花格;进入门 ZM2 后,至标高为 0.000m 的进厅。这时,若靠东侧继续向前,上楼梯经 24 个梯级可上二楼;若靠西侧向前下三级台阶,至标高为 -0.400m 的北进厅,西侧是木工间,出门 ZM3 可至北进门口。如果不出北门,从进厅向东,经走廊可进入办公室、寄存库和中转库;向西经走廊可进入出租室、男、女厕所、绘图仪器库,经绘图仪器库可进入仪器库。男、女厕所的地面标高为 -0.020m,开间为 2500mm,进深为 4000mm;在南北的外墙上,安装了宽度为 3000mm 的钢窗 ZGC1。在东西两侧房间的中间各有一根断面为矩形的钢筋混凝土柱子。该柱子底层的断面尺寸为 350mm×500mm(在三、四层中的断面缩小为 300mm×400mm)。

此外,在 4 号和 5 号轴线之间靠近东侧有一剖切符号,说明有一剖面图 1—1。

3. 其他平面图

(1) 楼层平面图   楼层平面图的表达内容和要求,基本上与底层平面图相同。在楼层平面图中,不必画底层平面图中已显示的指北针、剖切符号,以及室外地面上的构配件和设施;但各楼层平面图除应画出本层室内的各项内容外,还应分别画出位于所绘这层平面图时所采用的假想水平面以下的、而在下一层平面图中未表达的室外构配件和设施,如在图 11—6 所示的三、四层平面图中,应画出本层西侧的阳台、下一层窗顶的可见遮阳板,而不必画出东侧的卸货平台;而底层进门口的雨篷,则在二层平面图中表达。此外,楼层平面图除开间、进深、地面标高等主要尺寸以及定位轴线间的尺寸外,与底层相同的次要尺寸,可以省略。

绘制楼层平面图时,应特别注意楼梯间中各层楼梯图例的画法,应参照表 11—4 中的楼梯图例,按实际情况绘制。对常见的双跑楼梯(即一个楼层至向邻楼层间的楼梯由两个梯段和一个中间平台组成),除顶层楼梯的栏杆、扶手、两段下行梯段和一个中间平台应全部画出外,其他各楼层则分别画出上行梯段的几级踏步,下行梯段的一整条,中间平台及其下面的下行梯段的几级踏步,用一条倾斜的折断线作为上行梯段和下行梯段的分界线。此外,在中间平台处,应分别注写该平台的标高。

(2) 局部平面图   当某些楼层平面图的布置基本相同,仅有局部不同时,可对这些不同部分,用局部平面图来表示;或者由于比例太小,平面图中的一些较小构配件和固定设施只能画出外形轮廓或图例,不能标注它们的定形和定位尺寸时,可另画较大比例的局部平面图。

(3) 顶层平面图   图 11—9 所示的屋顶平面图,是该仓库屋顶的俯视平面图。由于屋顶平面图比较简单,可以用更小比例绘制。在屋顶平面图中,一般要表明:屋顶形状、有关的定位轴线,屋面排水方向(用半边箭头表示)、坡度或泛水,天沟或檐口的位置,女儿墙和屋脊线,雨水管的位置,房的避雷针或避雷带的位置,等等。

11.2.5 建筑立面图(Architectural elevation)

1. 概述

建筑立面图是平行于建筑物各方向外墙面的正投影图。主要用来表示房屋的体型和外貌、外墙装饰、门窗的位置与形式,以及遮阳板、窗台、窗套、屋顶水箱、檐口、阳台、雨篷、雨水管、水斗、引条线、勒脚、平台、台阶、花坛等构造和配件各部位的形式、必要的尺寸和标高。

有定位轴线的建筑物,可按立面图两端的轴线编号来确定立面图名称,如①~⑦立面图;无定位轴线的建筑立面图名称可按立面的朝向来命名,如图 11-10~图 11-13 分别为南、北、东、西立面图。有时,还可把房屋的主要出入口或反映房屋外貌主要特征的立面图称为正立面图,在正立面图背后的立面图,称为背立面图,其余两个侧面分别称为左、右立面图。

较简单的对称房屋,在不影响构造处理和施工的情况下,立面图可绘制一半,并在对称处绘制对称符号;平面形状曲折的建筑物,可绘制展开立面图、圆形或多边形的建筑物,也可分段展开绘制立面图,但均应在图名后加注"展开"两字。

2. 建筑立面图的图示内容和读图示例

根据本章所选设备仓库的实际情况,应从东、南、西、北四个方向分别绘制四个立面图,以反映该房屋的各个立面的不同情况和装饰等,所采用的比例与平面图相同。

现以图 11-10 所示的南立面图为例,说明立面图应表达的主要内容和图示要求。

(1) 图示内容 该设备仓库的南立面是建筑物的主要立面,它显示了该建筑物在地面以上的全貌。

它的中部有一个主要出入口(大门),门上设有雨篷,雨篷下方设有装饰花格。同时表明了南立面的门窗形式、布置,门窗的开启方向,还表示出外墙勒脚、墙面引条线、雨水管以及大门进口踏步等的位置,屋顶部分还表示出女儿墙、包檐的形式等。

在西南立面图上可看出,西立面的二、三、四层设有阳台,四层阳台上方设有雨篷,底层至二层间设有室外楼梯,二层至屋顶设有钢爬梯。

(2) 有关规定和要求。

① 定位轴线 立面图中一般只画出两端定位轴线及其编号,以便与平面图对照读图。

② 图线 房屋立面的最外轮廓线用粗实线(b)画;室外地面线用加粗线($1.4b$)画出;在外轮廓线之内的凹进或凸出墙面的轮廓线,以及门窗洞、雨篷、阳台、台阶与平台等建筑设施或构配件的轮廓线,都画成中粗线($0.7b$);较小的构配件和细部的轮廓线,次要的构造或装修线,如雨水管,墙面上的引条线、勒脚等,用中实线($0.5b$)绘制。

③ 图例 立面图中门、窗也按规定图例绘制,参阅表 11-4 建筑图例。

在立面图中的部分窗上应画出斜的细线——开启方向符号;细实线表示向外开,细虚线表示向内开(表 11-4)。型号相同的窗无须都画上开启符号,只要画出其中一二个即可。

④ 尺寸注法 立面图上的高度尺寸采用标高的形式标注。通常标注室内外地面、楼面、阳台、平台、檐口、门、窗等处的标高,如有需要,还可标注一些局部尺寸。在注写标高时,除门、窗洞口外都不包括粉刷层,通常在标注构件的上顶面(如女儿墙顶面和阳台栏杆顶面等)时,用建筑标高表示,即完成面标高表示;而在标注构件的下底面(如阳台底面、雨篷底面等)时,则用结构标高,即不包括粉刷层的毛面标高表示。

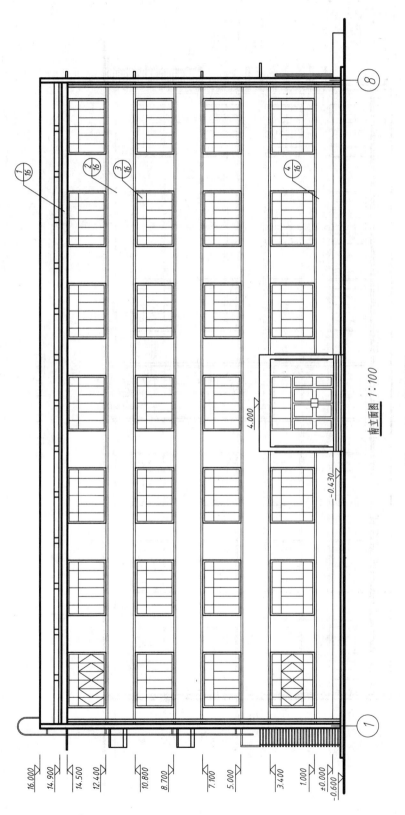

南立面图 1:100

图 11 - 10 南立面图

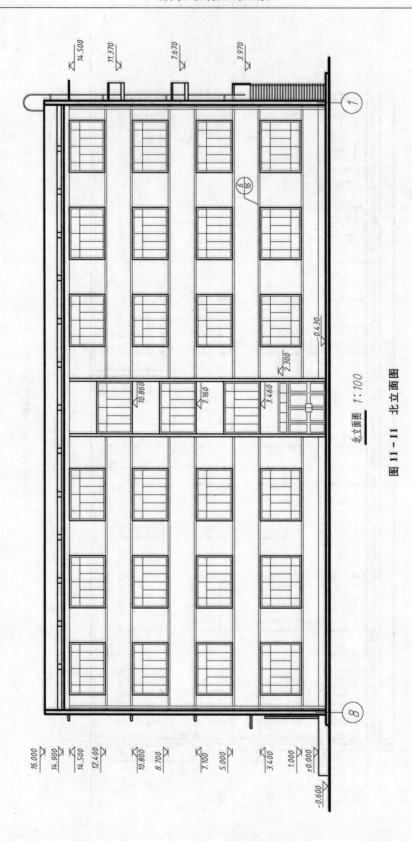

北立面图　1：100

图 11 – 11　北立面图

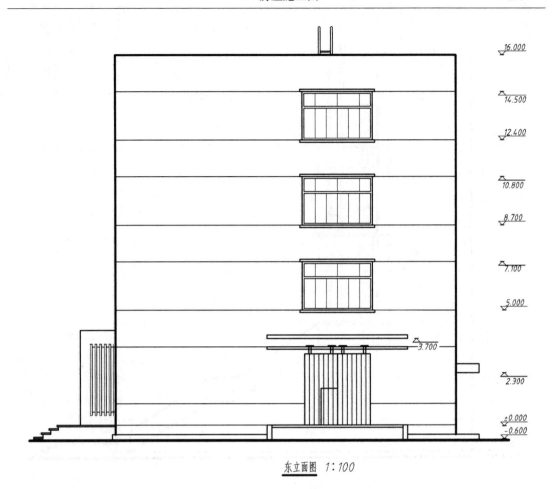

东立面图 1:100

图 11-12 东立面图

为了标注得清晰、整齐和便于看图,常将各层相同构造的标高注写在一起,排列在同一铅垂线上。凡需绘制详图的部位,还应画上详图索引符号。

11.2.6 建筑剖面图(Architectural section)

1. 概述

建筑剖面图是假想用平行于正立投影面或侧立投影面的剖切面剖开房屋,移去剖切平面与观察者之间的房屋,将留下部分向投射面投影所得的正投影图样。

剖切位置应选择在能反映房屋全貌、构造特征以及有代表性的地方(一般都应通过门、窗洞)。其数量视建筑物的复杂程度和实际情况而定。常用一个剖切平面剖切,需要时也可转折一次,用两个平行的剖切平面剖切,剖切符号按 6.2.1.2 节中的规定,标注在底层平面图中。

如图 11-14 所示 1—1 剖面图的剖切位置可从底层平面图(图 11-5)中查到,图中剖切位置线 1—1 表明剖切平面是通过房屋的大门、门厅和楼梯等房屋内部结构、构造比较复杂以及竖向空间变化较多的部位。

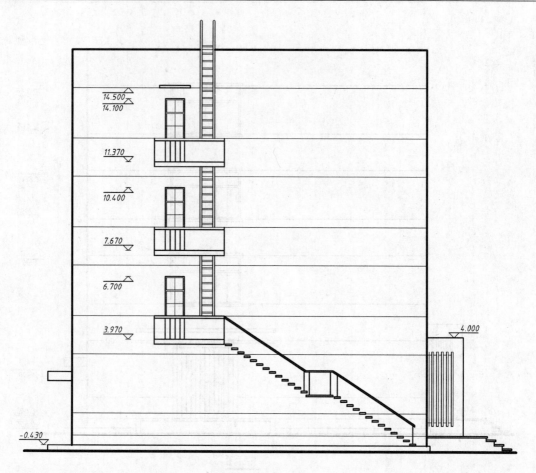

西立面图　1:100

图 11‑13　西立面图

2. 建筑剖面图的内容、图示方法和读图示例

现以图 11‑14 所示 1—1 剖面图为例说明剖面图所需表达的内容、图示和读图方法。

（1）图示内容：

① 各剖切到的建筑构配件　建筑剖面图中，除了具有地下室外，一般应画出房屋室内外地面以上各部位被剖切到的建筑构配件，如室内外地面线、楼面、屋顶、内外墙及其门窗、梁、楼梯与楼梯平台、雨篷、阳台等。

图中室内外地面的地面线用一条粗实线（b）画出（包括台阶、平台），并标注各部位不同高度的标高，所注标高为地面粉刷后的顶面标高，粉刷后的楼面面层线可用细实线画出，在较小比例图形中也可不画（本例中未画）。画出了二、三、四层的楼板。各层楼板都是预应力钢筋混凝土多孔板。在比例较小的剖面图中，常用如图所示的两条粗实线表示剖切到的多孔板，间距等于板厚。

画出被剖切到的外墙、内墙、雨篷、梯段（包括楼梯梁）及楼梯平台，也画出了这些墙上的门、窗、窗套、过梁和圈梁等构配件的断面形状或图例，所有混凝土构件在较小比例的剖面图中都以涂黑表示。墙的断面只要画到地面线以下适当地方，以折断线断开就可以了，下面部

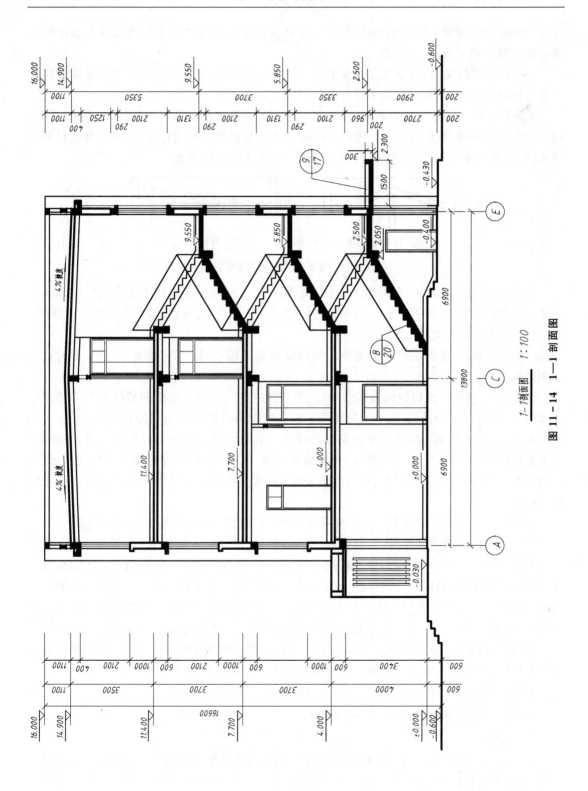

图 11—14 1—1 剖面图

分将由房屋地结构施工图中地基础图表明,但在室内地面下兼作防潮层的浇筑在墙中的钢筋混凝土圈梁仍应画出,并涂黑。

画出被剖到的屋顶,包括女儿墙及其顶部的钢筋混凝土压顶、天沟板、多孔板铺设的屋面板(屋面板分别向南和向北按下坡方向铺设成一定的坡度)。

平屋顶的屋面排水坡度有两种做法(图 11 - 15):一种是结构找坡,将支承屋面板的结构构件筑成需要的坡度,然后在其上铺设屋面板。本仓库就是采用这种做法;另一种是材料找坡,将屋面板平铺,然后在结构层上,用建筑材料铺填成需要的坡度。

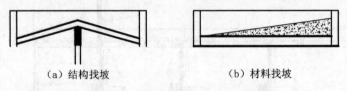

　　　　(a) 结构找坡　　　　　　　　　　　(b) 材料找坡

图 11 - 15　屋面排水坡度做法示意图

② 按剖视方向画出未剖切到的可见构配件。1—1 剖面图中画出了南进口门洞的装饰花格、西侧外墙线,可见的踢脚板,可见的楼梯段和栏杆扶手,可见的门窗,女儿墙的压顶线。

(2) 有关规定和要求:

① 定位轴线　建筑剖面图中需画出两端轴线及其编号,以便与剖面图对照,有时也注出中间轴线。

② 图线　室内外地面线画粗实线(b)。剖切到的房间、走廊、楼梯和楼梯平台等楼面层和屋顶层,在 1∶100 的剖面图中可只画两条粗实线作为结构层和面层的总厚度。在 1∶50 的剖面图中,应加绘细实线来表示粉刷层的厚度。其他可见轮廓线,如门窗洞、可见楼梯梯段及其栏杆扶手、可见女儿墙轮廓线、内外墙轮廓线、踢脚线、勒脚线等均画中粗线($0.7b$)。门窗扇及其分格线、水斗及雨水管、外墙引条线(包括分格线)、尺寸和标高符号等均画中线($0.5b$)。

③ 图例　门、窗均按表 11 - 4 建筑图例中的规定绘制,建材图例与平面图相同。

④ 尺寸注法　建筑剖面图中应标注垂直方向的尺寸和标高,一般只标注剖到部分的尺寸。

外墙的垂直尺寸,一般也标注三道尺寸:内侧第一道尺寸为门、窗洞及洞间墙的高度尺寸(将楼面以上及楼面以下分别标注);第二道尺寸为层高尺寸;第三道尺寸为室外地面以上的总高尺寸。本例的总高尺寸应该注写到女儿墙粉刷完成后的顶面。此外还应注写上某些局部尺寸,如室内内墙上的门窗洞高度,屋檐或雨篷等的挑出尺寸以及轴线间的尺寸。

建筑剖面图中应标注室内外各部分地面、楼面、楼梯中间平台、屋顶檐口顶面等建筑标高和某些梁、雨篷的底面以及必须标注的某些楼梯平台梁底面等处的结构标高。

剖面图中,凡需绘制详图的部位,同样也应该画上详图索引符号。

11.2.7　建筑详图(Architectural detail)

1. 概述

建筑平、立、剖面图中的建筑构配件(如楼梯、门、窗等)和某些细部(也称节点)(如檐口、窗台等)详细式样以及具体尺寸、做法和用料等都不能表达清楚。因此,在施工图设计过程中,常常按实际需要,另外绘制比例较大的建筑详图。对于套用标准图或通用详图的建筑构配件和节点,只要注明所套用图集的名称、编号或页次,则可不必再画详图。

　　建筑详图所画的节点部位,除了要在平、立、剖面图中的有关部位绘制索引符号外,还应在所画详图上绘制详图符号或写明详图名称,以便对照查阅。

　　建筑详图所表现的内容相当广泛,只要平、立、剖面图中尚未表达清楚的地方都可用详图进行说明。对于普通民用房屋,其施工详图大都包括以下几个方面的内容:外墙墙身详图、楼梯详图、卫生间详图、门窗详图以及阳台、雨篷和其他固定设施的详图。

　　2. 建筑详图的内容、图示方法和读图示例

　　(1)详图的基本规定。

　　① 比例　绘制详图的常用比例如表11-1所示。

　　② 索引符号和详图符号　为便于查找图样中某部位的详图,标准规定采用绘制索引符号与详图符号。详图符号的画法及编号原则参阅表11-5。每一张施工图中的详图编号的顺序各自独立,互不衔接。

　　③ 图线　详图采用的图线应与平、立、剖面图的线型相同,标准线宽 b 可取 1.0,被剖切到的抹灰层和楼地面的面层线用细实线画。

　　④ 详图尺寸　详图中所标注的尺寸,主要是定位和细部两种尺寸,一般用尺寸线形式给出,也可用标高形式或注解形式给出,而且必须与基本图样中的有关尺寸统一。

　　⑤ 材料与做法　详图中对各种建筑材料均应用国家标准规定的各种材料符号标明。为便于施工,对材料做法,还要求以文字注解方式说明。

　　(2)详图的图示内容和读图示例。

　　图11-16、图11-17和图11-20为某仓库的部分建筑详图,其余所需详图(如南进口的节点详图),本书中未列出。现以这些详图为例,来说明详图的内容和看图方法。

　　① 外墙剖面详图　是假想用剖切平面从上到下把墙剖开而得到的局部放大剖面图,它能详细地标明地面、楼面、屋面、檐口等处的构造以及墙身和楼板的连接方法,以及门窗洞、窗台、勒脚、防潮层、散水、雨水管等的细部做法,是施工的重要依据。

　　② 檐口剖面节点详图　表示了该房屋的女儿墙外排水檐口的构造。从图11-16中节点1可以看出,该屋顶预先铺设 150mm 厚的预应力钢筋混凝土空心板,并把屋面板铺放成一定的排水坡度,待水泥砂浆找平后,作二毡三油的防水覆盖层,然后再做 40mm 厚细石混凝土(内放钢筋网片)和 15mm 厚防水砂浆粉刷,分舱做(加颜色画格)。砖砌的女儿墙上的钢筋混凝土压顶厚 60mm,粉刷时,除顶面保持向内的斜面外,内侧的底面做有滴水槽口(有时做出滴水斜口),以免雨水渗入下面的墙身。屋顶层底面用纸筋灰粉平后刷白二度。

　　③ 窗台剖面节点详图　表明了砖砌窗台的做法。除了窗台底面也同样做出滴水斜口外,窗台面的外侧还需向外粉成一定的斜度,以利排水,如图11-16节点2、4所示。

　　④ 窗顶剖面节点详图　主要表明了窗顶钢筋混凝土过梁处的做法。在过梁底的外侧也应粉出滴水槽,使外墙面上的雨水直接滴到做有斜坡的窗台上,如图11-16节点3、6所示。在图中还标明了楼面的做法及其分层情况的说明。

　　⑤ 勒脚、明沟剖面节点详图　表明了外墙面的勒脚和明沟的做法。外墙墙脚表面称为勒脚,勒脚因接近室外地面,故用防水耐久性较好的 1：2 水泥砂浆作为粉刷材料。勒脚高度主要取决于防止雨水上溅及立面造型,本房屋采用 600mm 高,如图11-16节点7所示。

　　沿建筑物外墙做明沟或斜坡(称为散水),其作用在于迅速排除沿墙根地带的地面积水,以减少墙脚受水侵蚀的可能性,如图11-16节点5所示。

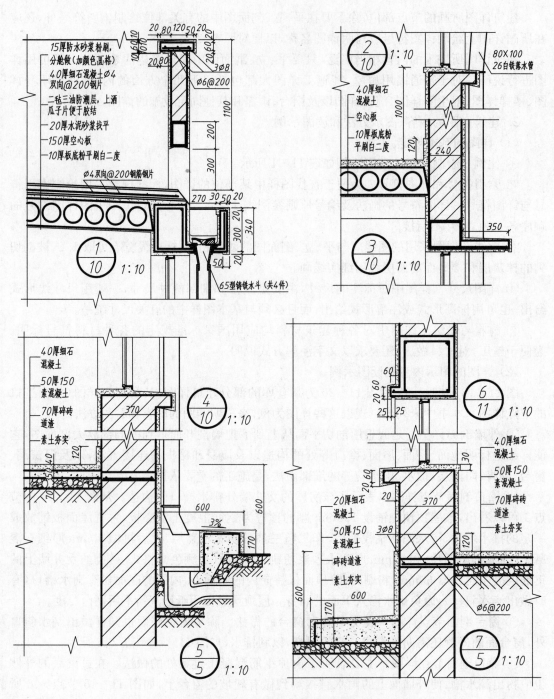

图 11－16　外墙剖视节点详图

　　在底层地面处的墙脚部分必须设置防潮层。防潮层的作用是隔绝底下土壤中的水分沿基础墙上升,不然日久造成墙面粉刷剥落、墙体风化、冻融破坏,故本房屋采用在室内地坪下50mm 处沿墙设置一道 60mm 厚的钢筋混凝土防潮层,防潮层也可以用铺放油毛毡来做成。此外,在详图中还表明了室内地面层和踢脚的做法,见图 11－16 节点 5 和 7。

图 11-17 节点详图还说明了雨篷外侧挑檐现浇天沟的做法。

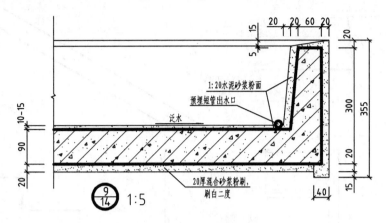

图 11-17　天沟详图

（3）楼梯详图。

楼梯通常由楼梯段、楼梯平台、楼梯栏杆或栏板与扶手组成。楼梯段简称梯段,也称梯跑,一般做出踏步,踏步由踏面和踢面组成,踢面通常是铅垂面,但有时为了增加踏面宽度,踢面也可以做成斜面,如图 11-18 所示。常用楼梯如图 11-19 所示。

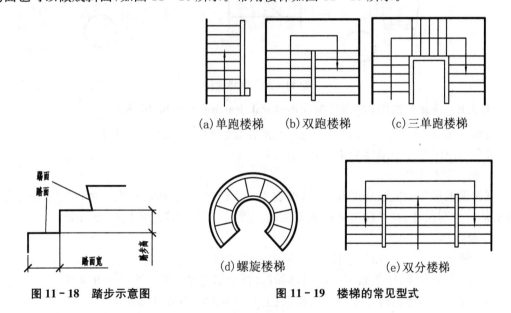

（a)单跑楼梯　　　(b)双跑楼梯　　　(c)三单跑楼梯

（d)螺旋楼梯　　　　　　　(e)双分楼梯

图 11-18　踏步示意图　　　　　**图 11-19　楼梯的常见型式**

楼梯的构造较复杂,除了套用标准图外,还需另画详图表达。楼梯详图包括楼梯间的放大平面图(有时只画底层楼梯起步处的局部踏步平面图)、楼梯间放大剖面图(有时往往中间用断开的方式来表达)及踏步(包括防滑条)栏杆扶手(或栏板)详图,并尽可能画在同一张图纸内,以便对照阅读。踏步、栏杆扶手详图的比例要大些,如图 11-20 所示。

（4）其他详图。

除了上述详图外,通常还有门窗详图、室外台阶节点详图、阳台详图等,本章不一一罗列。

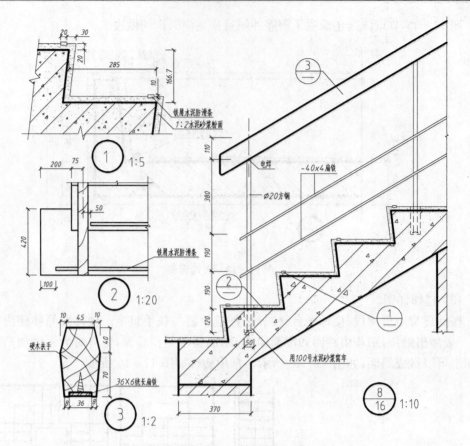

图 11 - 20 楼梯详图

11.2.8 房屋建筑图的绘制(Architectural drawing of a building)

绘制建筑平、立、剖面图,必须注意它们的完整性和相互关系的一致性。

房屋建筑图的绘制通常分为下列几步。

1. 选定比例和图幅

首先根据房屋的复杂程度和大小,按表 11 - 1 选定比例,然后根据房屋的大小和选定的比例,估计注写尺寸、符号和有关说明所需的位置,最后确定应选用的标准图幅。

2. 画图稿

(1) 图框和标题栏,均匀布置图面,画出定位轴线。

(2) 画出全部墙、柱断面和门窗洞,同时也补全未定轴线的次要的非承重墙。

(3) 画出所有建筑构配件,如门、窗、卫生洁具等的图例或外形轮廓。

(4) 标注尺寸和符号。根据不同建筑图的要求,完整、清晰地标注尺寸(包括标高)。画出有关的符号,如底层平面图中的指北针、剖切符号、定位轴线编号、详图索引符号等。

(5) 安排好书写文字的位置。

(6) 仔细校对。

3. 加深

按表 11 - 2 的规定,选用合适的线宽 b,从而确定粗实线、中实线和细实线的宽度,按照前面章节所阐述的图线使用要求,对不同的部位,采用不同的线型、线宽加深图形。

11.3　结构施工图(Construction drawing of structure)

结构施工图是根据房屋建筑中的承重构件进行结构设计后画出的图样。结构设计时要根据建筑要求选择结构类型,并进行合理布置,再通过力学计算确定构件的断面形状、大小、材料及构造等。结构施工图必须密切与建筑施工图互相配合,这两个工种的施工图之间不能有矛盾。

结构施工图与建筑施工图一样,主要用于施工中放灰线、挖基槽、安装模板、配钢筋、浇灌混凝土等施工过程,也是计算工程量、编制预算和施工进度计划的依据。

常见的房屋结构形式按承重构件的材料可分为:

(1) 混合结构　墙用砖砌筑,梁、楼板和屋面都是钢筋混凝土构件。

(2) 钢筋混凝土结构　柱、梁、楼板和屋面都是钢筋混凝土构件。

(3) 砖木结构　墙用砖砌筑,梁、楼板和屋架都用木料制成。

(4) 钢结构　承重构件全部为钢材。

(5) 木结构　承重构件全部为木材。

目前我国建造的住宅、办公楼、学校的教学楼和集体宿舍等民用建筑,都广泛采用混合结构。

结构施工图的内容包括:结构设计总说明(对较小的房屋不必单独编写),基础平面图及基础详图,楼层结构平面图,屋面结构平面图,结构构件(例如梁、板、柱、楼梯、屋架等)详图。

本节主要讲述绘制和阅读钢筋混凝土结构施工图的基本方法。

11.3.1　钢筋混凝土构件简介(Brief introduction of reinforced concrete structure)

1. 钢筋混凝土构件及混凝土的强度等级

钢筋混凝土构件由钢筋和混凝土组合而成。混凝土由水、水泥、黄沙、石子按一定比例拌和硬化而成。混凝土的抗压强度较高,抗拉强度较低,抗拉强度一般为抗压强度的 $1/20 \sim 1/10$,因而容易受拉而断裂。混凝土的强度等级分为 C7.5、C10、C15、C20、C25、C30、C35、C40、C45、C50、C55 及 C60 12 个等级,数字越大,表示混凝土的抗压强度越高。钢筋具有良好的抗拉强度,与混凝土有良好的黏结力,其热膨胀系数与混凝土相近,因而为了提高混凝土构件的抗拉能力,常在混凝土构件的受拉区内配置一定数量的钢筋,组成钢筋混凝土构件。

2. 钢筋的分类与作用

图 11-21 所示配置在钢筋混凝土构件中的钢筋,按其作用可分为:

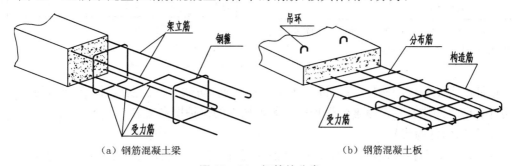

(a) 钢筋混凝土梁　　　　　　　　　　(b) 钢筋混凝土板

图 11-21　钢筋的分类

(1) 受力筋　承受拉力或压力的钢筋,在梁、板、柱等各种钢筋混凝土构件中都有配置;

(2) 架立筋　在梁中与受力筋、箍筋一起形成钢筋骨架,以固定钢筋的位置;

(3) 箍筋　也称钢箍,用于梁和柱内,以固定受力筋位置,并承受一部分斜拉力;

(4) 分布筋　用于板内,以固定受力筋的位置,与受力筋一起构成钢筋网,使力均匀分布给受力筋,并抵抗热胀冷缩所引起的变形;

(5) 构造筋　因构件在构造上的要求或施工安装需要而配置的钢筋。

钢筋有光圆钢筋和带肋钢筋(表面上有人字纹或螺旋纹),按强度分为Ⅰ、Ⅱ、Ⅲ、Ⅳ四级。常用钢筋和钢丝的符号,如表 11-6 所示。为使钢筋和混凝土具有良好的黏结力,构件中若采用Ⅰ级钢筋(表面光圆钢筋),则钢筋两端都要做成半圆形弯钩或直弯钩;若采用Ⅱ级或Ⅱ级以上的带肋钢筋,则两端不必做弯钩。弯钩常见形式和画法见图 11-22。图 11-22(a)和(b)中的光圆钢筋弯钩,在图中分别标注了弯钩的尺寸,下面则是它们的简化画法;图 11-22(c)是钢箍的简化画法,弯钩长度一般分别在两端各伸出 50mm 左右。

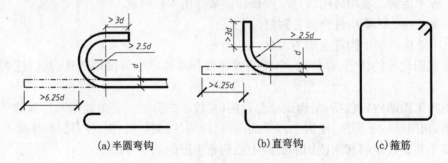

(a)半圆弯钩　　　　　(b)直弯钩　　　　　(c)箍筋

图 11-22　钢筋弯钩的形式

表 11-6　钢筋、钢丝的直径符号

种　类	符　号
Ⅰ级钢筋	ϕ
Ⅱ级钢筋	ϕ
Ⅲ级钢筋	ϕ
Ⅳ级钢筋	ϕ
热处理钢筋	ϕ^{t}
冷拔低碳钢丝	ϕ^{b}

注:还有冷拉Ⅰ级、Ⅱ级、Ⅲ级、Ⅳ级钢筋,它们的符号是上述相应的符号加上标1,即ϕ^1、ϕ^1、ϕ^1、ϕ^1。

表 11-7　钢筋混凝土构件的保护层

钢筋	构件种数		保护层厚度/mm
受力筋	板	断面厚度≤100mm	10
		断面厚度>100mm	15
	梁和柱		25
	基础	有垫层	35
		无垫层	70
钢箍	梁和柱		15
分布筋	板		10

钢筋混凝土构件的构件不能外露,为了保护钢筋、防锈、防火、防腐蚀,在钢筋的外边缘与构件表面之间应有一定厚度的保护层。各种构件的保护层参考表 11-7。

3. 常用构件的代号

为了便于简明扼要地表达梁、板、柱等钢筋混凝土构件,可用代号标注,常用构件代号如表 11-8 所示。预应力构件应在代号前加注"Y-"。

表 11-8　常用构件代号

名称	代号	名称	代号	名称	代号	名称	代号	名称	代号
板	B	吊车安全走道板	DB	连系梁	LL	钢架	GJ	水平支撑	SC
屋面板	WB	墙板	QB	基础梁	JL	支架	ZJ	梯	T
空心板	KB	天沟板	TGB	楼梯梁	TL	柱	Z	雨篷	YP
槽形板	CB	梁	L	檩条	LT	基础	J	阳台	YT
密肋板	MB	屋面梁	WL	屋架	WJ	设备基础	SJ	梁垫	LD
楼梯板	TB	吊车梁	DL	托架	TJ	桩	ZH	预埋件	M
盖板或沟盖板	GB	圈梁	QL	天窗架	CJ	柱间支撑	ZC	钢筋网	W
挡雨板或檐口板	YB	过梁	GL	框架	KJ	垂直支撑	CC	钢筋骨架	G

11.3.2　钢筋混凝土构件详图(Detail of reinforced concrete member)

1. 钢筋混凝土构件的图示方法

在钢筋混凝土构件详图中,假想混凝土为透明体,用细实线画出外形轮廓,用粗实线或黑圆点画出钢筋,并标注出钢筋种类的直径符号和大小、根数或间距等,钢筋混凝土梁的结构详图一般用立面图和断面图表示。图 11-23 为钢筋混凝土梁的立面图和断面图。梁的两端搁置在砖墙上,梁的下部配置三根 $\phi20$ 受力钢筋,其中中间的一根在靠近梁的两端支座处按 45°方向向上弯起,弯起钢筋上部弯平点位置距墙边缘为 50mm。在梁的上部两侧各配置一根 $\phi12$ 的架立筋。

箍筋一般均布在梁中,在立面图中可采用简化画法,只画其中三至四道,并注明箍筋的直径和间距。例如图中 4 号钢筋 $\phi6@200$ 即表示箍筋的直径为 6mm,每隔 200mm 布置一根。

在断面图上画混凝土或钢筋混凝土的材料图例,而被剖切到的砖砌梯或可见的砖砌体的轮廓线则用中实线表示,砖与钢筋混凝土构件在交接处的分界线则仍按钢筋混凝土构件的轮廓线画细实线,但在砖砌体的断面图上,应画出砖的材料图例。

2. 钢筋混凝土梁

为方便钢筋工配筋和取料,通常应对钢筋进行编号,并列出钢筋表。图中未计算钢筋长度。钢筋编号以直径为 6mm 的细实线圆表示,其编号用阿拉伯数字按顺序编写。

3. 钢筋混凝土板

(1) 钢筋混凝土预制板　钢筋混凝土预制板有普通实心板、槽形板、多孔板等各种形式。图 11-24 是预制的预应力钢筋混凝土多孔板横断面图。根据标注的型号可查阅有关标准图集了解板的长、宽、高。板的高度目前常用 120mm 或 180mm。多孔板是定型构件,一般不必绘制详图,而只要注出型号。

预应力多孔板的型号标注方法目前全国尚未统一,各地区、各设计院的标注有所不同,本书采用上海市民用建筑设计院编制的图集所规定的代号。

120mm 厚的预应力多孔板板宽代号用数字 4、5、6、8、9、12 表示,分别表示板的名义宽度为 400、500、600、800、900、1200(mm),而板的实际宽度比名义宽度减小 20mm。

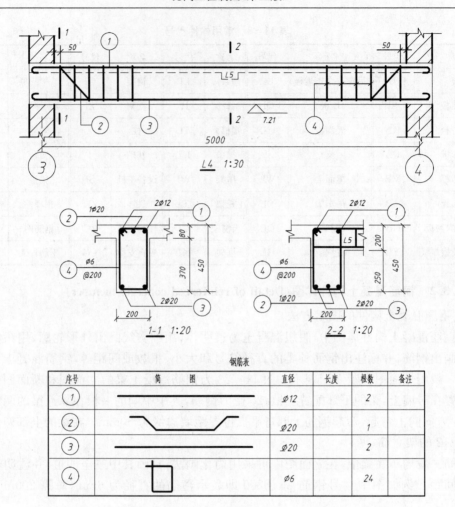

图 11 - 23　钢筋混凝土梁

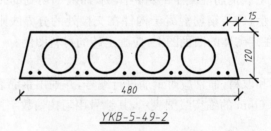

YKB-5-49-2

图 11 - 24　钢筋混凝土预制板断面图

板长代号用板长尺寸的前两位数表示,如板长 4900mm 为标准尺寸,则代号为 49。但实际板长则为 4900−20＝4880mm,这是因为其中扣除 20mm,便于施工就位。

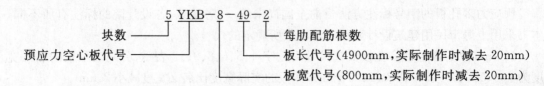

（2）钢筋混凝土现浇板 钢筋混凝土现浇板结构详图通常用平面图和立面图（断面图）表示。图 11-25 是现浇板的钢筋配置在平面图中的表示法。现浇板的代号用 B 表示，编号用数字 1，2，3，…表示，在代号 B 和数字之间加以短画，如 B-1、B-2 等，括号内为板的厚度（单位 mm）。在平面图中，板的顶层和底层都配置了钢筋，按规定：水平方向钢筋的弯钩向上、竖直方向钢筋的弯钩向左的，都表示底层钢筋；水平方向钢筋的弯钩向下、竖直方向钢筋的弯钩方向向右的，都表示顶层钢筋。若采用带肋钢筋，端部不做成弯钩时，可在钢筋端部用 45°短画表示，方向规定与弯钩方向相同。例如 B-1 板中画出的编号为 1 的受力筋 $\phi8@100$ 和编号为 1 的分布筋 $\phi10@100$ 都是板的底层钢筋；而编号为 3 和 4 的钢筋都是板的顶层构造钢筋。在板的两角预留有上下水管道的孔。

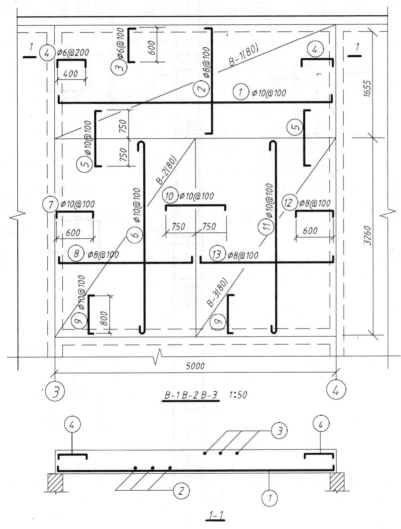

图 11-25 钢筋混凝土现浇板

4. 钢筋混凝土柱

图 11-26 是半框架中现浇钢筋混凝土柱的立面图和断面图。该柱从柱基起直通四层楼面。底层柱为矩形断面 50mm×350mm，受力筋为 $4\phi25$（图中 3-3 断面），下端与柱基插铁

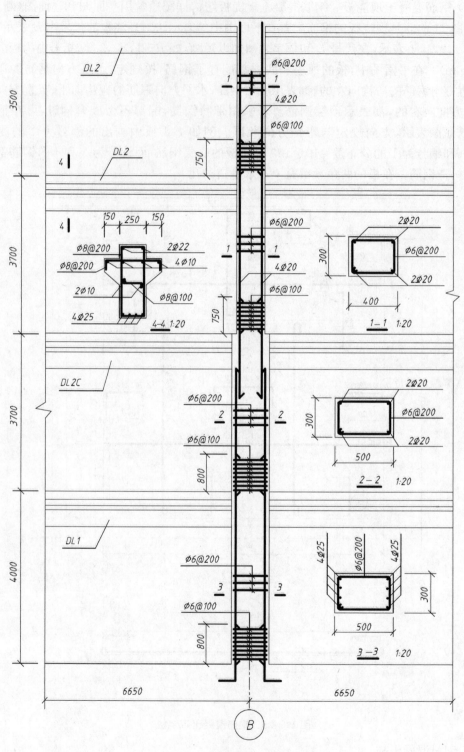

半框架配筋详图　1:50

图 11－26　钢筋混凝土柱

搭接,搭接长度为 800mm;上端伸出二层楼面 800mm,以便与二层柱受力筋 2 ϕ20(2-2 断面)搭接;二层柱的受力筋上端伸出三层楼面 750mm 与三层柱的受力筋 2 ϕ20(1-1 断面)搭接;三层柱为矩形断面 400mm×300mm。受力筋搭接区的箍筋间距需适当加密为 ϕ6@100;其余箍筋均为 ϕ6@200。

在柱的立面图中还画出了柱连接的一、二、三、四层楼面梁 DL1、DL2C、DL2、DL2 的局部(外形)立面。因搁置预制楼板的需要,同时也为了提高室内梁下净空高度,把楼面梁断面做成十字形梁(或花篮梁),其断面形状和配筋,如 4-4 断面所示。

11.3.3 基础平面图和基础详图(Plan and detail of foundation)

基础是位于墙或柱下面的承重构件,它承受房屋的全部载荷,并传递给基础下面的地基。地基可以是天然土壤,也可以是经过加固的土壤。基础图是表示建筑物室内地面以下基础部分的平面布置和详细构造的图样,它是施工时放灰线、开挖基坑和施工基础的依据。基础图通常包括基础平面图和基础详图。

根据上部结构的形式和地基承载能力的不同,基础分为:条形基础、独立基础、片筏基础和箱形基础。图 11-27 画出了最常见的条形基础和独立基础:图 11-27(a)所示条形基础,一般用作砖墙基础;而图 11-27(b)所示独立基础,常用作柱基础。

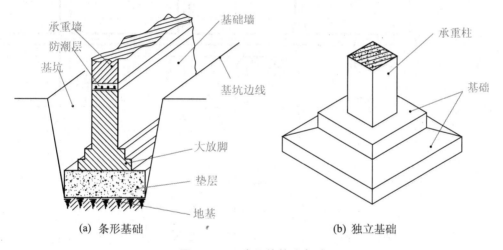

(a) 条形基础   (b) 独立基础

图 11-27 常见的基础类型

1. 基础平面图

基础平面图是假想用一个水平面在房屋的室内地面以下剖切后的水平剖面图,是基槽未回填时的基础平面布置图样。

在基础平面图中,只要求画出基础墙、构造柱、承重柱的断面以及基础底面的轮廓线,细部形状将具体反映在基础详图中。剖切到的基础墙画粗实线,基础底面画细实线,可见的梁画粗实线(单线),不可见的梁画粗虚线(单线),剖切到的钢筋混凝土柱用涂黑表示。由于每段基础所承受的内、外力不同,其基础底面宽度也不同,所以在基础平面图上要用粗实线的剖切符号来表示,如图 11-28 中所示。

为了施工方便,注脚标识号可直接采用基础的宽度(单位 cm)表示,这种形式多用于条形基础平面图;也可采用按顺序编号的阿拉伯数字来表示,这种形式多用于独立基础平面图。

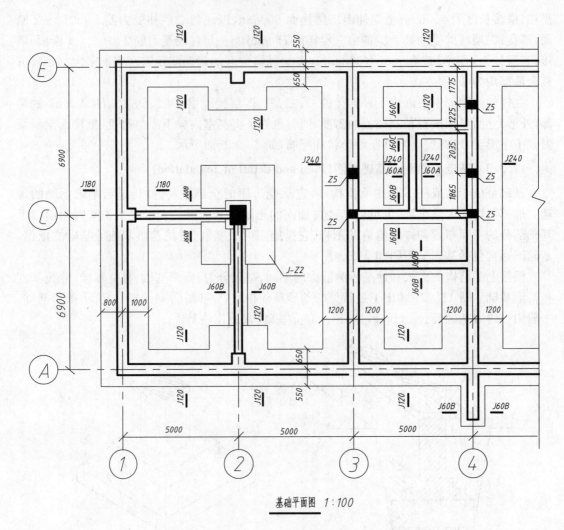

基础平面图　1:100

图 11-28　基础平面图

　　基础平面图中必须注明基础的大小尺寸,即基础墙宽度、柱外形尺寸以及它们基础的底面尺寸,这些尺寸可直接标注在基础平面图上,也可以用文字加以说明。还必须注明基础的定位尺寸,即基础墙、柱的轴线尺寸(应注意它们的定位轴线及其编号必须与建筑平面图相一致)。图 11-28 中,定位轴线都在墙身或柱的中心位置。

　　2. 基础详图

　　基础平面图只表达了基础的平面布置,而基础的形状、大小、构造、材料及埋置深度均未表示,所以需要画出基础详图,以此作为砌筑基础的依据。

　　基础详图采用垂直断面图来表示。图 11-29 为承重墙的基础(包括基础梁)详图。该承重墙基础是钢筋混凝土条形基础。由于各条形基础的断面形状和配筋形式是类似的,因此只要画出一个通用断面图,再附上一个表,其中列出的基础底面宽度 B 和基础受力筋(基础梁受力筋),就可以把各个条形基础的形状、大小、构造和配筋表达清楚了。

　　图 11-29 所示钢筋混凝土条形基础底面下铺设 100mm 厚混凝土垫层。垫层的作用是使基础与地基有良好的接触,以便均匀地传递压力,并且使基础底面处的钢筋不与泥土直接

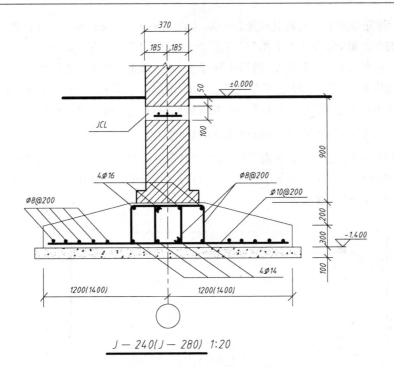

J—240(J—280) 1:20

图 11-29 条形基础详图

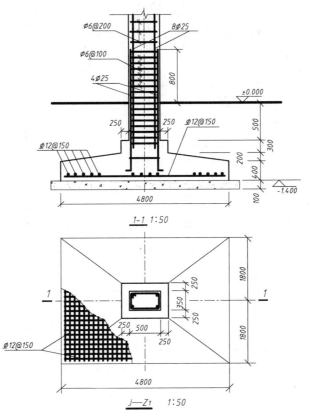

1-1 1:50

J—Z1 1:50

图 11-30 独立基础详图

接触,以防止钢筋的锈蚀。钢筋混凝土条形基础的高度由 500mm 向两端减小到 300mm。横向钢筋是基础的受力筋,受力筋上面均匀分布的黑圆点是纵向分布筋(ϕ8@200)。基础墙底部两边各放出 1/4 砖长、高为二皮砖厚(包括灰缝厚度)的大放脚,以增大承压面积。基础墙、基础、垫层的材料规格和强度等级见施工总说明。为防止地下水的渗透,在接近室内地面的 50mm 高度处设有防水混凝土的防潮层(JCL),并配置纵向钢筋 3ϕ8 和横向分布筋 ϕ6@200。

11.3.4 楼层结构平面图(Plan of floor structure)

楼层结构平面图也称楼层结构平面布置图(图 11-31)。表示楼面板及其下面的墙、梁、柱等承重构件的平面布置。如各层楼面结构布置情况相同,可只画出一个楼层结构平面图,但应注明合用各层的层数。

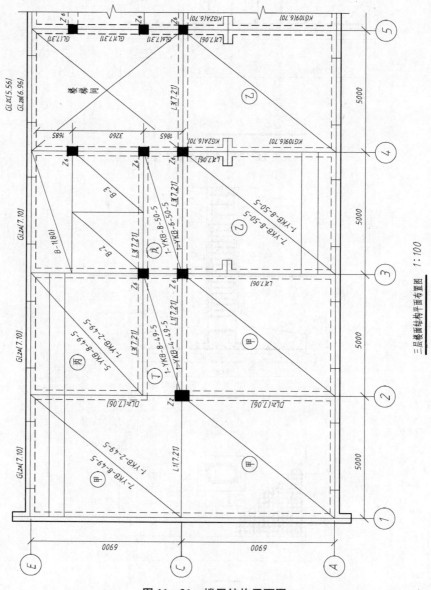

图 11-31 楼层结构平面图

楼层结构平面图的常用比例是 1∶100、1∶200 或 1∶50。楼层结构平面图是假想用一个紧贴楼面的水平面剖切后所得的水平剖视图(图 11-31)。可见的钢筋混凝土楼板的轮廓线用细实线表示,剖切到的墙身轮廓线用中实线表示,楼板下面不可见的墙身轮廓线用中虚线表示,剖切到的钢筋混凝土柱子用涂黑表示。

大部分楼面都采用预制的预应力钢筋混凝土多孔板,由于卫生间需要安装管道,故采用现浇楼板,以便预留管道孔洞。由于各个房间的开间和进深大小不同,则布置了不同数量和不同规格的预制板,或不同数量相同规格的预制板。用代号“甲”表示的预制板 7-YKB-8-49-5,也就是铺设 7 块型号为 YKB-8-49-5 的预制预应力多孔板。每一代号的布置,只要详细地画出一处,包括代号文字和圆圈、铺设这一片楼板的总范围、一两块或所有多孔板的轮廓,并在总范围内用细实线画一条对角线,再在对角线的一侧注明多孔板的块数和型号;在其他布置相同的地方,只要用细实线画出铺设这一片楼板的总范围,并画出有甲、乙、丙、丁、戊等相应文字的代号圆圈就够了。

梁底结构标高也可加括号,直接标注在结构平面图中梁的代号和型号或编号之后。

楼层结构平面图中的楼梯部分由于比例过小,图形不能清楚表达楼梯结构的平面布置,故需另外画出楼梯结构详图,在这里只需画出两条细实线的对角线,并注明“楼梯间”就够了。

结构平面图中还应标出各轴线间尺寸和轴线总尺寸。

此外,根据需要还要画出屋顶结构平面图、屋架及支撑结构布置图等。

复习思考题

11-1 建筑施工图是如何分类的?它们各包括哪些内容?

11-2 平面图和剖面图在表达内容和表达方法上各有什么异同?

11-3 平面图、剖面图上各应标注哪些尺寸和标高?各道尺寸分别起什么作用?它们之间有何相互关系?

11-4 立面图和剖面图在表达内容和表达方法上各有什么区别?在尺寸注法上又有何区别?

11-5 平、立、剖面图的线条如何分粗细层次?

11-6 为什么要绘制建筑详图?它应包括哪些内容?同一部位处的详图与剖面图在表达上有何区别?

11-7 楼梯平面图上的踏面数为何比级数要少 1 个?

11-8 基础平面图表示哪些内容?基础详图又表示哪些内容?

11-9 楼层结构平面图表示哪些内容?楼板下的墙身和梁是怎样表示的?预制楼板的布置在平面图中如何简化表示?

11-10 钢筋混凝土构件结构详图有何图示特点?如何标注钢筋?

11-11 钢筋混凝土结构图中各符号的意义是什么?

12 化工制图

（Chemical engineering drawing）

12.1 概述(Instruction)

化工专业图样是化工企业在设计、制造、施工、安装、试车、运行等过程中的重要技术文件。化工制图是研究、讨论化工专业图样的表达和识读方法的一门工程应用型课程，它以技术制图和机械制图为基础、结合化工专业的设计特点，通过长期的生产和设计实践逐步形成、完善和规范。因此绘制化工专业图样时应遵循技术制图、机械制图国家标准和有关的行业标准。

化工专业图样包括化工设备图和化工工艺图两部分。

1. 化工设备图

化工设备图的内容包括：工程图、施工图。其中施工图包括：装配图、部件图、零件图(包括表格图)、特殊工具图、标准图或通用图、梯子平台图、管口方位图、预焊件图等。

2. 化工工艺图

化工工艺图的内容包括：

(1) 流程图　其中有工艺管道及仪表流程图、总工艺流程图、物料流程图、辅助系统工艺管道及仪表流程图，以及首页图、分区索引图等。

(2) 设备布置图　其中有首页图、设备布置图、设备支架图、管口方位图。

(3) 管道图　其中有管道布置图、软管站布置图、管道轴测图、特殊管架图、设备管口方位图等。

本章主要介绍化工设备的装配图、工艺管道及仪表流程图、设备布置图、管道布置图和管道轴测图。

12.2 化工设备图(Process equipment drawing)

化工设备图是表达各种化工生产过程装置和设备的结构形状和特征、性能规格和尺寸、装配连接关系、技术要求等的图样。图12-1(见插页)是化工设备的装配图，各种化工设备图的图样要素及其布置，应遵循《化工设备设计文献编制规定》HG/T 20668—2000。图12-2是工程图和装配图的图样要素及其图面布置。

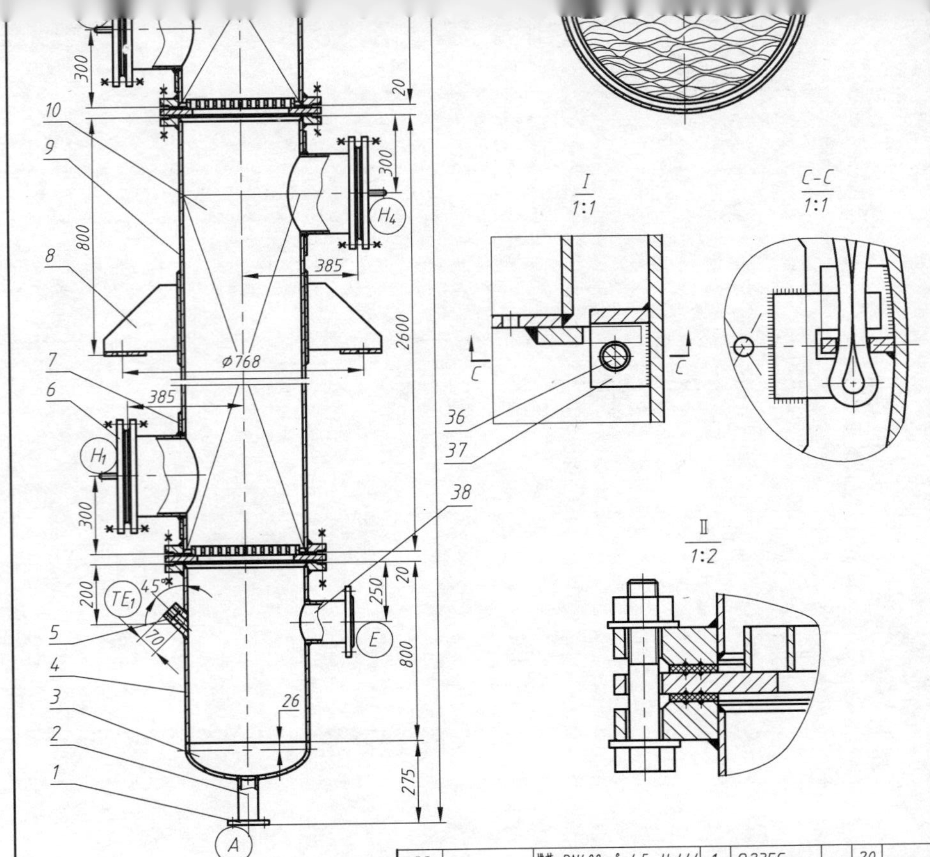

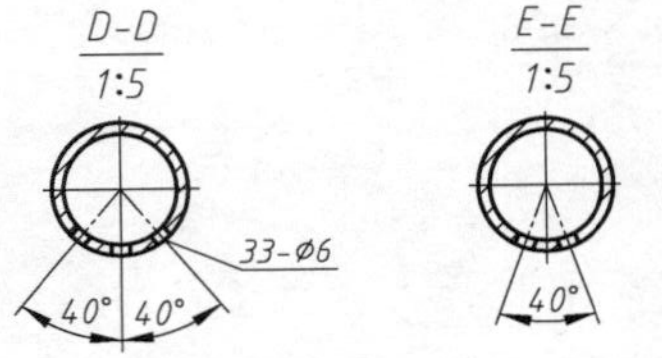

图 12-1 化工设备装配图

件号明细表

件号 PARTS NO	图号或标准号 DWG NO OR STD NO	名称 PARTS NAME	数量 QTY	材料 MATL	单重 SINGLE MASS (kg)	总重 TOTAL MASS (kg)	备注 REMARKS
26	GB/T 5782	螺栓M20×100	96	Q235A	0.09	8.64	
25		瓷环填料 Φ380×50		陶瓷		250	
24		导向DN100 δ=4.5 H=1263	1	Q235C	56	112	
23	Z-1231-05	瓷帽Φ390 δ=3	5	Q235B	7	35	
22	GB/T 9126	垫片 RF DN400-10	12	石棉橡胶版			
21	Z-1231-04	筒体法兰Φ535/Φ337 δ=14	5	Q235B	14.6	73	
20	GB/T 9119	法兰 PN400-10 RF (系列I)	12	Q235C	25.1	301.2	
19		装配母76×4 L=153	2	20		22	
18			2		1.07	2.14	
17	GB/T 9119	法兰 PN65-0.6 RF (系列I)	2	Q235C	1.85	3.7	
16	GB/T 9126	垫片 RF DN65-0.6	2	石棉橡胶版			
15	GB/T 9123.1	出盖 PN65-0.6 FF	2	Q235C	2.45	4.9	
14		法兰 PN40-0.6 RF (系列I)	2	Q235C	1.38	2.76	
13	Z-1231-03	进料兽45×3.5	2	Q235C	2.15	4.3	
12		进料兽Φ36 δ=4	1	Q235B	0.02	0.04	
11		瓷环填料 25×25×2.5		陶瓷	0.5m³	105	
10		导向DN100 δ=4.5 H=2328	1	Q235C		253	
9		瓷环填料 25×25×2.5		陶瓷	0.5m³	100	
8	JB/T 4712.3	耳式支座B2-I	2	Q235C	10	20	
7	JB/T 4736	手孔圈 DN250×6-D	4	Q235A	5.68	22.72	
6	HG/T 21529	手孔RF II(A·G) 250-0.6	4		39.6	158.4	
5	Z-1231-02	温度计接头 M27×2	1	Q235C		0.5	
4		导向DN100 δ=4.5 H=594	2	Q235C	13.5	27	
3	JB/T 4746	椭圆形封头 EHA 400×6	2	Q235C	9.3	37.2	
2		装配母Φ57×3.5 L=153	1	20		0.71	
1	GB/T 9119	出管 PN50-0.6 RF (系列I)	1	Q235C	1.51	3.02	

其中

		符号 SYMBOL	说明 DESCRIPTION	净重 NET MASS (kg)
空器重 EMPTY MASS			1604	
操作质量 OPERATING MASS			253	
盛水质量 MASS OF FULL WATER				
最大可卸件重量 MAX REMOV PART MASS				

压力容器设计许可证章

设计 PRED	制图 CHMD	校核 APPR	审核 APPR	批准 AUTHD	日期 DATE

装配图				
专业	设备	设备等级	甲级 Class A	Grade of qualification
		图号 DRAWING NO	Z-1231-01	
		证书编号 Certificate NO	T0101	
装备名称 DRAWING NAME	瓷环装填复式填料塔Φ400×9340装配图			
比例 SCALE	1:10	第 张 共 张		
项目 PROD				
装置工段 UNIT & SECTION				
新次 REV	0			

件号	图号或标准号	名称	数量	材料	单重	总重
29		导管 DN100 δ=4.5 H=444 L=150		20		1.9
38				20		0.27
37	Z-1231-08	固定角钢 25×25×4	3	Q235B	0.09	0.27
36	GB/T 91	开口销 8×45	8	Q235B	0.02	0.16
35	GB/T 41	螺母 M12	8	Q235A	0.06	0.48
34	GB/T 5782	螺栓 M12×50	8	Q235A		
33	GB/T 9119	法兰 PN125-0.6 RF (系列I)	4	Q235C	4.08	16.32
32		导管Φ133×4 L=195	1	20		2.5
31	Z-1231-07	温度计接头M27×2	2	Q235C	0.5	1
30	Z-1231-06	液体分布器	1			7.0

C-C 1:1

II 1:2

I 1:1

E-E 1:5

D-D 1:5

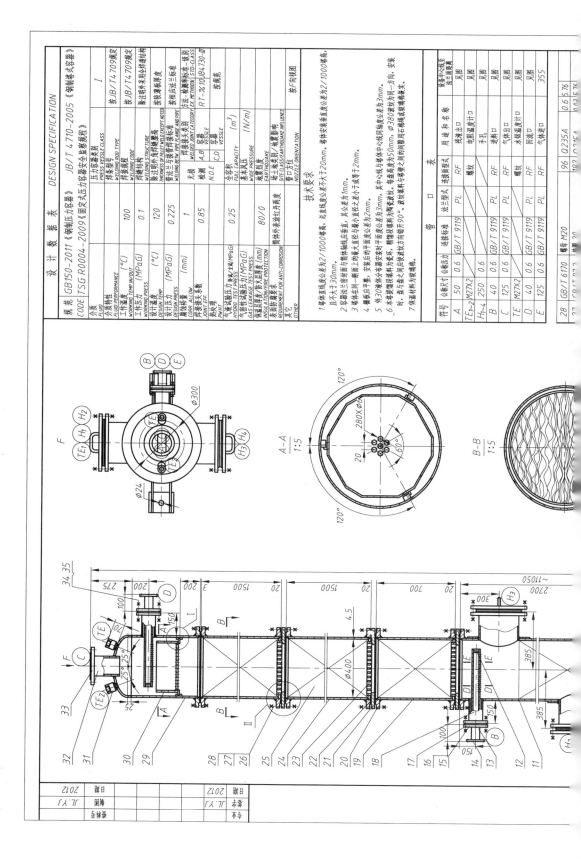

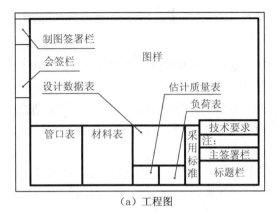
（a）工程图

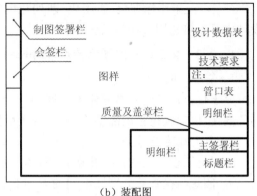
（b）装配图

图 12 - 2　化工设备图的图样要素及其布置

12.2.1　化工设备的基本结构特点(Principal structure characteristics of process equipments)

典型的化工设备有容器、反应器、换热器和塔(图 12 - 3)，尽管它们的形状大小、安装方式、工艺要求均有差异，但在结构上有以下共同点：

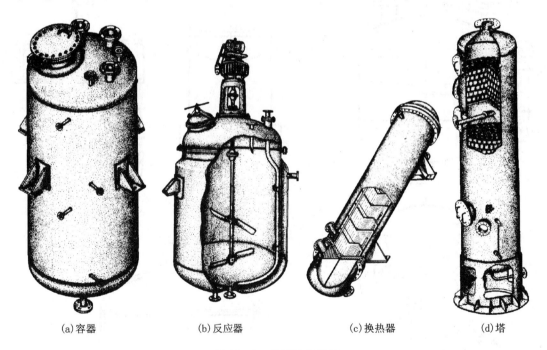

(a)容器　　　　　(b)反应器　　　　　(c)换热器　　　　　(d)塔

图 12 - 3　典型化工设备

（1）设备基本形体以回转体为多　化工设备的壳体和一些零部件(人孔、手孔、接管等)由圆柱形、椭球形、球形、圆锥形构成，用以满足承压性能好、制作方便、省材料的要求。

（2）设备上的开孔和接管多　设备上的众多开孔和接管用以满足进出物料、排放、清理、观察、取样、检测和检修等要求。

（3）设备各部位结构的尺寸相差悬殊　例如设备公称直径相对于壳体壁厚、管径等。

（4）设备上大量采用焊接结构　大多数零部件采用不可拆的焊接结构。

（5）广泛采用标准化、通用化、系列化的零部件　　化工设备的零部件大多数已标准化，设计中可直接选用，以降低制造成本。

12.2.2　化工设备的图示特点（Representation characteristics of process equipments）

1. 基本视图

鉴于化工设备的基本形体多为回转体，其基本视图一般为两个。主视图常为全剖视或局部剖视，以反映设备内部结构，另一视图可按投影关系配置，或按向视图形式配置。

2. 多次旋转表达法

由于化工设备上的开孔和接管多，为了能在主视图上清楚地反映它们的结构形状和轴向位置，假想将接管等分别按不同的方向旋转到与正投影面平行的位置后再进行投射的方法称多次旋转表达法（图 12-4）。

采用多次旋转表达法时，应避免不同方位的接管的投影重叠在一起。

采用多次旋转表达法时，允许不作标注，但被旋转结构的周向方位必须在技术数据表中予以说明。

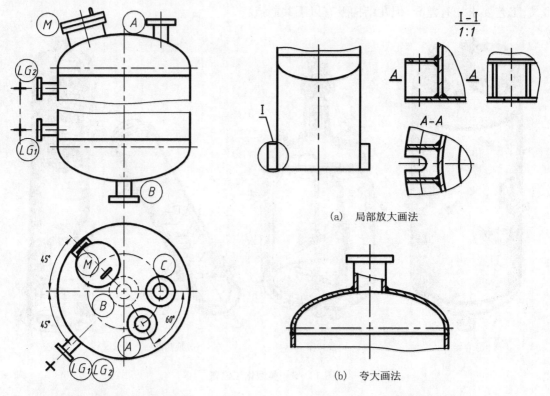

图 12-4　多次旋转表达法示意图　　　　　图 12-5　细部结构表达法

（a）局部放大画法

（b）夸大画法

3. 细部结构表达法

由于设备各部位结构的尺寸大小相差悬殊，化工设备图上较多地采用了局部放大图（也称节点图）和夸大画法。

（1）局部放大图　　局部放大图按机械制图国家标准规定的方法绘制，其表达方法不受基本视图所采用的表达方法的限制，如图 12-5（a）所示。

　　(2) 夸大画法　化工设备的壳体壁厚、接管壁厚、垫片厚度、折流板厚等结构或细小零件,在按总体比例绘制后难以表达其厚度或大小时,允许适当夸大地用双线画出一定的厚度或大小,如图 12-5(b)所示。当画出的壁厚过小时(≤2mm),可用涂色代替剖面符号。

　　4. 断开、分段(层)和整体表达法

　　(1) 断开画法　当设备的结构形状有相当部分是相同的、或按规律变化的、或按规律重复的时候,为了合理使用图幅和简化作图,可采用断开画法,见图 12-6。

　　(2) 分段(层)画法　当设备的总体高度或长度很大,视图又不适宜采用断开画法时,为了能以较大的作图比例清楚地表达各部结构,可采用分段(层)画法,如图 12-7 所示。

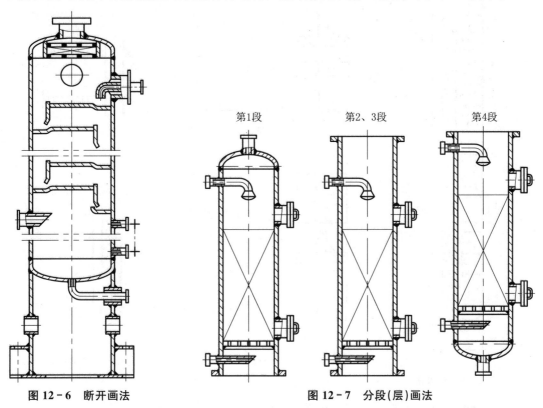

　　　　图 12-6　断开画法　　　　　　　　　　　　**图 12-7　分段(层)画法**

　　(3) 整体图　使用断开和分段(层)画法后,应采用设备整体图来表达设备的总体形象。整体图采用较大的缩小比例和单线(粗实线)绘制;应画出整个设备的外形、主要结构、必要的内件;并标注设备的直径、总高、接管口、人手孔等主要零部件的定位尺寸和标高,以及其他主要尺寸;塔盘应自下而上编号,并注明塔盘间距,如图 12-8。

　　5. 焊缝的表示方法

　　化工设备图上的焊缝坡口应执行 GB/T 985—2008,《技术制图焊缝符号的尺寸、比例及其简化表示法》GB/T 12212,《焊缝符号表示方法》GB/T 324—2008,《焊接及相关工艺方法代号》GB/T 5185—2008 等规定绘制并标注。

　　(1) 焊缝的画法　Ⅰ类容器和常、低压化工设备的焊缝,在剖视图中画出焊缝的断面形状并涂黑,如图 12-9所示。

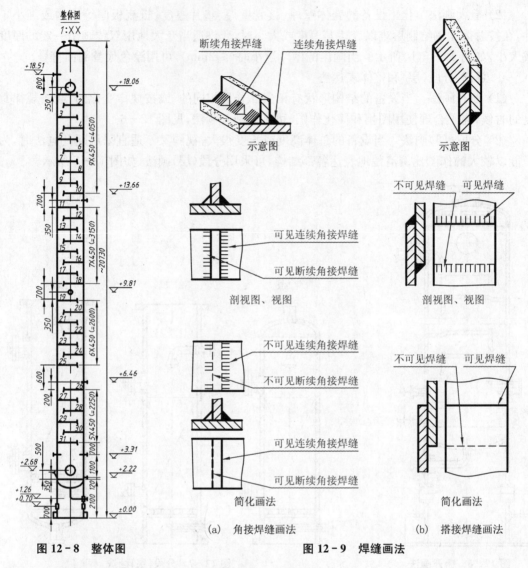

图 12 - 8　整体图　　　　　　　　　　　　　图 12 - 9　焊缝画法

(a)　角接焊缝画法　　　　　　　　(b)　搭接焊缝画法

　　Ⅱ、Ⅲ类容器和中高压化工设备的焊缝,在剖视图中画出焊缝的断面形状并涂黑的同时,还必须用局部放大图表达重要焊缝的结构形状和尺寸大小,如图 12 - 10 所示。

　　(2) 焊缝的标注　　常、低压化工设备和Ⅰ类容器的焊缝符号,只需在技术数据表或技术要求中统一说明,如:焊接接头的形式按 GB 985 的规定。中高压化工设置和Ⅱ、Ⅲ类容器的焊缝,应在焊接结构位置处进行标注。

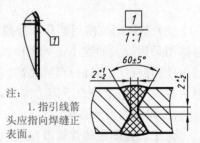

注:
　1. 指引线箭头应指向焊缝正表面。
　2.装配图中方框3.5mm×3.5mm,放大图中方框7mm×7mm;方框中数字为焊缝序号。

图 12 - 10　焊缝局部放大图

　　图 12 - 11 是焊缝指引线的画法及各项内容的标注顺序。图 12 - 12 为焊缝在图样上的表达方法,图中数据 6 为焊脚高、111 为焊接方法代号(代号的意义见表 12 - 1),1.5±1 为焊缝钝边高,65°±5°为焊缝坡口角度,1±1 为焊缝根部间隙的尺寸。部分焊缝符号及其画法参阅表12 - 2。

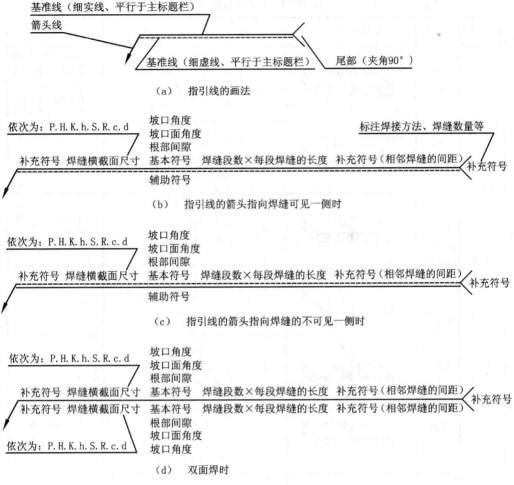

图 12 - 11 焊缝符号、数据的标注方法

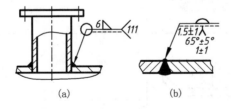

图 12 - 12 焊缝图示法示例图

表 12 - 1 焊接方法代号 (摘自 GB/T 5185)

焊接方法	焊条电弧焊	埋弧焊	等离子弧焊	铝热焊	氧乙炔焊
代号	111	12	15	71	311

表 12－2　部分焊缝符号表

符号类型	名 称	焊缝示意图	符 号 及 其 画 法	说　明
基本符号	V 型焊缝		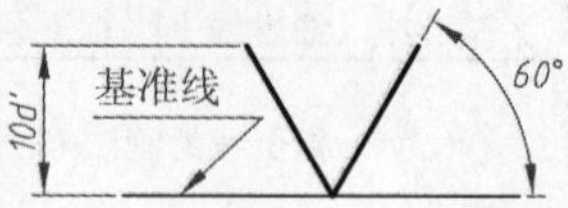 基准线　60°　10d′	d′——焊缝图形符号的线宽和字体的笔画宽度。 d′=1/10h ,h≈7b h ——轮廓线宽度
	单边 V 型焊缝		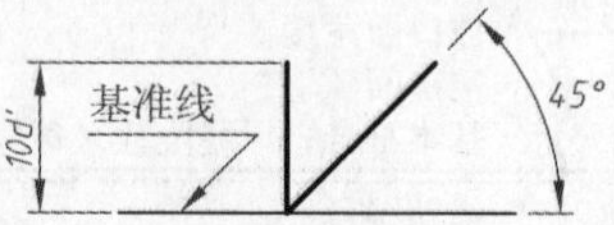 基准线　45°　10d′	
	带钝边 V 型焊缝		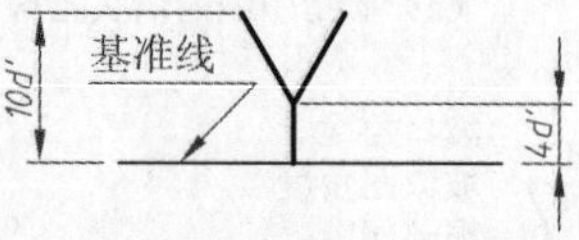 基准线　10d′　4d′	其他尺寸参见 V 型焊缝
	带钝边单边 V 型焊缝		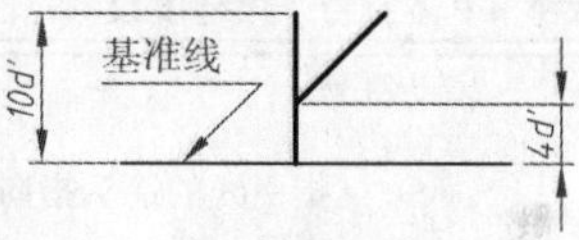 基准线　10d′　4d′	其他尺寸参见 单边V型焊缝
	角焊缝		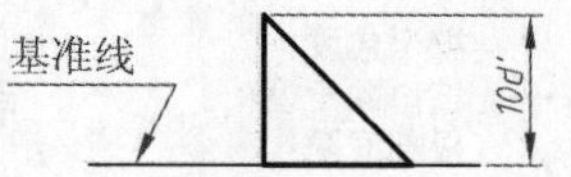 基准线　10d′	
辅助符号	平面符号		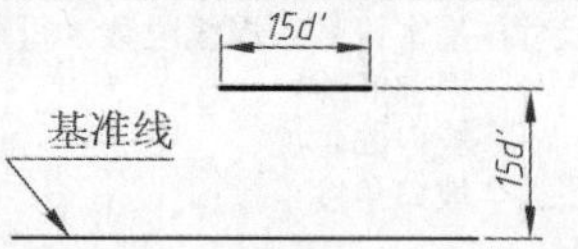 15d′　基准线　15d′	焊缝表面平齐 (一般经过加工)
	凹面符号	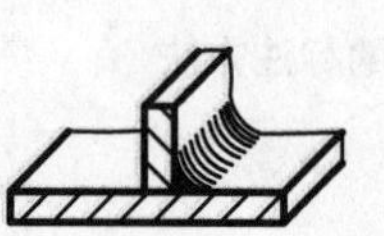	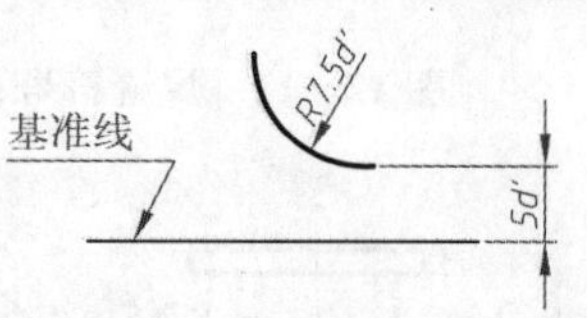 基准线　R7.5d′　5d′	焊缝表面凹陷
	凸面符号	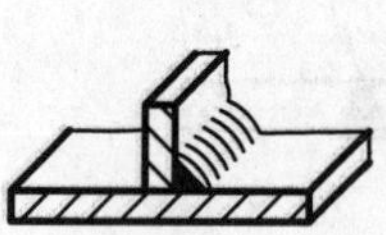	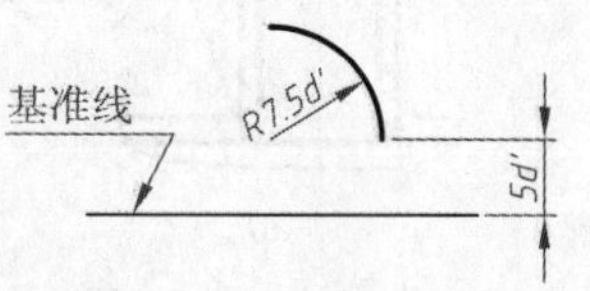 基准线　R7.5d′　5d′	焊缝表面凸起
补充符号	带垫板符号		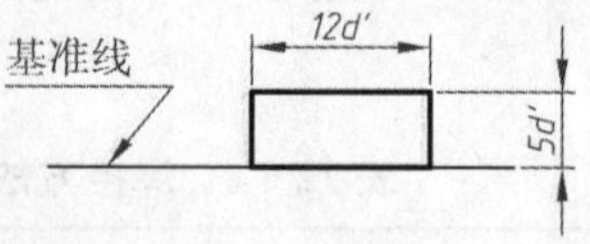 基准线　12d′　5d′	表示焊缝底部有垫板
	周围焊缝符号		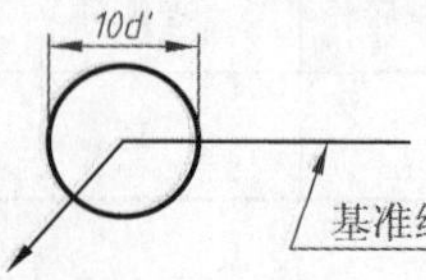 10d′　基准线	表示环绕工件周围施焊

续表

符号类型	名 称	焊缝示意图	符 号 及 其 画 法	说 明
补充符号	现场符号		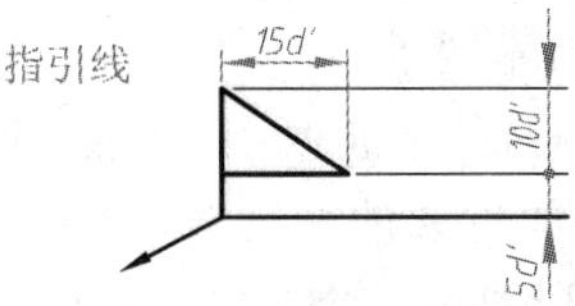 指引线 *15d'* *10d'* *5d'*	表示在现场或工地上进行焊接
	尾部符号		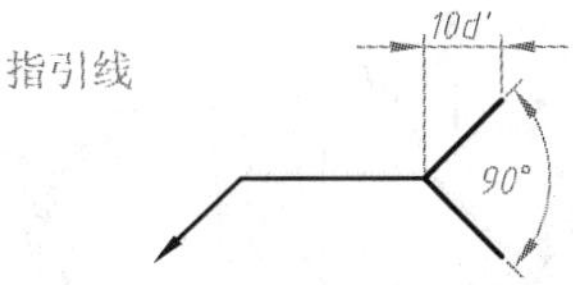 指引线 *10d'* 90°	在该符号后面可参照GB 5185注焊接工艺方法及焊条数等内容

	名 称	焊缝示意图	符 号	名 称	焊缝示意图	符 号
尺寸符号	工件厚度	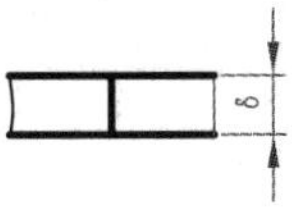	δ	焊缝间距	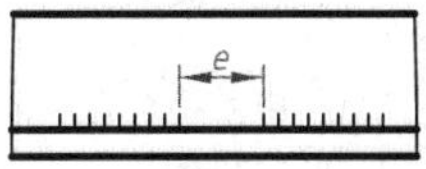 *e*	e
	坡口角度	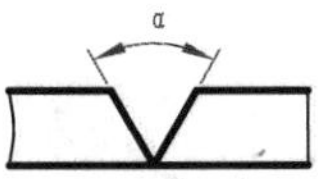 α	α	焊缝有效厚度	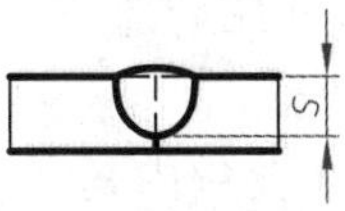 *S*	S
	根部间隙	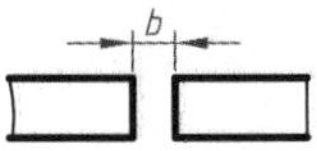 *b*	b	熔合直径	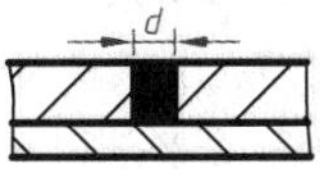 *d*	d
	钝边	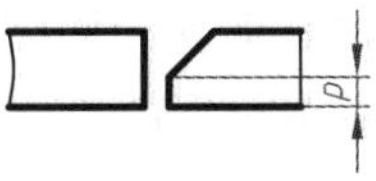 *p*	p	焊角尺寸		K
	焊缝宽度	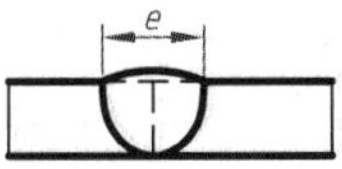 *e*	e	余高	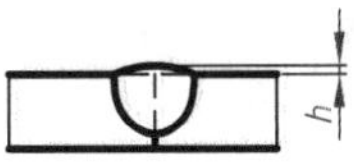 *h*	h
	根部半径	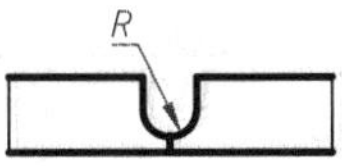 *R*	R	坡口深度	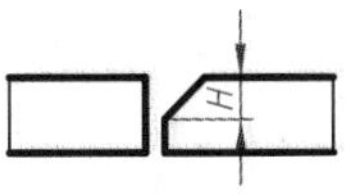 *H*	H
	焊缝长度	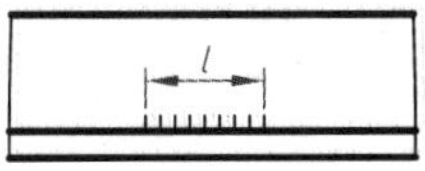 *l*	l	坡口面角度	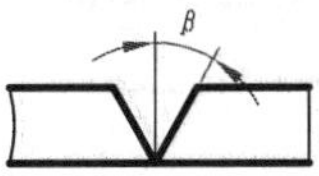 β	β
	焊缝段数	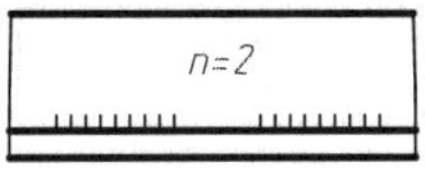 *n=2*	n	相同焊缝数量符号	 *N=3*	N

6. 衬层和涂层的图示方法

(1) 薄涂层(设备内表面涂镀的耐腐蚀金属材料、塑料、搪瓷、漆等)　在剖视图中用粗点画线(单线)绘制设备表面轮廓的平行线,并标注涂镀的内容,如图 12-13。不编写零部件顺序号,详细要求写入技术要求。

(2) 薄衬层(设备内衬的金属薄板、橡胶、聚氯乙烯薄膜、石棉板等)　在剖视图中用细实线(单线)绘制设备表面轮廓的平行线,衬里为多层不同材料时还应绘制局部放大图表示其层次结构,如图 12-14 所示。各衬层必须分别编写零部件顺序号,并在明细栏注明各衬层的材料、厚度、层数。

 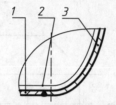 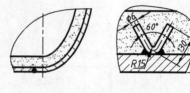

图 12-13　薄涂层图示法　　图 12-14　薄衬层图示法　　　　图 12-15　厚涂层画法

(3) 厚涂层(设备内表面的胶泥、混凝土等涂层)　在剖视图中绘制设备表面轮廓的平行线(单线粗实线)和剖面线,并用局部放大图详细表达其结构尺寸,如图 12-15。

(4) 厚衬层(设备内衬的塑料板、耐酸板、耐火砖、辉绿岩板等)　在剖视图中的画法见图 12-16 所示,并用局部放大图详细表达衬层的结构和尺寸。各衬层必须分别编写零部件顺序号。

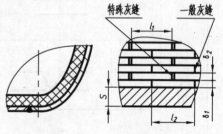

图 12-16　厚衬层画法

7. 简化画法

化工设备图中不仅采用机械制图国家标准规定的简化画法,还常采用以下简化画法:

(1) 有标准图、复用图或外购的零部件只需根据零部件的主要尺寸,用粗实线并按比例绘制其外形特征轮廓(图 12-17)。

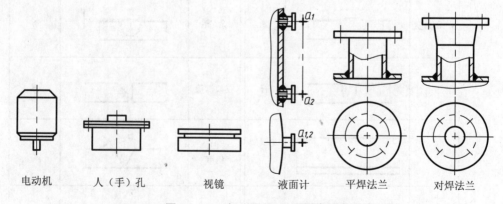

电动机　　　人(手)孔　　　视镜　　　液面计　　　平焊法兰　　　对焊法兰

图 12-17　部分零部件的简化画法

(2) 各种管法兰在化工设备装配图中均可按图 12-17 所示的简化画法绘制。

（3）重复结构的简化画法：

① 螺栓孔可简化为中心线和轴线(图 12-18)。

② 螺栓连接可简化为粗实线的"×"和"＋"符号，或简化为中心线(图 12-19)。

③ 按规律排列且孔径相同的多孔板对孔数要求不严时按图 12-20 所示方法绘制；对孔数有要求时按图 12-21 所示方法绘制，并用局部放大图表达倒角等加工情况。

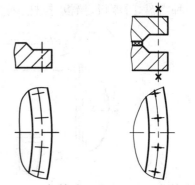

图 12-18　螺栓孔　　图 12-19　螺栓连接

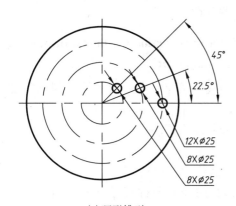

(a)环形排列

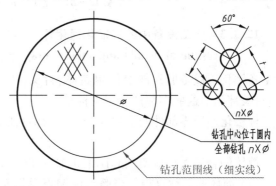

(b)三角形排列

图 12-20　孔数要求不严的多孔板的简化画法

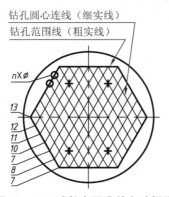

图 12-21　孔数有要求的多孔板图

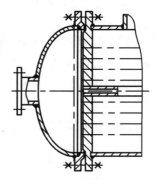

图 12-22　管束的简化画法

④ 按规律排列的管束可画出其中一根管子，其余各管用中心线表示其安装位置(图12-22)。

（4）填充物(填料、卵石、木格条等)　在设备剖视图中的填料堆放范围内，用相交的细实线及有关的尺寸和文字简化表达(图 12-23)。

（5）单线表达法　设备上某些结构在已经使用零部件图或局部放大图、断面图等方法表达清楚时，在装配图的剖视图中允许用单线表示。如：简单壳体、带法兰接

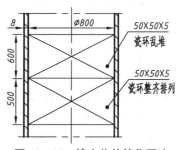

图 12-23　填充物的简化画法

管、各种塔盘、折流板、挡板、拉杆、列管、定距管、膨胀节等(图12-24)。

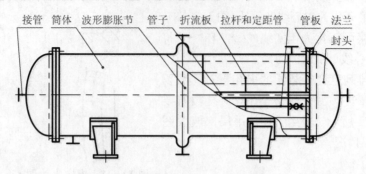

图12-24　化工设备图中的单线表达

12.2.3　化工设备中的标准化通用零部件简介(Brief introduction of standardization general details and subassembly in process equipment)

各类化工设备通常都要使用筒体、封头、法兰、支座等零部件,为了便于设计、制造、维修,有关部门对这些零部件制定了标准。

标准化通用零部件的主要参数有:公称直径 DN、公称压力 PN。

1. 筒体

筒体的直径大小应遵循 GB/T 9019—2001《压力容器公称直径》。

(1)筒体的公称直径　当筒体由钢板卷焊而成时,其内径为公称直径(mm);当采用无缝钢管作为筒体时(直径小于500mm),则外径为公称直径(mm)。

(2)标记示例　圆筒内径为1000mm 的压力容器的公称直径:

公称直径　　 DN1000 GB/T 9019—2001

2. 封头

化工设备的封头形状有椭圆形、球形、锥形、碟形、平盖等,最常用的是椭圆形封头(图12-25)。椭圆形封头的结构形状和尺寸大小应遵循 JB/T 4746—2002《钢制压力容器用封头》。

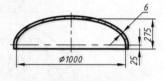

图12-25　椭圆形封头

封头的标记内容和方式如以下标记示例:

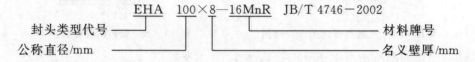

标准规定:以内径为基准的椭圆形封头的类型代号为 EHA,以外径为基准的椭圆形封头的类型代号为 EHB。

3. 法兰

法兰用于化工设备和管道的连接,分别焊接在筒体、封头和管子上。法兰的密封面形式如图12-26所示,有平面密封面(FF)、突面密封面(RF)、凹凸密封面(MFM)、榫槽密封面(TG)。

化工设备的法兰有两种:用于连接筒体与封头的压力容器法兰和用于连接管道的管法兰。在使用中,两种法兰绝对不能混淆。

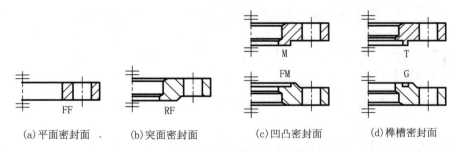

(a)平面密封面 ·   (b)突面密封面   (c)凹凸密封面   (d)榫槽密封面

图 12 - 26   法兰密封面形式及其代号

(1)压力容器法兰 压力容器法兰的类型有一般法兰和衬环法兰。一般法兰为分平焊法兰和长颈对焊法兰。平焊法兰包括甲型法兰和乙型法兰,它们的主要区别在于是否有与筒体或封头对焊的短圆柱筒,如图 12 - 27 所示。

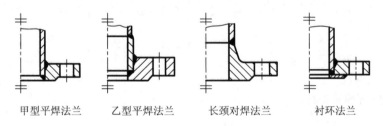

甲型平焊法兰   乙型平焊法兰   长颈对焊法兰   衬环法兰

图 12 - 27   压力容器法兰类型

压力容器法兰标准为 JB/T 4701～4703—2000(相应的垫片标准为 JB/T 4704～4706—2000、螺柱标准为 JB/T 4707—2000)。压力容器法兰的标记内容由六部分组成,标记示例如下:

法兰-RF 1000—2.5/78—155 JB/T 4703—2000

名称及密封面代号 ——┘   └—— 标准编号

公称直径/mm ————   —— 法兰总高/mm(采用标准值时可省略)

公称压力/MPa ————   —— 法兰厚度/mm(采用标准值时可省略)

(2)管法兰 部分管法兰类型如图 12 - 28 所示。

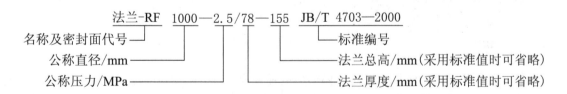

整体法兰   对焊法兰   板式平焊法兰   平焊环板式   对焊环板式   翻边板式
                                            松套法兰   松套法兰   松套法兰

图 12 - 28   部分管法兰类型

钢制管法兰标准大多采用 GB/T 9112～9122—2010 以及 HG/T、JB/T。钢制管法兰盖标准大多采用 GB/T 9123—2010 以及 HG、JB/T。管法兰用垫片标准大多采用 GB/T 9126～9128—2008 和 HG、HG/T、SH。

管法兰的标记包括六部分内容,标记示例如下:

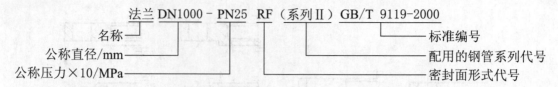

其中配用钢管系列代号为:米制管代号为"系列Ⅱ",英制管系列代号不标记。

4. 人(手)孔

为便于安装、检修或清洗化工设备内部的零部件,需要在设备上开设人孔或手孔,其基本结构如图 12-29 所示。其中人孔有圆形和长圆形两种。

(1) 人(手)孔的标准 碳钢和低合金钢人孔标准有 HG/T 21515～21527 和 JB/T 577～584,手孔标准有 HG/T 21528～21535 和 JB/T 586～592。

不锈钢材人孔标准有 HG/T 21595～21600,手孔标准有 HG/T 21601～21604。

(2) 人(手)孔标记 人孔和手孔标记的内容和方式完全一样,标记方式如下:

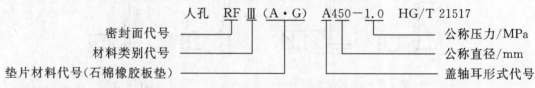

5. 视镜

视镜是用于观察设备内部反应情况的装置,有凸缘视镜和带颈视镜两种。凸缘视镜的基本结构如图 12-30 所示。压力容器用视镜的标准为 HG/T 21619～21620。标记方式如下:

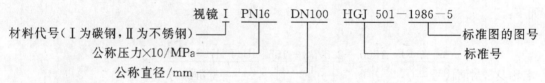

6. 补强圈

补强圈用于弥补设备因开孔过大而造成的强度损失(图 12-31)。补强圈的材料和厚度通常应与设备壳体一致,并有一小螺孔用以检查焊缝的气密性。补强圈按坡口角度的不同分 A、B、C、D、E 型(见附录 1.5)。现行标准为 JB/T 4736,标记为:

DN100×8-D-Q235-B JB/T 4736

公称直径 /mm
补强圈厚度 /mm
材质
坡口形式代号

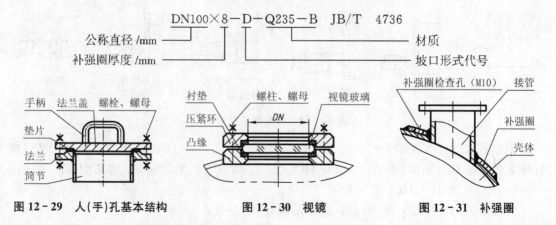

图 12-29 人(手)孔基本结构   图 12-30 视镜   图 12-31 补强圈

7. 支座

支座用于支撑和固定设备,一般分为立式设备支座、卧式设备支座和球形容器支座。常用的立式设备支座为耳式支座(图12-32)、腿式支座、裙式支座,常用的卧式设备支座为鞍式支座(图12-33)。

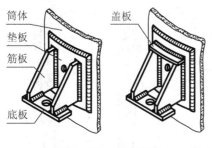
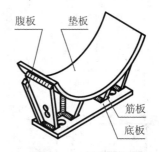

图 12-32　耳式支座　　　　　　　　图 12-33　鞍式支座

(1) 耳式支座　耳式支座的形式有短臂(A)、长臂(B)、加长臂(C)三种。耳式支座的结构特征有带盖板和不带盖板两类,A 型和 B 型中的 1～5 号支座、C 型中的 1～3 号支座不带盖板,A 型和 B 型中的 6～8 号支座、C 型中的 4～8 号支座是带盖板的。耳式支座的标记方法如下:

JB/T 4712.3—2007, 耳式支座A3- Ⅰ

型号(A,B,C)——　　　　——材料(Ⅰ,Ⅱ,Ⅲ,Ⅳ)
　　　　　　　　　　　　——支座号(1~8)

(2) 鞍式支座　鞍式支座的形式分轻型(A)和重型(B)两种,其中重型鞍式支座按制作方式、包角及附带垫板情况分五种型号(BⅠ～BⅤ),各种鞍式支座又分固定式和滑动式。鞍式支座的标记方法如下:

JB/T 4712.1—2007, 鞍座 BⅢ 1200-S

型号(A,BⅠ,BⅡ,BⅢ,BⅣ)——　　　——固定鞍座F, 滑动鞍座S
　　　　　　　　　　　　　　　——公称直径/mm

8. 搅拌器

搅拌器用于增强物料之间的传热、传质效果。部分常用搅拌器形式如图12-34所示。钢制压力容器用搅拌器标准为 HG/T 3796—2005。

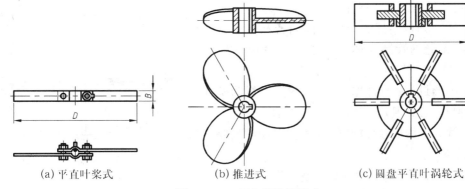

(a) 平直叶桨式　　　　　(b) 推进式　　　　　(c) 圆盘平直叶涡轮式

图 12-34　部分搅拌器形式

9. 轴封装置

反应釜的轴封装置有机械密封和填料箱密封两大类,其中填料箱密封的标准为 HG 21537,填料箱的基本结构如图 12-35 所示。《釜用机械密封系列及主要参数》的标准为 HG/T 2098—2001,其基本结构如图 12-36 所示。

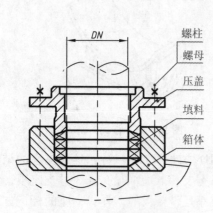

图 12-35　填料箱基本结构

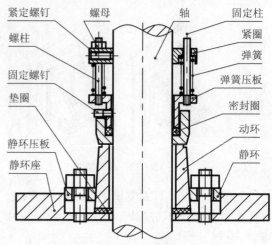

图 12-36　机械密封基本结构

12.2.4　化工设备装配图的标注(Dimensioning of process equipment assembly drawing)

1. 尺寸

尺寸标注应遵循《机械制图》国家标准中的规定,并结合化工设备的特点,以满足化工设备制造、安装、检验的要求。

(1) 化工设备的常用尺寸基准有:设备筒体和封头的中心线;设备筒体和封头之间的环焊缝;设备法兰的密封面;设备支座的底面等。

(2) 化工设备应标注的尺寸包括:

① 表示设备性能规格的尺寸(如:换热面积,设备筒体的直径、高度、有效容积等);

② 表示各零部件之间装配关系的尺寸(如接管、支座等的定位,接管长等);

③ 设备安装在基础或其他构件上所需的尺寸(如地脚螺栓孔的中心距、孔径等);

④ 设备的总体尺寸;

⑤ 主要零部件的主要尺寸。

(3) 典型结构的尺寸标注:

① 筒体　钢板卷焊的筒体标注内径和壁厚,以及长(高)度;无缝钢管制筒体标注外径×壁厚,以及长(高)度,如图 12-37 所示。

② 椭圆形封头　标注壁厚;和以封头切线为基准,标注直边高度、曲面高度,如图12-37所示。

③ 接管　由钢板卷焊的管子,标注内径和壁厚,以及接管长(高)度。

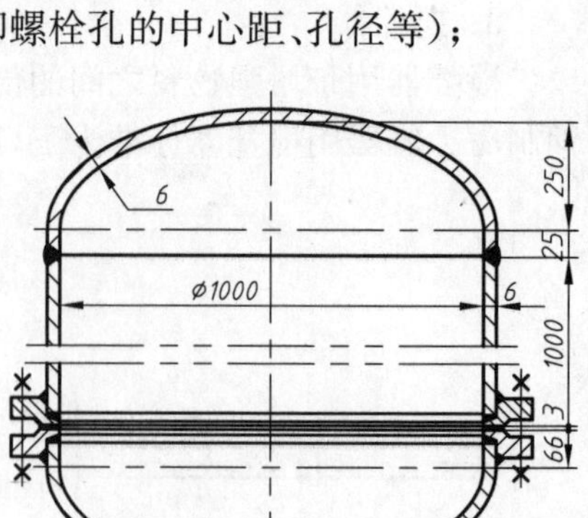

图 12-37　筒体和封头的标注

无缝钢管标注:外径×壁厚,以及接管长度。

接管长度:管法兰密封面至容器中心线、或至封头切线之间的距离,如图 12-38 所示。

④ 夹套　标注夹套直径、壁厚、弯边圆角半径、弯边角度等(图 12-39)。

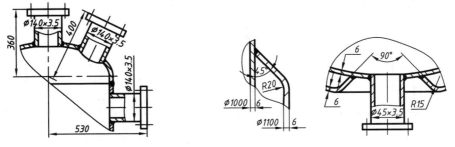

图 12-38　接管的标注　　　　图 12-39　夹套的标注

⑤ 支座　标注安装孔之间的中心距和角度、安装高度。

2. 焊缝　参阅 12.2.2 节中的 5.(2)。

3. 管口符号

(1) 编写原则　对规格、用途、连接面形式不同的管口均应单独编写管口符号,规格、用途、连接面形式完全相同的管口应编写同一管口符号,但必须在管口符号右下方加注阿拉伯数字的下标。

(2) 编写方法:

① 管口符号应从主视图的左下方开始,按顺时针方向依次编写。同一接管口的符号在各视图上均应标注。

② 管口符号一律布置在管口投影的附近或管口的中心线上。表达方式为:在 $\phi 8$ 的细实线的小圆中标注 5 号大写字母,如图 12-1 所示。

③ 部分常用管口符号为:手孔 H、人孔 M、液位计口 LG、压力计口 PI、安全阀接口 SV、现场温度计口 TI、裙座排气口 VS、裙座入口 W 等。

4. 零部件顺序号

采用 5 号字编写,编写要求和方法与机械图样的装配图一致。

12.2.5　化工设备装配图中的表、栏(Lists of process equipment assembly drawing)

根据化工设备的特点和对外交流的需要,《化工设备设计文件编制规定》HG/T 20668—2000,对各类化工设备图中的表和栏的格式、内容作出了详细规定,化工设备施工图中的各类表格的格式及内容如下:

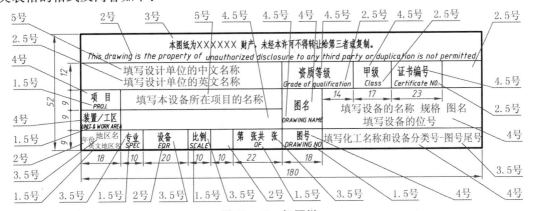

图 12-40　标题栏

（1）标题栏　格式、内容及填写方式如图 12-40 所示。

（2）主签署栏　格式及其填写方式如图 12-41 所示。

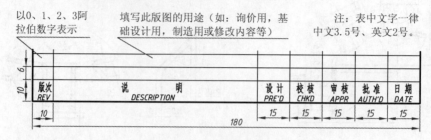

图 12-41　主签署栏

（3）质量及盖章栏　格式及内容如图 12-42 所示。其中：

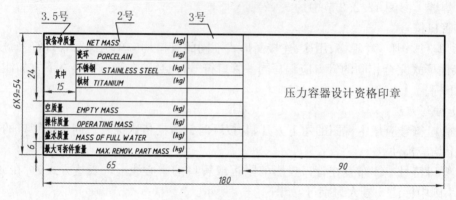

图 12-42　质量及盖章栏

设备净质量：设备所有零部件、金属和非金属材料质量的总和。

设备空质量：设备净质量与保温材料、防火材料、预焊件、梯子、平台的质量总和。

操作质量：设备空质量与操作质量之和。

盛水质量：设备空质量与充水质量之和。

（4）明细栏　格式及其填写方法如图 12-43 所示。

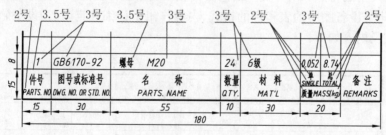

图 12-43　明细栏

（5）管口表　格式及其内容如图 12-44 所示。填写方法如下。

① 填写顺序　自上而下填写。

② 公称尺寸　填公称直径,无公称直径时填内径,椭圆孔填"长轴×短轴",矩形孔填"长×宽"。

③ 不对外连接的管口　在连接尺寸标准、连接面型式栏内用细斜线表示。

管口表							
符号	公称尺寸	公称压力	连接标准	法兰型式	连接面型式	用途或名称	设备中心线至法兰面距离
A	250	0.6	HG20593	PL	突面	气体进口	660
B	150	0.6	HG20593	PL	突面	液体进口	660
C	50X50	/	/	/	突面	加料口	见图
$D_{1\sim2}$	15	0.6	HG20593	PL	突面	取样口	见图
M	600	0.6	HG20593	/	/	人孔	见图
15	15	15	25	20	20	40	

10, 10, 8Xn; 180

图 12-44 管口表

(6) 设计数据表 填写设备的设计数据和技术要求，具体内容与设备类型有关，但各种化工设备的大部分内容是相同的。图 12-45 是换热器的技术数据表。填写技术数据表时应注意：

设计数据表 DESIGN SPECIFICATION							
规范 CODE							
15	壳程 SHELL	管程 TUBE	压力容器类别 PRESS VESSLE CLASS				
介质 FLUID			焊条型号 WELDING ROD TYPE			按JB/T 4709-2007规定	
介质特性 FLUID PERFORMANCE			焊接规程 WELDING CODE			按JB/T 4709-2007规定	
工作温度 (℃) WORKING TEMP.IN/OUT			焊缝结构 WELDING STRUCTURE			除注明外采用全焊透结构	
工作压力 (MPaG) WORKING PRESS.			除注明外角焊缝腰高 THICKNESS OF FILLET WELD EXCEPT NOTED				
设计温度 (℃) DESIGN TEMP.			管法兰与接管焊接标准 WELDING BETW. PIPE FLANGE AND PIPE			按相应法兰标准	
设计压力 (MPaG) DESIGN PRESS.			管板与筒体连接应采用 CONNETION OF TUBESHEET AND SHELL				
金属温度 (℃) MEAN METAL TEMP.			管子与管板连接 CONNECTION OF TUBE AND TUBESHEET				
腐蚀裕量 (mm) CORR. ALLOW.				焊接接头类别 WELDED JOINT CATEGORY		方法-检测率 EX. METHOD%	标准-级别 STD-CLASS
焊接接头系数 JOINT EFF.			无损检测 N.D.E	A,B	壳程 SHELL SIDE		
程数 NUMBER OF PASS					管程 TUBE SIDE		
热处理 PWHT	20	20	15	7.5	壳程 SHELL SIDE	20	
水压试验压力 卧试/立试 (MPa) HYDRO. TEST PRESS.				C,D	管程 TUBE SIDE		
气密性试验压力 (MPaG) GAS LEAKAGE TEST PRESS.			管板密封面与壳体轴线垂直度公差 (mm) VERTICAL TOLERANCE OF TUBESHEET SEALING SURFACE AND SHELL AXIS				
保温层厚度/防火层厚度 (mm) INSULATION/FIRE PROTECTION							
换热面积 (外径) (m^2) TRANS SURFACE (O.D.)			其他 (按需填写) OTHER				
表面防腐要求 REQUIREMENT FOR ANTI-CORROSION			管口方位 NOZZLE ORIENTATION				

10, 20, 10, 10Xn; 50, 50, 180

图 12-45 设计数据表

① 对常用焊条的型号不注出，对焊条酸碱性和有特殊要求的焊条型号按需注出。

② 焊缝检测方法应填写其代号,射线探伤、超声检测、磁粉检测、渗透检测的代号分别为:RT、UT、MT、PT。

③ 对设计压力为常压的设备,应将气密性试验改为盛水试漏。

(7) 技术要求和注:

① 技术要求　以文字条款形式,依次填写设计数据表中未能列出的技术要求。当设计数据表中已表达清楚时,此项不予填写。

② 注　以文字条款形式,依次填写必要的说明。

(8) 制图签署栏和会签栏　内容格式及尺寸如图 12-46 和图 12-47 所示。

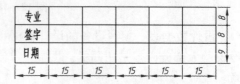

图 12-46　制图签署栏　　　　　　　　　　　　　　图 12-47　会签栏

12. 2. 6　化工设备装配图的绘制和阅读(Drawing and reading of process equipment assembly drawing)

1. 化工设备装配图的绘制

绘制化工设备施工图的依据是化工设备工程图(图 12-48)。工程图是表达设备的化工工艺特性、使用特性、制造要求的图纸。它依据工艺数据表编成,用于基础设计审核、设备询价、订货和制造以及向专业提出设计条件。化工设备装配图的绘制方法与机械图样的装配图画法相似,绘制步骤如下:

(1) 复核资料,确定结构;

(2) 确定表达方案;

(3) 定比例、图幅并布置图面。化工设备装配图的常用图幅为 A1;根据化工设备的结构特点,常用作图比例为 1:10、1:5,以及 1:2.5、1:3、1:4、1:6,和 1:2、2.5:1、4:1;

(4) 绘制视图(绘制顺序为:先定位后画形,先主体后附件,先外形后内件);

(5) 标注尺寸、焊缝代号、零部件序号和管口符号;

(6) 填写各种表、栏。

依据图 12-48(见插页)所示工程图绘制的化工设备装配图(施工图)如图 12-49(见插页)所示。

2. 化工设备装配图的阅读

(1) 读图基本要求:

① 了解设备的性能、作用和工作原理;

② 了解零部件之间的装配连接关系和装拆顺序;

③ 了解主要零部件的主要结构形状和作用,进而了解整台设备的结构;

④ 了解设备管口及其方位和制造、检验、安装等方面的技术数据及要求;

⑤ 了解尺寸与焊封代号、零部件序号和管口符号;

⑥ 了解填写各种表、栏。

(2) 读图步骤:

① 概括了解　通过浏览标题栏、明细栏、设计数据表、管口表、视图,大致了解设备名

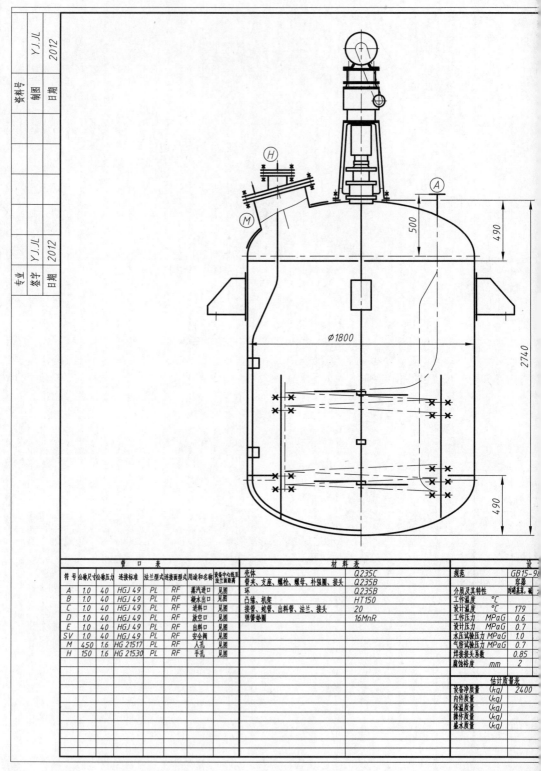

<table>
<tr><td rowspan="2">资料号</td><td>制图</td><td>Y.J.JL</td></tr>
<tr><td>日期</td><td>2012</td></tr>
</table>

<table>
<tr><td rowspan="2">专业</td><td>签字</td><td>Y.J.JL</td></tr>
<tr><td>日期</td><td>2012</td></tr>
</table>

管 口 表						
符号	公称尺寸	公称压力	连接标准	法兰型式	连接面型式	用途和名称	设备中心线至法兰面距离
A	1.0	4.0	HGJ 49	PL	RF	蒸汽进口	见图
B	1.0	4.0	HGJ 49	PL	RF	凝水出口	见图
C	1.0	4.0	HGJ 49	PL	RF	进料口	见图
D	1.0	4.0	HGJ 49	PL	RF	放空口	见图
E	1.0	4.0	HGJ 49	PL	RF	出料口	见图
SV	1.0	4.0	HGJ 49	PL	RF	安全阀	见图
M	450	1.6	HG 21517	PL	RF	人孔	见图
H	150	1.6	HG 21530	PL	RF	手孔	见图

材 料 表	
壳体	Q235C
管夹、支座、螺栓、螺母、补强圈、接头	Q235B
环	Q235B
凸缘、机架	HT150
接管、蛇管、出料管、法兰、接头	20
弹簧垫圈	16MnR

设	
规范	GB15-9
	容器
介质及其特性	间歇蒸汽、碱
工作温度 ℃	
设计温度 ℃	179
工作压力 MPaG	0.6
设计压力 MPaG	0.7
水压试验压力 MPaG	1.0
气密试验压力 MPaG	0.7
焊接接头系数	0.85
腐蚀裕度 mm	2

估计质量表	
设备净质量 (kg)	2400
内件质量 (kg)	
保温质量 (kg)	
操作质量 (kg)	
盛水质量 (kg)	

图 12-48 化工

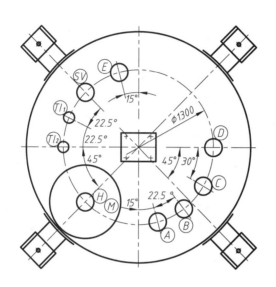

技 术 要 求
1 蛇管制造完毕后，经水压试验合格后再焊接封头。
2 保温材料为矿渣棉。
3 设备组装后，在搅拌轴上端密封处的径向摆动量≤0.5mm，搅拌轴下端摆动量≤1.0mm。

注:

数 据 表				采 用 标 准
压力容器类别				
蛇管		容器	蛇管	
蒸汽				
168	焊后热处理			
10.8	无损检测	RT-10%	RT-10%	
0.9	保温厚/防火厚mm/mm	80		
1.2	换热面积 m²		1.0	
搅拌器型式		桨式		
0.85	搅拌器转速 r/min	80		
2	电机功率/防爆等级	4		

负荷表		
水平力 N		
竖直力 N		
弯矩 N, mm		

版次 REV		说　明 DESCRIPTION	设计 PRE'D	校核 CHKD	审核 APPR	批准 AUTH'D	日期 DATE
0	装配图						

XXXXXX工程公司 XXXXXX ENGINEERING CORP.		资质等级 Grade of qualification	甲级 Class A	证书编号 Certificate NO.
项目 PROJ. 装置/工区 UNIT & WORK AREA		图名 DRAWING NAME	水解锅VN=5.0m³，装配图 R0103	
2012 上海 SHANGHAI	专业 SPEC	设备 EQU.	比例 SCALE 1:10	第 张共 张 OF	图号 DRAWING NO.	1240-01

化设备工程图

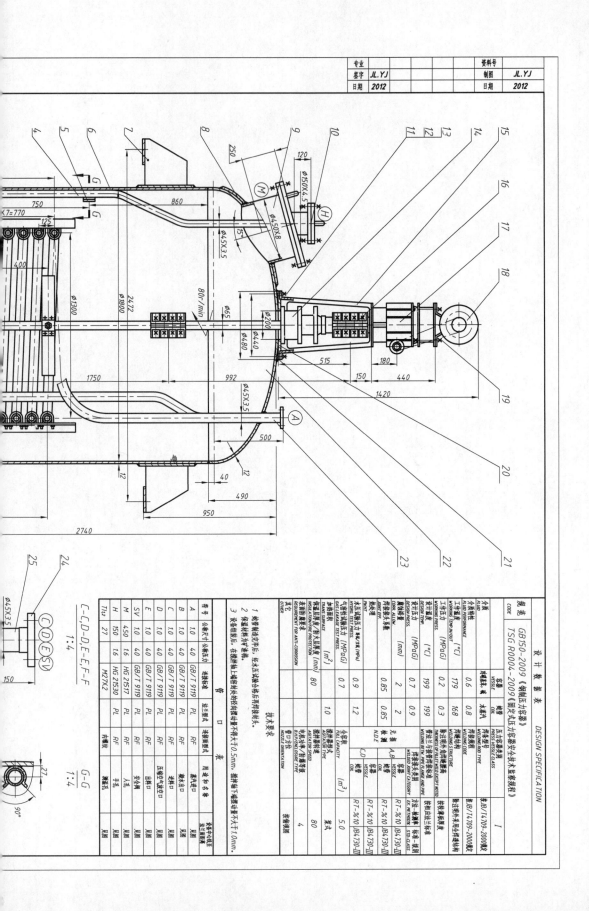

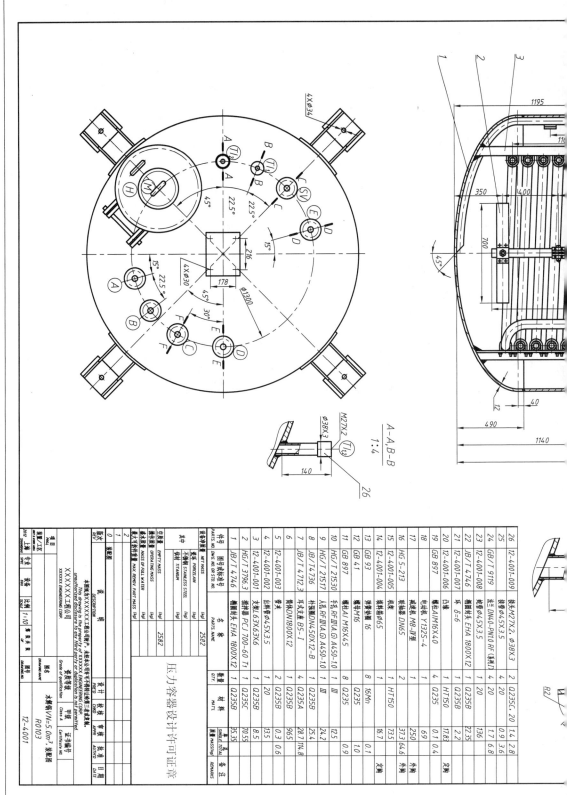

图 12−49 施工图（装配图）

压力容器设计许可证章

件号 PARTS NO.	图号或标准号 DWG NO. OR STD. NO.	名称 PARTS NAME	数量 QTY.	材料 MAT'L	单重 SINGLE	总重 TOTAL	备注 REMARKS
26	12-4001-009	接头M27X2、Φ38X3	2	Q235C、20	1.4	2.8	
25	GB/T 9119	法兰管Φ45X3.5	4、20	20	0.9	3.6	
24	GB/T 9119	法兰DN40-PN10 RF（凹RF）	4	20	1.7	6.8	
23	12-4001-008	胶管Φ45X3.5	1	20	136		
22	JB/T 4746	椭圆封头 EHA 1800X12	1	Q235B	22.35		
21	12-4001-007	头 6-6	1	Q235B	2.2		
20	12-4001-006	螺柱A1M16X40	4	Q235	0.1 0.4		定期
19	GB 897	凸缘	1	HT150	17.83		定期
18		电动机 Y132S-4	1		69		定期
17		减速机 M8-IZ型	1		250		外购
16	HG 5-213	螺栓M16	1		37.3 64.6		外购
15	12-4001-005	视镜 DN65	1	HT150	73.5		定购
14	12-4001-004	视镜筒Φ65	1		16.7		定购
13	GB 93	弹簧垫圈 16	8	16Mn	0.1		
12	GB 41	螺母M16	8	Q235	1.0		
11	GB 897	螺柱A1 M16X45	8	Q235	0.3	0.9	
10	HG/T 21530	手孔RF凹(A.0) A450-10	1		12.5		
9	HG/T 21517	A孔.RF凹(A.0) A450-10	1		24.2		
8	JB/T 4736	补强圈DN450X12-B	4	Q235A	25.4		
7	JB/T 4712.3	耳式支座 BS-I	4	Q235B	28.7 114.8		
6		简体DN1800X12	1	Q235B	965		
5	12-4001-003	管夹	2	Q235B	0.3 0.6		
4	12-4001-002	出料管Φ45X3.5	1	20	13.5		
3	12-4001-001	支氚L63X63X6	2	Q235B	8.5		
2	HG/T 3796.3	搅拌器 PCJ 700-60 T1	1	Q235C	70.55		
1	JB/T 4746	椭圆封头 EHA 1800X12	1	Q235B	35.35		

体积 VOL.		磁 PORCELAIN						
装物料		不锈钢 STAINLESS STEEL						
其中		钛 TITANIUM						
空重量 EMPTY MASS						2582		(kg)
操作重量 OPERATING MASS						2582		(kg)
最大充水量 MASS OF FULL WATER								(kg)
最大可拆件重量 MAX. REMOV. PART MASS								(kg)

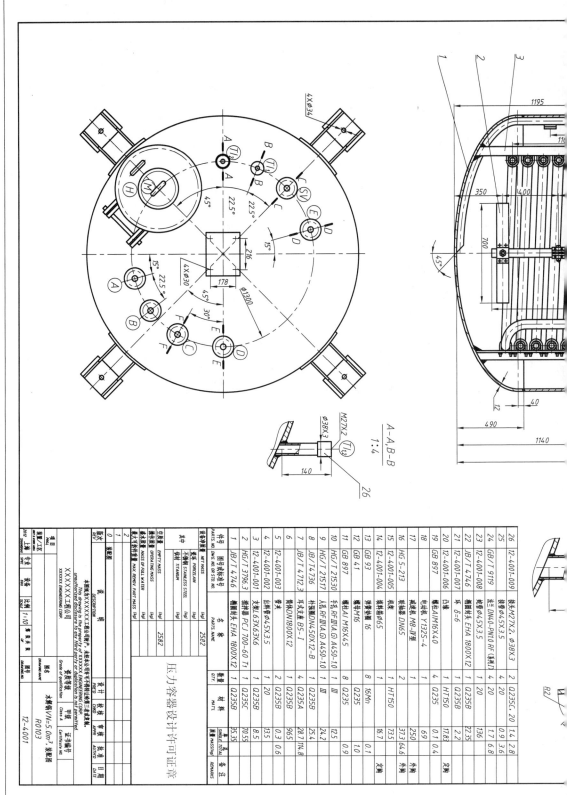
A−A, B−B
1:4

M27X2
Φ38X3 (Ti₂)
140
26

设计 DSGN		校核 CHKD		装配图 DRAWING NAME	
制图 PREP'D		标审 CHKD			
审核 APPR'D		批准 AUTH'D		木糖醇VN-5.0m³,装配图	
日期 DATE					

合格类别
Grade of qualification

甲类
Class A

审图编号
Certificate no.

甲级
图号
DRAWING NO.
12-4001

R0103

项目 PROJ					
上海/三区 SHANGHAI	专业 SPEC	阶段 ISSU	比例 SCALE	1:10	图幅 SIZE
2012			出图日期 ISSU DATE		

版次 REV

0

1

2

称、规格、材料、重量;了解零部件名称、数量和它在设备中的位置;了解设备设计、施工要求;视图表达方法等。

② 详细分析　从主视图入手,结合其他视图,详细了解设备的结构形状和尺寸大小、各零部件的主要结构形状和尺寸大小、各接管的大小及方位、零部件之间的装配连接关系、设备安装形式和尺寸等。结合阅读各种表、栏,了解设备的工作原理。

③ 了解设备的设计、制造、检验和验收的技术数据和要求。通过以上详细分析,全面了解设备各方面的情况。

12.3　工艺管道及仪表流程图(Process and instrument pipe line flow drawing)

12.3.1　概述(Introduction)

1. 工艺管道及仪表流程图的作用

工艺管道及仪表流程图是化工工艺设计的主要内容,也是设备布置设计和管道布置设计的依据,还是进行施工、操作运行、检修的指南。

2. 工艺管道及仪表流程图的内容

不同设计阶段的工艺管道及仪表流程图的表达内容和深度也不同,图12-50是施工设计阶段的工艺管道及仪表流程图,其内容有:

(1) 图形　工艺流程所需的全部设备机器、管道、阀门及管件、仪表控制点符号;

(2) 标注　设备位号及名称,管道号及公称直径、管道等级、必要的尺寸等;

(3) 标题栏。

12.3.2　工艺管道及仪表流程图的图示方法(Representation of process and instrument pipe line flow drawing)

1. 一般规定

(1) 规范　工艺管道及仪表流程图,应遵循《技术制图》《机械制图》国家标准,还应遵循《化工工艺设计施工图内容和深度统一规定》(HG 20519)和自控专业规定(HG/T 20505)。

(2) 比例　工艺管道及仪表流程图是一种示意性的展开图,即按照工艺流程的顺序将设备和工艺流程线自左至右地展开绘制在同一平面上。该图样不按比例绘制,设备(机器)图例的大小及其安装位置的高低取决于它们的相对大小和相对高低,过大或过小的图例或图例间的高差可适当缩小或放大。图样标题栏中不标注比例。

(3) 图幅　工艺管道及仪表流程图通常以工艺装置的主项(工段或工序)为单元,或以装置(车间)为单元绘制,通常采用 A1(横幅、数量不限)图纸,流程简单时可用 A2 图纸。图纸不宜加长加宽。

(4) 首页图　用以给出工艺管道及仪表流程图中的符号、代号和编号等说明,如图12-51。

(5) 图线宽度及用法

① 粗线 0.6~0.9mm,用于绘制主要物料管道;

② 中粗线 0.3~0.5mm,用于绘制其他物料管道;

③ 细线 0.15、0.25(mm),用于绘制其他对象(仪表、阀门、控制点等),设备和机器的轮廓 0.25mm。

(6) 字体高度　图名及视图符号 5~7mm,工程名称、图中文字说明、表格中的文字 5 mm,表格的格高小于 6mm 时的文字高 3mm,图中的数字及字母 2~3mm。

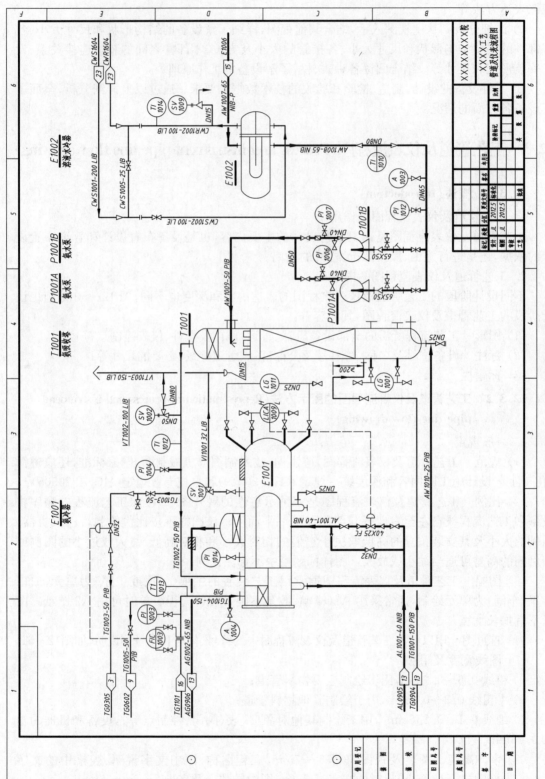

图 12-50　工艺管道及仪表流程图

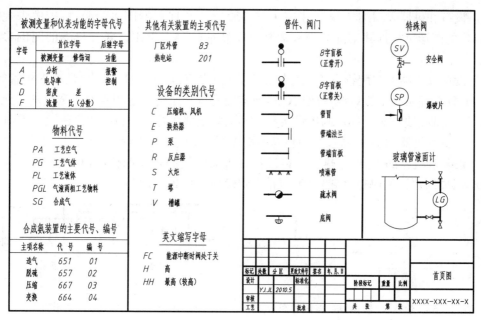

图 12 - 51 首页图

2. 设备和机器的图示方法

（1）设备和机器的绘制：

表 12 - 3 常用设备图例

类别	代号	图 例					
塔	T	筛板塔	泡罩塔	浮阀塔	喷淋塔	板式塔	填料塔
反应器	R	固定床反应器	列管式反应器		反应釜		流化床反应器
换热器	E	简图	列管式	蛇管式	U形管式	套管式	釜式
容器	V	立式槽	卧式槽	球罐	固定床过滤器	丝网除沫分离器	旋风分离器	湿式电除尘器
泵	P	离心泵	水环式真空泵	旋转泵	螺杆泵	往复泵	隔膜泵	喷射泵
压缩机	C	鼓风机	旋转式压缩机（卧）	旋转式压缩机（立）	离心式压缩机	往复式压缩机

① 设备和机器采用细实线,并按 HG 20519—2009 规定的图例绘制,标准中未规定的设备机器的图形可根据其实际外形和内部结构特征绘制。常用设备和机器的图例参阅表12-3。

② 设备和机器上与配管有关或与外界有关(如排液口、排气口、放空口、仪表接管等)的接管口必须全部画出。管口线一般用(单)细实线或与所连接管道相同的线宽绘制。允许个别管道用双细实线绘制。亦可画出设备和机器上的全部接管口。设备的管法兰可不画。

③ 设备和机器的支撑,如支座、底(裙)座、基础平台等在图中不表示。

④ 设备和机器的隔热、伴热等需在设备和机器图例的相应部位画出一段隔热、伴热等的图例,必要时再注明隔热、伴热等类型和介质代号(图12-52)。

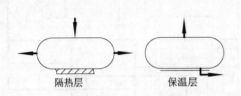

图 12 - 52　设备(机器)隔热、伴热的图示方法

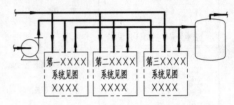

图 12 - 53　相同系统图示方法

⑤ 设备和机器图例的相对位置安排要便于管道连接和标注,并尽可能符合设备和机器安装高低的实际情况。图面排列应整齐、匀称,避免管线过量往返。

⑥ 同一流程中包括两个或两个以上相同系统时,可以绘制一个系统的流程图,其余系统用细双点画线的方框表示,框内注明系统名及其编号。流程较复杂时,可绘制一张单独的局部系统流程图,此局部系统在总流程图中按图12-53的方法表示。

(2)设备和机器的标注　标注内容如图12-54、图12-55所示,其中的设备分类代号参阅表12-4。

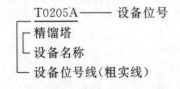

图 12 - 54　设备(机器)的标注内容

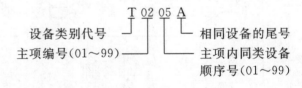

图 12 - 55　设备位号的内容

表 12 - 4　设备类别代号

设备类别	塔	换热器	反应器	容器(槽,罐)	泵	压缩机、风机	工业炉	起重运输设备	其他设备	其他机器
设备代号	T	E	R	V	P	C	F	L	X	M

标注方法　第1标注,在相应设备图例的正上方或正下方,并排列整齐。第2标注,在相应设备图例内或边上,如图12-56所示。

3. 管道的图示方法

(1)管道的绘制。

① 一般以单线并采用规定的线型绘制。

② 表示管道的图线尽量水平或垂直,并尽量避免管道线穿过设备以及与管道之间交叉。

③ 管道上的取样口、排放口、液封等均应绘制。常用管道线的画法如表12-5所示。

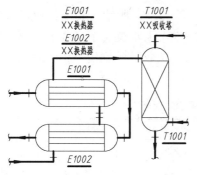

(a)垂直布置的设备（机器）可由上而下按顺序标注

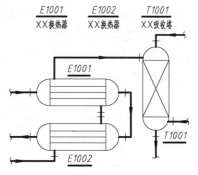

(b)垂直布置的设备（机器）也可水平标注

图 12 - 56　设备位号标注示例

表 12 - 5　部分管道线图例

名　称	图　例	备　注	名　称	图　例	备　注
主要工艺物料管		粗实线	仪表管道		细实线
其他物料管道		中粗线			电动信号线，细虚线
电伴热管道		粗实线和细点画线			气动信号线，细实线
伴热（冷）管道		粗实线和细虚线	管道连接		管道连接
隔热管		粗实线和细实线	管道交叉		管道交叉
夹套管		粗实线和细实线	柔性管		柔性管，细实线

（2）管道的标注。标注的内容有：管道编号、物料流向、图纸接续、特殊设计的要求，如图 12 - 57 所示。

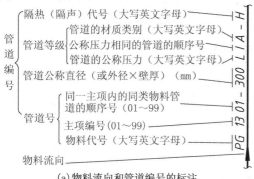

(a)物料流向和管道编号的标注

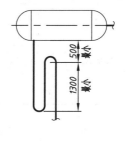

(b)液封的标注

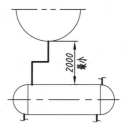

(c)设备间相对高差的标注

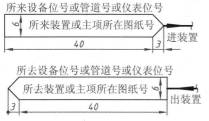

(d)进出装置或主项的去向标志

(e)同一装置内进出图纸的去向标志

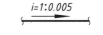

(f)管道的坡度和坡向标注

(g)管道等级、编号分界的标注

图 12 - 57　管道标注方法

标注中的管道编号的内容及编写顺序如图 12-57(a)所示。其中物料代号应按物料的名称和状态,取其英文名词的字头组成。常用 2~3 个大写英文字母表示。部分常用物料代号参阅表12-6,管道压力等级代号参阅表12-7,管道材质类别代号参阅表12-8,管道隔热(隔声)代号参阅表12-9。

表 12-6　常用物料代号

物料代号	物料名称	物料代号	物料名称	物料代号	物料名称
PA	工艺空气	PG	工艺气体	PL	工艺液体
PS	工艺固体	PW	工艺水	SG	合成气
AR	空气	CA	压缩空气	IA	仪表空气
PGL	气液两相流工艺物料	PGS	气固两相流工艺物料	PLS	液固两相流工艺物料
HS	高压蒸汽(饱和或微过热)	HUS	高压过热蒸汽	MS	中压蒸汽
MUS	中压过热蒸汽	LS	低压蒸汽	LUS	低压过热蒸汽
TS	伴热蒸汽	SC	蒸汽冷凝水	BW	锅炉给水
CWR	循环冷却水回水	CWS	循环冷却水上水	HWR	热水回水
HWS	热水上水	SW	软水	FW	消防水
DW	饮用水、生活用水	RW	原水、新鲜水	WW	生产废水
RWS	冷冻盐水上水	RWR	冷冻盐水回水	FSL	熔盐
NG	天然气	FRL	氟利昂液体	FRG	氟利昂气体
AL	液氨	AW	氨水	AG	气氨
H	氢	N	氮	ō	氧
IG	惰性气	TG	尾气	DR	排液、导淋
VT	放空	FV	火炬排放气	VE	真空排放气
Dō	污油	Hō	加热油	CSW	化学污水

表 12-7　管道压力等级代号(国内标准)

代号	L	M	N	P	Q	R	S	T	U	V	W
压力(MPa)	1.0	1.6	2.5	4.0	6.4	10.0	16.0	20.0	22.0	25.0	32.0

表 12-8　管道材质类别代号

材质	铸铁	碳钢	普通低合金钢	合金钢	不锈钢	有色金属	非金属	衬里及内防腐
代号	A	B	C	D	E	F	G	H

表 12-9　管道隔热(隔声)代号

代号	功能	备注	代号	功能	备注
H	保温	采用保温材料	S	蒸汽伴热	采用蒸汽伴管和保温材料
C	保冷	采用保冷材料	W	热水伴热	采用热水伴管和保温材料
P	人身防护	采用保温材料	O	热油伴热	采用热油伴管和保温材料
D	防结露	采用保冷材料	J	夹套伴热	采用夹套管和保温材料
E	电伴热	采用电热带和保温材料	N	隔声	采用隔声材料

4. 阀、管件的图示方法

（1）阀、管件的绘制：

① 应采用细实线、并按规定的图例绘制；

② 管道之间的一般连接件（如弯头、法兰、三通等）不用绘制，但安装、检修等原因所需的法兰、螺纹连接等必须绘制出；

③ 阀的图例一般长 6mm、宽 3mm，或长 4mm、宽 2mm。部分常用阀、管件的图例如表12‑10 所示。

表 12‑10 部分阀、管件的图例

名　称	图　例	名　称	图　例	名　称	图　例
截止阀		减压阀		文氏管	
闸　阀		碟　阀		洗眼器	
节流阀		疏水阀		管道连接	焊接 螺纹连接 法兰连接
球　阀		底　阀		管端法兰（盖）	
旋　塞		阻火器		Y形过滤器	
隔膜阀		视镜、视钟		弯　头	
角式截止阀		消声器	放在大气中 放在管道中	三　通	
角式弹簧安全阀		爆破片	真空式 压力式	四　通	
角式球阀		异径管	同心 偏心底平 偏心顶平	放空管（帽）	

（2）阀、管件的标注：

① 异径管应标注大端公称直径和小端公称直径；

② 当阀门和管件的使用有位置、状态要求时，应以文字、数字、尺寸或简图加以说明。

5. 仪表、控制点的图示方法

在工艺管道及仪表流程图中，必须用细实线绘制出与工艺有关的全部检测仪表、调节控制系统、分析取样点、取样阀组，并加以标注。

（1）仪表、控制点的图形符号　仪表、控制点的图形符号应采用细实线绘制，其安装位置的图形符号见表 12‑11。

表 12 - 11　表示仪表安装位置的图形符号

	单台常规仪表	集中分散控制仪表（DOS）	计算机功能	可编程逻辑控制
现场安装	○ ∅10	□	⬡ 10	◇ 10
控制室安装	⊖	⊟	⬡	◇
现场盘面安装	⊖	⊟	⬡	◇

（2）仪表、控制点的标注　仪表控制点应标注仪表位号。仪表位号由仪表功能标志和仪表回路编号两部分组成，前者填写在仪表图形符号内的上半部，后者填写在仪表图形符号内的下半部。仪表位号按不同的被测变量分类。

① 仪表的功能标志　由一个首位字母及 1～3 个后继字母组成，首位字母表示被测变量或引发变量，后继字母表示"读出功能＋输出功能＋读出功能"。首位字母和后继字母后都可以附加一个修饰字母，形成一个新的变量。部分常用的仪表功能标志中的字母的含义见表 12-12。

表 12 - 12　部分仪表功能字母

	首 位 字 母		后 继 字 母		
	被测变量或引发变量	修饰词	读出功能	输出功能	修饰词
A	分析		报警		
C	电导率			控制	
D	密度	差			
F	流量	比率(比值)			
G	毒性气体或可燃气体		视镜、观察		
H	手动				高
K	时间、时间程序	变化速率		操作器	
I	电流		指示		
L	物位		灯		低
M	水分或湿度	瞬动			中、中间
O	供选用		节流孔		
P	压力、真空		连接或测试点		
R	核辐射		记录、DCS 趋势记录		
S	速度、频率	安全		开关、联锁	
T	温度			传送(变送)	
W	重量、力		套管		

② 仪表的回路编号　仪表回路编号由主项（或工序）编号（一般用一位或两位数字）、同一主项内同类仪表的顺序号（一般用两位也有用三位数字）。

检测仪表、取样、排放的表达方法见图 12-58。

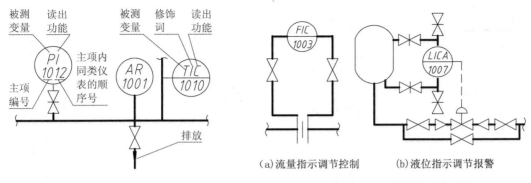

图 12 - 58　检测仪表、取样、排放图示法示例　　　　图 12 - 59　调节控制系统示例

（3）调节控制系统的图示方法　调节控制系统由执行机构和调节机构两部分组成。各种阀体阀位即为调节机构，部分控制机构和图形符号见表 12 - 13。调节控制系统应按其具体组成形式（包括管道、阀、管件、仪表、执行机构、调节机构）一一画出，如图 12 - 59。

表 12 - 13　部分执行机构图形符号

带弹簧的薄膜执行机构	不带弹簧的薄膜执行机构	电动执行机构	数字执行机构	电磁执行机构	单作用活塞执行机构
		Ⓜ	D	S	

12.3.3　工艺管道及仪表流程图的作图步骤（Drawing step of process and instrument pipe line flow drawing）

（1）根据需要先用细实线绘制地坪、楼板或操作台台面等的基准线。

（2）按照流程顺序从左到右用细实线绘制设备（机器）的图例。

（3）用粗实线绘制出主要工艺物料管道线，并配以箭头表示物料的流向。同时以细实线画出主要工艺物料管道线上的阀、管件、检测仪表、调节控制系统、分析取样点等的符号、代号、图例。

（4）用中粗实线绘制出辅助物料管道线，同样配以箭头表示物料的流向。同时以细实线画出辅助物料管道上的阀、管件、检测仪表、调节控制系统、分析取样点的符号、代号、图例。

（5）分别对设备、管道、检测仪表、调节控制系统等进行标注。

（6）填写标题栏。

（7）把图样中涉及的规定（图例、符号、代号、编号等）以图表形式绘制成首页图。

12.4　设备布置图（Layout of the equipments）

12.4.1　概述（Introduction）

工艺流程设计中确定的全部设备必须在车间（装置）或工段（工序）内合理布置。设备布置设计应提供的图样有：设备布置图、首页图、设备安装详图、管口方位图、与设备安装有关的支架图等。

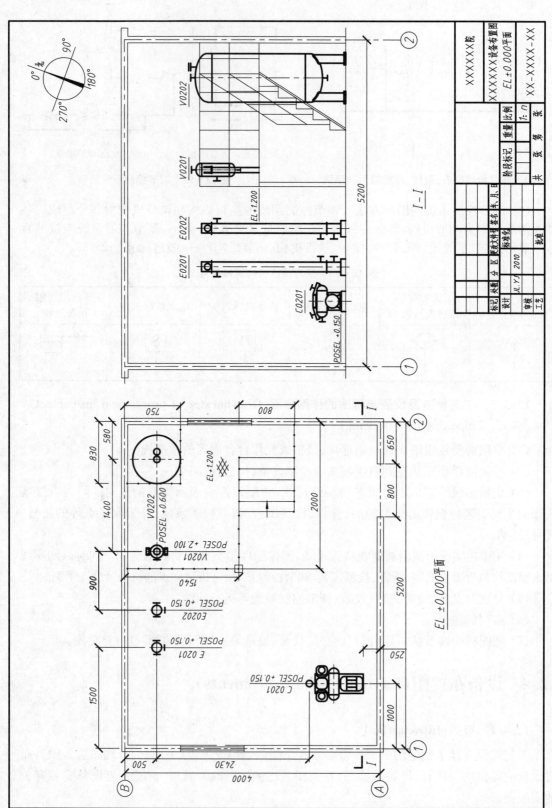

图 12 - 60　设备布置图

　　表示一个主项(装置或车间)或一个分区(工段或工序)内的生产设备、辅助设备在厂房建筑内外安装布置情况的图样称为设备布置图,如图 12 - 60 所示。

　　设备布置图的内容通常有:按正投影原理绘制的厂房建(构)筑物的基本结构和设备在厂房内外布置情况的一组视图,与设备布置有关的建筑定位轴线的编号、尺寸、设备位号及其名称,表示安装方位基准的方向标,标题栏。

12.4.2　设备布置图的图示方法(Representation of layout of the equipments)

　　1. 一般规定

　　(1) 图幅　以主项为单位绘制,一般采用 A1 幅面,小主项可采用 A2 幅面,图纸不宜加宽或加长。

　　(2) 比例　通常采用 1:100、1:200 或 1:50。大装置分段绘制时,各段必须采用同一比例。

　　(3) 图名　标题栏中的图名一般写两行,上行写"(××××)设备布置图"(括号内的内容可以省略),下行写"EL×××.××平面" 或"×-×剖视图"。剖视图的名称一般以 A - A、B - B 等,或Ⅰ-Ⅰ、Ⅱ-Ⅱ等命名。

　　2. 视图的配置

　　设备布置图的视图配置与建构筑物、设备的表达方法有关,视图通常包括:

　　(1) 平面图　用以表达某层厂房建筑上的设备布置情况、建构筑物的结构形状和相对位置。

　　设备布置平面图应按楼层从底层起依次向上绘制。同一张图纸上集中绘制几层平面图时,各平面图在图纸上的布置应自下而上或从左到右按层次顺序排列,并在各平面图下方注明相应标高。大操作平台也可分层绘制,操作平台下的设备用细虚线绘制。

　　(2) 剖视图　剖视图用以表达设备沿高度方向的布置情况。

　　剖视图的下方应注明相应的剖视名称。剖视图可单独绘制,也可与平面图绘制在同一张图纸上。当绘制在同一张图纸上时,应按剖切顺序从左到右、由下而上排列。

　　3. 视图表达方法

　　(1) 建构筑物绘制方法:

　　① 建构筑物的承重墙、柱等结构的定位轴线用细点画线绘制。

　　② 与设备布置有关的厂房及其内部分割、生活室、专业用房(如配电室、控制室),以及建构筑物(如:门、窗、墙、柱、楼梯、平台、吊轨、栏杆、安装孔洞、管沟、明沟、散水坡等)均采用细实线,按比例、并按《房屋建筑制图统一标准》(GB/T 50001—2010)、《化工工艺设计施工图内容和深度统一规定》(HG 20519—2009)规定的图例绘制。表 11 - 4 和表 12 - 14 是部分建构筑物的图例。部分建材图例见表 6 - 2。

　　(2) 设备的绘制:

　　① 用细点画线绘制设备的中心线。用粗实线、按比例绘制出设备的可见外形特征轮廓、接管口、附件(如设备的金属支架、电机及其传动装置等)。

表 12-14　部分建构筑物图例

名称	图　　　例	名称	图　　　例
检查孔		金属楼梯、平台、栏杆	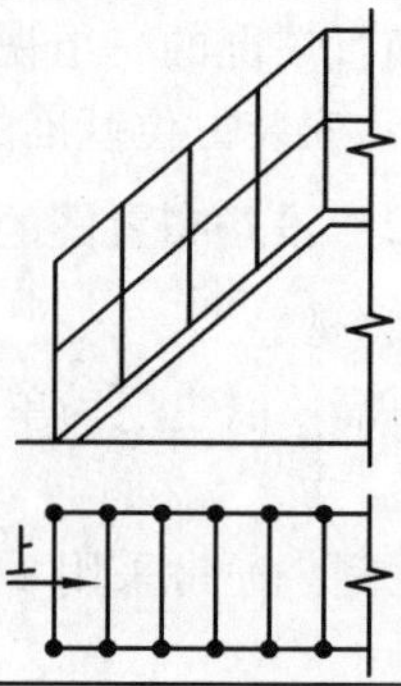
孔洞	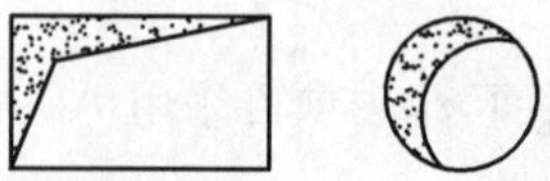		
坑槽	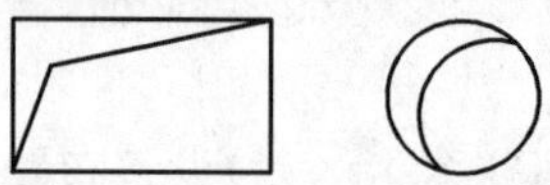	电动桥式起重机	
圆地漏			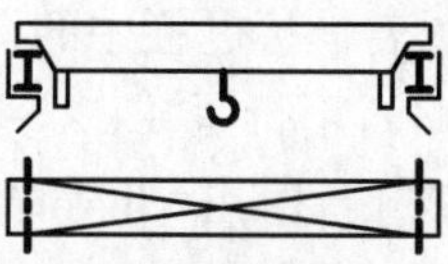
通风道	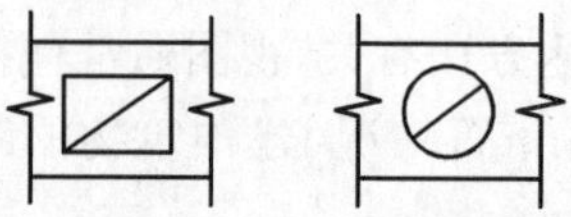	烟道	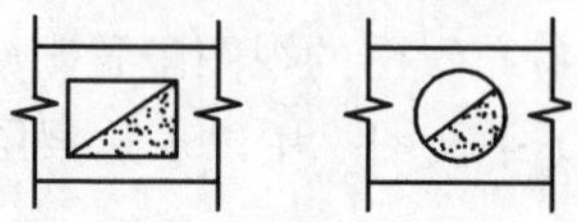

② 非定型设备不另绘管口方位图时,应采用中实线画出足以反映设备安装方位特征的管口。

③ 穿越楼板的设备在相应各层平面图上均应画出。

④ 多台相同定型设备在位号、管口方位、支承方式一致时,可只画一台。

⑤ 与厂房不连接的室外设备及其支架等,一般只在底层平面图上予以表示。

4. 设备布置图的标注

设备布置图中的厂房建构筑物和设备均应如图 12-60 所示进行标注(其中尺寸线的终端符应采用斜线)。

(1) 厂房建筑及其构件的标注内容有:

① 建筑定位轴线的编号的编写方式见本教材"11.2.2 节建筑施工图的有关规定"中的"3.定位轴线及其编号";

② 厂房建筑的总长(mm)、总宽(mm),建筑定位轴线之间的距离(mm);

③ 为安装设备预留的孔、洞、沟、槽、基础等的定位尺寸(mm);

④ 地面、平台、楼板、与安装设备有关的建筑结构件的标高(m)(标高符的绘制方式见图 11-2),并保留小数三位。按 HG 20519—2009 规定,地面的设计标高为 $EL\pm0.000$。

(2) 设备的标注内容有:

① 平面定位尺寸　以建筑定位轴线或以已经定位的设备的中心线为基准,标注出它与设备中心线、设备支座中心线或动设备的特征管口中心线之间的距离;

② 高度定位尺寸　卧式设备标注中心线的标高$EL\times\times\times.\times\times\times$(与标注建构筑件标

高的方法一致),立式设备标注基础、支架等支撑点的标高 POS EL×××.×××,塔设备、管廊、管架则标注其顶点的标高 TOS EL×××.×××;

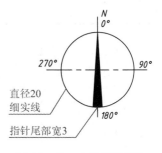

③ 位号　在各设备图形的近侧或内部均应标注位号和名称,所标注的位号和名称应与工艺管道及仪表流程图中的标注一致,设备名称也可不标注;

(3) 安装方位　应在图纸右上角绘制方位标,以明确设备安装方向的基准。方位标的绘制要求如图 12-61 所示。

图 12-61　方位标的画法

5. 设备一览表

将设备布置图中的设备的位号、名称、技术规格、图号(或标准号)等在标题栏上方列表说明,也可单独制表附在设计文件中。

12.4.3　设备布置图的绘制(Drawing of layout of the process equipments)

1. 绘图前的准备

(1) 了解有关图纸和资料　通过工艺流程图、厂房建筑图、化工设备工程图等资料,充分了解工艺过程的特点、设备种类和数量、建筑基本结构等。

(2) 考虑设备布置合理性　在设备布置设计中应认真考虑:满足生产工艺要求、符合经济原则、符合安全生产要求、便于设备安装和检修、保证良好的操作条件等。

2. 绘图步骤

(1) 确定视图配制。

(2) 确定作图比例和图纸幅面。

(3) 从底层平面向上逐个绘制平面图:

① 用细点画线绘制建筑定位轴线;

② 用细实线绘制与设备布置有关的厂房建筑基本结构(门、窗、柱、楼梯等);

③ 用细点画线绘制各设备的中心线;

④ 用粗实线绘制设备、支架、基本操作平台等。

(4) 绘制剖视图或其他视图。绘制步骤与平面图大致相同。

(5) 标注　标注内容包括:安装方位标、建筑定位轴线的编号、建构筑物和设备的定位尺寸及其标高、设备位号等。

(6) 编制设备一览表,注写有关说明,填写标题栏。

(7) 检查、校正后完成图样。

12.5　管道布置图(Piping layout)

管道布置图是表达某一主项(装置或车间)或分区(工段或工序)的管道、管件、阀门、仪表控制点、机器、设备等空间位置的图样,是主项(装置或车间)或分区(工段或工序)安装、施工的重要依据。

12.5.1　管道布置图的内容(Content of piping layout)

图 12-62 是管道布置图,其图样内容一般有:

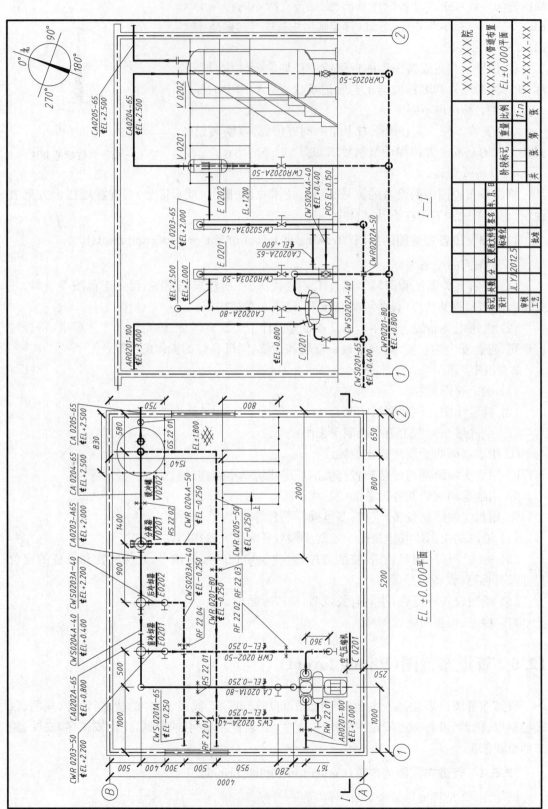

图 12 - 62　管道布置图

（1）一组视图　按正投影原理绘制的一组平立面图和剖视图等，以表达主项（装置或车间）或分区（工段或工序）的建构筑物、设备、管道、管件、阀门、仪表控制点的布置和安装情况，以及表示装置分区情况的分区简图。

（2）标注　标注确定管道、管件、阀门、仪表控制点等平面位置的尺寸和标高；编写建筑定位轴线的编号、设备位号、管道序号、仪表控制点代号，绘制表示管道安装方位基准的图标。

（3）表格　注写设备上各管口的资料的管口表，以及注写图名、图号、设计阶段、作图比例等内容的标题栏。

12.5.2　管道布置图的视图（Views of piping layout）

1. 分区、比例和图幅

（1）分区　管道布置图通常以主项为单位进行绘制，主项较大或主项内管道分布较复杂时应分区绘制（此时应在图样右上方绘制分区简图来表示该区所在位置，并绘制首页图来提供分区情况）。

（2）图幅与比例：

① 图幅　管道布置图的幅面一般采用 A0，布置较简单时可采用 A1 或 A2，图纸不宜加长加宽。

② 比例　管道布置图一般采用 1∶25、1∶50 或 1∶30 的比例绘制。同一主项分区绘制时应采用同一作图比例。

2. 视图配置

管道布置图的表达以平面图为主，对平面图上表达不清楚的部分可采用剖视图、轴测图表示。

管道布置图中平面图的配置应与设备布置图一致。各层管道布置平面图绘制的是楼板（或顶层）以下的全部建构筑物、设备、管道等。当某层的管道上下重叠过多、布置较复杂时，可再分层绘制。

管道布置图中的各视图均应注明其名称，如平面图下方应注明标高（EL +5.000），剖面图应注明剖面名称等。

3. 视图表达法

在管道布置图中，各类物体的画法如下：

（1）建构筑物　表达方法同设备布置图一致。

（2）设备　设备图形用细实线绘制，设备图形与设备布置图中的设备应一致。

（3）管道　管道线一般用单粗实线绘制，但管道公称直径（*DN*）大于等于 400mm 或 16in 时用双中实线绘制。管道图形的画法如表 12-15 所示。

（4）管件、阀门、仪表控制点　通常以细实线并按规定的图形符号绘制（如表 12-10、表 12-11所示），管道检测元件在图上用 φ10 的细实线的圆表示。

（5）管架　管架用于支撑和固定管道，一般在管道布置的平面图中用符号表示，如图 12-63。

（6）方向标　绘制与设备布置图中一致的方位标。

　　（a）有管托　　（b）无管托或其他形式　　（c）弯头支架或侧向支架

图 12-63　管架的画法

表 12 - 15　部分管道及其附件的规定图形符号

名　称		管　道　布　置　图		管　道　轴　测　图
		单　线	双　线	
管道假想断裂		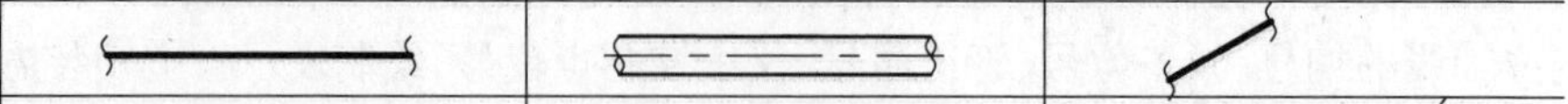		
管道连接	法兰连接			
	承插连接	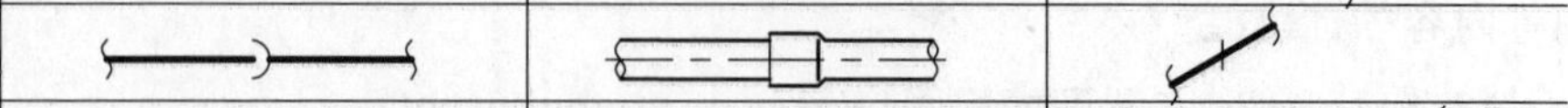		
	螺纹连接	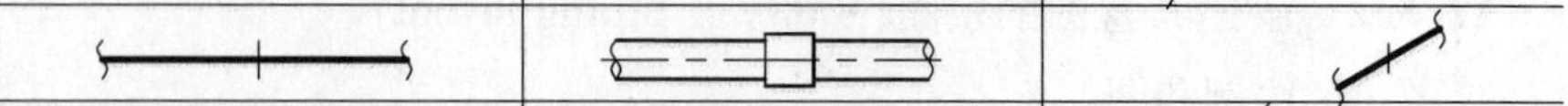		
	焊连接	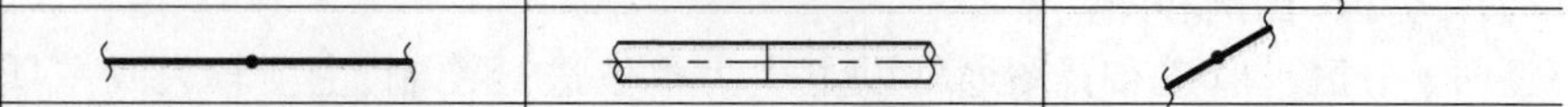		
管道非90°转弯		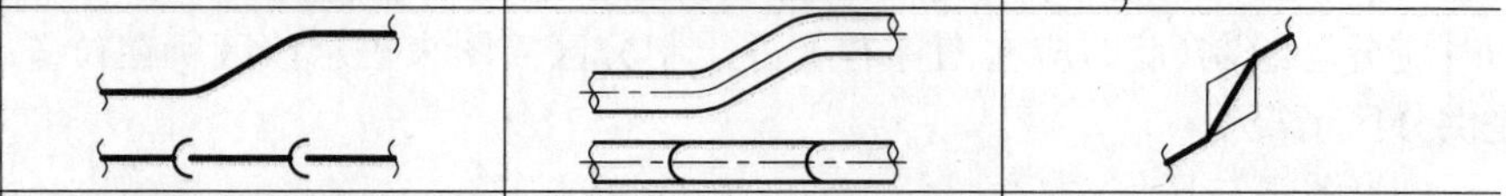		
90°弯头	螺纹及承插连接	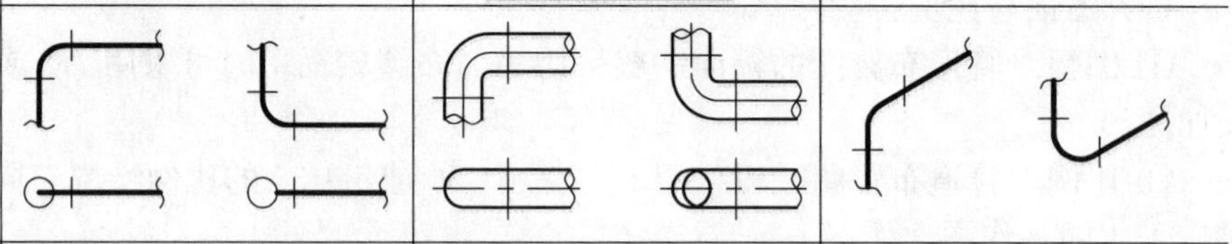		
	法兰连接	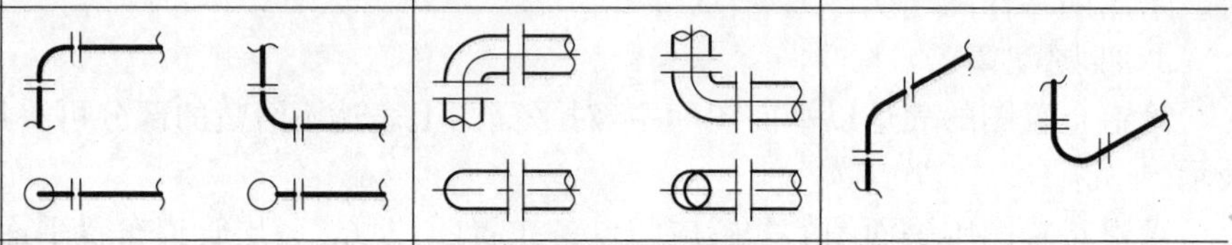		
	焊连接	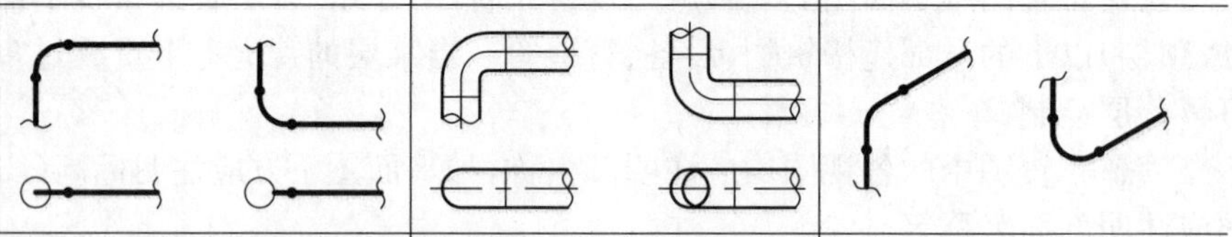		
管道相交		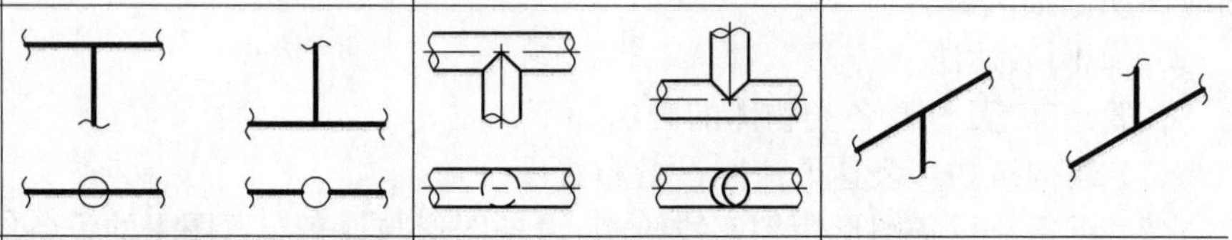		
管道重叠		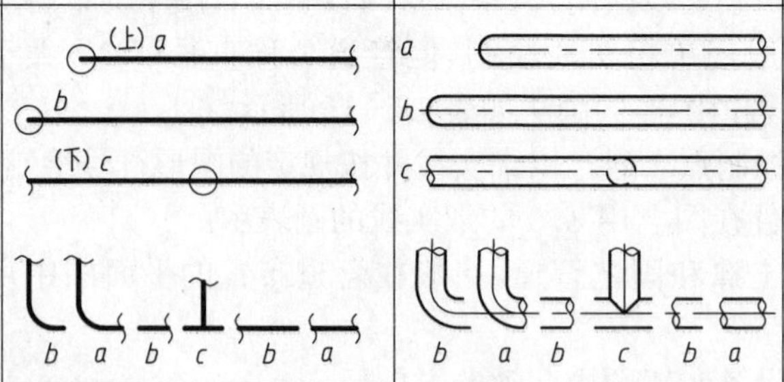 (上)a / b / (下)c / b a b c b a	a / b / c / b a b c b a	
管道交叉		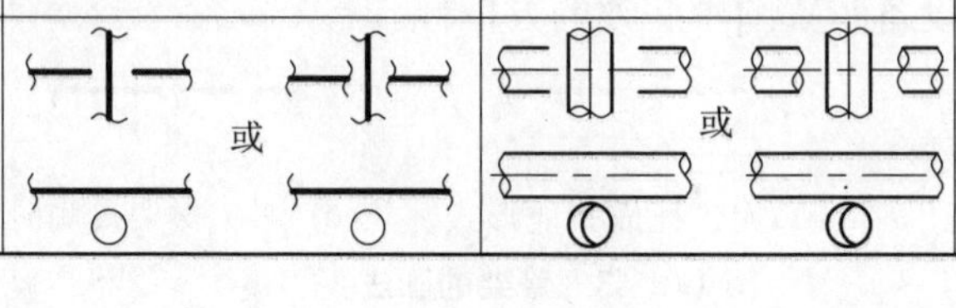 或	或	

续表

名　称		管　道　布　置　图				管　道　轴　测　图	
		单　　线		双　　线			
异径管	螺纹及承插连接	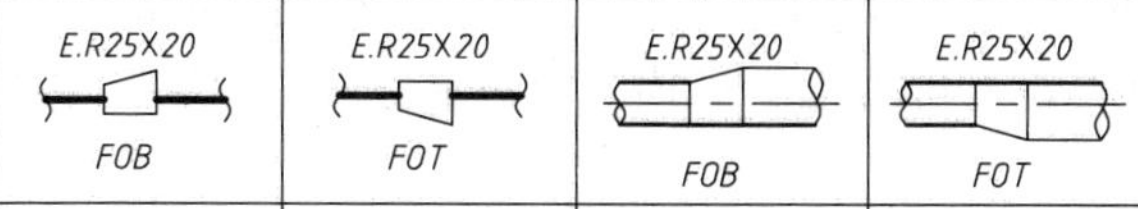 E.R25X20 FOB	E.R25X20 FOT	E.R25X20 FOB	E.R25X20 FOT	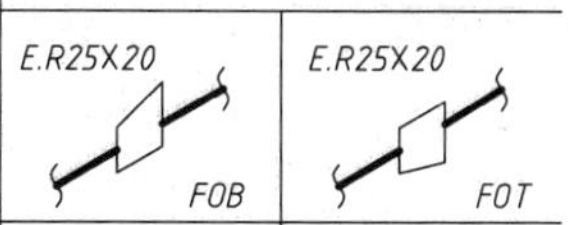 E.R25X20 FOB	E.R25X20 FOT
	焊连接	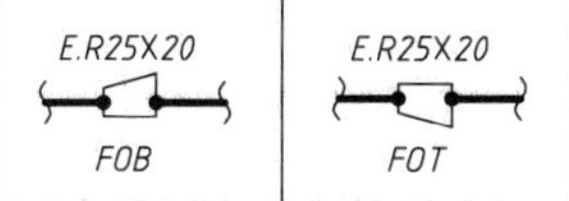 E.R25X20 FOB	E.R25X20 FOT				
	法兰连接	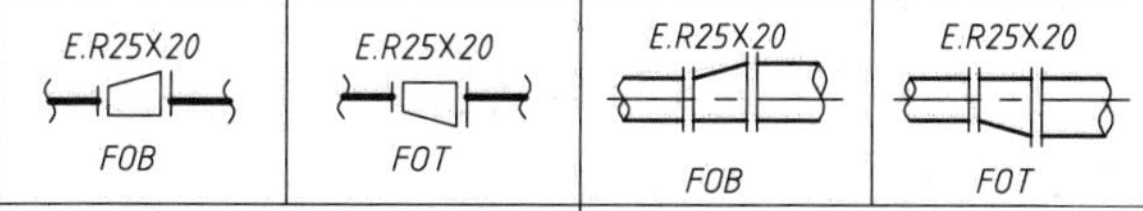 E.R25X20 FOB	E.R25X20 FOT	E.R25X20 FOB	E.R25X20 FOT	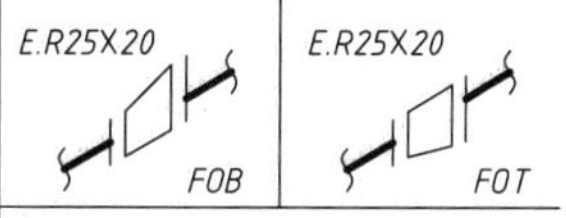 E.R25X20 FOB	E.R25X20 FOT
	同心异径						
视　镜							
爆破片							
阻火器							
对夹式限流孔板							
闸　阀							
截止阀							
球　阀							
弹簧式安全阀							
疏水阀							

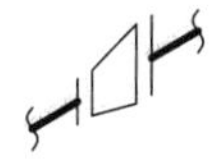

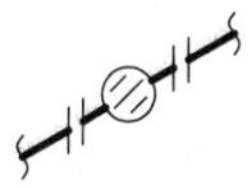

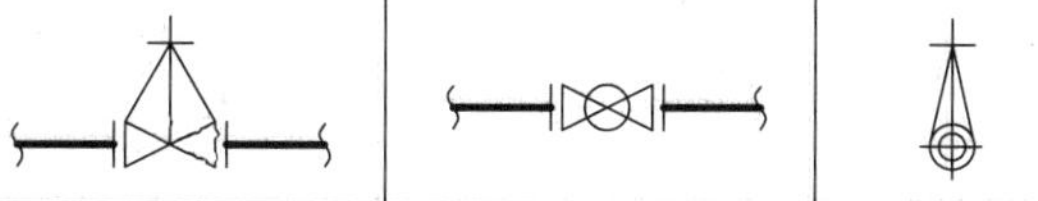

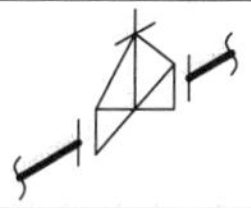

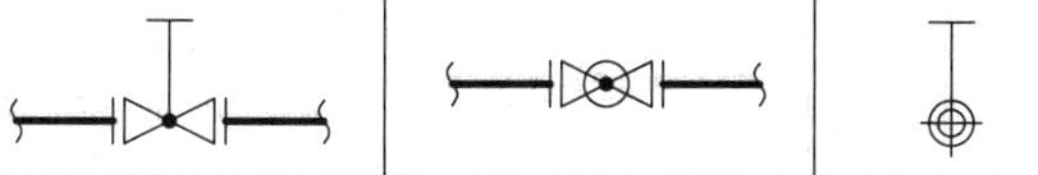

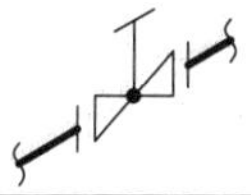

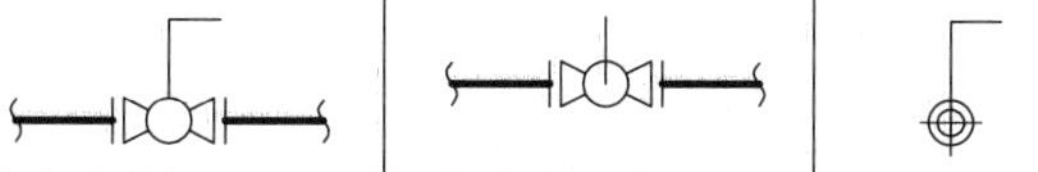

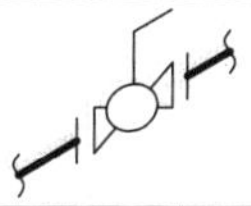

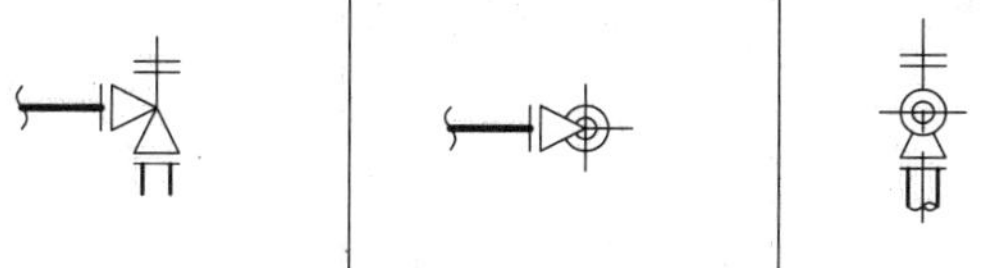

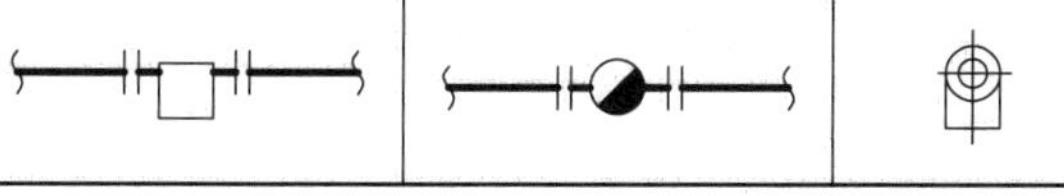

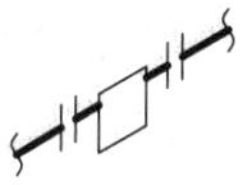

12.5.3 管道布置图的标注(Dimensioning and marking of piping layout)

(1) 建构筑物　标注内容及方法与设备布置图一致。

(2) 设备及其管口　设备应标注位号、定位尺寸、管口符号,其中定位尺寸的标注与设备布置图一致。设备管口应用□5mm 的方块标注与设备图一致的管口符号,以及管口定位尺寸(图 12-64)。并在图样右上角画出管口表(表中填写:设备位号、管口符号、公称直径、公称压力、密封面型式等)。

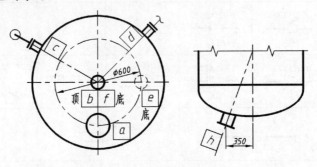

图 12-64　设备管口的图示法

(3) 管道　在管道布置图中,管道应标注以下内容:

① 管道的定位尺寸　在平面图上以设备中心线、设备管口中心线、建筑定位轴线、墙面、设备管法兰端面等为基准进行标注。

② 管道编号、高度和坡度(图 12-65)。

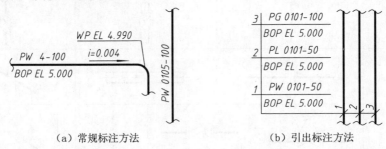

(a) 常规标注方法　　　　　　(b) 引出标注方法

图 12-65　管道编号、高度和坡度的标注

a. 管道编号的标注与工艺管道及仪表流程图上完全一致。

b. 管道高度方向的定位尺寸以标高表示。管道的标高是以室内地面标高 EL0.000m 为基准,标注管道中心线的安装标高"EL×××.××××",或标注管底外表面的安装标高"BOP EL×××.××××"。

c. 管道安装有坡度坡向要求时,应进行标注(i 为坡度代号,箭头所指为坡向)。

(4) 管件、阀门、检测仪表控制点　一般按规定符号代号图标,管道控制元件的圆内按自动控制的规定符号和编号填写。对有特殊要求的管件、阀门、检测仪表控制点应标注某些尺寸、型号或说明。

(5) 管架　在平面图中标注管架编号,管架编号的内容

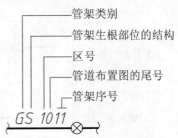

图 12-66　管架编号标注方法

及标注方法如图 12-66 所示,管架代号的意义如表 12-16 所示。

表 12-16 管架编号中的代号

管架类别	代号	A	G	R	H	S	P	E	T
	类别	固定架	导向架	滑动架	吊架	弹吊	弹簧支座	特殊架	轴向限位架
管架生根	代号	C		F		S		V	W
部位结构	结构	混凝土结构		地面基础		钢结构		设备	墙

12.5.4 管道布置图的绘制(Drawing of piping layout)

1. 绘图前的准备

(1) 了解有关图纸和资料 以工艺管道及仪表流程图、设备布置图、厂房建筑图等为依据,充分了解工艺生产流程、建筑结构、设备及其管口等的配置情况和相关国家标准和行业标准。

(2) 考虑管道布置的合理性 应考虑物性、施工、操作、维修、运输、安全生产、动力、照明、仪表、采暖通风等因素。

2. 绘图步骤

(1) 拟定表达方案,确定视图、作图比例和图幅。

(2) 逐层绘制平面图:

① 用细点画线绘制建筑定位轴线和设备中心线。

② 用细实线、按比例绘制厂房建、构筑物的外形。

③ 用细实线、按比例绘制带管口的设备外形轮廓。

④ 用粗实线、按比例,并按流程次序逐条绘制管道图线及其表示物料流向的箭头。

⑤ 用细实线、按规定的符号绘制管件、管架、阀门、检测仪表控制点。

(3) 绘制剖视图等视图 首先用细实线绘制地平线、设备基础。再按绘制平面图的步骤绘制出设备、管道等的图形。

(4) 绘制方位标。

(5) 标注:

① 厂房建、构筑物 标注定位轴线的编号、间距,并标注建、构筑物的标高。

② 设备 标注定位尺寸、标高,以及与"工艺管道及仪表流程图"中一致的设备位号。

③ 管道和管架 按流程次序标注管道编号、管架编号、坡度和坡向;管道的定位尺寸和标高。

④ 标注有特殊要求的管件、阀门、检测仪表控制点的定位尺寸、型号(或规格尺寸)或说明。

(6) 绘制并填写管口表、标题栏及有关说明等。

(7) 校核、审定。

12.6 管道轴测图(Pipe line isometric drawing)

管道轴测图又称管段图或管道空视图,是表达一台设备至另一台设备(或一个工段至另一工段)之间的一段管道及其附件(如管件、阀门、检测仪表控制点等)的具体配置情况的正等轴测图的图样(图 12-67)。

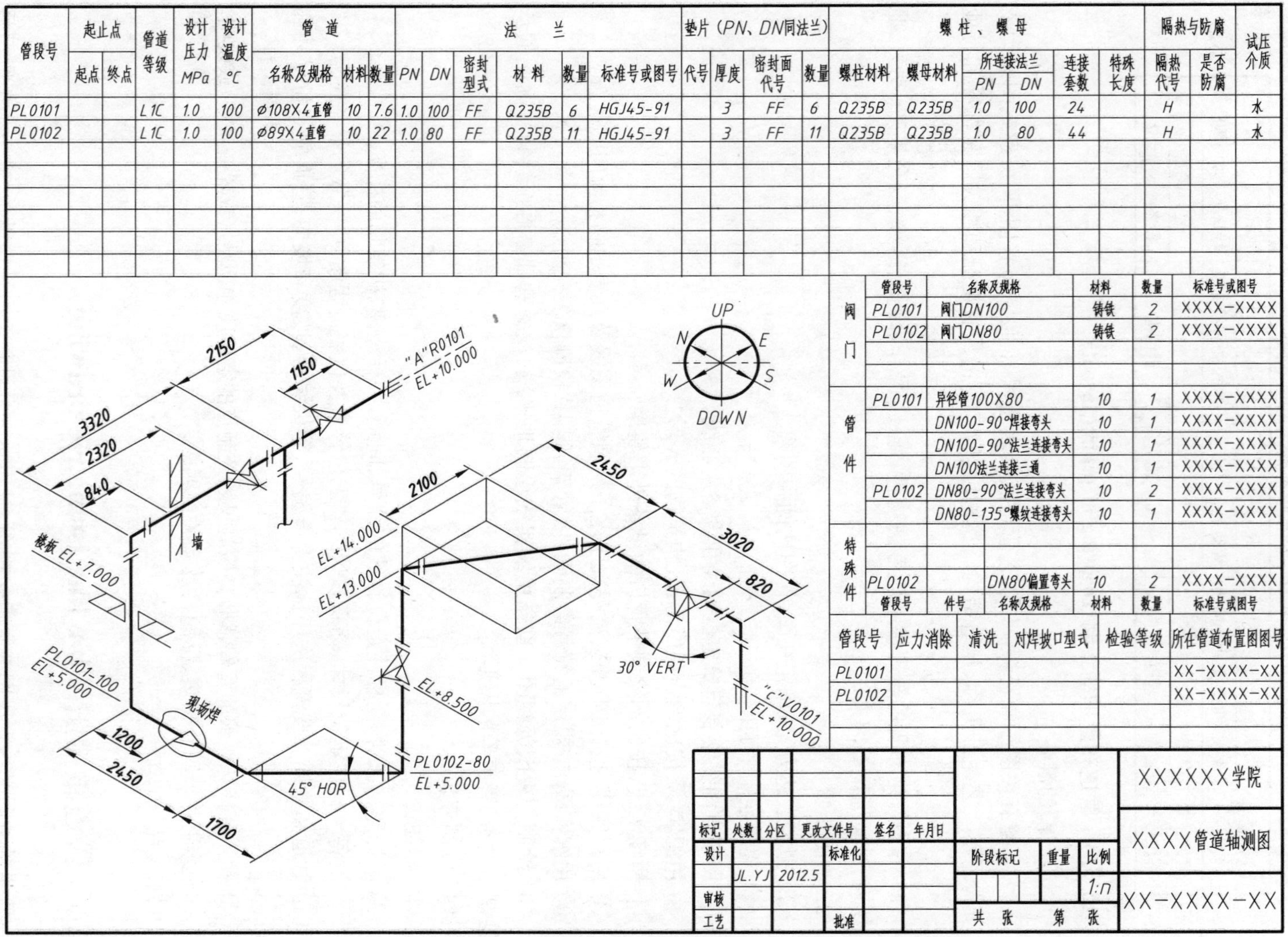

管段号	起止点		管道等级	设计压力 MPa	设计温度 °C	管道					法兰				垫片 (PN, DN同法兰)				螺栓、螺母							隔热与防腐			试压介质
	起点	终点				名称及规格	材料	数量	PN	DN	密封型式	材料	数量	标准号或图号	密封面代号	代号	厚度	数量	螺栓材料	螺母材料	PN	DN	连接套数	材料	特殊长度	隔热代号	厚度	是否防腐	
PL0101			L1C	1.0	100	Ø108X4直管	10	7.6	100	1.0	FF	Q235B	6	HGJ45-91	FF	3		6	Q235B		1.0	100	24	铸铁		H			水
PL0102			L1C	1.0	100	Ø89X4直管	10	22	80	1.0	FF	Q235B	11	HGJ45-91	FF	3		11	Q235B		1.0	80	44	铸铁		H			水

阀门

管段号	名称及规格	材料	数量	标准号或图号
PL0101	阀门DN100	铸铁	2	XXXX-XXXX
PL0102	阀门DN80	铸铁	2	XXXX-XXXX

管件

管段号	名称及规格	材料	数量	标准号或图号
PL0101	异径管100X80	10	1	XXXX-XXXX
	DN100-90°焊接弯头	10	1	XXXX-XXXX
	DN100-90°法兰连接转头	10	1	XXXX-XXXX
	DN100法兰连接三通	10	1	XXXX-XXXX
PL0102	DN80-90°法兰连接转头	10	2	XXXX-XXXX
	DN80-135°螺纹连接转头	10	1	XXXX-XXXX

特殊件

管段号	名称及规格	材料	数量	标准号或图号
PL0102	DN80储置等头	10	2	

管段号	应力消除	清洗	焊接坡口型式	检验等级	在管道布置图图号
PL0101					XX-XXXX-XX
PL0102					XX-XXXX-XX

XXXXXXX学院

XXXXX管道轴测图

XX-XXXX-XX

阶段标记	重量	比例
		1:n

共　张　第　张

标记	处数	分区	更改文件号	签名	年月日
设计			JL.YJ		2012.5
审核					
工艺		标准化		批准	

图中方位标记：N、E、S、W、UP、DOWN

"A" R0101　EL+10.000
"C" V0101　EL+10.000
30° VERT
EL+8.500
45° HOR
EL+14.000
EL+13.000
PL0102-80　EL+5.000
现场坪
截断 EL+7.000
PL0101-100　EL+5.000
3020　820　2450　2100　150　2450　3320　2320　840　1200　2450　1700

图 12-67　管道轴测图

12.6.1 管道轴测图的内容(Content of pipe line isometric drawing)

管道轴测图上的内容有:

(1) 图形 绘制管段及其所附管件、阀门等的图形符号的正等轴测图形。

(2) 标注 管道编号,管道所连接设备的位号及其管口符号,安装尺寸等。

(3) 方向标 管口、设备等的安装方位。

(4) 材料表 说明预制管段所需要的材料、规格、尺寸、数量等。

(5) 技术要求 对预制管段的焊接、热处理、试压等的要求。

(6) 标题栏 图名、图号、比例、设计阶段等。

12.6.2 管道轴测图的图示方法(Representation of pipe line isometric drawing)

1. 一般规定

(1) 管道轴测图通常采用 A3 图纸绘制。

(2) 管道轴测图不必按比例绘制,但各管件、阀门等的大小和位置的相对比例要协调。

(3) 对于公称直径大于 50mm 的中、低压碳钢管道和公称直径大于 20mm 的中、低压不锈钢管道,以及公称直径大于 6mm 的高压管道需要绘制管道轴测图。

(4) 当同一管段中有两种管径时(如:控制阀组、排放口等)应随大管绘制出相连接的小管。

(5) 管道轴测图中表示管道走向的方向标的北(N)向应与管道布置图中的方向标的北向一致。

2. 图形

(1) 方向标 方向标绘制在图样右上角,绘制方法如图 12-68 所示。

(2) 管道 管道轴测图中的管道用单、粗实线绘制,弯头不需画圆弧;与坐标轴或坐标面不平行的斜管应用细实线框表明该管的空间位置,如图 12-69。

(3) 管道附件及其连接 用细实线、按规定的图例符号(表 12-15)绘制。图中表示阀门手轮的短线与阀门所在的管道线平行(图 12-69),阀杆中心线应与设计方向一致。

(4) 设备、检测仪表等 管道轴测图中与管道相连接的设备、检测仪表等一般只需用细双点画线绘制出相应的接管口(图 12-69)。

图 12-68 管道轴测图中的方向标

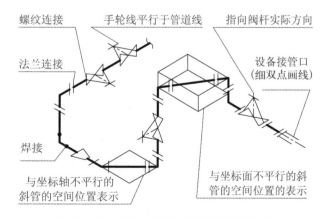

图 12-69 管道、附件及其管道连接的画法

3. 标注

(1) 一般规定：

① 管道轴测图中应标注管道、管件、阀门等为安装及加工预制所需要的全部尺寸。

② 管道轴测图中标高的尺寸(EL)以米为单位,其他的尺寸以毫米为单位。只注数字,不注单位。

③ 管道轴测图中标注的基准点通常为管道或管件的中心、法兰端面。

④ 管道轴测图中铅垂的管道不标注长度尺寸,而以水平管道的标高"EL×××.××××"表示。

(2) 管道的标注：

① 标注流向,并在水平管道的上方标注管道编号,下方标注标高。

② 标注基准点到管道各端点的尺寸(如：到等径支管距离的尺寸,到不等径支管距离的尺寸,到管帽距离的尺寸等)。

③ 标注基准点到管道改变走向处距离的尺寸。

④ 标注基准点到图形接续分界处距离的尺寸。

⑤ 标注基准点到各独立组件(法兰、孔板法兰、异径管、仪表接口等)距离的尺寸。

⑥ 标注偏置管的偏置尺寸(对平行于坐标面的斜管,标注两个偏置尺寸,或一个偏置尺寸和一个偏置角；对不平行于坐标面的斜管,标注三个偏置尺寸)。

⑦ 管道穿越墙、平台、楼板、屋顶时,应标注平台、楼板、屋顶的标高,标注墙与管道的位置关系。

(3) 阀门的标注：

① 对法兰连接的阀门,标注基准点到阀门的法兰端面的距离；对螺纹连接或承插焊连接的阀门,标注基准点到阀门中心的距离,或标注阀门中心的标高。

② 阀杆方向不是 N(北)、S(南)、E(东)、W(西)、UP(上)、DOWN(下)时,应标注其方位角。

(4) 管件、管架等的标注：

① 标注各独立管道组件尺寸。但定型管件与定型管件直接连接时可不标注管件的长度尺寸。

② 孔板、节流板等,标注包括垫片在内的全部尺寸。

③ 检测仪表控制点应标注与管道布置图一致的代号。

④ 标注直接焊接在管道上的管架的编号。

(5) 设备的标注：

① 标注设备位号。

② 标注设备上与管道连接的管口的符号。

③ 标注管口中心或法兰端面的标高。

4. 材料表

材料表上应列出预制管段所需的全部预制材料和安装件。预制材料包括预制管段所需的管道、管件、法兰等,安装材料包括安装用的垫片、螺栓、螺母、孔板和各种非焊接连接的阀门等。

填表时管道公称直径通常按先大后小的顺序列出,一般以毫米为单位,管道的数量以米为单位。垫片、螺栓、螺母的数量以个为单位。

复习思考题

12-1 典型的化工设备有哪几种?

12-2 化工设备有哪些结构特点?针对这些结构特点应运而生的图示特点有哪些?

12-3 运用多次旋转画法的时候应注意哪些问题?

12-4 如何图示常压和低压容器的焊缝?

12-5 如何图示中高压容器的焊缝?标注焊缝时应遵循哪些标准?

12-6 化工设备图的图样内容有哪些?

12-7 工艺管道及仪表流程图起哪些作用?

12-8 如何确定工艺管道及仪表流程图中的设备图形大小和设备图形之间的距离、高差?

12-9 设备位号中的字母:V、E、T、R、P、C 分别代表什么意义?设备位号应标注在图样的什么部位?

12-10 设备布置图的图纸幅面、作图比例通常分别为多少?

12-11 在设备布置图中:

(1) 每张图样表达的范围为:_____。

(2) 图样上应绘制出哪些物体的图形?

(3) 设备的画法与工艺管道及仪表流程图中的设备画法有哪些共同之处?又有哪些不同之处?

(4) 建筑物、构筑物应采用什么线型绘制?

(5) 设备布置图应作哪些方面的标注?

12-12 说明以下标注的意义:

$$\frac{P1002A}{POS\ EL+0.300}, \quad \frac{V1001}{TOS\ EL+1.200}, \quad \frac{CA\ 0201}{\mathbb{C}\ EL+2.000}, \quad \frac{RW\ 2204}{EL+1.900}, \quad \frac{PW0102-50}{BOP\ EL+5.000}$$

12-13 在管道布置图中:

(1) 图样内容由哪几部分组成?

(2) 图样的图纸幅面、作图比例通常分别为多少?

(3) 每张图样表达的范围为:_____。

(4) 管道、设备、管架、仪表、建构筑物分别用什么线型绘制?

(5) 管道、管架、设备、建构筑物分别应标注哪些内容?

(6) 如何反映设备、管道的安装方位?

(7) 说明绘制管道布置图的步骤。

(8) 管道轴测图的图样内容包括哪些方面?它是按照什么方法绘制的?

(9) 说明每张管道轴测图图样的表达范围。

13 AutoCAD 基础

（Foundation of AutoCAD）

13.1 概述（Introduction）

AutoCAD 是美国 Autodesk 公司在 1982 年推出的计算机辅助设计绘图软件。经过 30 年的不断完善与改进，发展到至今的最新版本 AutoCAD 2013。它是一个集二维图形绘制、三维造型、渲染着色、数据库管理、网上协同设计、资源共享等功能于一体的辅助设计绘图软件，并提供了二次开发的接口，用以扩展它的功能。其功能随版本升级日益增加与完善，被广泛应用于机械、建筑、冶金、电子、地质、气象、地理、航空、商业、轻工、纺织等各种领域。以下以 AutoCAD 2013 版本为基础介绍作图的基本方法。

13.1.1 AutoCAD 的工作界面（Working interface of AutoCAD 2013）

AutoCAD 2013 版提供了"草图与注释、三维基础、三维建模和 AutoCAD 经典"四种形式的工作界面，便于用户不同设计阶段使用所需的交互式工作平台，对于二维作图工作界面可用"草图与注释"和"AutoCAD 经典"较为便捷，如图 13-1、图 13-2 所示。

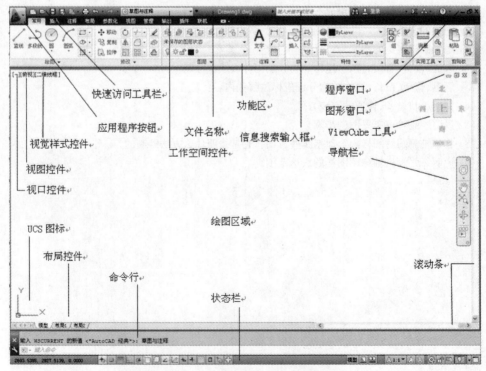

图 13-1 "草图与注释"工作界面

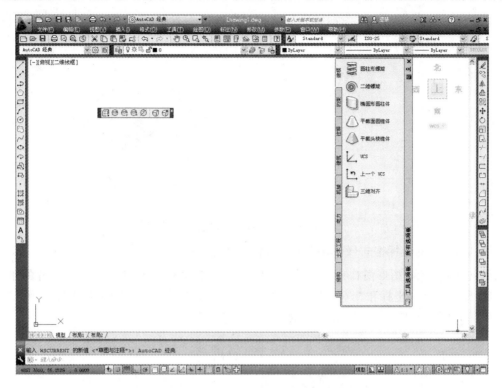

图 13-2 "AutoCAD 经典"工作界面

启动 AutoCAD 2013 后就可以看到应用程序窗口和图形窗口。图 13-1 是它的工作界面,在这里可以创建和修改并展现你的设计。

绘图区域的左上角是用以控制视图数量视口的标签菜单,位于绘图区域右上角的 ViewCube 工具,可以用来旋转图形的视图,以从不同的视点来察看它。ViewCube 工具的下方是导航栏,用以访问 SteeringWheels、平移和缩放工具。在绘图区域左下角的 UCS 图标显示 X、Y 和 Z 的正反向。

图形窗口左下角,是布局之间切换的控件。在图形窗口上方是功能区,功能区将命令和工具组织到选项卡和面板中。

在应用程序窗口的左上角,是应用程序按钮,单击应用程序按钮可以创建打开或发布图形或者搜索命令。在应用程序按钮的右侧,是快速访问工具栏,快速访问工具栏显示了常用工具。在快速访问工具栏的右侧是工作空间控件,使用工作空间控件可切换工作界面以适应不同阶段的设计需要。在应用程序的右上角,是用来最小化、最大化或关闭应用程序的按钮。

图形窗口下方是命令提示行,用于启动命令,并提供当前命令的输入值,在键入命令名或输入值后按 Enter 键。动态输入功能默认为启用状态,它会在光标旁边显示命令提示和输入值。应用程序窗口的底部是应用程序状态栏,状态栏显示当前光标的当前坐标、常用绘图辅助工具、布局和视图工具、注释缩放工具以及工作空间自定义工具。

13.1.2 AutoCAD 的坐标系统及角度方向(Reference frame and angle direction)

AutoCAD 为二维和三维设计提供的默认坐标系统称为世界坐标系 WCS,在图形窗口的左下角显示该坐标图标。水平向右是 X 轴的正方向,竖直向上是 Y 轴的正方向。

　　默认状态下,在 XY 坐标面上,X 轴正方向的角度为零度,逆时针旋转为正,顺时针为负。如图 13 - 3 所示。

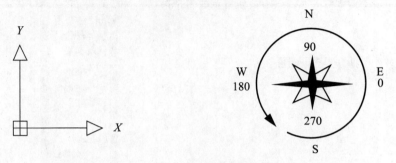

图 13 - 3　坐标系统与角度

13.1.3　点的坐标格式(Coordinates format of point)

　　要在 AutoCAD 图形窗口中输入空间的一个点,必须输入确定该点空间位置的坐标。AutoCAD 提供绝对坐标和相对坐标两种输入方式,二维设计时不用输入 Z 坐标。坐标输入格式有直角坐标格式和极坐标格式,见图 13 - 4 和图 13 - 5 所示。

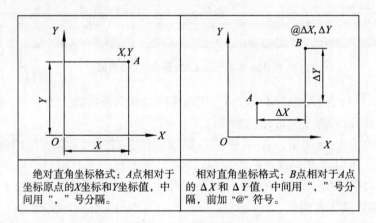

| 绝对直角坐标格式:A点相对于坐标原点的X坐标和Y坐标值,中间用",号分隔。 | 相对直角坐标格式:B点相对于A点的 ΔX 和 ΔY 值,中间用"," 号分隔,前加 "@" 符号。 |

图 13 - 4　直角坐标格式

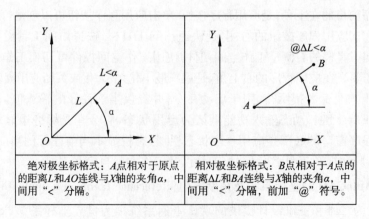

| 绝对极坐标格式:A点相对于原点的距离L和AO连线与X轴的夹角α,中间用"<"分隔。 | 相对极坐标格式:B点相对于A点的距离ΔL和BA连线与X轴的夹角α,中间用"<"分隔,前加"@"符号。 |

图 13 - 5　极坐标格式

13.2　AutoCAD 的基础知识和基本操作(The ABC of AutoCAD)

13.2.1　AutoCAD 文件管理(File management)

1. 新建一个图形文件

单击菜单【文件】→【新建】，出现如图 13-6 所示的【选择样板】对话框。在该对话框中选择 acad. dwt 样板文件，将进入绘图区域 12 英寸×9 英寸的作图环境；选择 acadiso. dwt 样板文件，将进入绘图区域 420mm×290mm 的作图环境。确信要打开某个样板文件后，按【打开】按钮，即新建了一个文件名为 Drawing1 的图形文件。

图 13-6　"选择样板"对话框

输入图形后，用户若要起名保存，可单击菜单【文件】→【保存】，出现如图 13-7 所示的【图形另存为】对话框，输入保存的路径和文件名后，按保存按钮。

2. 打开一个已有的图形文件

单击主菜单【文件】→【打开】，随即出现【选择文件】对话框。在该对话框中选择文件所在的路径并选择所需的图形文件，这时，在对话框的右边的"预览"框中将会显示所选的图形文件，按【打开】按钮打开文件。

3. 将一个已打开的文件进行修改后再存盘，或用另一个文件名保存

对已打开的图形文件进行绘图和修改后，要按原文件名保存，可点击"标准工具栏"上的保存按钮。要将修改后的文件保存在另一路径或另一文件名，可用菜单【文件】→【另存为】进行操作。

4. 同时打开多个图形文件

AutoCAD 支持多文档操作，可同时打开多个文件。当同时打开多个文件时，利用菜单

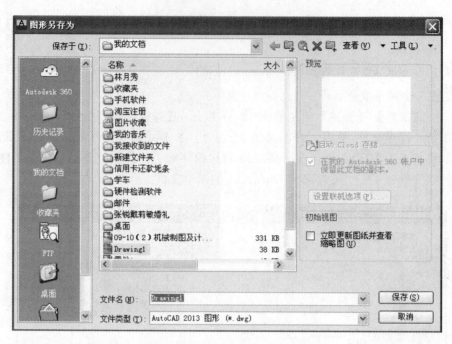

图 13 - 7 "图形另存为"对话框

【窗口】中的设置可控制各图形文件在窗口中的排列形式。如:层叠、水平平铺、垂直平铺、排列图标。

13.2.2 AutoCAD 命令输入方法(The way of command Import)

Auto CAD有三种命令输入方式,即使用工具栏命令按钮、下拉菜单和用键盘将命令输入命令窗口。

1. 鼠标的使用

鼠标是用来控制光标和屏幕指针的,当移动鼠标时光标就作相应的移动。在绘图用的图形窗口,光标通常成十字形。当光标移动到对话框、工具栏、下拉菜单时,光标就成空心箭头。

对于带有三个按键的鼠标来讲,左中右三个按键的定义如下:左键是拾取键,主要用于选取实体,单击对象和选择菜单项等;右键用于弹出快捷菜单,大部分情况下相当于回车等;中键一般是视窗操作键,用于视窗的移动、放大和缩小。

2. 使用工具栏按钮输入命令

在由图形符号按钮组成的工具栏中,其每一按钮都是 AutoCAD 命令的触发器,用拾取键单击按钮,就能执行相应的命令。这与用键盘及用拾取键点击下拉菜单输入相应的命令,功能完全相同。

调用所需工具栏的途径有:

(1) 单击下拉菜单【视图】→【工具栏(O)...】,打开如图 13 - 8 的【自定义用户界面】对话框,在此状态下,在命令列表栏中选择所需命令拖到工具栏上即可在工具栏添加命令按钮;在工具栏拖出命令按钮即可在工具栏删除命令按钮。

图 13 - 8　"自定义用户界面"对话框

（2）将光标放在工作界面的任一工具栏上，单击鼠标右键，会弹出选择工具栏的快捷菜单，按需选择工具栏。

3. 使用下拉菜单输入命令

当把鼠标指针移到下拉菜单名上，并单击左键即可打开该菜单。菜单项中右面带"▶"的表示该菜单项有下一级的子菜单；右面带"…"的菜单项表示如选择该菜单项后，将显示一个对话框。单击所需的命令菜单，就可输入相应的命令。

4. 使用键盘输入命令

在命令窗口，用键盘输入命令。在命令窗口提示区出现"命令："时，就用键盘将命令字母打入"命令："的后面，回车后 AutoCAD 就执行该命令。有些命令需要有参数，这些参数根据提示项的提示，用键盘输入在提示项的后面。

13.2.3　绘图区域界限的设定及显示（Enactment and display of drawing area）

1. 设定绘图区域

设定绘图区域是根据实际的绘图需要来进行的。在命令行直接输入 LIMITS 命令或单击下拉菜单【格式】→【图形界限】即可启动该指令。

命令提示过程如下：【指定左下角点或［开（ON）/关（OFF）］＜0.0000,0.0000＞:】（输入矩形绘图区域左下角的 X 和 Y 坐标；若要用尖括号里的坐标值，可直接回车）。【指定右上角点 ＜420.0000,297.0000＞:】（输入矩形绘图区域右上角的 X 和 Y 坐标；若要用尖括号里的坐标值，可直接回车）。

2. 绘图区域显示

在用 LIMITS 命令进行设定以后，执行 ZOOM 命令中的 ALL 选项，使 LIMITS 设置的绘图区域充满显示于图形窗口。在【命令:】后输入 zoom 并回车,即可启动该指令。

命令提示过程如下:【指定窗口角点,输入比例因子（nX 或 nXP）,或[全部(A)/中心点(C)/动态(D)/范围(E)/上一个(P)/比例(S)/窗口(W)]<实时>:】(输入 a 并回车)。

13.2.4 图形单位、精度和角度方向(Figure units 、precision and angle direction)

在缺省状态下,AutoCAD 的图形单位为十进制单位,可以根据工作需要设置单位类型和数据精度。

在【命令:】提示符后输入 Units 并回车,即出现如图 13 - 9【图形单位】对话框。可以通过对话框选择当前图形文件的长度、角度类型以及精度。

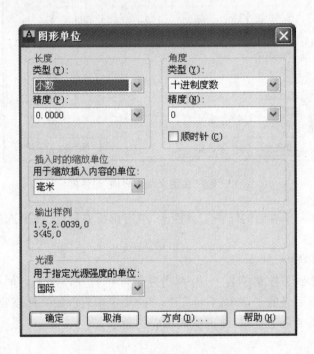

图 13 - 9 "图形单位"对话框

13.2.5 绘图辅助工具(Drawing assistant tool)

AutoCAD 提供了一些绘图辅助工具用于精确绘图。绘图辅助工具设置可通过单击下拉菜单【工具】→【草图设置(F)...】,打开【草图设置】对话框,如图 13 - 10 所示。本节着重介绍【对象捕捉】选项卡的设置。

1. 对象捕捉

对象捕捉功能用于精确地输入已有对象的特定点和特定位置。常用的捕捉命令有:端点 End、中点 Mid、交点 Int、外观交点 App、延伸线点 Ext、圆心点 Cen、圆或椭圆上的象限点 Qua、切点 Tan、垂足 Per、平行线点 Par、文本或块的插入点 Ins、节点 Nod、离光标最近的线上一点 Nea 等。

对象捕捉命令不能直接输入于【命令:】后面,必须在绘图命令或修改命令提示输入点坐标时,输入对象捕捉命令才有效。

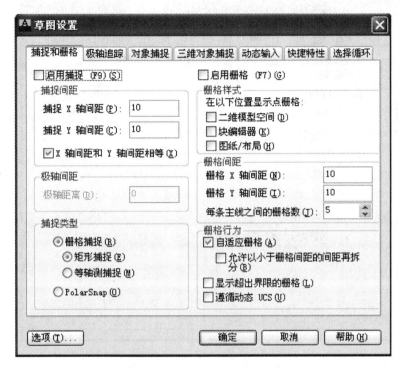

图 13 - 10　"草图设置"对话框

对象捕捉方式有临时对象捕捉和自动对象捕捉。

（1）临时对象捕捉方式

在执行绘图指令或修改指令中，当要求用户输入一点坐标时，可以按住 Shift 键的同时单击鼠标右键（注：光标须在图形区域），会弹出对象捕捉命令快捷菜单，然后用左键在菜单中选择所需对象捕捉命令，再用光标在屏幕上已有的图形对象上去捕捉该特殊点。

（2）对象自动捕捉方式

对象自动捕捉方式，指在绘图中，系统一直保持目标捕捉状态，这需要预先在【草图设置】对话框中进行设置。如图 13 - 11 所示。要打开自动捕捉方式，可在状态栏上单击【对象捕捉】按钮，或按下键盘上的 F3 键可切换该功能的开关状态。

2. 栅格

栅格是一种可见的位置参考图标，由一系列排列规则的点组成。图 13 - 12 所示为打开栅格状态时的绘图区。

【栅格】选项组用于设定栅格点阵在 X 轴方向和 Y 轴方向的间距。在状态栏上单击【栅格】按钮或按键盘上的 F7 键，可切换该功能的开关状态。

3. 正交方式

正交【Ortho】功能，用于用鼠标作水平或垂直操作。可在状态栏上单击【正交】按钮或按下键盘上的 F8 键可切换该功能的开关状态。

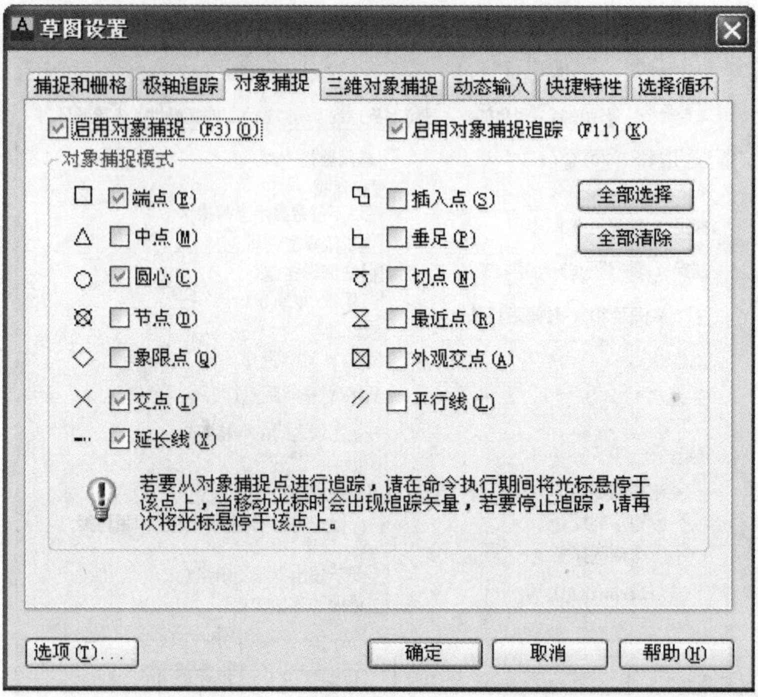

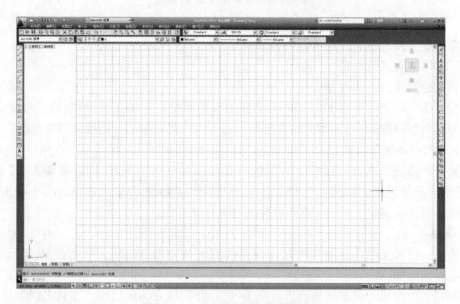

图 13-11　"对象捕捉"对话框

图 13-12　打开栅格状态的绘图区

13.2.6　透明命令(Transparency command)

AutoCAD 允许用户在不退出当前命令操作的情况下穿插执行某些命令,这些命令即称为透明命令。在绘制复杂的工程图纸时,灵活熟练地掌握和应用透明命令显得尤为重要。常用的透明命令有:Zoom(缩放)、Pan(平移)、Held(帮助)、Ortho(正交)、Snap(捕捉)、Grid

（栅格）、Cal（计算机）、Osnap（目标捕捉）、Dsettings（草图设置）、Ddptype（点样式）、Redraw（重画视口）和 Layer（图层）等。要启动透明命令，用户可以在执行某个命令过程中单击透明命令按钮或菜单。

13.2.7　视窗操作命令（Display command）

AutoCAD 提供了多种显示控制指令，且大多是透明命令，可在绘图指令或修改指令的执行过程中使用，方便地控制图形窗口中图形显示的区域和大小，如图 13 - 13 所示。

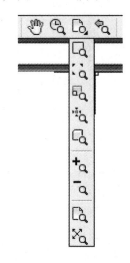

（1）实时平移　　　　绘图时，由于屏幕的大小有限，当前图形文件的所有图形对象并不一定全部显示在屏幕内，如果想看视窗外的图形，可使用实时平移视窗命令。按标准工具条上的实时平移按钮，光标变成手的形状，此时便进入实时平移状态，然后在按住鼠标左键的同时，拖动鼠标，便可动态地拖动图形。

（2）实时缩放　　　　选择该指令后，光标变成放大镜形状，此时便进入了 Zoom 的动态缩放命令。然后在按住鼠标左键的同时，拖动鼠标，使放大镜在屏幕上移动，便可动态地拖动图形进行视图缩放。

（3）全部缩放　　　　该指令将依照图形界限（Limits）或图形范围（Extents）的尺寸，在图形区域内显示图形。图

图 13 - 13　视窗操作按钮

形界限与图形范围哪个尺寸大，便由哪个决定图形显示的尺寸。

（4）缩放上一个　　　　按【缩放上一个】命令按钮，将返回上一视图，连续按此按钮，将逐步退回，直至前十个视图。

（5）窗口缩放　　　　该指令可让用户指定一矩形窗口来确定显示的区域。

13.2.8　图层（Picture Layer）

1. 图层的概念

AutoCAD 中的图元对象，都处于某一层上。AutoCAD 使用图层来管理和控制复杂图形。AutoCAD 允许建立足够多的图层，用户可以根据需要建立图层，并设置每个图层相应的名称、线型、颜色、线宽、打印状态等。所有的图元的属性（颜色、线型、线宽、所在的图层等）信息均显示在【对象特性】工具栏中和【图层】工具栏。熟练地应用图层，可大大提高图形的清晰度和工作效率。

2. 图层特性管理器

【图层特性管理器】用于控制和管理图层。单击【图层】工具栏中的【图层特性管理器】按钮；或单击下拉菜单【格式】→【图层（L）…】命令；还可在【命令：】提示符后输入"Layer"或"LA"并回车，打开【图层特性管理器】对话框，如图 13 - 14 所示。

3. 图层的主要操作

（1）新建图层　创建新图层的操作步骤如下：

① 在【图层特性管理器】对话框中单击【新建】按钮，AutoCAD 将自动生成一个名叫"图

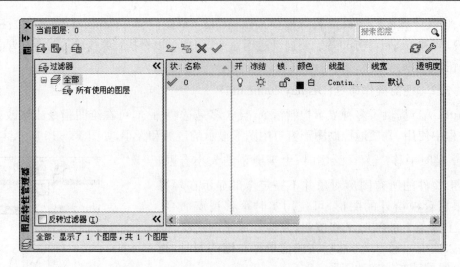

图 13 - 14　图层特性管理器

层××"的图层。用户可以将其改为所要的图层名称;

②在对话框内任一空白处单击,或按回车键,即可结束创建图层的操作。

(2)删除图层　删除不用的图层,操作步骤如下:

①在【图层特性管理器】对话框的图层列表框中单击要删除的图层,则该图层名称呈高亮度显示,表明该图层已被选择。

②单击【删除】按钮,即可删除所选择的图层。注意,0层和定义点图层、当前层和含有实体的图层、外部引用依赖图层不能被删除。

(3)设置当前层　当前层是指用户当前正在使用的图层,用户所画的图形对象是在当前层中的。AutoCAD缺省0层为当前层。要改变当前层,可在【图层】工具栏上的下拉列表框中,将高亮度光条移至所需的图层名上,单击鼠标左键,即可将所选的图层设置为当前层。

(4)图层颜色控制　为了区分不同的图层,建议用户为不同图层设置不同的颜色,操作步骤如下:

①在【图层特性管理器】对话框图层列表框中选择所需的图层;

②在图层名称后的颜色图标按钮上单击,弹出如图 13 - 15【选择颜色】对话框,在【选择颜色】对话框中选择所需颜色。

(5)图层状态　图层具有【开/关】【冻结/解冻】【锁定/解锁】等状态,其含义如下:

【开/关】关闭的图层上的实体不能在屏幕上显示或不能被绘图仪输出。重新生成图形时,图层上的实体仍将重新生成。

【冻结/解冻】冻结图层的层上的实体不能在屏幕上显示或不能被绘图仪输出。在重新生成图形时,冻结层上的实体将不被重新生成,冻结的图层不能作为当前层使用。

【锁定/解锁】锁定图层上的已有的实体不能被修改,但可以显示和输出。在锁定的图层可以创建新的对象。

可任选以下两种方法中的一种来设置这些状态:

①单击【图层】工具栏【图层控制】下拉列表框中的相应状态按钮;

②在【图层特性管理器】对话框中,选择要操作的图层,单击相应状态按钮即可。

图 13 - 15　"选择颜色"对话框

（6）图层线型设置 AutoCAD 允许为每个图层分配一种线型。在缺省情况下，线型为连续线。可以根据需要为图层设置不同的线型。

① 加载线型 在使用一种线型之前，必须先把它加载到当前图形文件中，加载线型需要在【线型管理器】对话框中进行。单击【格式】→【线型（N）…】可打开如图 13 - 16 所示的对话框。

图 13 - 16　"线型管理器"对话框

　　在【线型管理器】对话框中,单击【加载】按钮,弹出【加载或重载线型】对话框。再在【加载或重载线型】对话框中选择所要装载的线型,并单击【确定】按钮就加载了所选择的线型。

　　② 设置线型　在【图层特性管理器】对话框中选定一个图层,单击该图层的初始线型名称,弹出如图 13-17【选择线型】对话框,在此对话框中选择所需要的线型,再单击【确定】按钮。在【图层特性管理器】对话框中单击【确定】按钮,结束线型设置操作。

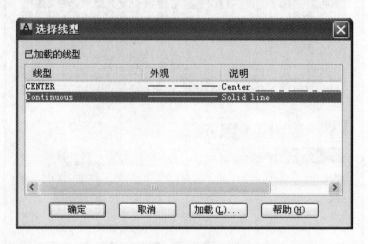

图 13-17　"选择线型"对话框

　　(7) 线宽控制可为每个图层的线条定制实际线宽,从而使图形中的线条在经过打印输出或不同软件之间的输出后,仍然各自保持其固有的宽度。真正做到了在打印输出时所见即所得的效果。可在【图层特性管理器】对话框中设置实际线宽。在该对话框中的图层列表框中单击某一图层的线宽选项,可打开【线宽】对话框,在该对话框中,列出了一系列可供用户选择的线宽,选择某一线宽,单击【确定】按钮,即可将宽度赋予所选图层。

　　(8) 图层打印开关

　　AutoCAD 允许用户单独控制某一图层是否打印。在【图层特性管理器】对话框中的图层列表框内,只要单击打印开关便可切换其状态。打印开关的初始状态为开启。

13.3　二维绘图命令(2D drawing command)

　　AutoCAD 中的主要的二维绘图命令有:

13.3.1　直线(Line)

　　直线(Line 或 L)命令执行过程及提示如下:

　　【指定第一点:】输入第一条线段的起点;若要输入上次绘图的终点,则直接回车;

　　【指定下一点或 [放弃(U)]:】输入第一条线段终点;若要取消前一点的输入,则输入 U;

　　【指定下一点或 [放弃(U)]:】若要画下一条线,则输入第二线段的终点;若要结束该指令,则直接回车;若要取消前一点的输入,则输入 U;

　　【指定下一点或 [闭合(C)/放弃(U)]:】若要画下一条线,则输入第三线段的终点;若要结束,则直接回车;若要形成首尾相接图形,则输入 C;若要取消前一点的输入,则输入 U。

13.3.2 圆(Circle)

在 AutoCAD 中,绘制圆(circle 或 c)是通过对点、圆心、半径、直径、切点这些参数的不同组合,提供了六种画法,其中【相切、相切、半径】方式是通过捕捉与该圆相切的两个切点,再输入半径值,得到一个与所选两个图元相切,并以输入值为半径的圆;【相切、相切、相切】方式是通过捕捉三个与该圆相切的切点,得到一个与所选三个图元相切的圆。

13.3.3 圆弧(Arc)

AutoCAD 绘制圆弧(arc 或 a)的方法有 11 种。缺省的方法是指定三点:起点、圆弧上一点和圆弧终点。其他方式为圆弧起点、圆心、终点、角度、半径、起点切线方向和弦长等参数的不同组合。即绘图菜单中圆弧子菜单下的 11 个选项。其中,【三点】方式画弧,顺时针、逆时针均可产生圆弧;【起点、圆心、端点】方式,缺省情况下将画出一条沿逆时针方向生长的圆弧;【起点、圆心、角度】方式,缺省情况下,输入正值的角度,将按逆时针方向绘制圆弧;输入负值,则按顺时针方向绘制圆弧;【起点、圆心、长度】方式,其中"长度"指圆弧的弦长,即圆弧起点和终点之间的距离;【起点、端点、方向】方式,其中"方向"指起点处的切线方向;【起点、端点、半径】方式,当半径为正数时,圆弧的圆心角小于 180°;如果半径为负数,则圆弧的圆心角大于 180°;【连续】方式,连续画弧方式是以前一个命令所绘制的直线或圆弧的端点作为起点,并以直线的方向或上一条圆弧终点处的切线方向为新圆弧起点处的切线方向。这时只需指定新圆弧的终点,就可创建一条与最后绘制的直线或圆弧相切的圆弧。

13.3.4 正多边形(Polygon)

使用 polygon 或 pol 命令最多可以画出由 1024 条边构成的等边多边形。绘制方法有 3 种:即内接于圆法(I)、外切于圆法(C)和边(E)。

命令执行过程及提示如下:

【输入边的数目 <4>:】 输入边数;

【指定正多边形的中心点或[边(E)]:】 输入正多边形的中心位置或用边的方式画;

【输入选项[内接于圆(I)/外切于圆(C)]<I>:】 选择外切或内接方式,内接方式为缺省选项,直接回车即可选中;

【指定圆的半径:】 输入圆的半径。

如果在【指定正多边形的中心点或[边(E)]:】 提示符下输入"E"并回车,则提示:

【指定边的第一个端点:】 确定一条边的一个端点;

【指定边的第二个端点:】 确定该边的另一个端点。

13.3.5 矩形(Rectangle)

绘制矩形命令 rectangle 或 rec 执行过程及提示如下:

【指定第一个角点或[倒角(C)/标高(E)/圆角(F)/厚度(T)/宽度(W)]:】(默认要求输入矩形的第一角点)。

【第一个角点】 确定矩形第一个角点,随后按提示操作。

【倒角(C)】 设置矩形四角的倒角及倒角大小。

【标高(E)】 确定矩形在三维空间内的基面高度。

【圆角(F)】　设置矩形四角为圆角及其半径大小。

【厚度(T)】　设置矩形厚度,即沿 z 轴方向的高度。

【宽度(W)】　设置线条宽度。

13.3.6　多段线(Pline)

多段线(pline 或 pl)是由若干等宽、变宽的直线或圆弧连接而成的折线或曲线。无论这条多段线中包含多少条直线和弧,整条多段线都是一个实体,可以统一对其进行修改。多段线中各段线条还可以有不同的线宽。

命令执行过程及提示如下:

【指定起点:】　要求用户确定多段线的起点;

【当前线宽为 0.0000】　提示当前线宽为 0.0000;

【指定下一个点或[圆弧(A)/半宽(H)/长度(L)/放弃(U)/宽度(W)]:】;

【指定下一点或 [圆弧(A)/闭合(C)/半宽(H)/长度(L)/放弃(U)/宽度(W)]:】。下面分别介绍这些选项:

【圆弧(A)】　画圆弧。

【闭合(C)】　多段线闭合,即将最后一点与多段线的起点连起来,并结束命令。

【半宽(H)】　指定多段线的半宽值。

【长度(L)】　定义下一段多段线的长度。

【放弃(U)】　取消刚刚绘制的一段多段线。

【宽度(W)】　设置多段线的宽度值。

13.3.7　图案填充(Bhatch)

启动 bhatch(或 bh)命令后,AutoCAD 将打开图 13 - 18【图案填充和渐变色】对话框。单击对话框中的【图案填充】标签,在该选项卡中可以选择、创建、定义图样类型,以快速进行图样填充。

下面分别介绍使用方法:

【类型】　选择图样填充类型。

【图案】　通过下拉列表框或按下拉列表旁的按钮可选择所需的图样类型。

【样例】　用来显示用户所选择的填充图样。

【角度】　用于指定填充图样倾斜的角度。

【比例】　用于指定填充图样的疏密程度。

【添加拾取点】　通过指定图样填充封闭区域内的一点,确定填充区域。

【预览】　单击【图案填充】对话框中的【预览】按钮,可预览图样填充效果。

【关联】　指当用于定义区域边界的实体发生移动或修改时,该区域内的填充图样将自动更新,重新填充新的边界。

13.3.8　椭圆和椭圆弧(Ellipse)

椭圆(ellipse 或 ell)命令既可以画一个完整的椭圆,也可以画椭圆弧。

13.3.9　圆环(Donut)

绘制圆环(donut 或 do)时,用户只需指定内径和外径,便可连续选取圆心,绘出多个

图 13 - 18　"图案填充和渐变色"对话框

圆环。

13.3.10　点(Point)

在 AutoCAD 中创建点(point 或 po)和等分点。使用画点命令前,一般先用【格式】→【点样式(P)…】命令设置点的样式,以便观察。

除以上这些常用的绘图命令外,AutoCAD 还有绘制射线(ray)、构造线(xline)、样条曲线(spline)、多线(mline)等绘图命令。

13.4　图元对象选择及修改(Selecting and modifying)

当启动某一修改指令后,AutoCAD 首先会提示:"选择对象:",要求用户指定要修改的图元对象(以下简称对象),然后再进行修改。用户选择对象后,该图元对象将呈高亮显示,便于明显地与未被选中的图元区分开来。

13.4.1　图元对象选择(Selecting object)

1. 用拾取框选择单个对象

执行修改命令后,十字光标就会变为一个正方形小框,这个正方形小框被称为拾取框。将拾取框移至要修改的目标上,单击鼠标,即可选中目标。

2. 窗口方式和交叉方式

【窗口方式】用光标在对象外(左边)选择一点后,向右拉出一个实线的矩形选择框,此时,只有全部被包含在该选择框中的实体目标才会被选中。

【交叉方式】用光标在对象外(右边)选择一点后,向左拉出一个虚线的矩形选择框。此时完全被包含在矩形选择框之内的实体以及与选择框部分相交的实体均被选中。

13.4.2　图元对象修改(Modifying object)

1. 放弃(undo 或 u)

取消错误操作的结果。使用 undo 命令可以逐步取消本次进入绘图状态后的操作,直至本次工作的初始状态。

2. 重做(redo)

重做(redo)命令是放弃 undo 命令的反向操作,恢复由放弃命令造成的结果。

3. 删除(erase 或 e)

删除对象。

4. 复制(copy 或 co)

复制对象命令的执行过程及提示如下:

【选择对象:】要求选择要复制的对象;

【指定基点或 [位移(D)/模式(O)] <位移>:】按默认要求输入复制操作的基准点位置或直接输入相对原位置的位移量,并按提示操作。

5. 镜像(mirror 或 mi)

对于对称的图形。AutoCAD 提供了图形镜像复制功能,只需绘制出对称图形的公共部分,利用镜像(mirror)命令就可将对称的另一部分镜像复制出来。

6. 阵列(array 或 ar)

用于创建按指定方式排列的对象副本。在 AutoCAD 中,图形阵列有矩形阵列、路径阵列、环形阵列三种阵列形式,如图 13-19 所示。

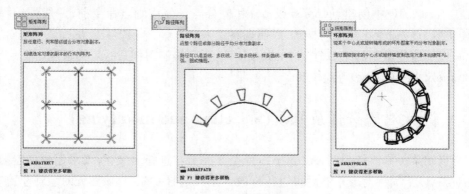

图 13-19　三种阵列形式

矩形阵列需按提示指定:行数、列数、层数、行之间的距离、列之间的距离、层之间的距离等。

路径阵列需按提示指定：路径曲线、项目数等。

环形阵列需按提示指定：阵列的中心点、项目数等。

7. 移动（move 或 m）

用于移动图形对象至任何位置。命令执行过程及提示如下：

【选择对象：】选择要移动的对象；

【选择对象：】继续选择对象，或回车进入下一提示；

【指定基点或位移：】确定移动基点，或直接输入位移量后二次回车结束指令；

【指定位移的第二点或 ＜用第一点作位移＞：】确定移动终点，即指定要将基点移动到哪个位置，用户可以输入某一点作为终点。或用尖括号里的选项［用第一点作位移］，即基点的坐标值作为相对移动坐标，用户可直接回车选择该方式。

8. 旋转（rotate 或 ro）

旋转特定的对象。命令执行过程及提示如下：

【选择对象：】选择要进行旋转操作的对象；

【指定基点：】确定旋转基点，AutoCAD 将绕着该点旋转所选择的图形；

【指定旋转角度，或［复制（C）/参照（R）］：】确定旋转角度或输入"C"旋转复制或输入"R"选择相对参考角度方式。

9. 打断对象（break 或 br）

该命令用于将一个对象（如圆、圆弧、直线等）从某一点打断，或要删掉该对象的某一部分。命令执行过程及提示如下：

【选择对象：】选择要打断的对象；

【指定第二个打断点或［第一点（F）］：】默认选择要打断的第二点，若选择该方式，则上一操作中选取对象的点便作为打断的第一点，AutoCAD 将第一点和第二点的部分删除。如果在【指定第二个打断点或［第一点（F）］：】提示后输入 F 并回车，则表示要求输入打断的第一点，接着提示：【指定第一个打断点：】（输入打断的第一点），【指定第二个打断点：】（指定打断的第二点，如果第二点和第一点为同一点，则可直接输入"@"并回车）。

10. 修剪和延伸对象（trim 或 tr）

Trim 命令的默认状态为修剪操作，在按住 Shift 键时，也可延伸对象。

在执行该指令操作时，要求用户首先确定剪切或延伸的目标边界线，然后选择被修剪或按住 Shift 键选择被延伸的图形对象到该边界。命令执行过程及提示如下：

【选择对象：】（选择作为剪切或延伸的边界线对象）。可连续选多个对象作为边界，选择完毕后回车确认；

接着提示：【选择要修剪的对象，或按住 Shift 键选择要延伸的对象，或［投影（P）/边（E）/放弃（U）］：】默认要求选取被剪切对象的被剪部分，将其剪掉。或按住 Shift 键的同时选择被延伸的对象，进行延伸。回车即可退出命令。

11. 延伸和修剪对象（extend 或 ex）

Extend 命令，默认状态为延伸图形对象至延伸边界，在按住 Shift 键时，也可修剪图形对象。

在执行该指令操作时，首先要求确定延伸或修剪目标边界线，然后选择被延伸或按住

Shift 键选择被修剪的图形对象到该边界。延伸命令后,出现的提示和操作过程与修剪指令类似。

12．倒角(chamfer)和圆角(fillet)

AutoCAD 提供了 Chamfer 和 Fillet 命令,分别完成这两类操作。

(1) 倒棱角命令(chamfer 或 cha) 只要两条直线是相交的或延伸后是相交的,就可以利用 Chamfer 命令为这两条直线倒角。

(2) 倒圆角(fillet 或 f) 倒圆角和倒棱角有些类似,它会用一段弧在两条线之间光滑过渡。

13．偏移 (offset 或 o)

偏移命令可形成间距相等、形状相似的图形。

14．分解图形(explode 或 x)

对某一图形对象作分解操作。

15．多段线修改(pedit 或 pe)

多段线是 AutoCAD 中一种特殊的线条,作为一种图形对象,多段线也同样可以使用 Move、Copy 等基本修改命令进行修改,但这些命令却无法修改多段线本身所独有的内部特性。AutoCAD 为修改多段线的内部特性而提供了该命令。

13.5　AutoCAD 的工程标注(Engineering dimensioning and explain)

13.5.1　文本标注及其修改(Text and modify)

1．设置字体样式(style 或 st)

在标注文本前,须先设置字体样式,即所用的字体文件、字体大小、字体效果等参数的综合。

输入 style 命令后,弹出图 13-20【文字样式】对话框供设置字体样式。

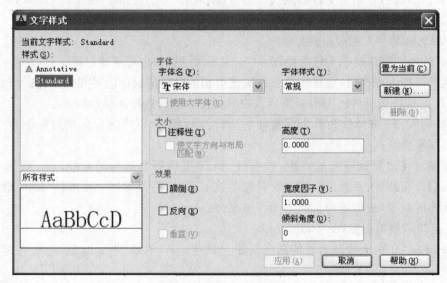

图 13-20　文字样式

【文字样式】对话框中各部分的作用如下：

【样式】管理字体样式名列表，Standard 为当前缺省字体样式。在该列表框的右边分别是该样式的字体文件设置区、字体大小设置区和效果设置区；

【新建】按钮用来创建新的字体样式；

【删除】按钮用来删除所选择的字体样式；

【使用大字体】复选框，则可选用 Bigfont 字体文件；

【效果】选项组设置字体的具体特征；

【预览】预览窗口观察所设置的字体样式是否满足自己需要。

2. 文本标注

文本标注有两种方式：一种是单行标注（dtext），输入文本时，必须按回车键强制换行；另一种是多行标注（mtext），输入时按设定的宽度自动换行。

（1）标注单行文本（dtext 或 dt）启动 dtext 命令后，命令行会出现如下提示：

【当前文字样式：Standard 当前文字高度：2.5000】要求输入文字高度，

【指定文字的起点或［对正(J)/样式(S)］：】默认要求输入文字起点。或输入 J，设置对齐方式。或输入 S，调整当前文字样式。

（2）标注多行文本（mtext 或 t）启动 mtext 命令，AutoCAD 给出如下提示：

【mtext 当前文字样式："Standard" 当前文字高度：2.5】要求输入文字高度，

【指定第一角点：】输入文本矩形区域的第一角点，

【指定对角点或［高度(H)/对正(J)/行距(L)/旋转(R)/样式(S)/宽度(W)］：】默认输入文本矩形区域的对角点，其中各选项含义如下：

【高度(H)】用于设置文本字高；

【对正(J)】设置文本排列方式；

【行距(L)】设置行间距；

【旋转(R)】设置文本倾斜角度；

【样式(S)】设置文本字体样式；

【宽度(W)】设置文本框的宽度。

在确定所标注文本的矩形区域后，自动弹出用于文字编辑的文本编辑框，如图 13 - 21 所示，在多行文本编辑框中，可先按需要设置好文字样式、字体、字高、粗体、斜体、下画线和

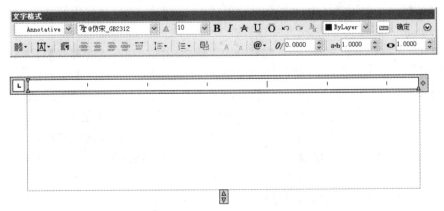

图 13 - 21　多行文本编辑框

颜色等选项后,再输入编辑文字。按确定按钮完成输入。

3. 特殊字符的输入

在工程绘图中,经常需要输入一些特殊字符,如表示直径的 ϕ、表示误差的正负号±,带上画线或带下画线的文字、表示角度的"°"、表示分数或带极限偏差的尺寸等。AutoCAD 为输入这些字符提供了一些简捷的控制码和堆叠按钮,达到输入特殊字符的目的。

(1) 使用控制码输入

AutoCAD 提供的控制码及对应的特殊字符如表 13-1 所示。注意:%%O 与 %%U 是两个切换开关,在文本中第一次输入此符号,表明打开上画线或下画线,第二次输入此符号,则关闭上画线或下画线。

(2) 使用堆叠按钮输入

在多行文本编辑框上有一"堆叠"按钮,如图 13-21 所示。具体操作方法如下:

① 输入$\frac{1}{2}$

在多行文本编辑框中输入"1/2",然后选中"1/2"后按"堆叠"按钮即可。

② 输入 $50^{+0.008}_{-0.005}$

表 13-1　特殊字符控制码

控制码	相对应特殊字符及功能
%%O	打开或关闭文字上画线功能
%%U	打开或关闭文字下画线功能
%%D	标注符号"度"(°)
%%P	标注正负号(±)
%%C	标注直径(ϕ)

在多行文本编辑框中输入"50+0.008^-0.005",然后选中"+0.008^-0.005"后按"堆叠"按钮即可。其中"^"符号可按住 Shift 键后按数字键 6 输入。

4. 文本修改

AutoCAD 为文本修改提供便捷的途径,用户只要用鼠标左键双击文本,即可打开相应的文本修改框进行修改,也可用【标准】工具条上的【特性】按钮,打开【特性】对话框进行修改。

13.5.2　尺寸标注及其修改(Dimensioning and modify)

尺寸标注是工程制图中最重要的表达方法,利用 AutoCAD 的尺寸标注命令,可以方便快速地标注图纸中各种方向、形式的尺寸。

1. 设置尺寸标注样式(dimstyle 或 d)

为了保证标注在图形实体上的各个尺寸形式相同、风格一致,在使用标注命令标注尺寸之前,应先用 dimstyle 命令创建尺寸标注样式。

启动 dimstyle 命令后,AutoCAD 将打开图 13-22 的【标注样式管理器】对话框。其中,【样式】列表框,显示当前图形文件中已定义的所有尺寸标注样式,高亮度显示的为当前尺寸标注样式;【预览】图像框,显示当前尺寸标注样式设置各特征参数的最终效果图,通过该图像框,用户可以了解当前尺寸标注样式中各种标注类型的标注方式是不是自己所需要的。如果不是,则可单击【修改】按钮,进行有针对性的修改,修改完成后,该图像框将实时反映用户所修改的尺寸标注样式;【列出】下拉列表框,控制当前图形文件中是否全部显示所有的尺寸标注样式;【新建】按钮,创建新的尺寸标注样式。

ISO-25 是 AutoCAD 默认的尺寸标注样式,用户可单击【修改】按钮在 ISO-25 基础上修改得到所要求的样式。如图 13-23 所示。

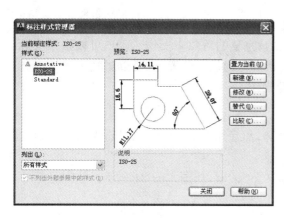

图 13-22　"标注样式管理器"对话框

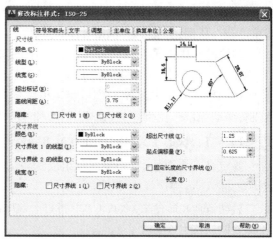

图 13-23　"修改标注样式"对话框

2. 尺寸标注命令

AutoCAD 提供了工程图样中所需的所有尺寸标注命令,其中主要的有:

(1) 线性尺寸标注(dimlinear)　　　用于标注线性水平尺寸、垂直尺寸。

(2) 对齐尺寸标注(dimaligned)　　用于标注尺寸线与被标注的图线平行的尺寸。

(3) 半径尺寸标注(dimradius)　　用于标注圆或圆弧的半径尺寸。

(4) 直径尺寸标注(dimdiameter)　用于标注圆或圆弧的直径尺寸。

(5) 角度标注(dimangular)　　　用于标注角度尺寸。

(6) 快速引线标注(qleader)　　　用于创建引线和注释。

(7) 形位公差标注(tolerance)　　用于创建形位公差标注。

3. 尺寸标注修改

AutoCAD 提供了多种方法修改尺寸标注,可在对象【特性】对话框中更改、修改尺寸标注的相关参数,也可用尺寸修改指令。

(1) 修改标注命令(dimedit) 其中各选项含义如下:

【缺省】　将尺寸文本按标注样式所定义的缺省位置、方向重新放置。

【新建】　更新所选择的尺寸标注的尺寸文本。

【旋转】　旋转所选择的尺寸文本。

【倾斜】　实行倾斜标注,即修改线性尺寸标注,使其尺寸界线倾斜一个角度,不再与尺寸线垂直。

(2) 更新尺寸标注

AutoCAD 提供了【标注】→【更新】命令,用户可以使某个已标注的尺寸按当前尺寸标注样式所定义的形式进行更新。

13.6　AutoCAD 的图块及其属性(Block and attribute)

在工程制图中经常会遇到一些需要反复使用的图形,如螺栓、螺母、建筑用标高等,这些图例在 AutoCAD 中都可以由用户自定义为图块,即以一个图形文件的方式保存起来,以便随时插入,从而达到重复利用的目的。

图块是一组图形实体的总称。在一个图块中,各图形实体均有各自的图层、线型、颜色等特征,但 AutoCAD 总是把图块作为一个单独的、完整的对象来操作。用户可以根据实际需要将图块按给定的缩放系数和旋转角度插入到指定的任一位置,也可以对整个图块进行复制、移动、旋转、比例缩放、镜像、删除和阵列等操作。

13.6.1　块的定义(Definition of Block)

要定义一个图块,首先要绘制组成图块的实体,然后用 block 命令(或 bmake 命令)定义图块的插入点,并选择构成图块的实体。

启动 block 命令后,AutoCAD 将打开【块定义】对话框,如图 13-24 所示。该对话框中各部分的用法介绍如下。

【名称】文本框　在其中输入图块名称。

【基点】选项组　用于确定图块基点位置。用户可以单击【拾取点】按钮,然后用十字光标在绘图区内选择一个点,也可以在 X、Y、Z 文本框中输入插入点的具体坐标值。

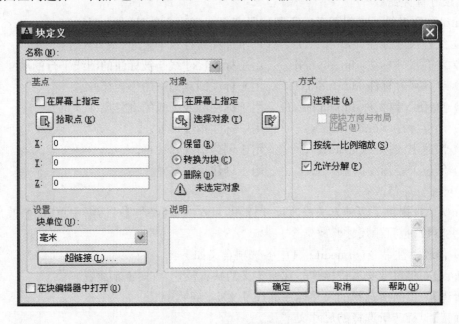

图 13-24　"块定义"对话框

【对象】选项组　选择构成图块的实体及该实体做成图块后的处理方式。单击【选择对象】按钮,AutoCAD 将隐藏【块定义】对话框,用户可以在绘图区内用鼠标选择构成图块的实体目标,然后右击鼠标或回车结束选择,则对话框重新出现。选择【保留】单选按钮,则在用户创建完图块后,AutoCAD 将继续保留这些构成图块的实体,并把它们当作一个个普通的单独实体来对待。选择【转换为块】单选按钮,则当用户创建完图块后,AutoCAD 将自动把这些构成图块的实体转化为一个图块。选择【删除】单选按钮,则当用户创建完图块后,AutoCAD 将删除所有构成图块的实体目标。【说明】列表框,用户可在其中输入与所定义图块有关的描述性说明文字。

13.6.2 图块存盘(Wblock)

用 block(或 bmake)定义的图块,只能在图块所在的当前图形文件中使用,不能被其他图形文件引用。为了使图块能被其他图形文件插入和引用,AutoCAD 提供了 wblock 或 w(即 write block 图块存盘)命令,将图块单独以图形文件(.dwg)的形式存盘。用 wblock 定义的图形文件和其他图形文件无任何区别。

在【命令:】提示符后输入"w"并回车,可启动图块存盘命令。启动 Wblock 命令后,AutoCAD 将打开图 13-25 的【写块】对话框。各部分的功能介绍如下:

图 13-25 "写块"对话框

在【源】选项组中,选择【块】单选按钮及下拉列表框,表明用户将对已用 Block 命令定义过的图块进行图块存盘操作,此时,可以从【块】下拉列表框中选择要保存的图块;选择【整个图形】单选按钮,表示将整个当前图形文件进行图块存盘操作;选择【对象】单选按钮,将选择的对象目标直接定义为图块;利用【基点】选项组可确定图块的插入点;通过【对象】选项组可选择构成图块的实体目标;在【目标】选项组中可设置图块存盘后的文件名、路径以及插入单位等。

13.6.3 块的插入(Inser of block)

插入图块,就是将已经定义的图块插入到当前图形文件中。在插入图块(或文件)时用户必须确定 4 组特征参数,即:要插入的图块名、插入点位置、插入比例系数和图块的旋转角度。

启动 Insert 命令后,AutoCAD 打开图 13-26 的【插入】对话框。该对话框中各部分的功能介绍如下:【名称】下拉列表框用于输入或选择所需要的图块名。【浏览】按钮用来确定将要插入的图形文件名。【插入点】选项组用于确定图块的插入点位置,选择其中的【在屏幕上指定】复选框,表示用户将在绘图区内确定插入点,否则用户可在 X、Y、Z 文本框中输入插入点的三维坐标值。【缩放比例】选项组用于确定图块的插入比例系数,选择【统一比例】复选框,表示 X、Y 和 Z 轴 3 个方向的插入比例系数均相同。【旋转】选项组用于确定图块的旋转角度,选择【在屏幕上指定】复选框,表示用户将在命令行中直接输入图块的旋转角度,反之用户可在【角度】文本框中直接输入具体的旋转角度。【分解】复选框用于在插入图块的同时,将把该图块分解使其成为各自单独的图形实体,否则插入后的图块将作为一个整体。

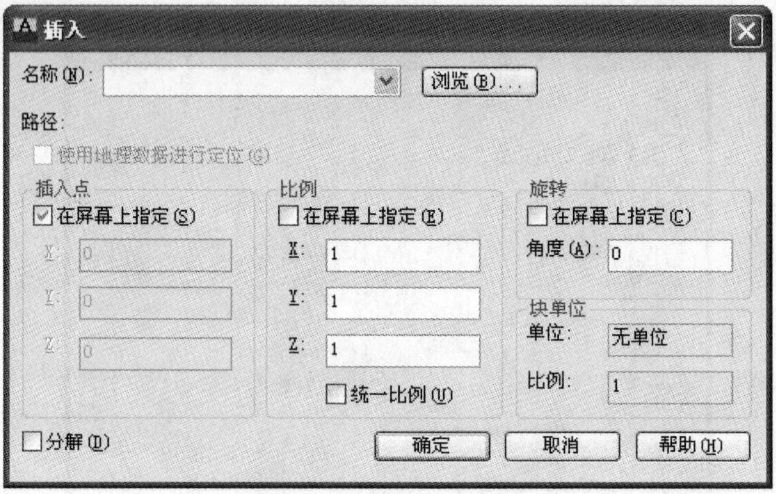

图 13 - 26　"插入"对话框

13.6.4　块的属性(Attribute of block)

1. 概念

AutoCAD 允许为图块附加一些文本信息,以增强图块的通用性,这些文本信息称之为属性(Attribute)。如果某个图块带有属性,那么用户在插入该图块时,可根据具体情况,依据属性为图块设置不同的文本信息。特别对于那些经常要用到的图块来说,利用属性尤为重要。例如在机械制图中,表面粗糙度的值有 3.2、6.3 等,用户可以在表面粗糙度图块中将粗糙度值定义为属性,当每次插入表面粗糙度符号时,AutoCAD 将自动提示用户输入表面粗糙度的数值。

使用图块的属性有 3 个步骤:定义属性、为图块追加属性、插入图块时确定属性值。

2. 定义属性(attdef 或 att)

启动 attdef 命令后,将打开【属性定义】对话框,该对话框中各部分的功能见图 13 - 27。

【模式】选项组用于设置属性模式。属性模式包括以下 4 种类型:

【不可见】表示插入图块并输入图块属性值之后,属性值在图中将不显示出来。

【固定】表示属性值在定义属性时已经确定为一个常量,在插入图块时,该属性值将保持不变。

【验证】表示在插入图块时,AutoCAD 对用户所输入的属性值将再次给出校验提示,要求用户确认所输入的属性值是否正确无误。

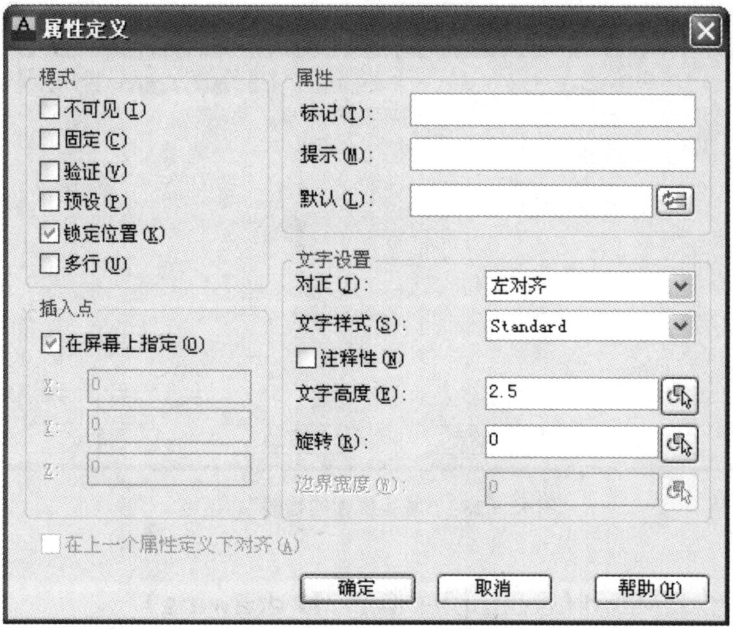

图 13 - 27　"属性定义"对话框

【预设】表示在定义属性时,要求用户为属性指定一个初始缺省值,当插入图块时,用户可以直接回车以缺省预先设置的初始缺省值,也可以输入新的属性值。

【属性】用于设置属性参数,包括【标记】【提示】和【默认】。定义属性时,AutoCAD 要求用户在【标记】文本框中输入属性标志,不允许空缺。为了提示用户输入属性值,AutoCAD 允许在【提示】文本框中给出一个属性提示,以便引导用户正确输入属性值。如果用户在【提示】文本框中不设置属性提示,在插入一个带属性的图块时,AutoCAD 将以属性标记作为属性提示。若在【模式】选项组中选择【固定】复选框,AutoCAD 将隐藏属性提示。用户可以在【默认】文本框中输入初始缺省属性值。

【插入点】用于确定属性文本插入点。

【文字设置】用于确定属性文本的文字样式、相对于插入点的对齐方式、高度、旋转角度等。

3. 向图块追加属性

一般情况下,属性只有和图块联系在一起才有用处。向图块追加属性的操作步骤为:绘制构成图块的图形、定义属性、用 Block 或 Wblock 命令将图形和属性一起定义成图块。

4. 属性修改

AutoCAD 提供了便捷的属性修改方法,用户只需用鼠标左键双击要修改的属性,即可打开图 13 - 28【增强属性编辑器】对话框,对属性进行修改。

13.6.5　图块的修改及重定义 (Modifying and redefining of block)

如果修改已插入图形中的单个图块,可用分解(Explode)命令后,进行修改(如果用户分解一个带有属性的图块时,任何分配的属性值将丢失。属性定义被保留且显示属性标志);如果修改整个图形中相同的所有图块,可用在位编辑图块来实现。

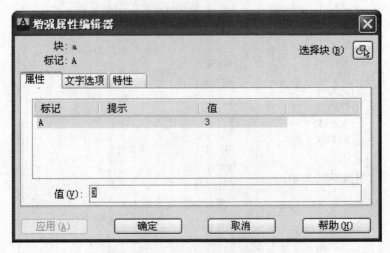

图 13 - 28　"增强属性编辑器"对话框

13.7　二维绘图举例(Examples for 2D drawing)

用 AutoCAD 绘图的步骤大体为:以指定文件名保存在指定目录→设置作图环境→绘制并修改图形→随时保存。

[例题 1] 绘制扇子板平面图形,如图 13 - 29 所示。

具体操作步骤及过程如下:

1. 输入【新建】命令,在打开的选择样板对话框中选择 Acadiso. dwt 并按打开按钮。

2. 格式设置

(1) 设置绘图单位　选择【格式】菜单→【图形单位】对话框中,按图 13 - 30 所示设置。

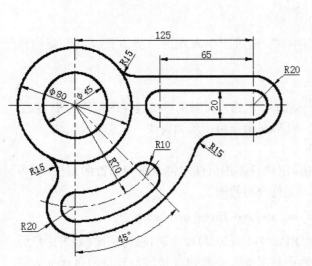

图 13 - 29　扇子板图

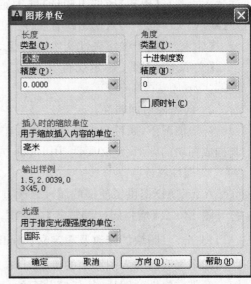

图 13 - 30　"图形单位"对话框

（2）设置模型空间界限　选择【格式】菜单→图形界限→指定左下角点(0,0),右上角点(250,200),随后执行视窗全部缩放指令。

（3）创建图层　选择【格式】菜单→图层→在【图层特性管理器】对话框中按图13-31所示设置。

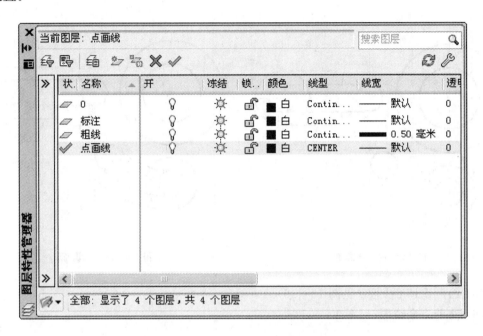

图 13 - 31　"图层特性管理器"对话框

3. 绘制并修改图形

（1）画定位线（见图13-32）　画水平线和竖直线1→从A点画45°线→以A点为圆心画DE弧→偏移复制线1得到另外两条竖直线→保存。

（2）画圆（见图13-33）　分别以A、B、C、D、E点为圆心画圆。

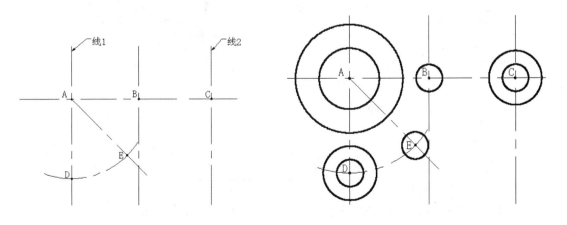

图 13 - 32　画圆　　　　　　　　　　　　　　**图 13 - 33　画定位线**

（3）画线（见图 13 - 34）　捕捉 F、G 点画线 3；捕捉 H、I 点画线 4；捕捉 J、K 点画线 5 和线 6。

（4）画圆弧（见图 13 - 35）　以圆心、起点、角度方式画圆弧 1，其中角度可取 50°；以圆心、起点、端点方式。

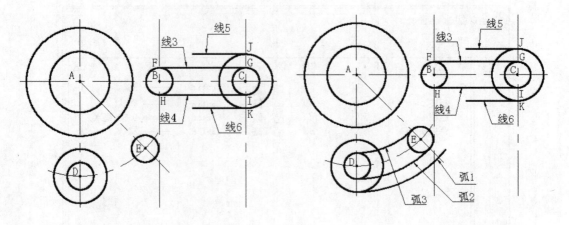

图 13 - 34　画直线　　　　　　　　　　　图 13 - 35　画圆弧

（5）绘制 R15 的圆弧（见图 13 - 36）。

（6）修剪多余线段（见图 13 - 37）。

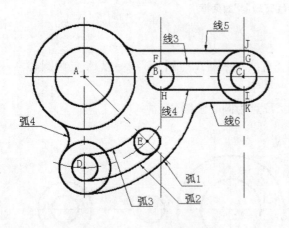
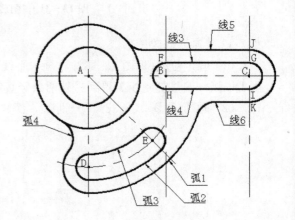

图 13 - 36　画 R15 的连接弧　　　　　　　　图 13 - 37　修剪多余线

4. 最后保存文件

［例题 2］绘制如图 13 - 38 所示零件图。

具体操作步骤及过程如下：

1. 按【快速访问工具栏】中的【新建】按钮，在打开的选择样板对话框中，选择 Acadiso. dwt 并按打开按钮，按【快速访问工具栏】中的【保存】按钮，出现【另存为】对话框，将文件命名为"底座"，并保存在自定的路径下。

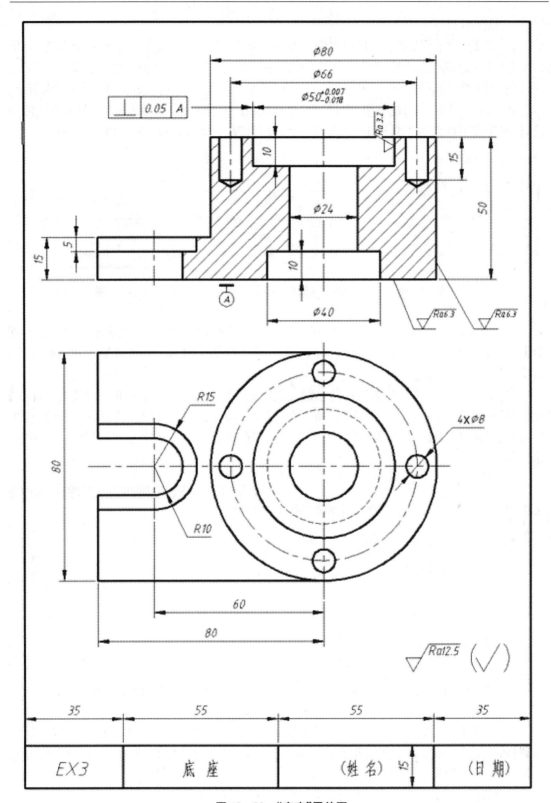

图 13 - 38　"底座"零件图

2. 格式设置

（1）用【格式】下拉菜单→图形界限命令设置图形界限左下角为(0,0)、右上角为(180,270)，并按图形窗口右边导航栏的全部缩放按钮。单位 UNITS，捕捉与栅格自定。

（2）用【格式】下拉菜单→图层命令创建图层并设置线型、颜色、线宽，如图 13-39 所示。

注意：在以下的作图过程中，要打开程序状态栏的对象捕捉、极轴追踪、对象捕捉追踪功能，同时应使特性面板工具栏上的"颜色、线型、线宽"均为 ByLayer，如图 13-40 所示。

图 13-39　"图层特性管理器"对话框　　　　　　　　　　　　　图 13-40

（3）调整线型比例　用下拉菜单【格式】→线型(N)...命令打开线型管理器，按【显示细节】按钮，在详细信息栏中的【全局比例因子】上，输入线型比例 0.3 并按确定按钮，观察设置后的效果。

（4）设置文字样式　按下拉式菜单【格式】→【文字样式(S)...】按钮，出现【文字样式】设置对话框，按图 13-41 所示设置。缺省名为【Standard】的字体设置成【gbeitc. shx】；选中【使用大字体(U)】选项，在【大字体(B)】下面，选择【gbcbig. shx】字体，按右下角的"应用"按钮后关闭。

图 13-41　"文字样式"对话框

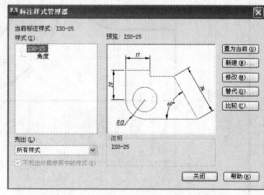

图 13-42　"标注样式管理器"对话框

（5）设置尺寸标注式样 按下拉式菜单【格式】→【标注样式(D)...】出现【标注样式管理器】对话框，如图 13-42 所示。按右边【修改】按钮，出现标题为【修改标注样式：ISO-25】对话框，然后按下列提示设置：

① 选择【文字】标签，在【文字对齐】区域，选择【ISO 标准】

② 选择【调整】标签，在【调整选项】区域选择【文字和箭头】选项；在【标注特征比例】区

域,选择【使用全局比例】并设置为1.2。

③ 选择【主单位】标签,在【线性标注】区域,【单位格式】设为【小数】【精度】设为【0】【小数分隔符】设为【句点】,其余保留缺省值。单击【确定】按钮。

④ 在【标注样式管理器】对话框中,按【新建】按钮打开【创建新标注样式】对话框,在【用于】处选择【角度标注】,按【继续】按钮打开标题【新建标注样式:ISO-25:角度】的对话框。

⑤ 选择【文字】标签,在【文字对齐】区域,选择【水平】,单击【确定】按钮,如图13-45所示。单击【关闭】按钮关闭对话框。

3. 绘制并修改图形

(1) 画边框及标题栏(作图层:粗实线层)

使当前层为粗实线层,用画矩形命令画图框,图框画在图形界限的边界上(180,270),用画线命令画标题栏,尺寸见图13-38。

(2) 画主视图和俯视图中心线、轴线和定位线

使当前层为点画线层,画主视图和俯视图中心线、轴线定位线,如图13-43所示。

(3) 绘制图形轮廓

使当前层为粗实线层,用画直线Line、画圆Circle绘图指令和偏移Offset轴线和基准线、修剪Trim、延伸Extend、镜像Mirror、夹点拉伸或缩短等编辑指令完成画图。如图13-44。

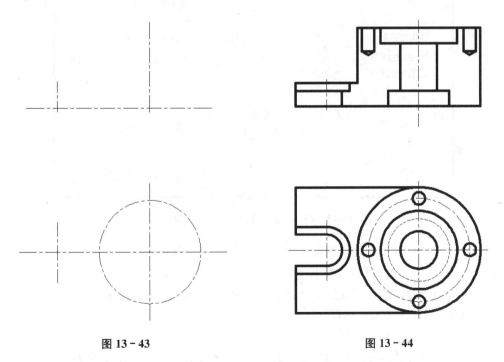

图13-43   图13-44

(4) 绘制剖面线

① 使当前层为细实线层,按下拉菜单【绘图】→【图案填充(H)...】在标题为【图案填充和渐变色】里的【图案填充】卡片对话框中,类型选择【预定义】;图案选择【ANSI31】;角度为0,比例为1(或自定)。如图13-45所示。

② 按右上的"添加:拾取点"按钮,(对话框消失)出现绘图区,用光标点击需填充图案的内部区域后,单击鼠标右键弹出菜单,选"确定"返回对话框,单击确定(或按预览后再确定)完成填充。

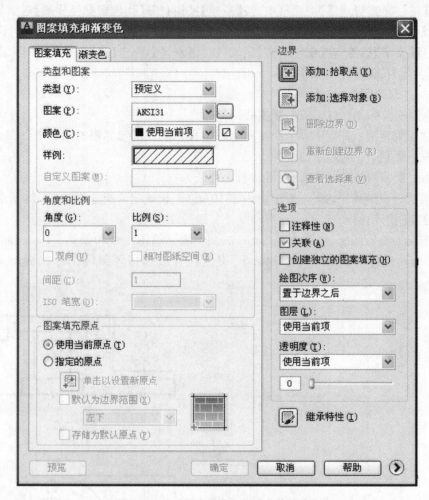

图 13-45 "图案填充和渐变色"对话框

④ 在【标注样式管理器】对话框中,按【新建】按钮打开【创建新标注样式】对话框,在【用于】处选择【角度标注】,按【继续】按钮打开标题【新建标注样式:ISO-25:角度】的对话框。

⑤ 选择【文字】标签,在【文字对齐】区域,选择【水平】,单击【确定】按钮,如图 13-45 所示。单击【关闭】按钮关闭对话框。

5. 标注尺寸及书写标题栏

(1) 打开对象捕捉,分别用标注下拉菜单的【线性、半径、直径】命令按图逐个标注尺寸。注意"基线"标注的使用方法。如图 13-46 所示。

(2) 鼠标左键点击数字前要加 ϕ 的尺寸,然后单击右键出现快捷菜单,在菜单中选择【特性】按钮,打开【特性】对话框,然后在【特性】对话框中的【主单位】下的【标注前缀】中输入％％C并回车完成输入。用同样方法修改俯视图中的 $4\times\phi8$。如图 13-47。

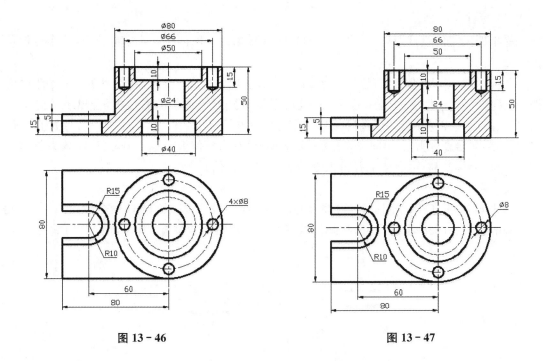

图 13－46 · 图 13－47

（3）书写标题栏

使当前层为 0 层,如图 13－48(a)所示输入文字,操作命令及提示如下：

按下拉式菜单【绘图】→【文字】→【单行文字(S)】

指定文字的起点或［对正(J)/样式(S)］:m ↙(输入 m 并回车)

指定文字的中间点：(用光标点击左下写 EX3 框格的中间点)

指定高度 ＜3＞: 6 ↙(输入字高 6)

指定文字的旋转角度 ＜0＞:↙(回车表示角度用尖括号里的值 0 度)

输入文字：EX3 ↙(输入文字 EX3 并回车)

输入文字：↙(表示不再输入文字,退出命令)

用复制 Copy 命令复制文字"EX3",如图 13－48(b)所示。

用光标放在要修改的文字上双击鼠标左键即可编辑文字,如图 13－48(c)所示。

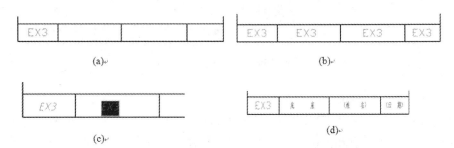

图 13－48

（4）标注尺寸公差

要添加尺寸公差，可对已标好尺寸的特性进行编辑。现标注 $\varnothing 50^{+0.007}_{-0.018}$ 公差，操作过程及提示如下：

鼠标左键单击要编辑的尺寸，然后右键单击出现快捷菜单，选择【特性】打开特性对话框。在【特性】对话框中的【公差】下，点选【极限偏差】（点击项目的右边框，会出现的向下箭头，再点箭头，以下相同）。点选【公差精度】为小数点后三位。点选【水平放置公差】为【中】。点选【公差文字高度】输入 0.6。点击【公差下偏差】右边数值框并输入 0.018（默认为负值）。点击【公差上偏差】右边数值框并输入 0.007（默认为正值）。

（5）标注形位公差

① 标注基准符号，在图形区域的空白处，用二维多段线 PL、画圆 C 命令按图 13-49 尺寸画基准符号。用移动 M 命令，将画好的基准符号移到适当位置；用写文字 Text 命令写字母 A。

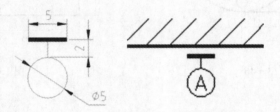

图 13-49

② 按下拉菜单【标注】→【公差（T）…】，弹出【形位公差】对话框，点击【符号】下的黑框将弹出【特征符号】对话框。在【特征符号】对话框中，点选所需项目符号（此处点选垂直度符号）后返回【形位公差】对话框。在【公差 1】框输入值 0.05、【基准 1】框输入 A，如图 13-50所示。按确定按钮后，在图上合适位置放置。

图 13-50 "形位公差"对话框

（6）标注表面结构要求

① 用画线 Line 命令，在图形区域空白处画表面结构符号，第一点在屏幕点击输入、第二点输入@4＜-60、第三点输入@8＜60 并退出画线命令。重复画线命令，起点捕捉左端点、向右水平拉至与线相交并点击输入，退出画线完成图形。如图 13-51 所示。

② 按下拉菜单【绘图】→【块】→【定义属性（D）…】，出现【属性定义】对话框，在右上【属性】下【标记】框输入【Ra】；在【提示】框输入【粗糙度】。在右下【文字设置】下输入相应内容。

选中左下【插入点】的【在屏幕上指定】,按确定按钮。如图 13-52 所示。在随后出现的图形区域上,在表面结构符号右上方,按图 13-53(a)光标所示位置点击输入插入点坐标。完成块属性定义,如图 13-53(b)所示。

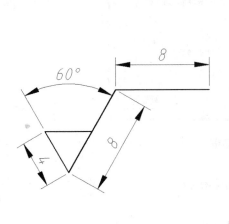

图 13-51

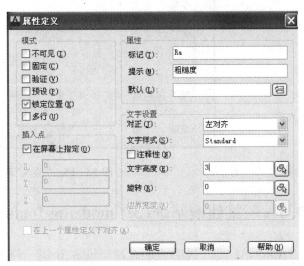

图 13-52 "属性定义"对话框

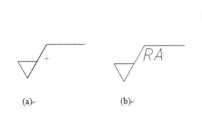

(a)   (b)

图 13-53

图 13-54 "块定义"对话框

③ 按下拉菜单【绘图】→【块→创建(M)…】,出现【块定义】对话框。在【名称】下输入【表面结构要求】,在【基点】选择【在屏幕上指定】,【对象】选择【在屏幕上指定】和选中【删除】选项,如图 13-54 所示。按确定退出对话框后,根据命令行提示,用光标捕捉基点,选择要做成图块的对象,完成图块创建。

④ 按下拉菜单【插入】→【块(B)…】,出现【插入】对话框,在【名称】右边找到要插入的图块名。在【路径】栏下,【插入点】选择【在屏幕上指定】【缩放比例】选中【统一比例】并输入 1、【旋转】选中【在在屏幕上指定】,如图 13-55 所示。按确定退出对话后,根据命令行的提示,用光标捕捉插入点,输入旋转角度,输入表面结构值完成标注。

6. 光标单击快速访问工具栏中的保存按钮,完成最后的文件保存。

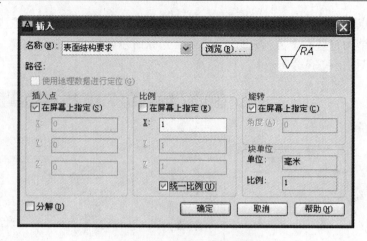

图 13-55 "插入"对话框

13.8 三维建模基础(3D modeing foundation)

AutoCAD2013 提供了如图 13-56 和图 13-57 所示两种三维工作界面。

图 13-56 "三维基础"工作界面

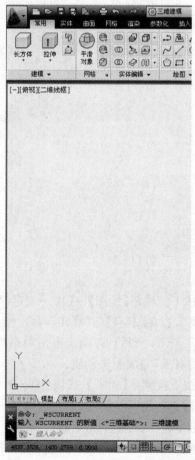

图 13-57 "三维建模"工作界面

AutoCAD 使用的默认笛卡儿坐标系是世界坐标系 WCS。绘制二维图形时，系统默认图形画在 XY 坐标面上。在三维作图时，WCS 坐标系已不能满足使用要求，AutoCAD 允许用户根据需要来设定坐标系，即用户坐标系 UCS。用户坐标系的坐标轴方向按右手法则定义，如图 13 - 58 所示。合理灵活地创建 UCS，用户就可以方便地进行复杂形体的三维建模了。

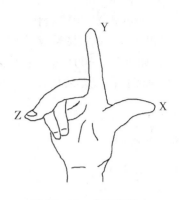

图 13 - 58　右手定则

13.8.1　用户坐标系建立(The establishment of UCS)

AutoCAD 提供 UCS 命令建立用户坐标系，该命令执行方式、操作格式方法如下

1. 在命令行输入命令：UCS 并回车。出现如下提示：

【当前 UCS 名称：＊世界＊】提示你当前的坐标系；

【指定 UCS 的原点或［面(F)/命名(NA)/对象(OB)/上一个(P)/视图(V)/世界(W)/X/Y/Z/Z 轴(ZA)］＜世界＞：】默认要求输入用户坐标系的原点，或输入方括号里的可选项来设置坐标系。这些选项的含义如下：

【指定 UCS 的原点】将坐标系原点平移至给定点。

【面(F)】将用户坐标系与三维 XOY 坐标面。

【命名(NA)】将当前坐标系命名保存或恢复、删除已保存的坐标系。

【对象(OB)】将用户坐标系与选定对象对齐。

【上一个(P)】恢复上一个用户坐标系

【视图(V)】将用户坐标系的 XY 平面与屏幕对齐。

【世界(W)】将当前用户坐标系设置为世界坐标系。

【X】绕 X 轴旋转用户坐标系。

【Y】绕 Y 轴旋转用户坐标系。

【Z】绕 Z 轴旋转用户坐标系。

【Z 轴(ZA)】通过指定坐标原点和 Z 轴正方向来设定用户坐标系。

2. 也可在图形窗口上方的功能区里，选择坐标面板里的 UCS 相关命令，如图 13 - 59 所示。

图 13 - 59　坐标面板

13.8.2　三维模型观察(Viewing 3D models)

要绘制三维图形，用户需要从不同的方位来观察三维图形，即需要设置不同的视点。

　　AutoCAD2013 提供了强大的图形观察功能,在绘图区域的左上角是视口标签菜单,在这里可以控制视图数量、切换 ViewCube 工具的显示,选择命名或预设视图,或选择视觉样式,如图 13-60 所示。位于绘图区域右上角的 ViewCube 工具,可以用来旋转图形的视图,以从不同的视点来观看它,如图 13-61 所示。

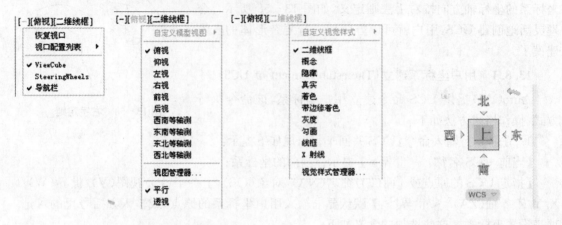

図 13-60　视口标签菜单　　　　　　　　　　　　　図 13-61　ViewCube 工具

　　在 ViewCube 工具下方的导航栏,可选择动态观察、自由动态观察和连续动态观察命令来观察模型空间的三维图形,如图 13-62 所示。

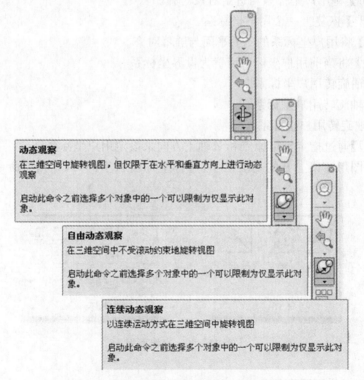

図 13-62　导航栏中的动态观察按钮

13.8.3 三维建模(3D modeling)

AutoCAD 可进行三维线框建模、三维实心体建模、三维曲面和网格建模。以下介绍三种建模的基本使用方法。

1. 三维线框建模

三维线框建模是通过用 UCS 指令,按需变换用户坐标系的 XY 面,用二维绘图指令在空间不同位置、不同角度的 XY 面上绘制平面图形,或用三维绘图命令,如三维多段线命令等来完成建模。

三维线框建模时,使用工作空间控件将工作界面切换到"三维建模",选择【常用】功能区,主要用到该功能区的"绘图"面板、"修改"面板和"坐标"面板中的命令按钮,如图 13 - 63 所示。

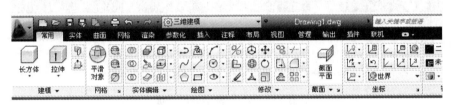

图 13 - 63 常用建模功能区面板

2. 三维实心体建模

三维实心体建模是通过用 UCS 指令,按需变换用户坐标系的 XY 面,用二维绘图指令在空间不同位置、不同角度的 XY 面上绘制平面图形,然后用此平面图形来拉伸或旋转或扫掠或放样等方式,来生成三维实心体;也可用软件提供的基本形状实心体创建指令来直接生成。要得到复杂三维实心体模型,往往还须使用布尔运算指令和实体编辑指令来完成。

三维实心体建模时,在"三维建模"工作界面上选择【实体】功能区。基本形状实心体创建指令在"图元"面板上;用拉伸、旋转、扫掠、放样等方式生成三维实心体的指令在"实体"面板上;布尔运算指令在"布尔值"面板上;实体编辑指令在"实体编辑"面板上,如图 13 - 64 所示。

图 13 - 64 实体建模功能区面板

3. 三维曲面和网格建模

三维表面和网格建模是通过用 UCS 指令,按需变换用户坐标系的 XY 面,用二维绘图指令在空间不同位置、不同角度的 XY 面上绘制平面图形,然后用此图形来使用 AutoCAD 提供的曲面指令或网格指令来完成建模。

三维曲面或网格建模时,在"三维建模"工作界面上选择【曲面】或【网格】功能区。建立曲面指令在"创建"面板上；曲面修改指令在"编辑"面板上，如图 13-65 所示。建立网格指令在"图元"面板上；网格修改指令在"网格编辑"面板上，如图 13-66 所示。

图 13-65　曲面功能区面板

图 13-66　网格功能区面板

13.9　三维建模举例(3D modeling examples)

[例题 1]　绘制图 13-67 所示三维线框模型。通过本例题，学习三维观察命令使用方法、画空间某一位置平面图形的方法和用户坐标系的使用方法。(注：以下绘图操作说明和命令提示中，符号"↓"表示 Enter)

1. 按快速访问工具栏【新建】，在【选择样板】对话框选择 acadiso3D.dwt 文件，按【打开】按钮，进入三维作图环境。按视觉样式控件到【二维线框】。

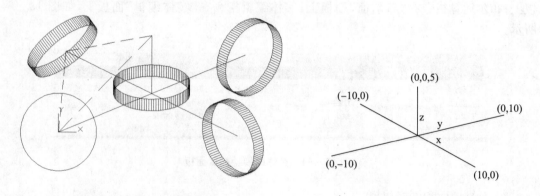

图 13-67　三维线框　　　　　　　图 13-68　三维线框 1

2. 使用工作空间控件。将工作界面切换到【三维建模】。作图过程中，根据选用菜单命令的需要，可随时切换到其他任意一个工作界面。

3. 设置绘图辅助工具。在状态栏上，用光标左键单击相关状态按钮，打开【极轴追踪】【对象捕捉】【对象捕捉追踪】，关闭【推断约束】【捕捉模式】【栅格显示】【正交模式】【动态输入】。

4. 调整显示范围,作图过程中,可随时按导航栏上的全部缩放按钮和三维动态观察按钮等视窗操作指令,使显示窗口范围适合作图需求。

5. 设置虚线图层,线型 Hidden。

6. 画三轴线,如图 13-68 所示。

(1) 在功能区【绘图】面板上,按【画直线】按钮,沿 X 轴画直线

命令:_line↓

指定第一个点:−10,0↓

指定下一点或[放弃(U)]:10,0↓,退出画直线命令。

(2) 重复画直线命令,沿 Y 轴画直线。

命令:line↓

指定第一个点:0,−10↓

指定下一点或[放弃(U)]:0,10↓,退出画直线命令。

(3) 重复画直线命令,沿 Z 轴画直线。

命令:line↓

指定第一个点:0,0,0↓

指定下一点或[放弃(U)]:0,0,5↓,退出画直线命令。

7. 画各个坐标系上的圆,按功能区绘图面板上的画圆按钮。

(1) 水平圆。命令:_circle↓

指定圆的圆心或[三点(3P)/两点(2P)/切点、切点、半径(T)]:0,0↓

指定圆的半径或[直径(D)]:3↓

(2) 正平圆。按功能区【坐标】面板上的 X 按钮,使坐标系绕 X 轴旋转 90°。

命令:_circle↓

指定圆的圆心或[三点(3P)/两点(2P)/切点、切点、半径(T)]:10,0↓

指定圆的半径或[直径(D)]:3↓

(3) 侧平圆。按功能区坐标面板上的 Y 按钮,使坐标系绕 Y 轴旋转 90°。

命令:_circle↓

指定圆的圆心或[三点(3P)/两点(2P)/切点、切点、半径(T)]:10,0↓

指定圆的半径或[直径(D)]:3↓

(4) 改变当前层为虚线层,画直线,用光标捕捉端点方法画虚线三角形,得到如图 13-70 所示图形。

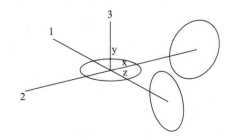
图 13-69 三维线框 2

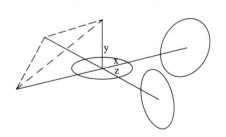
图 13-70 三维线框 3

(5) 改变坐标系 XY 到虚线三角形面上,坐标原点放在 1 点。画圆,圆心在坐标原点。

命令:UCS↓

指定 UCS 的原点或 [面(F)/命名(NA)/对象(OB)/上一个(P)/视图(V)/世界(W)/X/Y/Z/Z 轴(ZA)]<世界>:捕捉 1 点

指定 X 轴上的点或 <接受>:捕捉 2 点

指定 XY 平面上的点或 <接受>:捕捉 3 点

命令:c↓

CIRCLE

指定圆的圆心或 [三点(3P)/两点(2P)/切点、切点、半径(T)]:0,0↓

指定圆的半径或 [直径(D)]<3.0000>:3↓,得到如图 13 - 71 所示图形。

(6) 改变坐标系 XY 到与当前屏幕平行,并移动坐标系原点至 2 点,画圆,圆心放在 2 点。

命令:UCS

指定 UCS 的原点或 [面(F)/命名(NA)/对象(OB)/上一个(P)/视图(V)/世界(W)/X/Y/Z/Z 轴(ZA)]<世界>:v↓

命令:UCS↓

指定 UCS 的原点或 [面(F)/命名(NA)/对象(OB)/上一个(P)/视图(V)/世界(W)/X/Y/Z/Z 轴(ZA)]<世界>:用光标捕捉 2 点

指定 X 轴上的点或 <接受>:↓

命令:c↓

CIRCLE

指定圆的圆心或 [三点(3P)/两点(2P)/切点、切点、半径(T)]:0,0↓

指定圆的半径或 [直径(D)]<3.0000>:3↓,得到如图 13 - 72 所示图形。

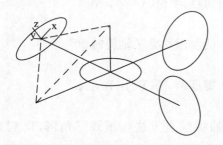

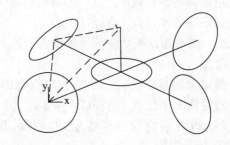

图 13 - 71　三维线框 4　　　　　　　　　　图 13 - 72　三维线框 4

(7) 改变图线厚度属性,光标左键点击须修改的图线,然后右键单击后出现快捷菜单,选择【特性(S)】命令,打开【特性】对话框,在【常规】栏中的【厚度】数值框输入 1 后回车,按 Esc 键取消选中。得到如图 13 - 67 所示图形。

(8) 改变坐标系到 WCS,并输入消隐命令,观察效果。

命令:UCS

指定 UCS 的原点或 [面(F)/命名(NA)/对象(OB)/上一个(P)/视图(V)/世界(W)/X/Y/Z/Z 轴(ZA)]<世界>:w↓

命令：HIDE↓

[**例题 2**]　绘制图 13 - 73 所示的神殿模型。通过本例题,学习三维观察命令、基本三维实体指令和三维编辑指令的使用方法。(注:以下绘图操作说明和命令提示中,符号"↓"表示 Enter)

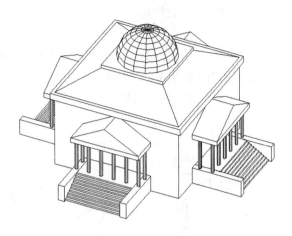

1. 按快速访问工具栏【新建】,在【选择样板】对话框选择 acadiso3D. dwt 文件,按【打开】按钮,进入三维作图环境。按视觉样式控件到【二维线框】。

2. 使用工作空间控件。将工作界面切换到【三维建模】。作图过程中,根据选用菜单命令的需要,可随时切换到其他任意一个工作界面。

图 13 - 73　神殿

3. 设置绘图辅助工具。在状态栏上,用光标左键单击相关状态按钮,打开【极轴追踪】【对象捕捉】【对象捕捉追踪】,关闭【推断约束】【捕捉模式】【栅格显示】【正交模式】【动态输入】。

4. 调整显示范围,作图过程中,可随时按导航栏上的全部缩放按钮和三维动态观察按钮等视窗操作指令,使显示窗口范围适合作图需求。

5. 在【三维建模】工作界面,其功能区可按需切换至【常用】【曲面】【网格】等。

6. 作立方体的神殿主体和屋檐

(1) 作长方体,如图 13 - 74 所示。

命令：_box

指定第一个角点或 [中心(C)]：1000,1000↓

指定其他角点或 [立方体(C)/长度(L)]：-1000,-1000↓

指定高度或 [两点(2P)] <0>：1125.0000↓

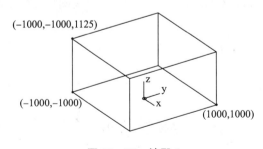

图 13 - 74　神殿 1

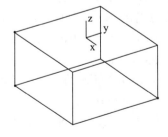

图 13 - 75　神殿 2

(2) 变换坐标系,如图 13 - 75 所示。

命令：_ucs

指定 UCS 的原点或 [面(F)/命名(NA)/对象(OB)/上一个(P)/视图(V)/世界(W)/X/Y/Z/Z 轴(ZA)] <世界>：0,0,1125↓

指定 X 轴上的点或 ＜接受＞：↓

(3) 作长方体,如图 13 - 76 所示。

命令：_box

指定第一个角点或 [中心(C)]：1050,1050↓

指定其他角点或 [立方体(C)/长度(L)]：－1050,－1050↓

指定高度或 [两点(2P)] ＜1125.0000＞：100↓

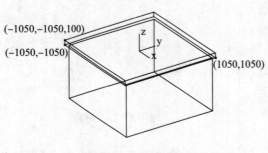

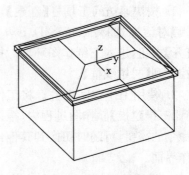

图 13 - 76　神殿 3　　　　　　　　　　　图 13 - 77　神殿 4

(4) 作棱锥体,如图 13 - 77 所示。

命令：_pyramid

指定底面的中心点或 [边(E)/侧面(S)]：e↓

指定边的第一个端点：1000,1000,100↓

指定边的第二个端点：－1000,1000,100↓

指定高度或 [两点(2P)/轴端点(A)/顶面半径(T)] ＜100.0000＞：t↓

指定顶面半径 ＜0.0000＞：500↓

指定高度或 [两点(2P)/轴端点(A)] ＜100.0000＞：275↓

(5) 变换坐标系,作半球,并消隐处理,如图 13 - 78 所示。

命令：_ucs

指定 UCS 的原点或 [面(F)/命名(NA)/对象(OB)/上一个(P)/视图(V)/世界(W)/
X/Y/Z/Z 轴(ZA)] ＜世界＞：_o↓

指定新原点 ＜0,0,0＞：0,0,375↓

命令：isolines↓

输入 ISOLINES 的新值 ＜4＞：24↓

命令：_sphere

指定中心点或 [三点(3P)/两点(2P)/切点、切点、半径(T)]：0,0,0↓

指定半径或 [直径(D)] ＜450.0000＞：450↓

命令：_union,作布尔合并。

选择对象：找到 4 个↓

命令：hide↓

图 13-78   神殿 5

图 13-79   神殿 6

(6) 变换坐标系,作台阶的侧墙,如图 13-80 所示。

命令:_ucs

指定 UCS 的原点或[面(F)/命名(NA)/对象(OB)/上一个(P)/视图(V)/世界(W)/X/Y/Z/Z 轴(ZA)]<世界>:_o↓

指定新原点 <0,0,0>:用光标捕捉 1 点,如图 13-79。

命令:_box

指定第一个角点或 [中心(C)]:450,0↓

指定其他角点或 [立方体(C)/长度(L)]:L↓

指定长度 <800.0000>:800↓

指定宽度 <100.0000>:100↓

指定高度或 [两点(2P)]<250.0000>:250↓

(7) 变换坐标系,作阶梯线,如图 13-80、图 13-81 所示。

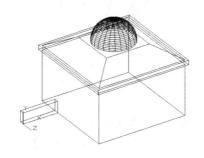

图 13-80   神殿 7

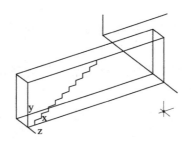

图 13-81   神殿 8

用 UCS 指令 3 点确定用户坐标,然后画多段线。

命令:_pline

指定起点:40,0↓

指定下一个点:@0,25↓;指定下一点:@40,0↓

指定下一点:@0,25↓;指定下一点:@40,0↓

指定下一点:@0,25↓;指定下一点:@40,0↓

指定下一点:@0,25↓;指定下一点:@40,0↓

指定下一点：@0,25↓;指定下一点：@40,0↓

指定下一点：@0,25↓;指定下一点：@40,0↓

指定下一点：@0,25↓;指定下一点：@40,0↓

指定下一点：@0,25↓;指定下一点：@40,0↓

指定下一点：@0,25↓;指定下一点：@40,0↓

指定下一点：@0,25↓

指定下一点:捕捉台阶侧墙的顶点

指定下一点：↓,退出命令。

(8) 生成阶梯,返回 WCS,如图 13-82 所示。

命令：_extrude

选择要拉伸的对象或 [模式(MO)]：找到 1 个,选择阶梯线。

选择要拉伸的对象或 [模式(MO)]：↓

指定拉伸的高度或 [方向(D)/路径(P)/倾斜角(T)/表达式(E)]＜250.0000＞：900↓

命令:UCS↓,输入 W↓,回到世界坐标系。

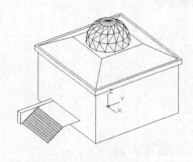

图 13-82　神殿 9

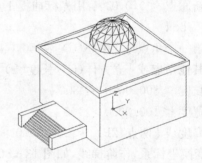

图 13-83　神殿 10

(9) 复制台阶侧墙,如图 13-83 所示。

命令：_copy

选择对象：找到 1 个,选择台阶的侧墙。

选择对象：↓

指定基点或 [位移(D)/模式(O)]＜位移＞:用光标捕捉端点

指定第二个点或 [阵列(A)]＜使用第一个点作为位移＞:用光标捕捉端点

(10) 设置标高和厚度,作圆柱,见图 13-84。

命令：ELEV

指定新的默认标高 ＜0.0000＞：250↓

指定新的默认厚度 ＜0.0000＞:500↓

命令：c

CIRCLE

指定圆的圆心或 [三点(3P)/两点(2P)/切点、切点、半径(T)]：-500,-1100↓

指定圆的半径或 [直径(D)]＜25.0000＞：25↓

命令：HIDE↓消隐

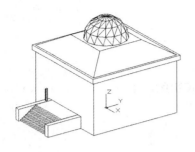
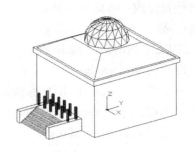

图 13-84   神殿 11   图 13-85   神殿 12

(11) 阵列圆柱并删除 4 个,见图 13-85。

命令:_arrayrect

选择对象:找到 1 个

选择对象:

类型 = 矩形   关联 = 否

选择夹点以编辑阵列或 [关联(AS)/基点(B)/计数(COU)/间距(S)/列数(COL)/行数
(R)/层数(L)/退出(X)] <退出>:col↓

输入列数数或 [表达式(E)] <4>:6

指定列数之间的距离或 [总计(T)/表达式(E)] <75>:200↓

选择夹点以编辑阵列或 [关联(AS)/基点(B)/计数(COU)/间距(S)/列数(COL)/行数
(R)/层数(L)/退出(X)] <退出>:r↓

输入行数数或 [表达式(E)] <3>:2↓

指定行数之间的距离或 [总计(T)/表达式(E)] <75>:-200↓

指定行数之间的标高增量或 [表达式(E)] <0>:↓

选择夹点以编辑阵列或 [关联(AS)/基点(B)/计数(COU)/间距(S)/列数(COL)/行数
(R)/层数(L)/退出(X)] <退出>:↓

命令:_.erase 找到 4 个↓,删除 4 个圆柱。

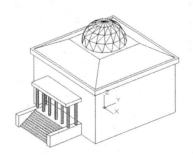
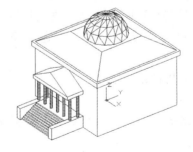

图 13-86   神殿 13   图 13-87   神殿 14

(12) 作圆柱上的楔形山墙见图 13-86 和图 13-87。

作基座。命令:_box

指定第一个角点:-550,-1400,750↓

指定其他角点或：@1100,400↓

指定高度或 <75.0000>：75↓

命令：HIDE↓如图 13-86 所示。

作楔形块。命令：_wedge

指定第一个角点：_mid 于,用光标捕捉基座长边的后中点

指定其他角点：用光标捕捉基座的右前点

指定高度或<0.0000>：300↓

命令：_wedge

指定第一个角点：捕捉基座长边的后中点

指定其他角点：捕捉基座的左前点

指定高度<0.0000>:300↓

命令：_union,将两个楔体合并。

选择对象：找到 2 个,总计 2 个

选择对象：↓

(13) 环形阵列神殿入口,如图 13-88 所示。

命令：_arraypolar

选择对象：找到 14 个

选择对象：

类型 = 极轴　关联 = 否

指定阵列的中心点或 [基点(B)/旋转轴(A)]：0,0↓

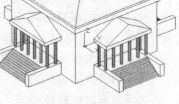

图 13-88　神殿 15

选择夹点以编辑阵列或 [关联(AS)/基点(B)/项目(I)/项目间角度(A)/填充角度(F)/行(ROW)/层(L)/旋转项目(ROT)/退出(X)] <退出>：f↓

指定填充角度(+=逆时针、-=顺时针)或 [表达式(EX)] <360>：360↓

选择夹点以编辑阵列或 [关联(AS)/基点(B)/项目(I)/项目间角度(A)/填充角度(F)/行(ROW)/层(L)/旋转项目(ROT)/退出(X)] <退出>：i↓

输入阵列中的项目数或 [表达式(E)] <6>：4↓

选择夹点以编辑阵列或 [关联(AS)/基点(B)/项目(I)/项目间角度(A)/填充角度(F)/行(ROW)/层(L)/旋转项目(ROT)/退出(X)] <退出>：↓

命令：HIDE↓

观察效果。

[练习题 1]　绘制三维实心体模型 1,如图 13-89 所示。

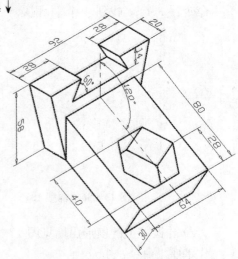

图 13-89　三维实心体模型 1

[练习题 2] 绘制三维实心体模型 2,如图 13 - 90 所示。

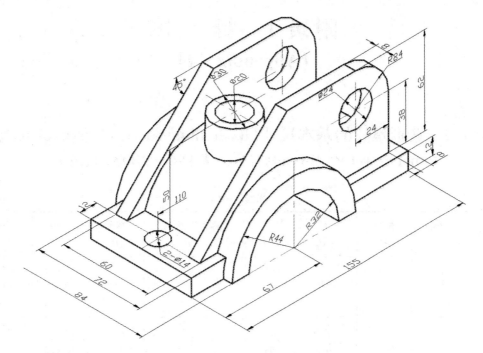

图 13 - 90 三维实心体模型 2

附录 1 标　准
（Appendix　1）

附录 1.1　普通螺纹的基本尺寸（Basic dimensions of general purpose metric screw threads）（GB/T 196－2003，摘录）

附表 1－1 　　　　　　　　　　　　　　　　　　　　mm

公称直径(大径) D、d	螺距 P	中径 D_2、d_2	小径 D_1、d_1	公称直径(大径) D、d	螺距 P	中径 D_2、d_2	小径 D_1、d_1
4	0.7	3.545	3.242	11	1.5	10.026	9.376
	0.5	3.675	3.459		1	10.350	9.917
					0.75	10.513	10.188
4.5	0.75	4.013	3.688	12	1.75	10.863	10.106
	0.5	4.175	3.959		1.5	11.026	10.376
					1.25	11.188	10.647
					1	11.350	10.917
5	0.8	4.480	4.134	14	2	12.701	11.835
	0.5	4.675	4.459		1.5	13.026	12.376
5.5	0.5	5.175	4.959		1.25	13.188	12.647
					1	13.350	12.917
6	1	5.350	4.917	15	1.5	14.026	13.376
	0.75	5.513	5.188		1	14.350	13.917
7	1	6.350	5.917	16	2	14.701	13.835
	0.75	6.513	6.188		1.5	15.026	14.376
					1	15.350	14.917
8	1.25	7.188	6.647	17	1.5	16.025	15.376
	1	7.350	6.917		1	16.350	15.917
	0.75	7.513	7.188	18	2.5	16.376	15.294
9	1.25	8.188	7.647		2	16.701	15.835
	1	8.350	7.917		1.5	17.026	16.376
	0.75	8.513	8.188		1	17.350	16.917
10	1.5	9.026	8.378	20	2.5	18.376	17.294
	1.25	9.188	8.647		2	18.701	17.835
	1	9.350	8.917		1.5	19.026	18.376
	0.75	9.513	9.188		1	19.350	18.917

附录1.2　常用标准件(Standard parts in common use)

1. 六角头螺栓(GB/T 5782－2000 摘录)

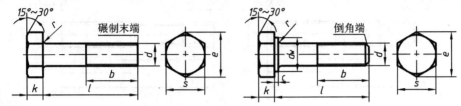

标记示例

螺纹规格 d＝M12、公称长度 l＝80mm、性能等级为8.8级、表面氧化、产品等级为A级的六角头螺栓:

螺栓 GB/T 5782 M12×80

附表 1－2　　　　　　　　　　　　　　　mm

螺纹规格 d			M5	M6	M8	M10	M12	M16	M20	M24
b 参考	l≤125		16	18	22	26	30	38	46	54
	125<l≤200		22	24	28	32	36	44	52	60
	l>200		35	37	41	45	49	57	65	73
c (max)			0.5		0.6		0.8			
d_w(min)	产品等级	A	6.88	8.88	11.63	14.63	16.63	22.49	28.19	33.61
		B	6.74	8.74	11.47	14.47	16.47	22	27.7	33.25
e (min)	产品等级	A	8.79	11.05	14.38	17.77	20.03	26.75	33.53	39.98
		B	8.63	10.89	14.20	17.59	19.85	26.17	32.95	39.55
k 公称			3.5	4	5.3	6.4	7.5	10	12.5	15
r (min)			0.2	0.25	0.4		0.6		0.8	
s 公称 (max)			8	10	13	16	18	24	30	36
l 公称			25~50	30~60	40~80	45~100	50~120	65~160	80~200	90~240
l 公称 (系列)			25,30,35,40,45,50,55,60,70,80,90,100,120,130,140,150,160,180,200,220,240,260,280							

注:(1) A级用于 d≤24mm,l≤10d 或 l≤150mm;B级用于 d>24mm,l>10d 或 l>150mm 的螺栓。

(2) 螺纹规格 d 范围:GB/T 5780 为 M5~M64;GB/T 5782 为 M1.6~M64。

(3) 公称长度范围:GB/T 5780 为 25~50;GB/T 5782 为 12~500。

2. 螺柱(GB/T 897~900－1998 摘录)

b_m＝1d(GB/T 897－1998),b_m＝1.25d(GB/T 898－1998),b_m＝1.5d(GB/T 899－1998),b_m＝2d(GB/T 900－1998)

标记示例

(1) 两端均为普通螺纹,d＝M10,l＝50mm,性能等级为 4.8 级,不经表面处理,B 型,

$b_m=1d$ 的双头螺柱:

螺柱 GB/T 897M10×50

(2) 旋入机体一端为粗牙普通螺纹,旋螺母一端为螺距 $P=1mm$ 的细牙普通螺纹, $d=10mm$, $l=50mm$, 性能等级为 4.8 级, 不经表面处理, A 型, $b_m=1d$ 的双头螺柱:

螺柱 GB/T 897 AM10－M10×1×50

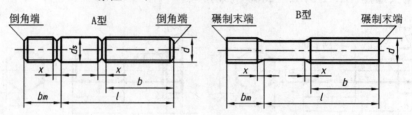

附表 1-3
mm

螺纹规格 d	b_m(公称)				L/b
	GB/T 897	GB/T 898	GB/T 899	GB/T 900	
M5	5	6	8	10	(16~20)/10、(25~50)/16
M6	6	8	10	12	20/10、(25~30)/14、(35~70)/18
M8	8	10	12	16	20/12、(25~30)/16、(35~90)/22
M10	10	12	15	20	25/14、(30~35)/16、(40~120)/26、130/32
M12	12	15	18	24	(25~30)/16、(35~40)/20、(45~120)/30、(130~180)/36
M16	16	20	24	32	(30~35)/20、(40~50)/30、(60~120)/38、(130~200)/44
M20	20	25	30	40	(35~40)/25、(45~60)/35、(70~120)/46、(130~200)/52
M24	24	30	36	48	(45~50)/30、(60~70)/45、(80~120)/54、(130~200)/60
l(系列)	12,16,20,25,30,35,40,45,50,60,70,80,90,100,110,120,130,140,150,160,170,180				

3. 螺钉(GB/T 65、68、71、73、75 摘录)

(1) 开槽圆柱头螺钉(GB/T 65—2000)

(2) 开槽沉头头螺钉(GB/T 68—2000)

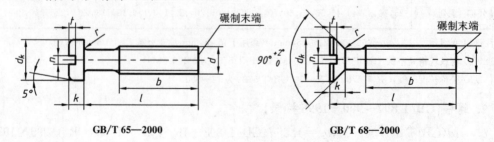

GB/T 65—2000　　　　　　　　GB/T 68—2000

标记示例

螺纹规格 $d=$ M5、公称长度 $l=20mm$、性能等级为 4.8 级、不经表面处理的 A 级开槽圆柱头螺钉:

螺钉 GB/T 65 M5×20

附表 1-4 　　　　　　　　　　　　　　　　　　　　　　　mm

螺纹规格 d		M2.5	M3	M4	M5	M6	M8	M10
GB/T65 −2000	d_k 公称（max）	4.5	5.5	7	8.5	10	13	16
	k 公称（max）	1.8	2	2.6	3.3	3.9	5	6
	t （min）	0.7	0.85	1.1	1.3	1.6	2	2.4
	l 公称	3～25	4～30	5～40	6～50	8～60	10～80	12～80
GB/T68 −2000	d_k 公称（max）	4.7	5.5	8.4	9.3	11.3	15.8	18.3
	k 公称（max）	1.5	1.65	2.7	2.7	3.3	4.65	5
	t （min）	0.5	0.6	1	1.1	1.2	1.8	2
	l 公称	4～25	5～30	6～40	8～50	8～60	10～80	12～80
n 公称		0.6	0.8	1.2		1.6	2	2.5
b （min）		25		38				
l 公称（系列）		2,3,4,5,6,8,10,12,(14),16,20,25,30,35,40,45,50,(55),60,(65),70,(75),80						

注：① 螺纹规格 $d \leqslant$ M3；$l \leqslant$ 30 时，制出全螺纹。

② 螺纹规格 $d >$ M3；$l \leqslant$ 40 时，制出全螺纹（GB/T 65）；$l \leqslant$ 45 时，制出全螺纹（GB/T 68）。

③ 系列中括号内的规格尽可能不采用。

④ 螺钉 GB/T 68；l 系列的最小值为 2.5。

（3）开槽锥端紧定螺钉　　　（4）开槽平端紧定螺钉　　　（5）开槽长圆柱端紧定螺钉
　　（GB/T 71－1985）　　　　　（GB/T 73－1981）　　　　　（GB/T 75－1981）

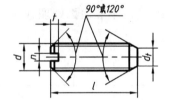

标记示例

螺纹规格 d＝M5，公称长度 l＝12mm，性能等级为 14H 级，表面氧化的开槽长圆柱端紧定螺钉：

螺钉 GB/T 75 M5×12

附表 1-5 　　　　　　　　　　　　　　　　　　　　　　　mm

螺纹规格 d		M2.5	M3	M4	M5	M6	M8	M10	M12
n		0.4		0.6	0.8	1	1.2	1.6	2
t		0.95	1.05	1.42	1.63	2	2.5	3	3.6
d_t		0.25	0.3	0.4	0.5	1.5	2	2.5	3
d_p		1.5	2	2.5	3.5	4	5.5	7	8.5
z		1.5	1.75	2.25	2.75	3.25	4.3	5.3	6.3
l 公称	GB/T 71	3～12	4～16	6～20	8～25	8～30	10～40	12～50	14～60
	GB/T 73	2.5～12	3～16	4～20	5～25	6～30	8～40	10～50	12～60
	GB/T 75	4～12	5～16	6～20	8～25	1～30	10～40	12～50	14～60
l 公称（系列）		2,2.5,3,4,5,6,8,10,12,(14),16,20,25,30,35,40,45,50,(55),60							

注：(1) l 公称系列中括号内的规格尽可能不采用。

(2) 紧定螺钉的性能等级有 14H、22H 级，其中 14H 级为常用。

4. Ⅰ型六角螺母(GB/T 度 6170－2000 摘录)

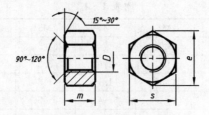

标记示例

螺纹规格 D＝M12、性能等级为 8 级、不经表面处理、产品等级为 A 级的Ⅰ型六角螺母：

螺母 GB/T 6170 M12

附表 1－6   mm

螺纹规格 D	M5	M6	M8	M10	M12	M16	M20	M24
e（min）	8.79	11.05	14.38	17.77	20.03	26.75	32.95	39.55
s 公称（max）	8	10	13	16	18	24	30	36
m（max）	4.7	5.2	6.8	8.4	10.8	14.8	18	21.5

注：A 级用于 $D \leqslant 16$；B 级用于 $D > 16$。

5. 垫圈(GB/ 97.1－2002、GB/T 93－1987 摘录)

（1）平垫圈 A 级（GB/ 97.1－2002）

标记示例

标准系列、公称规格 8mm、由钢制造的硬度等级为 HV200 级、不经表面处理、产品等级为 A 级的平垫圈的标记：

垫圈 GB/T 97.1 8

附表 1－7   mm

公称规格 （螺纹大径 d）	5	6	8	10	12	16	20	24	30
d_1 公称（min）	5.3	6.4	8.4	10.5	13	17	21	25	31
d_2 公称（max）	10	12	16	20	24	30	37	44	56
h 公称	1	1.6	1.6	2	2.5	3	3	4	4

注：① 硬度等级有 HV200、HV300 级；材料有钢和不锈钢两种。

② 表中所列的是 5mm $\leqslant d \leqslant$ 30mm 的优选尺寸。

（2）标准型弹簧垫圈（GB/T 93－1987）

标记示例

规格 16mm、材料为 65Mn，表面氧化的标准型弹簧垫圈：

垫圈 GB/T 93 16

附表 1－8   mm

公称规格 （螺纹大径）	5	6	8	10	12	16	20	24
d（min）	5.1	6.1	8.1	10.2	12.2	16.2	20.2	24.5
H	2.6	3.2	4.2	5.2	6.2	8.2	10	12
$s(b)$ 公称	1.3	1.6	2.1	2.6	3.1	4.1	5	6
$m \leqslant$	0.65	0.8	1.05	1.3	1.55	2.05	2.5	3

6. 键(GB/T 1095－2003,GB/T 1096－2003 摘录)

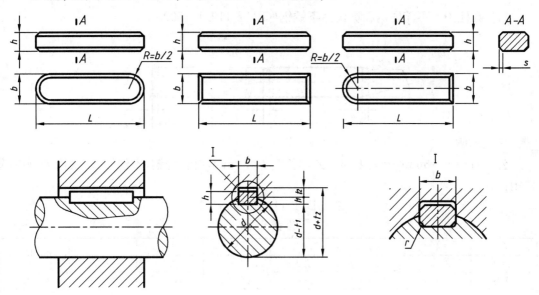

标记示例

(1) 宽度 $b=16$mm,高度 $h=10$mm,长度 $L=100$mm 普通 A 型平键的标记为:

GB/T 1096 键 $16\times10\times100$

(2) 宽度 $b=16$mm,高度 $h=10$mm,长度 $L=100$mm 普通 B 型(或 C 型)平键的标记为:

GB/T 1096 键 B $16\times10\times100$(或 GB/T 1096 键 C $16\times10\times100$)

附表 1－9　　　　　　　　　　　　　　　　　　　　　mm

键尺寸 $b\times h$	键长度 L	键槽									
		宽　度　b						深　度			
		基本尺寸	极 限 偏 差					轴 t_1		毂 t_2	
			正常联结		紧密联结	松联结		基本尺寸	极限偏差	基本尺寸	极限偏差
			轴 N9	毂 JS9	轴和毂 P9	轴 H9	毂 D10				
2×2	6～20	2	-0.004	±0.0125	-0.006	$+0.025$	$+0.060$	1.2	$+0.1$	1.0	$+0.1$
3×3	6～36	3	-0.029		-0.031	0	$+0.020$	1.8		1.4	
4×4	8～45	4	0	±0.015	-0.012	$+0.030$	$+0.078$	2.5	$+0.1$ 0	1.8	$+0.1$ 0
5×5	10～56	5	-0.03		-0.042	0	$+0.030$	3.0		2.3	
6×6	14～70	6						3.5		2.8	
8×7	18～90	8	0	±0.018	-0.015	$+0.036$	$+0.098$	4.0		3.3	
10×8	22～110	10	-0.036		-0.051	0	$+0.040$	5.0		3.3	
12×8	28～140	12						5.0	$+0.2$ 0	3.3	$+0.2$ 0
14×9	36～160	14	0	±0.0215	-0.018	$+0.043$	$+0.120$	5.5		3.8	
16×10	45～180	16	-0.043		-0.061	0	$+0.050$	6.0		4.3	
18×11	50～200	18						7.0		4.4	
L基本尺寸	6,8,10,12,14,16,18,20,22,25,28,32,36,40,45,50,56,63,70,80,90,100,110,125,140,160,180,200										

7. 销(GB/T 119.1－2000,GB/T 117－2000 摘录)

(1) 圆柱销　不淬硬钢和奥氏体不锈钢(GB/T 119.1－2000)

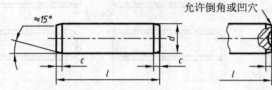

标记示例

公称直径 $d＝6mm$,公差为 $m6$,公称长度 $l＝30mm$,材料为钢,不经淬火、表面处理的圆柱销:

$$销 GB/T 119.1 6 m6×30$$

附表 1－10　　　　　　　　　　　　　　　　　　　　mm

d	4	5	6	8	10	12	16
$c≈$	0.63	0.8	1.2	1.6	2.0	2.5	3.0
l公称	8～40	10～50	12～60	14～80	18～95	22～140	26～180
l系列	10,12,14,16,18,20,22,24,26,28,30,32,35,40,45,50,55,60,65,70,75,80,85,90,95,100,120,140,160,180						

(2) 圆锥销　不淬硬钢和奥氏体不锈钢(GB/T 117－2000)

A型（磨削）:锥面表面粗糙度 $Ra＝0.8$微米;

B型（切削或冷镦）:锥面表面粗糙度 $Ra＝3.2$微米。

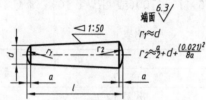

标记示例

公称直径 $d＝6mm$,公称长度 $l＝30mm$,材料为 35 钢,热处理硬度 HRC28～38、表面氧化处理的 A 型圆锥销:

$$销 GB/T 117　6×30$$

附表 1－11　　　　　　　　　　　　　　　　　　　　mm

d	4	5	6	8	10	12	16	20	25
$a≈$	0.5	0.63	0.8	1	1.2	1.6	2.0	2.5	3.0
l公称	14～55	18～60	22～90	22～120	26～160	32～180	40～200	45～200	50～200
l系列	14,16,18,20,22,24,26,28,30,32,35,40,45,50,55,60,65,70,75,80,85,90,95,100,120,140,160,180,200								

8. 滚动轴承(GB/T 276～277－1994 摘录)

(1) 深沟球轴承(GB/T 276－1994)

标记示例:类型代号 6,内圈孔径 $d＝50mm$,尺寸系列代号为 02 的深沟球轴承:

$$滚动轴承 6210 GB/T 276－1994$$

附表 1-12 mm

轴承代号	尺寸			轴承代号	尺寸		
	d	D	B		d	D	B
尺寸系列代号(0)2				尺寸系列代号(0)3			
6200	10	30	9	6300	10	35	11
6201	12	32	10	6301	12	37	12
6202	15	35	11	6302	15	42	13
6203	17	40	12	6303	17	47	14
6204	20	47	14	6304	20	52	15
6205	25	52	15	6305	25	62	17
6206	30	62	16	6306	30	72	19
6207	35	72	17	6307	35	80	21
6208	40	80	18	6308	40	90	23
6209	45	85	19	6309	45	100	25
6210	50	90	20	6310	50	110	27

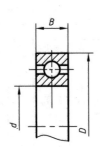

(2) 圆锥滚子轴承(GB/T 297-1994)

标记示例

类型代号 3,内圈孔径 d=40mm,尺寸系列代号为 03 的圆锥滚子轴承:

滚动轴承 30308 GB/T297-1994

附表 1-13 mm

轴承代号	尺寸					轴承代号	尺寸				
	d	D	T	B	C		d	D	T	B	C
尺寸系列代号 02						尺寸系列代号 03					
30204	20	47	15.25	14	12	30304	20	52	16.25	15	13
30205	25	52	16.25	15	13	30305	25	62	18.25	17	15
30206	30	62	17.25	16	14	30306	30	72	20.25	19	16
30207	35	72	18.25	17	15	30307	35	80	22.75	21	18
30208	40	80	19.75	18	16	30308	40	90	25.75	23	20
30209	45	85	20.75	19	16	30309	45	100	27.75	25	22
30210	50	90	21.75	20	17	30310	50	110	29.75	27	23
30211	55	100	22.75	21	18	30311	55	120	31.50	29	25
30212	60	110	23.75	22	19	30312	60	130	33.50	31	26
30213	65	120	24.75	23	20	30313	65	140	36	33	28
30214	70	125	26.75	24	21	30314	70	150	38	35	30
30215	75	130	27.75	25	22	30315	75	160	40	37	31

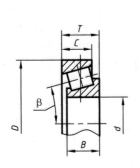

附录 1.3 极限与配合(Limits and fits)(GB/T 1800.2-2009 摘录)

1. 标准公差数值

附表 1-14

基本尺寸 mm		标准公差等级										
大于	至	IT1	IT2	IT3	IT4	IT5	IT6	IT7	IT8	IT9	IT10	IT11
		μm										
—	3	0.8	1.2	2	3	4	6	10	14	25	40	60
3	6	1	1.5	2.5	4	5	8	12	18	30	48	75
6	10	1	1.5	2.5	4	6	9	15	22	36	58	90
10	18	1.2	2	3	5	8	11	18	27	43	70	110
18	30	1.5	2.5	4	6	9	13	21	33	52	84	130
30	50	1.5	2.5	4	7	11	16	25	39	62	100	160
50	80	2	3	5	8	13	19	30	46	74	120	190
80	120	2.5	4	6	10	15	22	35	54	87	140	220
120	180	3.5	5	8	12	18	25	40	63	100	160	250
180	250	4.5	7	10	14	20	29	46	72	115	185	290
250	315	6	8	12	16	23	32	52	81	130	210	320

2. 优先配合中轴的极限偏差数值

附表 1-15　　　　　　　　　　　　　　　　　　　　　　μm

基本尺寸 mm 大于	至	公差带 c11	d9	f7	g6	h6	h7	h9	h11	k6	n6	p6	s6	u6
—	3	−60 / −120	−20 / −45	−6 / −16	−2 / −8	0 / −6	0 / −10	0 / −25	0 / −60	+6 / 0	+10 / +4	+12 / +6	+20 / +14	+24 / +18
3	6	−70 / −145	−30 / −60	−10 / −22	−4 / −12	0 / −8	0 / −12	0 / −30	0 / −75	+9 / +1	+16 / +8	+20 / +12	+27 / +19	+31 / +23
6	10	−80 / −170	−40 / −76	−13 / −28	−5 / −14	0 / −9	0 / −15	0 / −36	0 / −90	+10 / +1	+19 / +10	+24 / +15	+32 / +23	+37 / +28
10	18	−95 / −205	−50 / −93	−16 / −34	−6 / −17	0 / −11	0 / −18	0 / −43	0 / −110	+12 / +1	+23 / +12	+29 / +18	+39 / +28	+44 / +33
18	24	−110 / −240	−65 / −117	−20 / −41	−7 / −20	0 / −13	0 / −21	0 / −52	0 / −130	+15 / +2	+28 / +15	+35 / +22	+48 / +35	+54 / +41
24	30	−110 / −240	−65 / −117	−20 / −41	−7 / −20	0 / −13	0 / −21	0 / −52	0 / −130	+15 / +2	+28 / +15	+35 / +22	+48 / +35	+61 / +48
30	40	−120 / −280	−80 / −142	−25 / −50	−9 / −25	0 / −16	0 / −25	0 / −62	0 / −160	+18 / +2	+33 / +17	+42 / +26	+59 / +43	+76 / +60
40	50	−130 / −290	−80 / −142	−25 / −50	−9 / −25	0 / −16	0 / −25	0 / −62	0 / −160	+18 / +2	+33 / +17	+42 / +26	+59 / +43	+86 / +70
50	65	−140 / −330	−100 / −147	−30 / −60	−10 / −29	0 / −19	0 / −30	0 / −74	0 / −190	+21 / +2	+39 / +20	+51 / +32	+72 / +53	+106 / +87
65	80	−150 / −340	−100 / −147	−30 / −60	−10 / −29	0 / −19	0 / −30	0 / −74	0 / −190	+21 / +2	+39 / +20	+51 / +32	+78 / +59	+121 / +102
80	100	−170 / −390	−120 / −207	−36 / −71	−12 / −34	0 / −22	0 / −35	0 / −87	0 / −220	+25 / +3	+45 / +23	+59 / +37	+93 / +71	+146 / +124
100	120	−180 / −400	−120 / −207	−36 / −71	−12 / −34	0 / −22	0 / −35	0 / −87	0 / −220	+25 / +3	+45 / +23	+59 / +37	+101 / +79	+166 / +144
120	140	−200 / −450	−145 / −245	−43 / −83	−14 / −39	0 / −25	0 / −40	0 / −100	0 / −250	+28 / +3	+52 / +27	+68 / +43	+117 / +92	+195 / +170
140	160	−210 / −460	−145 / −245	−43 / −83	−14 / −39	0 / −25	0 / −40	0 / −100	0 / −250	+28 / +3	+52 / +27	+68 / +43	+125 / +100	+215 / +190
160	180	−230 / −480	−145 / −245	−43 / −83	−14 / −39	0 / −25	0 / −40	0 / −100	0 / −250	+28 / +3	+52 / +27	+68 / +43	+133 / +108	+235 / +210
180	200	−240 / −530	−170 / −285	−50 / −96	−15 / −44	0 / −29	0 / −46	0 / −115	0 / −290	+33 / +4	+60 / +31	+79 / +50	+151 / +122	+265 / +236
200	225	−260 / −550	−170 / −285	−50 / −96	−15 / −44	0 / −29	0 / −46	0 / −115	0 / −290	+33 / +4	+60 / +31	+79 / +50	+159 / +130	+287 / +258
225	250	−280 / −570	−170 / −285	−50 / −96	−15 / −44	0 / −29	0 / −46	0 / −115	0 / −290	+33 / +4	+60 / +31	+79 / +50	+169 / +140	+313 / +284
250	280	−300 / −620	−190 / −320	−56 / −108	−17 / −49	0 / −32	0 / −52	0 / −130	0 / −320	+36 / +4	+66 / +34	+88 / +56	+190 / +158	+347 / +315
280	315	−330 / −650	−190 / −320	−56 / −108	−17 / −49	0 / −32	0 / −52	0 / −130	0 / −320	+36 / +4	+66 / +34	+88 / +56	+202 / +170	+382 / +350
315	355	−360 / −720	−210 / −350	−62 / −119	−18 / −54	0 / −36	0 / −57	0 / −140	0 / −360	+40 / +4	+73 / +37	+98 / +62	+226 / +190	+426 / +390
355	400	−400 / −760	−210 / −350	−62 / −119	−18 / −54	0 / −36	0 / −57	0 / −140	0 / −360	+40 / +4	+73 / +37	+98 / +62	+244 / +208	+471 / +435
400	450	−440 / −840	−230 / −385	−68 / −131	−20 / −60	0 / −40	0 / −63	0 / −155	0 / −400	+45 / +5	+80 / +40	+108 / +68	+272 / +232	+530 / +490
450	500	−480 / −880	−230 / −385	−68 / −131	−20 / −60	0 / −40	0 / −63	0 / −155	0 / −400	+45 / +5	+80 / +40	+108 / +68	+292 / +252	+580 / +540

3. 优先配合中孔的极限偏差数值(GB/T 1800.2－2009摘录)

附表 1-16　　　　　　　　　　　　　　　　　　　μm

基本尺寸mm 大于	至	公差带 C 11	D 9	F 8	G 7	H 7	H 8	H 9	H 11	K 7	N 7	P 7	S 7	U 7
—	3	+120 / +60	+45 / +20	+20 / +6	+12 / +2	+10 / 0	+14 / 0	+25 / 0	+60 / 0	0 / −10	−4 / −14	−6 / −16	−14 / −24	−18 / −28
3	6	+145 / +70	+60 / +30	+28 / +10	+16 / +4	+12 / 0	+18 / 0	+30 / 0	+75 / 0	+3 / −9	−4 / −16	−8 / −20	−15 / −27	−19 / −31
6	10	+170 / +80	+76 / +40	+35 / +13	+20 / +5	+15 / 0	+22 / 0	+36 / 0	+90 / 0	+5 / −10	−4 / −19	−9 / −24	−17 / −32	−22 / −37
10	18	+205 / +95	+93 / +50	+43 / +16	+24 / +6	+18 / 0	+27 / 0	+43 / 0	+110 / 0	+6 / −12	−5 / −23	−11 / −29	−21 / −39	−26 / −44
18	24	+240 / +110	+117 / +65	+53 / +20	+28 / +7	+21 / 0	+33 / 0	+52 / 0	+130 / 0	+6 / −15	−7 / −28	−14 / −35	−27 / −48	−33 / −54
24	30	+240 / +110	+117 / +65	+53 / +20	+28 / +7	+21 / 0	+33 / 0	+52 / 0	+130 / 0	+6 / −15	−7 / −28	−14 / −35	−27 / −48	−40 / −61
30	40	+280 / +120	+142 / +80	+64 / +25	+34 / +9	+25 / 0	+39 / 0	+62 / 0	+160 / 0	+7 / −18	−8 / −33	−17 / −42	−34 / −59	−51 / −76
40	50	+290 / +130	+142 / +80	+64 / +25	+34 / +9	+25 / 0	+39 / 0	+62 / 0	+160 / 0	+7 / −18	−8 / −33	−17 / −42	−34 / −59	−61 / −86
50	65	+330 / +140	+174 / +100	+76 / +30	+40 / +10	+30 / 0	+46 / 0	+74 / 0	+190 / 0	+9 / −21	−9 / −39	−21 / −51	−42 / −72	−76 / −106
65	80	+340 / +150	+174 / +100	+76 / +30	+40 / +10	+30 / 0	+46 / 0	+74 / 0	+190 / 0	+9 / −21	−9 / −39	−21 / −51	−48 / −78	−91 / −121
80	100	+390 / +170	+207 / +120	+90 / +36	+47 / +12	+35 / 0	+54 / 0	+87 / 0	+220 / 0	+10 / −25	−10 / −45	−24 / −59	−58 / −93	−111 / −146
100	120	+400 / +180	+207 / +120	+90 / +36	+47 / +12	+35 / 0	+54 / 0	+87 / 0	+220 / 0	+10 / −25	−10 / −45	−24 / −59	−66 / −101	−131 / −166
120	140	+450 / +200	+245 / +145	+106 / +43	+54 / +14	+40 / 0	+63 / 0	+100 / 0	+250 / 0	+12 / −28	−12 / −52	−28 / −68	−77 / −117	−155 / −195
140	160	+460 / +210	+245 / +145	+106 / +43	+54 / +14	+40 / 0	+63 / 0	+100 / 0	+250 / 0	+12 / −28	−12 / −52	−28 / −68	−85 / −125	−175 / −215
160	160	+480 / +230	+245 / +145	+106 / +43	+54 / +14	+40 / 0	+63 / 0	+100 / 0	+250 / 0	+12 / −28	−12 / −52	−28 / −68	−93 / −133	−195 / −235
180	200	+530 / +240	+285 / +170	+122 / +50	+61 / +15	+46 / 0	+72 / 0	+115 / 0	+290 / 0	+13 / −33	−14 / −60	−33 / −79	−105 / −151	−219 / −265
200	225	+550 / +260	+285 / +170	+122 / +50	+61 / +15	+46 / 0	+72 / 0	+115 / 0	+290 / 0	+13 / −33	−14 / −60	−33 / −79	−113 / −159	−241 / −287
225	250	+570 / +280	+285 / +170	+122 / +50	+61 / +15	+46 / 0	+72 / 0	+115 / 0	+290 / 0	+13 / −33	−14 / −60	−33 / −79	−123 / −169	−267 / −313
250	280	+620 / +300	+320 / +190	+137 / +56	+69 / +17	+52 / 0	+81 / 0	+130 / 0	+320 / 0	+16 / −36	−14 / −66	−36 / −88	−138 / −190	−295 / −347
280	315	+650 / +330	+320 / +190	+137 / +56	+69 / +17	+52 / 0	+81 / 0	+130 / 0	+320 / 0	+16 / −36	−14 / −66	−36 / −88	−150 / −202	−330 / −382
315	355	+720 / +360	+350 / +210	+151 / +62	+75 / +18	+67 / 0	+89 / 0	+140 / 0	+360 / 0	+17 / −40	−16 / −73	−41 / −98	−169 / −226	−369 / −426
355	400	+760 / +400	+350 / +210	+151 / +62	+75 / +18	+67 / 0	+89 / 0	+140 / 0	+360 / 0	+17 / −40	−16 / −73	−41 / −98	−187 / −244	−414 / −471
400	450	+840 / +440	+385 / +230	+165 / +68	+83 / +20	+63 / 0	+97 / 0	+155 / 0	+400 / 0	+18 / −45	−17 / −80	−45 / −108	−209 / −272	−467 / −530
450	500	+880 / +480	+385 / +230	+165 / +68	+83 / +20	+63 / 0	+97 / 0	+155 / 0	+400 / 0	+18 / −45	−17 / −80	−45 / −108	−229 / −292	−517 / −580

附录 1.4　常用的机械加工一般规范和零件结构要素(Currently standard and parts structure size in common machining)

1. 砂轮越程槽(GB 6403.5-1985 摘录)

附表 1-17　　　　　　　　　　　　　　mm

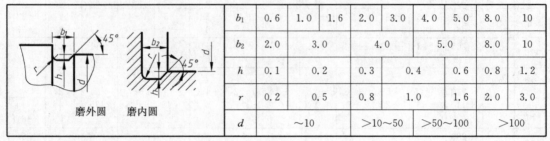

磨外圆　　磨内圆

b_1	0.6	1.0	1.6	2.0	3.0	4.0	5.0	8.0	10
b_2	2.0	3.0		4.0			5.0	8.0	10
h	0.1	0.2		0.3		0.4		0.6	0.8	1.2
r	0.2	0.5		0.8		1.0		1.6	2.0	3.0
d		~10			>10~50		>50~100		>100	

注:(1) 越程槽内二直线相交处,不允许产生尖角。

　　(2) 越程槽深度 h 与圆弧半径 r,要满足 $r \leqslant 3h$。

　　(3) 磨削具有多个直径的工件时,可使用同一规格的越程槽。

　　(4) 直径大的零件,允许选择小规格的砂轮越程槽。

　　(5) 砂轮越程槽的尺寸公差和表面粗糙度根据该零件的结构、性能确定。

2. 零件倒圆与倒角(GB 6403.4-2008 摘录)

附表 1-18　　　　　　　　　　　　　　mm

型式					R、C尺寸系列: 0.1,0.2,0.3,0.4,0.5,0.6,0.8,1.0,1.2,1.6,2.0, 2.5,3.0,4.0,5.0,6.0,8.0,10,12,16,20,25,32, 40,50												
装配型式					尺寸规定: 1. R_1、C_1 的偏差为正;R、C 的偏差为负。 2. 左起第三种装配方式,C 的最大 C_{max} 与 R_1 的关系 为:$C_1 > R$　$R_1 > R$　$C > 0.58R_1$　$C_1 > C$												
R_1	0.1	0.2	0.3	0.4	0.5	0.6	0.8	1.0	1.2	1.6	2.0	2.5	3.0	4.0	5.0	6.0
C_{max}	—	0.1	0.1	0.2	0.2	0.3	0.4	0.5	0.6	0.8	1.0	1.2	1.6	2.0	2.5	3.0
R_1	8.0	10	12	16	20	25										
C_{max}	4.0	5.0	6.0	8.0	10	12										

3. 紧固件通孔及沉孔尺寸

附表 1-19

mm

螺栓或螺钉直径 d			3	4	5	6	8	10	12	14	16	18	20	22
通孔直径 GB5277-1988	精装配		3.2	4.3	5.3	6.4	8.4	10.5	13	15	17	19	21	23
	中等装配		3.4	4.5	5.5	6.6	9	11	13.5	15.5	17.5	20	22	24
	粗装配		3.6	4.8	5.8	7	10	12	14.5	16.5	18.5	21	24	26
六角头用沉孔	GB152.4 -1988	d_2	9	10	11	13	18	22	26	30	33	36	40	43
		d_3	—	—	—	—	—	—	16	18	20	22	24	26
		d_1	3.4	4.5	5.5	6.6	9.0	11.0	13.5	15.5	17.5	20.	22.	24
沉头用沉孔	GB152.2 -1988	d_2	6.4	9.6	10.6	12.8	17.6	20,3	24.4	28.4	32.4	—	40.4	—
		$t\approx$	1.6	2.7	2.7	3.3	4.6	5.0	6.0	7.0	8.0	—	10.0	—
		d_1	3.4	4.5	5.5	6.6	9	11	13.5	15.5	17.5	—	22	—
		α						$90°-(2°\sim4°)$						
圆柱头用沉孔	GB152.3 -1988	d_2	6.0	8.0	10.0	11.0	15.0	18.0	20.0	24.0	26.0	—	33.0	内六角用
		t	3.4	4.6	5.7	6.8	9.0	11.0	13.0	15.0	17.5	—	21.5	
		d_3	—	—	—	—	—	—	16	18	20	—	24	
		d_1	3.4	4.5	5.5	6.6	9.0	11.0	13.5	15.5	17.5	—	22.0	
		d_2	—	8	10	11	15	18	20	24	26	—	33	开槽用
		t	—	3.2	4.0	4.7	6.0	7.0	8.0	9.0	10.5	—	12.5	
		d_3	—	—	—	—	—	—	16	18	20	—	24	
		d_1	—	4.5	5.5	6.6	9.0	11.0	13.5	15.5	17.5	—	22.0	

注:对螺栓和螺钉用沉孔的尺寸 t,只要能制出与通孔轴线垂直的圆平面即可。

附录 1.5　常用金属材料(Metal materials in common use)

附表 1－20

标准	名称	牌号		应 用 举 例	说 明
GB/T700 —2006	碳素结构钢	Q215	A 级	金属结构件、拉杆、套圈、铆钉、螺栓、短轴、心轴、凸轮(载荷不大的)、垫圈、渗碳零件及焊接件	"Q"为碳素结构钢屈服点"屈"字的汉语拼音首位字母,后面数字表示屈服点数值。如 Q235 表示碳素结构钢屈服点为 235N/mm² 新旧牌号对照: Q215——A2 Q235——A3 Q275——A5
			B 级		
		Q235	A 级	金属结构件,心部强度要求不高的渗碳或氰化零件,吊钩、拉杆、套圈、汽缸、齿轮、螺栓、螺母、连杆、轮轴、楔、盖及焊接件	
			B 级		
			C 级		
			D 级		
		Q275	A 级	轴、轴销、刹车杆、螺栓、螺母、垫圈、连杆、齿轮以及其他强度较高的零件	
			B 级		
			C 级		
			D 级		
GB/T699 —1999	优质碳素结构钢	10F,10		用于拉杆、卡头、垫圈、铆钉及用作焊接零件	牌号的两位数字表示平均碳的质量分数,45 号钢即表示碳的质量分数为0.45%; 碳的质量分数≤0.25%的碳钢属于低碳钢(渗碳钢); 碳的质量分数在 0.25%～0.6%之间的碳钢属于中碳钢(调质钢); 碳的质量分数≥0.6%的碳钢属于高碳钢(工具钢); 沸腾钢在牌号后加符号"F"; 锰的质量分数较高的钢,须加注化学元素符号:"Mn"
		15F 15		用于受力不大和韧性较高的零件、渗碳零件及紧固件(如螺栓、螺钉)、法兰盘和化工容器	
		20		用于不经受很大应力而要求很大韧性的各零件,如杠杆、轴套、拉杆等。还可用于表面硬度高而心部强度要求不大的渗碳或氰化零件	
		35		用于制造曲轴、转轴、轴销、杠杆、连杆、螺栓、螺母、垫圈、飞轮(多在正火、调质下使用)	
		45		用作要求综合机械性能高的各种零件,通常经正火或调质处理后使用。用于制造轴、齿轮、齿条、链轮、螺栓、螺母、销钉、键、拉杆等	
		60		这是一种强度和弹性相当高的钢,用于制造连杆、轧辊杆、弹簧、轴等	
		65		用于制造弹簧、弹簧垫圈、凸轮、轧辊等	
		65Mn		用作要求耐磨性能高的圆盘、衬板、齿轮、花键轴、弹簧等	
GB/T 3077 —2009	合金结构钢	30Mn2		起重机行车轴、变速箱齿轮、冷镦螺栓及较大截面的调质零件	钢中加入一定量的合金元素,提高了钢的力学性能和耐磨性,也提高了钢的淬透性,保证金属在较大截面上获得高的力学性能
		20Cr		用于心部强度要求较高、承受磨损、尺寸较大的渗碳零件,如齿轮、齿轮轴、蜗杆、凸轮、活塞销等,也用于速度较大、中等冲击的调质零件	
		40Cr		用于受变载、中速、中载、强烈磨损而无很大冲击的重要零件,如重要的齿轮、轴、曲轴、连杆、螺栓、螺母	
		35SiMn		可代替 40Cr 用于中小型轴类、齿轮等零件及430℃以下的重要紧固件等	
		20CrMnTi		强度韧性均高,可代替镍铬钢用于承受高速、中等或重负荷以及冲击、磨损等重要零件,如渗碳齿轮、凸轮等	

标准	名称	牌号	应 用 举 例	说 明
GB/T 11352 —2009	铸钢	ZG230-450	轧机机架、铁道车辆摇枕、侧梁、机座、箱体、锤轮、450℃以下的管路附件等	"ZG"为铸钢汉语拼音的首位字母,后面数字表示屈服点和抗拉强度。如 ZG230-450 表示屈服点为 230 N/mm² 、抗拉强度为 450N/mm²
		ZG310-570	联轴器、齿轮、汽缸、轴、机架、齿圈等	
GB/T 9439 —2010	灰铸铁	HT 150	用于小负荷和对耐磨性无特殊要求的零件,如端盖、外罩、手轮、一般机床底座、床身及复杂零件、滑台、工作台和低压管件等	"HT"为灰铁汉语拼音的首位字母,后面数字表示抗拉强度。如 HT200 表示抗拉强度为 200N/mm² 的灰铸铁
		HT 200	用于中等负荷和对耐磨性有一定要求的零件,如机床床身、立柱、飞轮、汽缸、泵体、轴承座、活塞、齿轮箱、阀体等	
		HT 250	用于中等负荷和对耐磨性有一定要求的零件,如阀壳、油缸、汽缸、联轴器、机体、齿轮、齿轮箱外壳、飞轮、衬套、凸轮、轴承座、活塞等	
	铸造铝合金	ZL 102 ZL 202	耐磨性中上等,用于制造负荷不大的薄壁零件	
GB/T 3190 —2008	硬铝	LY 12	焊接性能好,适于制作中等强度零件	LY12 表示含铜(3.8～4.9)%、镁(1.2～1.8)%、锰(0.3～0.9)%,其余为铝的硬铝;L2 表示含杂质≤0.4%的工业纯铝
	工业纯铝	L 2	适于制作贮槽、塔、热交换器、防止污染及深冷设备等	

附录 1.6　化工设备通用零部件(General details and subassembly in process equipment)

1. 以内径为基准的压力容器的公称直径(GB/T 9019—2001 摘录)

附表 1-21　压力容器公称直径　　　　　　　　　mm

400	450	500	550	600	650	700	750	800	850	900	950
1000	1100	1200	1300	1400	1500	1600	1700	1800	1900	2000	2100

2. EHA 型钢制压力容器用封头(JB/T 4746—2002 摘录)

EHA封头型式参数关系:

$$Di/[2(H-h)] = 2$$

$$DN = Di$$

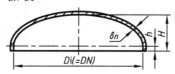

附表 1－22　　EHA 椭圆形封头表面积、容积、质量

序号	总深度,H /mm	内表面积,A /m²	容积,V /m³	公称直径,DN/mm	封头名义厚度,δ_n/mm								
					3	4	5	6	8	10	12	14	16
1	175	0.4374	0.0353	600	10.1	13.5	17.0	20.4	27.5	34.6	41.8	49.2	56.7
2	188	0.5000	0.0442	650	11.7	15.7	19.7	23.8	31.9	40.2	48.5	57.0	65.6
3	200	0.5861	0.0545	700	13.5	18.1	22.7	27.3	36.6	46.1	55.7	65.4	75.3
4	213	0.6686	0.0663	750	15.4	20.6	25.8	31.1	41.7	52.5	63.4	74.4	85.6
5	225	0.7566	0.0796	800		23.3	29.2	35.1	47.1	59.3	71.5	83.9	96.3
6	238	0.8490	0.0946	850		26.1	32.8	39.4	52.9	66.5	80.2	94.1	108.1
7	250	0.9487	0.1113	900		29.2	36.5	44.0	58.9	74.1	89.3	104.8	120.4
8	263	1.0529	0.1300	950		32.3	40.5	48.8	65.3	82.1	99.0	116.1	133.3
9	275	1.1625	0.1505	1000		35.7	44.7	53.6	72.1	90.5	109.1	127.9	146.9
10	300	1.3980	0.1918	1100			53.7	64.6	86.5	108.6	130.9	153.3	176.0
11	325	1.6552	0.2545	1200			63.5	76.4	102.2	128.3	154.6	181.1	207.8
12	350	1.9340	0.3208	1300				89.2	119.3	149.7	18.03	211.1	242.2
13	375	2.2346	0.3977	1400				102.9	137.7	172.7	208.0	243.5	279.2
14	400	2.5568	0.4860	1500				117.7	157.4	197.4	237.3	278.1	318.9

3. 压力容器法兰

(1) 甲型平焊法兰(JB/T 4701—2000 摘录)

本标准适用于公称压力 PN 为 0.25～1.6MPa、工作温度高于－20℃～300℃的钢制压力容器甲型平焊法兰。

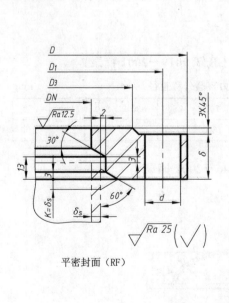

平密封面(RF)

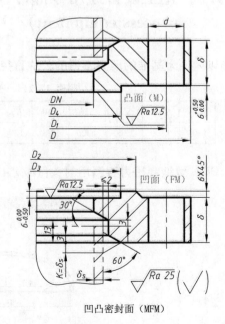

凹凸密封面(MFM)

附表 1-23 甲型平焊法兰尺寸系列

公称直径, DN/mm	法 兰/mm							螺柱		法兰质量/kg		
	D	D_1	D_2	D_3	D_4	δ	d	规格	数量	平面	凸面	凹面
$p=0.25MPa$												
700	815	780	750	740	737	36	18	M16	28	37.1	39.0	37.6
800	915	880	850	840	837	36	18	M16	32	44.3	46.5	44.9
900	1015	980	950	940	937	40	18	M16	36	52.0	54.6	52.7
1000	1130	1090	1055	1045	1042	40	23	M20	32	65.1	68.3	65.9
1100	1230	1190	1155	1141	1138	40	23	M20	32	71.5	74.7	72.7
1200	1330	1290	1255	1240	1238	44	23	M20	36	85.3	88.7	86.6
1300	1430	1390	1355	1340	1338	46	23	M20	40	96.1	99.8	97.5
1400	1530	1490	1455	1441	1438	46	23	M20	40	103.4	107.4	104.9
$p=0.6MPa$												
600	715	680	650	640	637	32	18	M16	24	28.6	30.3	29.1
650	765	730	700	690	687	36	18	M16	28	34.5	36.4	35.0
700	830	790	755	745	742	36	23	M20	24	42.0	44.3	42.6
800	930	890	855	845	842	40	23	M20	24	47.8	50.3	48.4
900	1030	990	955	945	942	44	23	M20	32	64.6	67.5	65.3
1000	1130	1090	1055	1045	1042	48	23	M20	36	77.7	80.9	78.5
1100	1230	1190	1155	1141	1138	55	23	M20	44	96.7	99.9	97.9
1200	1330	1290	1255	1241	1238	60	23	M20	52	113.9	117.4	115.2
$p=1.0MPa$												
600	730	690	655	645	642	40	23	M20	24	40.3	42.2	40.8
650	780	740	705	695	692	44	23	M20	28	47.4	49.5	47.0
700	830	790	755	745	742	46	23	M20	32	52.8	55.0	53.3
800	930	890	855	845	842	54	23	M20	40	69.5	72.1	70.2
900	1030	990	955	945	942	60	23	M20	48	84.3	87.1	85.0
$p=1.6MPa$												
600	730	690	655	645	642	54	23	M20	40	52.2	54.2	52.7
650	780	740	705	695	692	58	23	M20	44	60.2	62.3	60.7

(2) 乙型平焊法兰(JB/T 4702—2000 摘录)

本标准适用于公称压力 PN 为 0.25~4.0MPa、工作温度高于−20~350℃的钢制压力容器乙型平焊法兰。

本标准适用于腐蚀裕量≤2mm。当腐蚀裕量为 3mm 时,应加厚短筒节厚度 2mm。

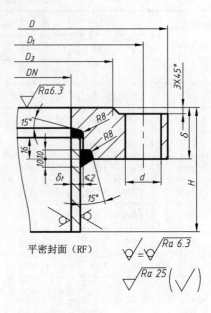

平密封面（RF）

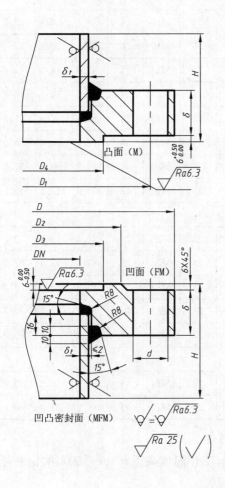

凸面（M）

凹凸密封面（MFM）

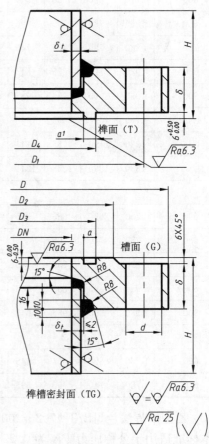

榫面（T）

槽面（G）

榫槽密封面（TG）

附表 1－24 乙型平焊法兰尺寸系列

公称直径，DN/mm	法 兰/mm											螺柱		法兰质量/kg		
	D	D_1	D_2	D_3	D_4	δ	H	δ_1	a	a_1	d	规格	数量	平面	凸面	凹面
$p=0.6\text{MPa}$																
1300	1460	1415	1376	1356	1353	70	270	16	21	18	27	M24	36	285.4	290.6	287.5
1400	1560	1515	1476	1456	1453	72	270	16	21	18	27	M24	40	311.7	317.3	313.9
1500	1660	1615	1576	1556	1553	74	270	16	21	18	27	M24	40	339.8	345.7	342.1
1600	1760	1715	1676	1656	1653	76	275	16	21	18	27	M24	44	367.5	373.9	370.0
1700	1860	1815	1776	1756	1753	78	280	16	21	18	27	M24	48	396.0	402.8	398.6
1800	1960	1915	1876	1856	1853	80	280	16	21	18	27	M24	52	485.2	432.4	428.4
$p=1.0\text{MPa}$																
1000	1140	1100	1065	1055	1052	62	260	12	17	14	23	M20	40	188.5	192.5	189.3
1100	1260	1215	1076	1156	1153	64	265	16	21	18	27	M24	32	229.7	234.2	231.5
1200	1360	1315	1276	1256	1253	66	265	16	21	18	27	M24	36	254.1	259.0	256.0
1300	1460	1415	1376	1356	1353	70	270	16	21	18	27	M24	40	284.4	289.6	286.5
1400	1560	1515	1476	1456	1453	74	270	16	21	18	27	M24	44	316.2	321.8	318.4
1500	1660	1615	1576	1556	1553	78	275	16	21	18	27	M24	48	349.4	355.4	351.8
1600	1760	1715	1676	1656	1653	82	280	16	21	18	27	M24	52	384.1	390.5	386.6
1700	1860	1815	1776	1756	1753	88	280	16	21	18	27	M24	56	426.9	433.7	429.5
1800	1960	1915	1876	1856	1853	94	290	16	21	18	27	M24	60	471.9	479.1	474.7
$p=1.6\text{MPa}$																
700	860	815	776	766	763	46	200	16	21	18	27	M24	24	109.2	112.6	109.8
800	960	915	876	866	863	48	200	16	21	18	27	M24	24	127.5	131.4	128.1
900	1060	1015	976	966	963	56	205	16	21	18	27	M24	28	156.9	161.2	157.6
1000	1160	1115	1076	1066	1063	66	260	16	21	18	27	M24	32	213.3	218.1	214.1
1100	1260	1215	1176	1156	1153	76	270	16	21	18	27	M24	36	255.2	324.2	192.3
1200	1360	1315	1276	1256	1253	85	280	16	21	18	27	M24	40	298.5	303.3	300.4
1300	1460	1415	1376	1356	1353	94	290	16	21	18	27	M24	44	345.0	350.2	347.1
1400	1560	1515	1476	1456	1453	103	295	16	21	18	27	M24	52	393.4	399.0	395.6

4. 非金属软垫片(JB/T 4704－2000 摘录)

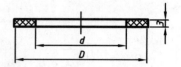

本标准适用于 JB/T 4701～4703 容器用非金属软垫片。

标记示例

公称直径1000mm,公称压力 2.5MPa 用非金属软垫片:

　　　　　垫片　1000－2.5　JB/T 4704－2000

附表 1－25　非金属软垫片尺寸系列　　　　　　　　　　　　　mm

公称压力,PN/MPa	0.25		0.6		1.0		1.6		2.5	
公称直径,DN/mm	D	d	D	d	D	d	D	d	D	d
600	按 PN=1.00		639	603	644/654	604/610	644/654	604/610	665	615
650			689	653	694/704	654/660	694/704	654/660	715	655
700	739	703	744	704	744/754	704/710	765	715	765	715
800	839	803	844	804	844/854	804/810	865	815	865	815
900	939	903	944	904	944/954	904/910	965	915	987	937
1000	1044	1004	1044	1004	1054	1010	1065	1015	1087	1037
1100	1140	1100	1140	1100	1155	1105	1155	1105	1177	1127
1200	1240	1200	1240	1200	1255	1205	1255	1205	1277	1227
1300	1340	1300	1355	1305	1355	1305	1355	1305	1377	1327
1400	1440	1400	1455	1405	1455	1405	1455	1405	1477	1427
1500	1540	1500	1555	1505	1555	1505	1577	1527	1589	1529
1600	1640	1600	1655	1605	1655	1605	1677	1627	1689	1629
1700	1740	1700	1755	1705	1755	1705	1777	1727	1808	1748
1800	1840	1800	1855	1805	1855	1805	1877	1827	1908	1848

注:表中粗实线框内数据(分母部分除外)为甲型平焊法兰用软垫片尺寸,分母部分为长颈对焊法兰用软垫片尺寸

5. 板式平焊钢制管法兰(GB/T 9119－2010 摘录)

本标准适用于公称压力 PN2.5～100(即 0.25MPa～10MPa)等的平面、突面板式平焊钢制管法兰。

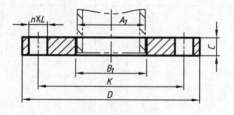

平面 (FF) 式平焊钢制管法兰
(适用于 PN 2.5～40)

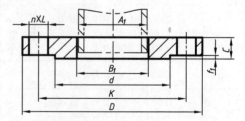

突面 (RF) 式平焊钢制管法兰
(适用于 PN 2.5～40)

附表 1-26　平面、突面板式平焊钢制管法兰尺寸系列

mm

公称通径，DN	钢管外径 A		连接尺寸					密封面		法兰厚度 C/mm	法兰内径 B₁/mm	
	系列Ⅰ	系列Ⅱ	法兰外径 D/mm	螺栓孔中心圆直径 K/mm	螺栓孔径 L/mm	数量，n/个	螺纹规格	d/mm	f₁/mm		系列Ⅰ	系列Ⅱ
PN2.5(PN=0.25MPa)												
10～1000			使用 PN6 的法兰尺寸									
PN6(PN=0.6MPa)												
10	17.2	14	75	50	11	4	M10	35	2	12	18	15
15	21.3	18	80	55	11	4	M10	40	2	12	22	19
20	26.9	25	90	65	11	4	M10	50	2	14	27.5	26
25	33.7	32	100	75	11	4	M10	60	2	14	34.5	33
32	42.4	38	120	90	14	4	M12	70	2	16	43.5	39
40	48.3	45	130	100	14	4	M12	80	3	16	49.5	46
50	60.3	57	140	110	14	4	M12	90	3	16	61.5	59
65	76.1	76	160	130	14	4	M12	110	3	16	77.5	78
80	88.9	89	190	150	18	4	M16	128	3	18	90.5	91
100	114.3	108	210	170	18	4	M16	148	3	18	116	100
125	139.7	133	240	200	18	8	M16	178	3	20	141.5	135
150	168.3	159	265	225	18	8	M16	202	3	20	170.5	161
200	219.1	219	320	280	18	8	M16	258	3	22	221.5	222
450	457	480	595	550	22	16	M20	520	4	30	462	484
500	508	530	645	600	22	16	M20	570	4	32	513.5	534
600	610	630	755	705	26	16	M20	670	5	36	616.5	634
PN10(PN=1.0MPa)												
10～40			使用 PN40 的法兰尺寸									
50～150			使用 PN16 的法兰尺寸									
200	219.1	219	340	295	22	8	M20	268	3	24	221.5	222
450	457	480	615	565	26	20	M24	532	4	36	462	484
500	508	530	670	620	26	20	M24	585	4	38	513.5	534
600	610	630	780	725	30	20	M27	685	5	42	616.5	634
PN16(PN=1.6MPa)												
10～40			使用 PN40 的法兰尺寸									
50	60.3	57	165	125	18	4	M16	102	3	20	61.5	59
65	76.1	76	185	145	18	4	M16	122	3	20	77.5	78
80	88.9	89	200	160	18	8	M16	138	3	20	90.5	91
100	114.3	108	220	180	18	8	M16	158	3	22	116	110
125	139.7	133	250	210	18	8	M16	188	3	22	141.5	135
150	168.3	159	285	240	22	8	M20	212	3	24	170.5	161
200	219.1	219	340	295	22	12	M20	268	3	26	221.5	222
450	457	457	640	588	30	20	M27	550	4	42	462	484
500	508	508	715	650	33	20	M30	610	4	46	513.5	534
600	610	610	840	770	36	20	M33	725	5	55	616.5	634
PN40(PN=4.0MPa)												
10	17.2	14	90	60	14	4	M12	40	2	14	18	15
15	21.3	18	95	65	14	4	M12	45	2	14	22	19
20	26.9	25	105	75	14	4	M12	58	2	16	27.5	26
25	33.7	32	115	85	14	4	M12	68	2	16	34.5	33
32	42.4	38	140	100	18	4	M16	78	2	18	43.5	39
40	48.3	45	150	110	18	4	M16	88	3	18	49.5	46
50	60.3	57	165	125	18	4	M16	102	3	20	61.5	59

6. 钢制管法兰盖(GB/T 9123－2010 摘录)

本标准适用于公称压力 $PN2.5\sim160$ 的平面、突面等的钢制管法兰盖。

标记示例

公称通径 100mm，公称压力 2.5MPa 的平面钢制管法兰盖：

法兰盖　$DN100-PN25$　BL　FF GB/T 9123－2000

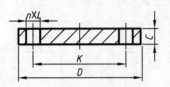 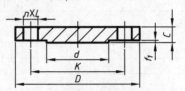

平面（FF）钢制管法兰盖　　　　　　突面（RF）钢制管法兰盖
（用于$PN\,2.5\sim40$）　　　　　　　　　（用于$PN\,2.5\sim100$）

附表 1－27　平面、突面钢制管法兰盖尺寸系列　　　　　　　　mm

公称直径 DN	连接尺寸					密封面		法兰厚度，C/mm
	法兰外径，D/mm	螺栓孔中心圆直径，K/mm	螺栓孔径，L/mm	螺栓		d/mm	f_1/mm	
				数量，n/个	螺纹规格			
$PN2.5(PN=0.25\mathrm{MPa})$								
10~1000	使用 $PN6$ 的法兰尺寸							
$PN6(PN=0.6\mathrm{MPa})$								
10	75	50	11	4	M10	35	2	12
15	80	55	11	4	M10	40	2	12
20	90	65	11	4	M10	50	2	14
25	100	75	11	4	M10	60	2	14
32	120	90	14	4	M12	70	2	14
40	130	100	14	4	M12	80	3	14
50	140	110	14	4	M12	90	3	14
65	160	130	14	4	M16	110	3	14
80	190	150	18	4	M16	128	3	16
100	210	170	18	4	M16	148	3	16
125	240	200	18	8	M16	178	3	18
150	265	225	18	8	M16	202	3	18
200	320	280	18	8	M20	258	3	20
450	595	555	22	16	M20	520	4	24
500	645	600	22	20	M20	570	4	24
600	755	705	26	20	M24	670	5	30
$PN10(PN=1.0\mathrm{MPa})$								
10~40	使用 $PN40$ 的法兰尺寸							
50~150	使用 $PN16$ 的法兰尺寸							

续表

公称直径 DN	连接尺寸					密封面		法兰厚度，C/mm
	法兰外径，D/mm	螺栓孔中心圆直径，K/mm	螺栓孔径，L/mm	螺栓		d/mm	f_1/mm	
				数量 n/个	螺纹规格			
PN10(PN=1.0MPa)								
200	340	295	22	8	M20	268	3	26
450	615	565	26	20	M24	532	4	28
500	670	620	26	20	M24	585	4	28
600	780	725	30	20	M27	685	5	31
PN16(PN=1.6MPa)								
10~40	使用 PN40 的法兰尺寸							
50	165	125	18	4	M16	102	3	18
65	185	145	18	4	M16	122	3	18
80	200	160	18	8	M16	138	3	20
100	220	180	18	8	M16	158	3	20
125	250	210	18	8	M16	188	3	22
150	285	240	22	8	M20	212	3	22
200	340	295	22	12	M20	268	3	24
450	640	585	30	20	M27	550	4	40
500	715	650	33	20	M30	610	4	44
600	840	770	36	20	M33	725	5	54
PN40(PN=4.0MPa)								
10	90	60	14	4	M12	40	2	16
15	95	65	14	4	M12	45	2	16
20	105	75	14	4	M12	58	2	18
25	115	85	14	4	M12	68	2	18
32	140	100	18	4	M16	78	2	18
40	150	110	18	4	M16	88	3	18
50	165	125	18	4	M16	102	3	20

7. 管法兰用非金属平垫片尺寸（GB/T 9126-2008 摘录）

本标准适用于公称压力 $PN2.5\sim6.3$ 等的平面（FF）、突面（RF）、凹凸面（MFM）和榫槽面（TG）管法兰用非金属平垫片。

标记示例

公称通径 50mm、公称压力 1.0MPa 的突面钢制管法兰用非金属平垫片的标记为：

垫片 RF DN50-10　GB/T 9126-2003

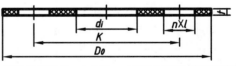

用于 PN 为 0.25~1.6MPa、PN 为 2.0MPa 的平面密封面(FF)

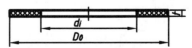

用于 PN 为 0.25~4.0MPa、PN 为 5.0MPa 的突面密封面(RF)
用于 PN 为 1.6~4.0MPa、PN 为 5.0MPa 的凹凸面密封面(MFM)
用于 PN 为 1.6~4.0MPa、PN 为 5.0MPa 的榫槽密封面(TG)

附表 1-28.1　全平面(FF)管法兰用垫片尺寸　　　　mm

公称直径 DN	垫片内径 d_i	PN2.5 D_0	PN2.5 K	PN2.5 L	PN2.5 n	PN6.0 D_0	PN6.0 K	PN6.0 L	PN6.0 n	PN10 D_0	PN10 K	PN10 L	PN10 n	PN16 D_0	PN16 K	PN16 L	PN16 n	PN25 D_0	PN25 K	PN25 L	PN25 n	PN40 D_0	PN40 K	PN40 L	PN40 n	垫片厚度 t
10	18					75	50	11	4													90	60	14	4	
15	22					80	55	11	4													95	65	14	4	
20	27					90	65	11	4													105	75	14	4	
25	34					100	75	11	4	使用 PN40 的尺寸				使用 PN40 的尺寸								115	85	14	4	
32	43					120	90	14	4													140	100	18	4	
40	49					130	100	14	4									使用 PN40 的尺寸				150	110	18	4	
48	61	使用 PN6.0 的尺寸				140	110	14	4													165	125	18	4	0.8 ~ 3.0
65	77					160	130	14	4													185	145	18	8	
80	89					190	150	18	4													200	160	18	8	
100	115					210	170	18	4	使用 PN16 的尺寸				220	180	18	8					235	190	22	8	
125	141					240	200	18	8					250	210	18	8					270	220	26	8	
150	169					265	225	18	8					285	240	22	8					300	250	26	8	
200	220					320	280	18	8	340	295	22	8	340	295	22	12	360	310	26	12	375	320	30	12	
450	458					595	550	22	16	615	565	26	20	640	585	30	20	670	600	36	20	685	610	39	20	
500	508					645	600	22	20	670	620	26	20	715	650	33	20	730	660	36	20	755	670	42	20	
600	610					755	705	26	20	780	725	30	20	840	770	36	20	845	770	39	20	890	795	48	20	

说明：表中各公称压力的子列均为 垫片外径 D_0、螺栓孔中心圆直径 K、螺栓孔直径 L、螺栓孔数 n。

附表 1-28.2　突面(RF)管法兰用垫片尺寸　　　　mm

公称直径 DN	垫片内径 d_i	PN2.5~6 垫片外径 D_0	PN10 垫片外径 D_0	PN16 垫片外径 D_0	垫片厚度 t
10	18	39			
15	22	44			
20	27	54			
25	34	64			
32	43	76	使用 PN40 的尺寸	使用 PN40 的尺寸	1.5 ~ 3
40	49	86			
50	61	96			
65	77	116			
80	89	132			
100	115	152	162	162	
125	141	182	192	192	
150	169	207	218	218	
200	220	262	273	273	0.8 ~ 3
450	458	528	539	555	
500	508	578	594	617	
600	610	679	695	734	

8. 轻型(A 型)鞍式支座(JB/T 4712.1－2007 摘录)

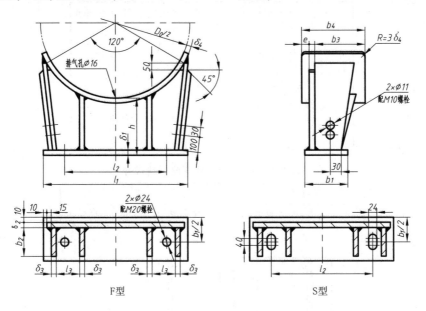

F型　　　　　　　　　　　　　　S型

附表 1－29　轻型(A 型)鞍式支座尺寸 mm

公称直径，DN	允许载荷，Q/kN	鞍座高度h	底板			腹板	筋板				垫板				螺栓间距l_2
			l_1	b_1	δ_1	δ_2	l_3	b_2	b_3	δ_3	弧长	b_4	δ_4	e	
1000	140		760				170				1180				600
1100	145		820			6	185				1290	320	6	55	660
1200	147	200	880	170	10		200	140	200	6	1410				720
1300	158		940				215				1520	350			780
1400	160		1000				230				1640				840
1500	270		1060			8	240				1760		8	70	900
1600	275		1120	200			255	170	240		1870	390			960
1700	275	250	1200				275			8	1990				1040
1800	295		1280			12	295				2100				1120
1900	295		1360	220		10	315	190	260		2220	430	10	80	1200
2000	300		1420				330				2330				1260

9. 耳式支座(JB/T 4712.3－2007 摘录)

本标准适用于公称直径不大于 4000mm 的立式圆筒形容器。

筋板和底板材料为 Q235－AF。垫板材料一般与容器材料相同。

附表1-30(a)　耳式支座型式特征

型 式		支座号	垫板	盖板	适用公称直径 DN/mm
短臂	A	1~5	有	无	300~2600
		6~8		有	1500~4000
长臂	B	1~5	有	无	300~2600
		6~8		有	1500~4000
加长臂	C	1~3	有	有	300~1400
		4~8			1000~4000

附表1-30(b)　耳式支座材料代号

材料代号	Ⅰ	Ⅱ	Ⅲ	Ⅳ
支座的筋板和底板材料	Q235A	16MnR	0Cr18Ni9	15CrMoR

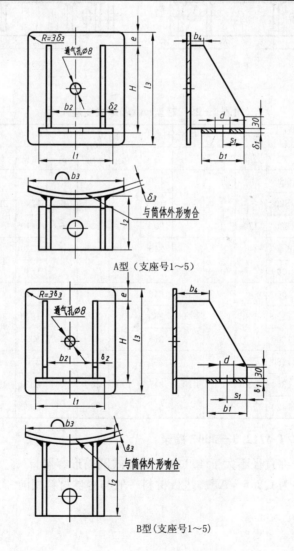

A型（支座号1~5）

B型（支座号1~5）

附表 1-31　部分材料代号为 Ⅰ 和 Ⅲ 的 A 型支座系列参数尺寸　　mm

支座号	支座允许载荷，Q/kN	适用容器公称直径，DN	高度H	底板				筋板			垫板				盖板		地脚螺栓		支座质量/kg
				l_1	b_1	δ_1	S_1	l_2	b_2	δ_2	l_3	b_3	δ_3	e	b_4	δ_4	d	规格	
2	20	500～1000	160	125	80	8	40	100	100	5	200	160	6	24	30	—	24	M20	3.0
4	60	1000～2000	250	200	140	14	70	160	160	8	315	250	8	40	30	—	30	M24	11.1
6	150	1500～3000	400	320	230	20	115	250	230	12	500	400	12	60	50	12	36	M30	42.7
8	250	2000～4000	600	480	360	26	145	380	350	16	720	600	16	72	50	16	36	M30	123.9

注:表中支座质量是以表中的垫板厚度为 δ_3 计算的,如 δ_3 的厚度改变,则支座的质量应相应改变

附表 1-32　部分材料代号为 Ⅰ 和 Ⅲ 的 B 型支座系列参数尺寸　　mm

支座号	支座允许载荷，Q/kN	适用容器公称直径，DN	高度H	底板				筋板			垫板				盖板		地脚螺栓		支座质量/kg
				l_1	b_1	δ_1	S_1	l_2	b_2	δ_2	l_3	b_3	δ_3	e	b_4	δ_4	d	规格	
2	20	500～1000	160	125	80	8	40	180	90	6	200	160	6	24	50	—	24	M20	4.3
4	60	1000～2000	250	200	140	14	70	290	140	10	315	250	8	40	70	—	30	M24	15.7
6	150	1500～3000	400	320	230	20	115	380	230	14	500	400	12	60	100	14	36	M30	53.9
8	250	2000～4000	600	480	360	26	145	510	350	18	720	600	16	72	100	18	36	M30	146.0

注:表中支座质量是以表中的垫板厚度为 δ_3 计算的,如 δ_3 的厚度改变,则支座的质量应相应改变

10. 补强圈(JB/T 4376－2002 摘录)

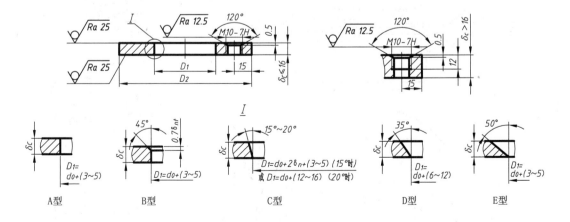

附表 1 - 33　补强圈尺寸系列表(摘录)　　　　　　　mm

接管公称直径,DN	外径,D_2	内径,D_1	厚　度								
			4	6	8	10	12	14	16	18	20
尺寸/mm			质量/kg								
50	130	按图中的型式确定	0.32	0.48	0.64	0.80	0.96	1.12	1.28	1.43	1.59
65	160		0.47	0.71	0.95	1.18	1.42	1.66	1.89	2.13	2.37
80	180		0.59	0.88	1.17	1.46	1.75	2.04	2.34	2.63	2.92
100	200		0.68	1.02	1.35	1.69	2.03	2.37	2.71	3.05	3.38
125	250		1.08	1.62	2.16	2.70	3.24	3.77	4.31	4.85	5.39
150	300		0.56	2.35	3.13	3.91	4.69	5.48	6.26	7.04	7.82
175	350		2.23	3.34	4.46	5.57	6.69	7.80	8.92	10.0	11.1
200	400		2.72	4.08	5.44	6.80	8.16	9.52	10.9	12.2	13.6
225	440		3.24	4.87	6.49	8.11	9.74	11.4	13.0	14.6	16.2
250	480		3.79	5.68	7.58	9.47	11.4	13.3	15.2	17.0	18.9
300	550		4.79	7.18	9.58	12.0	14.4	16.8	19.2	21.6	24.0
350	620		5.90	8.85	11.8	14.8	17.7	20.6	23.6	26.6	29.5
400	680		6.84	10.3	13.7	17.1	20.5	24.0	27.4	31.0	34.2
450	760		8.47	12.7	16.9	21.2	25.4	29.6	33.9	38.1	42.3
500	840		10.4	15.6	20.7	25.9	31.1	36.3	41.5	46.7	51.8
600	980		13.8	20.6	27.5	34.4	41.3	48.2	55.1	62.0	68.9

(1) 本标准适用范围:

① 容器设计压力小于 6.4MPa、设计温度≤350℃;

② 容器壳体开孔处名义厚度 δ_n≤38mm;

③ 容器壳体钢材的标准抗拉强度下限值<540MPa;

④ 补强圈厚度≤1.5 倍壳体开孔处的名义厚度。

(2) 本标准不适用于承受疲劳载荷的容器。

11. 回转盖带颈平焊法兰人孔(HG 21517－2005 摘录)

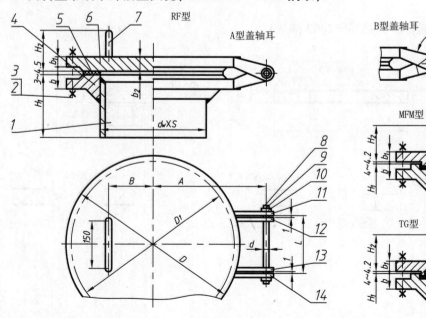

附表 1-34 部分人孔明细表

件号	标准号	名称	数量(只)	材料类别代号					
				I	II	III	IV	VII	VIII
1		筒节	1	Q235－B	20R	16MnR	15CrMoR	00Cr19Ni10	Cr18Ni9
2	HG 20613	六角头螺柱	见尺寸表	8.8 级			—		8.8 级
		等长双头螺柱		8.8 级	35CrMoA		35CrMoA	8.8 级	
3		螺母	见尺寸表	8 级	30CrMo		30CrMo	8 级	
4	HG 20594	法兰	1	20 II(锻件)	16Mn II(锻件)		15CrMo II(锻件)	00Cr19Ni10 II(锻件)	Cr18Ni9 II(锻件)
5	HG 20606 HG 20607 HG 20608 HG 20610	垫片	1	非金属平垫					
				聚四氟乙烯包复垫		—		聚四氟乙烯包复垫	
				柔性石墨复合垫					
				缠绕式垫					
6	HG 20601	法兰盖	1	Q235－B	20R	16MnR	15CrMoR	00Cr19Ni10	Cr18Ni9
7		把手	1	Q235－A·F					
8		轴销	1	Q235－A·F					
9	GB/T 91	销	1	Q215					
10	GB/T 95	垫圈	1	100HV					
11		盖轴耳(1)A、B	1	Q235－A·F					
12		法兰轴耳(1)	1	Q235－A·F					
13		法兰轴耳(2)	1	Q235－A·F					
14		盖轴耳(2)A、B	1	Q235－A·F					

附表 1-35 部分人孔尺寸表 mm

密封面形式	公称压力,PN/MPa	公称通径,DN	$d_w \times s$	D	D_1	A	B	L	b	b_1	b_2	H_1	H_2	d	螺栓螺母数量	螺栓直径×长度	螺柱螺母数量	螺柱直径×长度	总质量/kg
突面型(RF)	1.0	450	480×8	615	565	340	150	250	28	26	28	230	108	20	20	M24×95	20 40	M24×125	130
		500	530×8	670	620	365	175	250	28	26	28	250	108	24	20	M24×95	20 40	M24×125	154
		600	630×8	780	725	420	225	350	28	32	34	270	114	24	20	M27×105	20 40	M27×135	225
	1.6	450	480×10	640	585	350	175	250	34	34	36	240	116	24	20	M27×115	20 40	M27×145	176
		500	530×10	715	650	390	200	300	34	34	36	260	116	24	20	M30×2×115	20 40	M30×2×145	223
		600	630×10	840	770	450	250	350	36	42	44	280	124	30	20	M30×2×130	20 40	M30×2×160	339
凹凸面型(MFM)	1.0	450	480×8	615	565	340	150	250	28	23	28	230	103	20	20	M24×100	20 40	M24×120	106
		500	530×8	670	620	365	175	250	28	23	28	230	103	24	20	M24×100	20 40	M24×120	129
	1.6	450	480×10	640	585	350	175	250	34	31	36	240	111	24	20	M27×110	20 40	M27×140	175
		500	530×10	715	650	390	200	300	34	31	36	260	111	24	20	M30×2×110	20 40	M30×2×140	222

注:1. 表中各公称直径规格的 $d_w \times s$ 尺寸和总质量适用于 I～IV 类碳素钢和低合金钢材料的人孔。

2. 人孔高度 H_1 系根据容器的直径不小于人孔公称直径的两倍而定;如有特殊要求允许改变,但需注明改变后的 H_1 尺寸,并修正人孔质量。

12. 带颈平焊法兰手孔(HG 21530－2005 摘录)

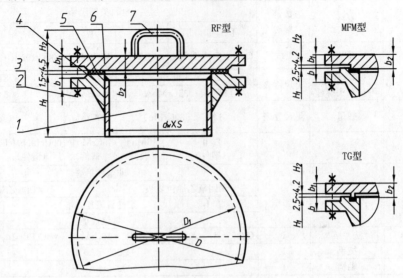

附表 1-36　部分手孔明细

件号	标准号	名称	数量(只)	材料类别代号					
				Ⅰ	Ⅱ	Ⅲ	Ⅳ	Ⅶ	Ⅷ
1		筒节	1	20(钢管)			15CrMo(钢管)	00Cr19Ni10(钢管)	0Cr18Ni9(钢管)
2	HG 20613	六角头螺柱	见尺寸表	8.8级			—	8.8级	
		等长双头螺柱		8.8级	35CrMoA		35CrMoA	8.8级	
3		螺母	见尺寸表	8.8级	30CrMo		30CrMo	8级	
4	HG 20594	法兰	1	20Ⅱ(锻件)	16MnⅡ(锻件)		15CrMoⅡ(锻件)	00Cr19Ni10Ⅱ(锻件)	0Cr18Ni9Ⅱ(锻件)
5	HG 20606	垫片	1	非金属平垫					
	HG 20607			聚四氟乙烯包复垫			—	聚四氟乙烯包复垫	
	HG 20608			柔性石墨复合垫					
	HG20610			缠绕式垫					
6	HG 20601	法兰盖	1	Q235－B	20R	16MnR	15CrMoR	00Cr19Ni10	0Cr18Ni9
7		把手	1	Q235－A·F					

附表 1-37　部分手孔尺寸　　　　　　　　mm

密封面形式	公称压力PN/MPa	公称通径DN	$d_w \times s$	D	D_1	b	b_1	b_2	H_1	H_2	螺栓螺母数量	螺栓直径×长度	螺柱数量	螺母数量	螺柱直径×长度	总质量/kg
突面(RF)	1.0	150	159×4.5	285	240	24	22	24	160	90	8	M20×85	8	16	M20×105	25.9
		250	273×8	395	350	26	24	26	190	92	12	M20×90	12	24	M20×110	51.1
	1.6	150	159×6	285	240	24	22	24	170	90	8	M20×85	8	16	M20×110	27
		250	273×8	405	355	26	24	26	200	92	12	M24×95	12	24	M24×120	55.9

续表

密封面形式	公称压力，PN/MPa	公称通径，DN	$d_w \times s$	D	D_1	b	b_1	b_2	H_1	H_2	螺栓螺母 数量	螺栓 直径×长度	螺柱螺母 数量	螺柱 直径×长度	总质量/kg
凹凸面(MFM)	1.0	150	159×4.5	285	240	22	19.5	24	160	85.5	8	M20×80	8 16	M20×105	25.8
		250	273×8	395	350	26	21.5	26	190	87.5	12	M20×85	12 24	M20×105	51
	1.6	150	159×6	285	240	22	19.5	24	170	85.5	8	M20×80	8 16	M20×105	26.9
		250	273×8	405	355	26	21.3	26	200	87.5	12	M24×90	12 24	M24×115	55.5

注：1. 表中各公称直径规格的 $d_w \times s$ 尺寸和总质量适用于Ⅰ～Ⅳ类碳素钢和低合金钢材料的手孔。

2. 手孔高度 H_1 系根据容器的直径不小于手孔公称直径的两倍而定；如有特殊要求允许改变，但需注明改变后的 H_1 尺寸，并修正手孔质量。

13. 视镜(HG/T 21619 摘录)

附表 1-38 视镜明细

符号	名称	数量	材 料	
			碳素钢	不锈钢
			Ⅰ	Ⅱ
1	视镜玻璃	1	钢化硼硅玻璃 GB/T 23259	
2	衬垫	2	石棉橡胶板(GB 3985)	
3	接缘	1	法兰 | 钢管	1Cr18Ni9Ti
			Q235B | 20	
4	压紧环	1	Q235B	
5	螺柱	n	Q235B	
6	螺母	2n	Q235B	

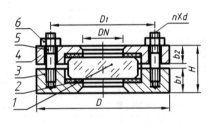

附表 1-39 视镜尺寸及标准图号

mm

公称直径DN	公称压力/MPa	D	D_1	b_1	b_2	≈H	螺柱 数量 n/只	螺柱 直径 d	质量/kg	标准图图号 碳素钢 Ⅰ	标准图图号 不锈钢 Ⅱ
80	0.98	160	130	36	24	86	8	M12	6.8	HGJ 501-86-4	HGJ 501-86-14
	1.57	160	130	36	26	91	8	M12	7.1	HGJ 501-86-5	HGJ 501-86-15
	2.45	160	130	36	28	96	8	M12	7.4	HGJ 501-86-6	HGJ 501-86-16
100	0.98	200	165	40	26	100	8	M16	12.0	HGJ 501-86-7	HGJ 501-86-17
	1.57	200	165	40	28	105	8	M16	12.5	HGJ 501-86-8	HGJ 501-86-18
125	0.98	225	190	40	28	105	8	M16	14.7	HGJ 501-86-9	HGJ 501-86-19
150	0.98	250	215	40	30	110	12	M16	17.6	HGJ 501-86-10	HGJ 501-86-20

附录 2   汉英等效术语

（Appendix 2   Equivalent terms of Chinese to English）

表中术语基本上按本教材中第一次出现的先后顺序编写。

表中序号的意义为：小点前的数字为术语第一次出现时所在章的序号。

序号	中 文	英 文
1.1	工程图学	Engineering graphics
1.2	技术制图	Technical drawing
1.3	机械制图	Mechanical drawing
1.4	工程制图	Engineering drawing
1.5	建筑制图	Architectural drawing
1.6	化工制图	Chemical engineering drawing
1.7	图板	Drawing board
1.8	丁字尺	T-square
1.9	三角板	Triangles
1.10	绘图铅笔	Drawing pencil
1.11	圆规	Compass
1.12	分规	Divider
1.13	橡皮	Pencil eraser
1.14	小刀	Penknife
1.15	擦图片	Erasing shield
1.16	透明胶带	Scotch tape
1.17	修磨铅芯的细砂纸	Sandpaper
1.18	量角器	Protractor
1.19	曲线板	French curve
1.20	模板	Templates
1.21	绘图仪	Plotter
1.22	比例尺	Scales
1.23	直线笔	Ruling pen
1.24	图纸	Drawing paper
1.25	图纸幅面	Formats of drawing
1.26	图框	Border of drawing
1.27	标题栏	Title blocks
1.28	图名	Drawing name

续表

序号	中　文	英　文
1.29	图号	Drawing No.
1.30	设计	Designer
1.31	校核	Check
1.32	字体	Lettering
1.33	数字	Numeral
1.34	字母	Letter
1.35	汉字	Chinese characters
1.36	比例	Scale
1.37	图线	Line
1.38	粗线	Thick line
1.39	细线	Thin line
1.40	实线	Solid line
1.41	虚线	Dashed line
1.42	点画线	Center line
1.43	双折线	Break lines
1.44	双点画线	Phantom line
1.45	可见轮廓	Visible outline，Visible profile
1.46	不可见轮廓	Invisible outline，Hidden line
1.47	尺寸注法	Dimensioning
1.48	基本规则	Basic rule
1.49	尺寸组成	Composing of dimension
1.50	尺寸界线	Dimension limits
1.51	尺寸线	Dimension line
1.52	箭头	Arrowhead
1.53	斜线	Oblique line
1.54	尺寸数字	Size
1.55	几何作图	Geometrical construction
1.56	几何图形	Geometrical figure
1.57	线段	Line segment
1.58	圆弧	Arc
1.59	圆	Circle
1.60	正多边形	Regular polygon
1.61	正三边形	Equilateral triangle
1.62	正五边形	Regular pentagon
1.63	正六边形	Regular hexagon
1.64	椭圆	Ellipse

续表

序号	中　文	英　文
1.65	长轴	Major axis
1.66	短轴	Minor axis
1.67	四心圆法	Center method
1.68	同心圆法	Concentric circle method
1.69	共轭轴法	Conjugate axis method
1.70	矩形	Rectangle
1.71	渐开线	Involute
1.72	斜度	Slope
1.73	锥度	Taper
1.74	圆弧连接	Arc connection
1.75	圆心	Center
1.76	切点	Tangent point
1.77	平面图形	Plane figures
1.78	定形尺寸	Shape dimension
1.79	定位尺寸	Location dimension
1.80	线段分析	Line segment analysis
1.81	已知线段	Known line segment
1.82	中间线段	Interspaces line segment
1.83	连接线段	Connection line segment
1.84	底稿图	Based drawing
1.85	绘图步骤	Drawing order
1.86	仪器绘图	Instrumental drawing
1.87	加深图线	To deepen lines
1.88	草图	Sketch
1.89	目测比例	Visualization scale, Range estimation scale, Eye-measuring scale
1.90	草图技能	Sketching skill
1.91	徒手草图	Manual sketch
1.92	测绘	Measuring, Survey and drawing
1.93	画法标记	Projection marker
2.1	投影法	Projection methods
2.2	投射中心	Projection center
2.3	投射线	Projection line, projector
2.4	投影	Projection
2.5	投影面	Projection plane
2.6	中心投影法	Center projection method

序号	中　文	英　文
2.7	平行投影法	Parallel projection method
2.8	正投影法	Orthogonal projection method
2.9	正投影	Orthogonal projection
2.10	斜投影法	Oblique projection method
2.11	斜投影	Oblique projection
2.12	投影系	Projection system
2.13	投影轴	Projection axes
2.14	坐标轴	Coordinate axes
2.15	坐标平面	Coordinate plane
2.16	多面正投影	Orthographic representation
2.17	原点	Origin
2.18	坐标值	Coordinates
2.19	点	Point
2.20	重影	Coincident projection
2.21	直线	Line
2.22	一般位置直线	Oblique line
2.23	投影面平行线	Line parallel to the projection plane
2.24	水平线	H-parallel line
2.25	正平线	V-parallel line
2.26	侧平线	W- parallel line
2.27	投影面垂直线	Line perpendicular to the projection plane
2.28	铅垂线	H- perpendicular line
2.29	正垂线	V- perpendicular line
2.30	侧垂线	W- perpendicular line
2.31	平面	Plane
2.32	几何元素	Geometry elements
2.33	迹线	Trace
2.34	一般位置平面	Oblique plane
2.35	投影面平行面	Plane parallel to the projection plane
2.36	水平面	H- parallel plane
2.37	正平面	V- parallel plane
2.38	侧平面	W-parallel plane
2.39	投影面垂直面	Plane perpendicular to the projection plane
2.40	铅垂面	H- perpendicular plane
2.41	正垂面	V- perpendicular plane
2.42	侧垂面	W- perpendicular plane

序号	中　文	英　文
2.43	实长	True length
2.44	相交	Intersect
2.45	平行	Parallel
2.46	交叉线	Two skew lines
2.47	垂直	Perpendicular
2.48	倾角	Dip angle
2.49	换面法	Transformation plane method
2.50	实形	True shade
3.1	立体	Solid
3.2	平面立体	Plane solid
3.3	棱柱	Prism
3.4	棱锥	Pyramid
3.5	棱线	Edge
3.6	底边	Hemline
3.7	回转体	Rotative body
3.8	母线	Generatrix
3.9	素线	Element
3.10	回转轴线	Axis line
3.11	纬线圆	Latitude circle
3.12	圆柱	Cylinder
3.13	圆锥	Cone
3.14	球	Sphere
3.15	圆环	Torus
3.16	转向线	Change direction outline
3.17	截平面	Cutting plane
3.18	截取	Cut out
3.19	截交线	Line of cut
3.20	截面	Section
3.21	圆锥角	Taper angle
3.22	双曲线	Hyperbola
3.23	抛物线	Parabola
3.24	相贯线	Intersecting line
3.25	重影性法	Overlap projection method
3.26	辅助平面法	Auxiliary plane method
3.27	组合曲面	Combinatorial surface

续表

序号	中　文	英　文
3.28	组合回转体	Complex rotative bold
4.1	组合体	Complex
4.2	三视图	Three views
4.3	叠加	Piling up
4.4	几何形体	Geometry bold
4.5	切割	Cutting
4.6	穿孔	Bering
4.7	主视图	Front view
4.8	俯视图	Top view
4.9	左视图	Left view
4.10	形体分析	Shape-body analysis，Individual part analytical
4.11	线面分析	Line-surface analysis，Line-plane analysis
4.12	相贯体	Intersecting body
4.13	表面连接关系	Surface connecting relationship
4.14	画法	Drawing method
4.15	立体构形	Spatial configuration
5.1	轴测图	Axonometric drawing
5.2	轴测投影	Axonometric projection
5.3	轴测轴	Axonometric coordinate axes
5.4	轴间角	Axes angle
5.5	正轴测投影	Orthogonal axonometry projection
5.6	斜轴测投影	Oblique axonometry projection
5.7	轴向伸缩系数	Coefficient of axial deformation
5.8	正等轴测投影	Isometric projection
5.9	正二等轴测投影	Diametric projection
5.10	正三等轴测投影	Trimetric projection
5.11	斜等轴测投影	Cavalier axonometry projection
5.12	斜二等轴测投影	Cabinet axonometry projection
5.13	斜三等轴测投影	Oblique trimetric projection
5.14	画法	Representation
5.15	轴测剖视图	Isometric sectional views
5.16	剖切方法	Cutting method
6.1	图样表示法	Representation of drawing

序号	中　文	英　文
6.2	基本投影面	Principal projection planes
6.3	基本视图	Principal views, Basic views
6.4	右视图	Right view
6.5	后视图	Rear view
6.6	仰视图	Bottom
6.7	视图配置	Arrangement of views
6.8	向视图	Reference arrow layout view, Direction drawing
6.9	局部视图	Partial view
6.10	斜视图	Oblique view, special position of view
6.11	剖视图	Section, Sectional view, Cutaway view
6.12	剖切面	Cutting plane
6.13	剖面区域	Section area
6.14	剖切线	Cutting line
6.15	剖切符号	Cutting symbol
6.16	剖切位置	Cutting position
6.17	投射方向	Direction of projection
6.18	剖面线	Section lining
6.16	全剖视图	Full section
6.20	半剖视图	Half section
6.21	局部剖视图	Partial section, Broken section
6.22	断面图	Cut Section
6.23	移出断面	Remove section
6.24	重合断面	Revolved section
6.25	断裂边界	Broken boundary
6.26	旋转绘制	Revolved drawing
6.27	展开绘制	Develop drawing
6.28	局部放大图	Partial enlarged drawing
6.29	简化画法	Simplified representation
6.30	规定画法	Conventional representation
6.31	省略画法	Omit representation
6.32	示意画法	Schematic representation
6.33	符号表达法	Symbolic representation
6.34	肋	Rib
6.35	轮辐	Spoke
6.36	键槽	Key groove
6.37	小孔	Ventage

续表

序号	中　文	英　文
6.38	型材	Section material
6.39	对称结构	Symmetry structure
6.40	滚花	Knurling
6.41	分角	Quadrant
6.42	第一角画法	First angle projection
6.43	第三角画法	Third angle projection
7.1	特殊表示法	Special representations
7.2	规定画法	Stipulation representation
7.3	螺纹	Screw thread
7.4	外螺纹	External thread
7.5	内螺纹	Internal thread
7.6	螺纹副	Screw thread pair
7.7	螺纹牙型	From of thread
7.8	大径	Major diameter
7.9	小径	Minor diameter
7.10	中径	Pitch diameter
7.11	单线螺纹	Single-start thread
7.12	多线螺纹	Multi-start thread
7.13	螺距	Pitch
7.14	导程	Lead
7.15	右旋螺纹	Right-hand thread
7.16	左旋螺纹	Left-hand thread
7.17	普通螺纹	General purpose metric screw threads
7.18	梯形螺纹	Metric trapezoidal screw threads
7.19	管螺纹	Pipe threads
7.20	锯齿螺纹	Buttress threads
7.21	螺纹紧固件	Threaded parts
7.22	六角头螺栓	Hexagon head bolts
7.23	双头螺柱	Double end studs
7.24	螺钉	Screws
7.25	六角螺母	Hexagon nuts
7.26	垫圈	Washers
7.27	齿轮	Gears
7.28	圆柱齿轮	Cylindrical gear
7.29	齿轮副	Gear pair

序号	中　文	英　文
7.30	齿顶圆	Tip circle
7.31	齿根圆	Root circle
7.32	分度圆	Reference circle
7.33	节圆	Pitch circle
7.34	齿顶高	Addendum
7.35	齿根高	Dedendum
7.36	齿高	Tooth depth
7.37	齿厚	Tooth thickness
7.38	齿距	Pitch
7.39	齿数	Number of teeth
7.40	模数	Module
7.41	压力角	Pressure angle
7.42	传动比	Transmission ratio
7.43	中心距	Center distance
7.44	锥齿轮	Bevel gear
7.45	锥齿轮副	Bevel gear pair
7.46	蜗杆	Worm
7.47	蜗轮	Worm wheel
7.48	蜗杆副	Worm wheel pair
7.49	键	Keys
7.50	销	Pins
7.51	滚动轴承	Rolling bearings
7.52	深沟球轴承	Deep groove ball bearing
7.53	圆锥滚子轴承	Tapered roller bearing
7.54	推力球轴承	Thrust ball bearing
7.55	外圈	Outer ring
7.56	内圈	Inner ring
7.57	滚动体	Rolling element
7.58	保持架	Cage
7.59	圆柱螺旋压缩弹簧	Cylindrical helical compression spring
7.60	弹簧外径	Outer diameter of coil
7.61	弹簧内径	Inside diameter of coil
7.62	弹簧中径	Mean diameter of coil
7.63	有效圈数	Number of active coils
7.64	支承圈数	Number of end coils
7.65	总圈数	Total number of coils

续表

序号	中　文	英　文
7.66	自由高度(或长度)	Free height (length)
8.1	零件图	Detail drawing
8.2	零件的形状结构	Shape structure of detail
8.3	典型零件	Typical detail
8.4	轴套类零件	Axle-sleeve detail
8.5	盘盖类零件	Disk-cover detail
8.6	叉架类零件	Fork-rack detail
8.7	箱体类零件	Box detail
8.8	尺寸基准	Dimension datum
8.9	基准面	Basic plane
8.10	基准线	Basic line
8.11	设计基准	Design datum
8.12	工艺基准	Technology datum
8.13	主要基准	Main datum
8.14	辅助基准	Auxiliary datum
8.15	技术要求	Technique requirement
8.16	表面粗糙度	Surface roughness
8.17	极限与配合	Limits and fits
8.18	互换性	Interchangeability
8.19	基本尺寸	Basic size
8.20	实际尺寸	Actual size
8.21	极限尺寸	Limits of size
8.22	尺寸偏差	Size deviation
8.23	尺寸公差	Size tolerance
8.24	零线	Zero line
8.25	尺寸公差带	Size tolerance zone
8.26	标准公差(IT)	Standard tolerance
8.27	基本偏差	Fundamental deviations
8.27	配合	Fit
8.28	间隙配合	Clearance fit
8.29	过盈配合	Interference fit
8.30	过渡配合	Transition fit
8.31	基孔制	Hole-basis system
8.32	基轴制	Shaft-basis system
8.33	标注和查表	Symbol and lookup table
8.34	几何公差	Geometrical tolerance

续表

序号	中　文	英　文
8.35	零件结构的工艺性	Technological property of detail structure
8.36	铸造零件的工艺结构	Technological structure of cast detail
8.37	机械加工工艺结构	Technological structure of machine process
9.1	装配图	Assembly drawing
9.2	装配结构的合理性	Reasonable of assemble structure
9.3	接触面与配合面的合理结构	Reasonable structure of contact surface and fit surface
9.4	螺纹连接的合理结构	Reasonable structure of thread connection
9.5	序号	Order number, Item references
9.6	明细栏	Item lists
9.7	画装配图	To draw assembly drawing
9.8	装配关系和工作原理	Mounting relation and working principle
9.9	表达方案	Representation scheme
9.10	由装配图拆画零件图	To dismantle assembly drawing to detail drawing
9.11	零、部件测绘	Survey and drawing on detail and subassembly
9.12	拆卸零件	To dismantle details
9.13	装配示意图	Assembly diagram
9.14	零件草图	Detail sketch
10.1	立体表面展开	Development of solid surfaces
10.2	可展曲面	Surfaces representation
10.3	近似展开	The approximate development
10.4	不可展曲面	Non- developable surfaces
10.5	螺旋面	Helical convolute
11.1	房屋施工图	Construction drawing of building
11.2	民用建筑	Civil architecture
11.3	工业建筑	Industrial architecture
11.4	农业建筑	Agriculture architecture
11.5	住宅	Residence
11.6	公寓	Apartment
11.7	宿舍	Hostel, Living quarter
11.8	学校	School
11.9	宾馆	Hotel
11.10	医院	Hospital
11.11	车站	Station

序号	中　文	英　文
11.12	机场	Airport
11.13	剧院	Theater
11.14	厂房	Factory building
11.15	仓库	Warehouse
11.16	发电站	Power station
11.17	饲养场	Feedlot
11.18	农机站	Agriculture machine station
11.19	房屋的组成	Composition of building
11.20	基础	Foundation
11.21	墙	Wall
11.22	柱	Column
11.23	梁	Beam
11.24	楼板	Floor
11.25	地面	Ground
11.26	楼梯	Stair
11.27	屋顶	Roof
11.28	门	Door
11.29	窗	Window
11.30	阳台	Balcony
11.31	雨篷	Canopy
11.32	台阶	Footstep，A flight of step
11.33	坡道	Ramp
11.34	施工图	Working drawing
11.35	建筑施工图	Architectural construction drawing
11.36	图纸目录	List of drawing paper
11.37	总说明	Over-all explanation
11.38	总平面图	General layout
11.39	平面图	Plan
11.40	立面图	Elevation
11.41	设备施工图	Equipment drawing
11.42	给排水施工图	Water supply and drainage construction drawings, Water supply and wastewater construction drawings
11.43	采暖通风施工图	Heating and ventilation construction drawings
11.44	电气施工图	Electrical construction drawings
11.45	建筑详图	Architectural detail
11.46	结构施工图	Construction drawing of structure

序号	中　文	英　文
11.47	钢筋混凝土构件	Reinforced concrete structure
11.48	混合结构	Composite structure
11.49	砖木结构	Brick timber structure
11.50	钢结构	Steel structure
11.51	木结构	Timber structure
11.52	楼层结构	Floor structure
11.52	构件	Member
11.54	箍筋	Stirrup
11.55	受力筋	Main reinforcement
11.56	方位标	Azimuth mark
11.57	风向标	Vane
11.58	图例	Coding legend
12.1	化工制图	Chemical engineering drawing
12.2	化工设备	Chemical engineering equipment, Process equipment
12.3	化工设备图	Process equipment drawing
12.4	压力容器	Pressure vessels
12.5	反应器	Reactor
12.6	换热器	Heat exchanger
12.7	塔	Tower, Column
12.8	壳体	Shell
12.9	接管	Nozzle, Connecting pipe, Connecting tube
12.10	标准化	Standardization, normalization
12.11	通用化	Unitization
12.12	系列化	Serialization
12.13	多次旋转表达法	Multi-aligned representation on drawing
12.14	细部结构表达法	Detail structure representation
12.15	夸大画法	Exaggerated representation
12.16	断开画法	Broken representation
12.17	分段(层)画法	Part representation
12.18	整体表达法	Whole representation
12.19	焊接结构	Welded construction
12.20	焊缝	Welding seam
12.21	焊缝符号	Welding symbolic
12.22	焊缝坡口	Weld grooves
12.23	焊接接头	Welding joint

续表

序号	中　文	英　文
12.24	焊缝根部间隙	Weld root opening gap
12.25	焊脚	Leg
12.26	衬层和涂层的图示方法	Lining and coating representation
12.27	标准化通用零部件	Standardization general details and subassembly
12.28	公称直径 DN	Nominal diameter　DN
12.29	公称压力 PN	Nominal pressure　PN
12.30	筒体	Shell
12.31	封头	Shell cover
12.32	椭圆形封头	Elliptical head
12.33	球形封头	Spherical head
12.34	碟形封头	Dished head
12.35	锥形封头	Conical head
12.36	法兰	Flanges
12.37	法兰连接	Flanged joint
12.38	平面密封面 FF	Flat sealing face　FF
12.39	突面密封面 RF	Raised face　RF
12.40	凹凸密封面 MFM	Male-female sealing face　MFM
12.41	榫槽密封面 TG	Tongue-groove sealing face　TG
12.42	压力容器法兰	Flanges for pressure vessel
12.43	甲型平焊法兰	A-type socket-weld flange
12.44	乙型平焊法兰	B-type socket-weld flange
12.45	长颈对焊法兰，对焊法兰	Welding neck flange
12.46	非金属软垫片	Nonmetallic gaskets
12.47	管法兰	Pipe flanges
12.48	整体法兰	Integral flange
12.49	平焊法兰	Plate slip-on flange
12.50	法兰盖	Blind flange
12.51	人(手)孔	Manhole and handhole
12.52	视镜	Sight glass
12.53	补强圈	Reinforcing pad
12.54	支座	Support
12.55	耳式支座	Lug support
12.56	鞍式支座	Saddle support
12.57	固定支座	Fixed saddle
12.58	滑动支座	Sliding saddle
12.59	裙式支座	Skirt support

序号	中　文	英　文
12.60	搅拌器	Agitator
12.61	轴封装置	Shaft seal
12.62	施工设计	Detail design
12.63	化工工艺图	Chemical engineering process drawing
12.64	流程图	Flow drawing
12.65	工艺管道及仪表流程图	Process and instrument pipe line flow drawing
12.66	设备和机器	Equipments and machines
12.67	管道	Piping
12.68	管件	Pipe fitting
12.69	异径管	Reducer
12.70	阀门	Valve
12.71	检测仪表	Test instrument
12.72	调节控制系统	Adjustment system
12.73	取样点	Sample point
12.74	设备位号	Equipment number，Symbol of equipment
12.75	管道代号	Piping code
12.76	管段号	Spool
12.77	设备布置图	Equipments layout
12.78	管道布置图	Piping layout
12.79	标高(EL)	Elevation
12.80	支撑点(POS)	Point of Support
12.84	管底(BOP)	Bottom of Pipe
12.85	(管架支撑)顶点(TOS)	Top of Support
12.86	管架	Pipe stanchion
12.87	管架号	Number of piping stanchion
12.88	管道轴测图	Piping isometric drawing

参 考 文 献

［1］ 大连理工大学工程制图教研室. 机械制图. 6 版. 北京:高等教育出版社,2007.
［2］ 刑帮圣. 机械制图. 南京:东南大学出版社,2003
［3］ 何铭新,钱可强. 机械制图. 北京:高等教育出版社,2005
［4］ 朱辉,曹桃,唐保宁. 画法几何及工程制图. 上海:上海科学技术出版社,2007
［5］ 何铭新,郎宝敏,陈星铭. 建筑工程制图. 北京:高等教育出版社,2004

内 容 提 要

本教材是根据教育部高等学校工程图学教学指导委员会制订的"普通高等院校工程图学课程教学基本要求",并汲取了本校及兄弟院校多年的教学经验,以及专家读者的意见,在《现代工程制图(第二版)》的基础上修订而成的。

全书共 13 章,主要内容包括:制图基础、画法几何、投影制图、轴测图、图样画法、机械图、建筑图、化工图、计算机绘图基础等。在普及现代绘图工具的同时,仍将手工草图训练贯穿全教程。

本书与《现代工程制图习题集(第三版)》配套出版,可作为高等院校工科专业用教材,也可作为高职高专、成人教学、制图员培训等选用教材,或供有关工程技术人员参考使用。